"博学而笃志，切问而近思。"

(《论语》)

博晓古今，可立一家之说；

学贯中西，或成经国之才。

作者简介

王黎明，上海财经大学统计与管理学院教授、博士生导师，兼任中国现场统计研究会理事、中国现场统计研究会资源与环境统计分会常务理事、中国现场统计研究会高维数据统计分会常务理事、上海市质量技术应用统计学会副理事长、上海市统计高级职称评审委员会评审专家，在应用统计学、经济统计学、数量金融和风险管理方面具有丰富的教学和研究经验。

王连，2011年毕业于上海财经大学统计学专业，获经济学博士学位。现为兰州财经大学统计学院副教授、硕士生导师，讲授计量经济学、统计学以及概率论与数理统计等课程。

杨楠，上海财经大学统计与管理学院教授、博士生导师，校教师教学发展中心副主任，计算科学与金融数据研究中心特聘教授，上海市人工智能学会副秘书长。清华大学理学学士和硕士，上海财经大学经济学博士，美国哥伦比亚大学和英国伦敦政治经济学院访问学者。曾主持完成国家自然科学基金项目1项，教育部人文社会科学研究项目、全国统计科学研究项目、上海市哲学社会科学规划项目、上海市教委科研创新项目、上海市决咨委招标项目等多项省部级课题，三次获得省部级科研奖。

“十三五”全国统计规划教材
上海高校市级精品课程
上海市教委重点课程建设项目
上海财经大学精品课程

复旦博学·经济学系列
ECONOMICS SERIES

应用时间序列分析（第二版）

王黎明 王 连 杨 楠 编著

復旦大學出版社

ECONOMICS SERIES

内容提要

本书着重讨论经典的ARMA模型，同时又对最新的时间序列模型加以介绍，如ARCH模型族（自回归条件异方差模型）、ECM模型（误差修正模型）和处理高频数据的ACD模型（自回归条件持续期模型）等。教材编写简明，内容通俗，公式表述严谨，既保证了较为完整的统计理论体系，又努力突出实际案例的应用和统计思想的渗透。章后有相关的统计软件知识介绍，以让学生熟练掌握相关统计软件并用于应用时间序列分析。学习本课程的学生需要熟悉概率论与数理统计的基础知识，也要具备微积分和线性代数知识。本书可以作为统计学、数学以及经济学等专业的教材。

第一版前言

时间序列分析是统计学中的一个非常重要的分支，是以概率论与数理统计为基础、计算机应用为技术支撑、迅速发展起来的一种应用性很强的科学方法。时间序列是变量按时间间隔的顺序而形成的随机变量序列，大量自然界、社会经济等领域的统计指标都依年、季、月或日统计其指标值，随着时间的推移，形成了统计指标的时间序列，如股价指数、物价指数、GDP和产品销售量等都属于时间序列。时间序列分析就是估算和研究某一时间序列在长期变动过程中所存在的统计规律性，通过对这些数据的有效分析，无疑可以提高经营决策水平。特别是近些年来计算机运用和技术的迅速发展，以及有关统计软件的日益普及，为在实际问题中进行大规模、快速、准确的时间序列分析提供了有力的技术支撑。

随着统计学在中国被确立为一级学科，统计专业的课程设置已有了较大的变化，加强推断统计内容的学习和应用已成为中国统计界的共识。为了适应新的统计学学科体系和财经类统计专业教学的需要，我们决定编写一套适应新时期需要的系列教材——“复旦博学·21世纪高校统计专业教材”。

作为系列教材之一，应用时间序列分析是其中较为重要的一本。本书写作的指导思想是：既要保持较为严谨的统计理论体系，又要努力突出实际案例的应用和统计思想的渗透，结合统计软件较全面、系统地介绍时间序列分析的实用方法。为了贯彻这一指导思想，本书将系统介绍时间序列分析基本理论和方法。在理论上，本书着重讨论经典的ARMA模型，同时又对最新的时间序列模型加以介绍，如ARCH模型族(自回归条件异方差模型)、ECM模型(误差修正模型)和处理高频数据的ACD模型(自回归条件持续期模型)等。中心主题是判断序列的平稳性、模型识别、建立时间序列模型、评价拟合效果，并且做出结论。

全书分为十一章。第1章介绍了时间序列分析的基本思想和一般理论，讨论了时间序列分析的主要任务和建模过程。第2章详细介绍了时间序列分析的一些基本概念，重点介绍平稳性、自协方差函数和样本自协方差函数的概念。第 3 章分别讨论 AR 模型、MA 模型和 ARMA 模型的平稳条件和可逆条件，给出平稳 ARMA 模型自相关系数和偏自相关系数的特征。第 4 章介绍了一些常见的非平稳时间序列模型。第 5 章和第 6 章讨论了模型识别和时间序列模型参数的统计推断问题，给出了时间序列模型的矩估计、极大似然估计和最小二乘估计方法，以及模型的检验和模型选择问题。第 7 章讨论了 ARMA 模型的预测问题。第 8 章介绍了几个非平稳时间序列的建模方法，并且分析不同的非平稳时间序列模型的动态性质。第 9 章讨论非线性时间序列的一些常用模型，给出它们的统计性质，也讨论实际问题中非线性时间序列的建模和预测问题。第 10 章介绍多元时间序列建模的理论和方法。讨论序列的平稳性检验方法和非平稳序列之间的协整关系检验问题，以及在协整关系基础上形成的误差修正模型。本书的最后一章介绍最新的时间序列分析理论，即高频数据分析和建模问题，介绍了 ACD 模型（自回归条件持续期模型）等有关分析方法。作为实用性极强的课程，为了便于学生更好地理解内容和应用，在每个重要章节后面都给出了相应的时间序列分析方法在 EViews 软件上的实现。

本书可以作为统计学、数学以及经济学等专业的教材，学生需要熟悉随机变量、参数估计、区间估计、假设检验等思想，也要具备微积分和线性代数知识。由于本书的内容较多，教师在选用此书作教材时可以灵活选讲。本书也可以作为非统计专业研究生时间序列分析的教材。根据我们多年的教学实践，本书讲授 51 课时（理论学习）＋17 课时（上机实验）较为合适，能有计算机和投影设备的配合，教学将会更为方便和有效。

在本书的写作过程中，始终得到复旦大学出版社的支持，特别对复旦大学出版社经济管理分社总编辑王联合先生的帮助表示衷心的感谢。本课程也是在建的上海财经大学精品课、上海市教委重点课程建设项目和上海财经大学实验课程建设项目，建设过程中也获得了上海市重点学科建设（项目编号：B803）和上海财经大学“211”三期的资助，在此一并表示感谢。

本书是我们多年教学和科研工作的积累，2001 年以来，本书作者一直为上海财经大学统计学专业的本科生和硕士研究生讲授时间序列分析课程，书中的大部分内容为多年来不断改进的讲义，其中部分案例为体现其典型性也引用了他人著作。在此，我们谨向对本书出版给予帮助的同行和朋友表示衷心的感谢。全部工作的完成也是我们多年友好合作的结果，研究生王帅同学参加了部分章节和习题的编写和整理工作，撰写了大部分的 EViews 软件实现的案例分析，也参加了最后的统稿和校对工作。

为了便于教师上课，我们将全书所用的数据和 PowerPoint 课件刻录成光盘随书附赠。

由于编者的水平有限，在取材及其结构上，难免会存在不够妥当的地方，错误之处也在所难免，恳请同行专家和广大读者能给我们宝贵的批评和建议。

编者
王黎明　王连　杨楠
2009 年 3 月
于上海财经大学凤凰楼

第二版前言

《应用时间序列分析》自 2009 年出版以来，得到了广大同行的肯定，国内近百所大学选择本书作为教材，上海财经大学统计与管理学院也在本科生教学中使用了十余年，部分内容也在我校应用统计学专业硕士的时间序列、数据统计分析技术，以及时间序列和空间统计等课程的教学中使用。在这期间，我们团队不断改进相关的内容、充实有关的资料，使得本课程陆续建设成上海高校市级精品课程、上海市教委重点课程建设项目和上海财经大学精品课程，本书也纳入"十三五"全国统计规划教材建设。但是由于作者的疏忽，导致本书第一版有一些印刷错误，我们将在第二版中全部更正。另外，在使用过程中，我们感觉有些部分还需要加强，增加内容如下：

第一，对第 2 章的几个例子进行了修改，也增加了一些习题。同时在第 2 章和第 3 章之间进行了整合，有关差分方程的内容统一整合到第 2 章，第 3 章也增加了一些习题。

第二，我们在第 10 章增加了向量自回归模型 VAR(p)简介，比较详细地讨论了 VAR(p)模型的性质，对于模型的参数估计也给出了介绍，为了便于理解也增加了一个例子。

第三，在第 11 章中，为了更好地说明(超)高频数据的特点，引入了招商银行等相关交易数据图；对于 ACD 模型也给出了更加详细的推导，这样有助于理解和应用 ACD 模型。

本书修订部分由王黎明教授完成，王连副教授和杨楠教授在教学过程中指出了很多印刷错误，上海财经大学统计与管理学院历届的本科生也对本书提出了中肯的建议，使得笔者在修订中受到了很大的启发，在此一并表示感谢。由于水平有限，在取材和结构上，难免还会存在不够妥当的地方甚至是错误，恳请同行专家和广大读者能提出宝贵的批评和建议。

王黎明
2022 年 1 月
于上海财经大学

目　录

1　时间序列分析概论

人类为了探索周围的世界，常常依时间发展的先后顺序进行观测。这些观测到的数据有着比较独特的性质，即将来的数据通常以某种随机的方式依赖于当前得到的观测数据，而这种相依性使得利用过去预测未来成为可能。时间序列是变量按时间间隔的顺序而形成的随机变量序列。大量自然界、社会经济等领域的统计指标都依年、季、月或日统计其指标值，随着时间的推移形成了统计指标的时间序列。因此，时间序列是某一统计指标长期变动的数量表现，时间序列分析就是估算和研究某一时间序列在长期变动过程中所存在的统计规律性。本章将介绍时间序列分析的基本思想和一般理论。

1.1　时间序列的定义和例子

在统计研究中，有大量的数据是按照时间顺序排列的，使用数学方法表述就是使用一组随机序列

$$\cdots,\ X_1,\ X_2,\ \cdots,\ X_t,\ \cdots \tag{1.1}$$

表示随机事件的时间序列，简记为 $\{X_t,\ t \in T\}$ 或者 $\{X_t\}$。

类似于样本与样本观测值的关系，我们可以使用

$$x_1,\ x_2,\ \cdots,\ x_n \tag{1.2}$$

表示上述时间序列(1.1)的 n 个有序观测值，称其为序列长度为 n 的观测值序列。

在时间序列问题中，数据的时间顺序是重要的，时间序列的一个显著特征就是记录的相依性。一般来说，关于时间序列 $\{X_t\}$，对于任意的 t，X_t 是一个随机变量，且每个随机变量所服从的分布可以不同，对于任意的 t 和 s，X_t 与 X_s 不是相互独立的。时间序列的应用背景十分广泛，依照不同的需要，数据的收集可以按小时、天、周、月或者年为间隔进行，现在更有以秒为时间间隔的高频时间序列。下面我们介绍一些不同领域中的实际数据例子，相应的原

始数据在书后以附录形式给出。

例 1.1 太阳黑子是太阳表面上的黑点，它反映了太阳振动的全部演变，与太阳发电效应的行为有关。将 1820—1869 年的太阳黑子数依时间画在图 1.1 中，横轴是时间指标 t（在这里的 t 以年为单位），纵轴表示在时间 t 内太阳黑子个数的观测值 X_t，这种图称为时间序列图，简称时序图。

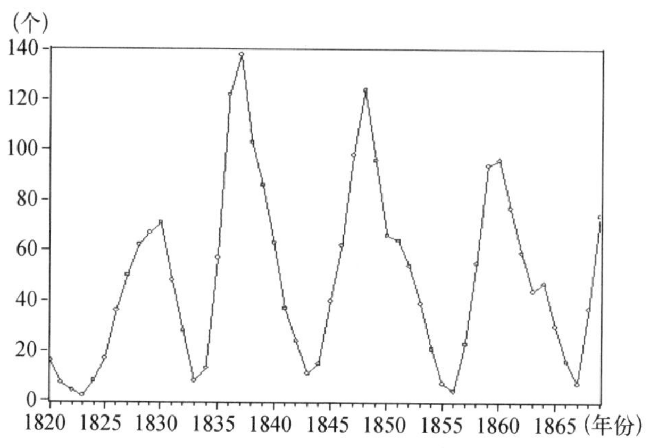

图 1.1 1820—1869 年间太阳黑子数据

例 1.2 居民消费价格指数即消费者物价指数（Consumer Price Index，CPI），是反映与居民生活有关的产品及劳务价格统计出来的物价变动指标，通常作为观察通货膨胀水平的重要指标。如果消费者物价指数升幅过大，表明通货膨胀已经成为经济不稳定因素。本例给出了我国 1985—2007 年的 CPI 年度数据时间序列图，如图 1.2 所示。

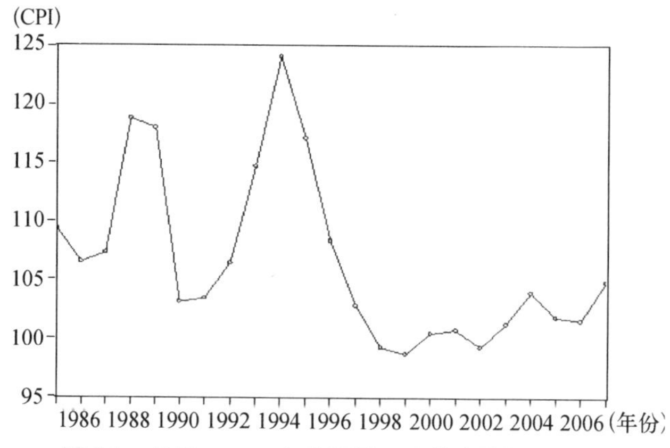

图 1.2 1985—2007 年我国居民消费价格指数(CPI)

例 1.3　GDP 即国内生产总值，它是对一国(地区)经济在核算期内所有常住单位生产的最终产品总量的度量，常常被看成反映一个国家(地区)经济状况的重要指标。本例给出我国 1978—2007 年 GDP 数据的时间序列图，见图 1.3。

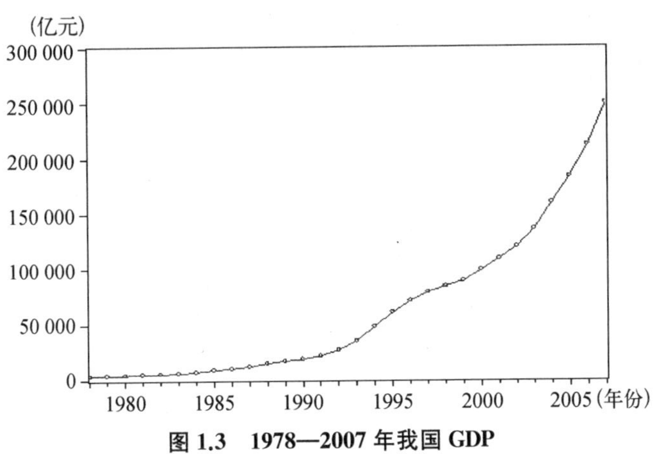

图 1.3　1978—2007 年我国 GDP

例 1.4　北京在历史上是自然灾害频发的地区，在各种自然灾害中，水旱灾害发生的次数最多，危害最大。表 1.1 列出了北京地区 1949—1964 年的洪涝灾害面积数据。

表 1.1　北京地区 1949—1964 年的洪涝灾害面积　　单位：万亩

年　份	受 灾 面 积	年　份	受 灾 面 积
1949	331.12	1957	25.00
1950	380.44	1958	84.72
1951	59.63	1959	260.89
1952	37.89	1960	27.18
1953	103.66	1961	20.74
1954	316.67	1962	52.99
1955	208.72	1963	99.25
1956	288.78	1964	55.36

我们使用 X_1 表示第一年(1949 年)的受灾面积，X_2 表示第二年(1950 年)的受灾面积等等，X_1，X_2，… 是一列按照时间顺序排列的随机序列，所以是时间序列。x_1，x_2，…，x_{16} 是北京地区 1949—1964 年的洪涝受灾面积，则

$$x_1 = 331.12,\ x_2 = 380.44,\ \cdots,\ x_{16} = 55.36$$

是时间序列 $\{X_t\}$ 的样本观测值，样本容量为 16，它是时间序列 $\{X_t\}$ 的一次实现的一部分。时间序列 $\{X_t\}$ 的样本观测值 x_1，x_2，…，x_{16} 可以由图 1.4 表示。

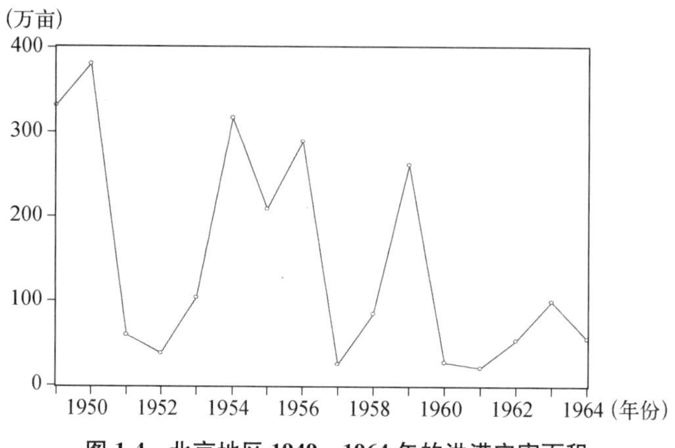

图 1.4　北京地区 1949—1964 年的洪涝灾害面积

例 1.5　图 1.5 是 1992 年第一季度至 2008 年第三季度我国 GDP 季度数据的时间序列图。

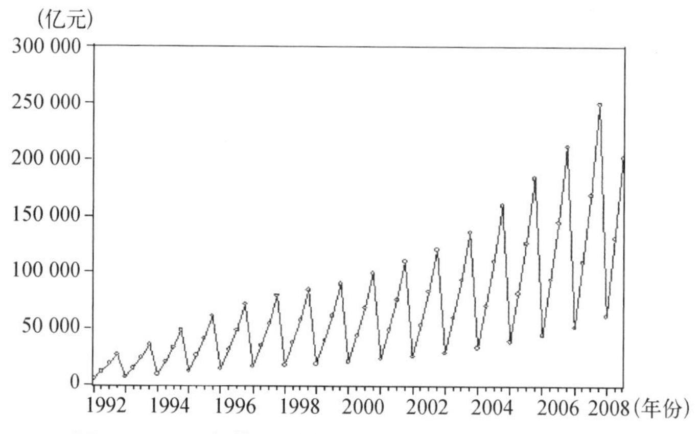

图 1.5　1992 年第一季度至 2008 年第三季度我国 GDP

例 1.6　2005 年 7 月 21 日中国启动人民币汇率改革以来，不断完善汇率形成机制，人民币对美元汇率总体呈现小幅上扬态势。过去两年多，人民币累计升值近 16%。2008 年以来，人民币汇率升幅已接近 4.5%。1997 年 1 月—2008 年 9 月美元对人民币汇率的月度数据如图 1.6 所示。

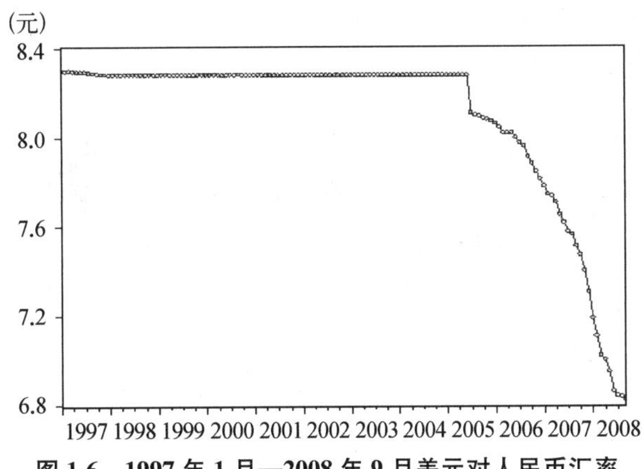

图 1.6　1997 年 1 月—2008 年 9 月美元对人民币汇率

例 1.7　上证 A 股指数的样本股为 A 股，自 1990 年 12 月 19 日正式发布。而上证综合指数的样本股是全部上市股票，包括 A 股和 B 股。上证综合指数从总体上反映了上海证券交易所上市股票价格的变动情况，自 1991 年 7 月 15 日起正式发布。图 1.7 为 1990 年 12 月 19 日—2008 年 11 月 6 日上证 A 股指数日数据(除去节假日，共 4 386 个数据)。

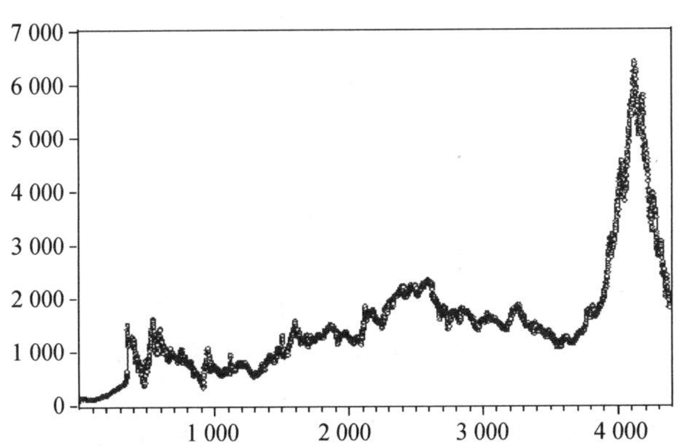

图 1.7　1990 年 12 月 19 日—2008 年 11 月 6 日上证指数

例 1.8　图 1.8 为 1980 年 1 月—1991 年 10 月澳大利亚红酒的月度销量，共包括 142 个数据。

从图 1.8 可以看出，澳大利亚红酒月度销量存在一个较为明显上升趋势，同时又有季节模式：在每年 1 月有一个销售淡季而在每年 7 月都有一个销售高峰。

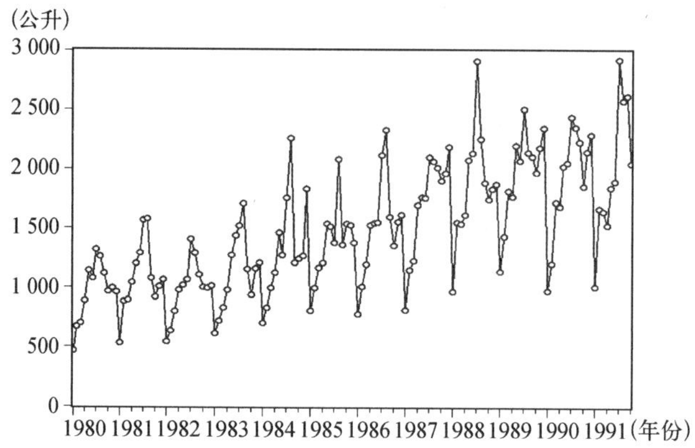

图 1.8　1980 年 1 月—1991 年 10 月澳大利亚红酒的月度销量

例 1.9　1951—1980 年,美国每年发生的罢工次数见图 1.9,该图显示了这些数据一种不规律的上下波动。我们从中看不出什么明显趋势,至于这一序列是否平稳,还有待于用后面的知识进一步验证。

图 1.9　1951—1980 年美国每年罢工总数

例 1.10　图 1.10 为 1994 年 1 月 1 日—1995 年 12 月 31 日香港环境数据序列,(a) 表示因循环和呼吸问题前往医院就诊的人数,(b) 表示二氧化硫的日平均水平,(c) 表示二氧化氮的日平均水平,(d) 表示可吸入的悬浮颗粒物的日平均水平。

上述例子涉及天文学、经济学、金融学、社会学和环境科学等领域,其实时间序列数据不仅仅存在于这些领域,在其他领域也有广泛应用,更多的实际例子本书将陆续引入。

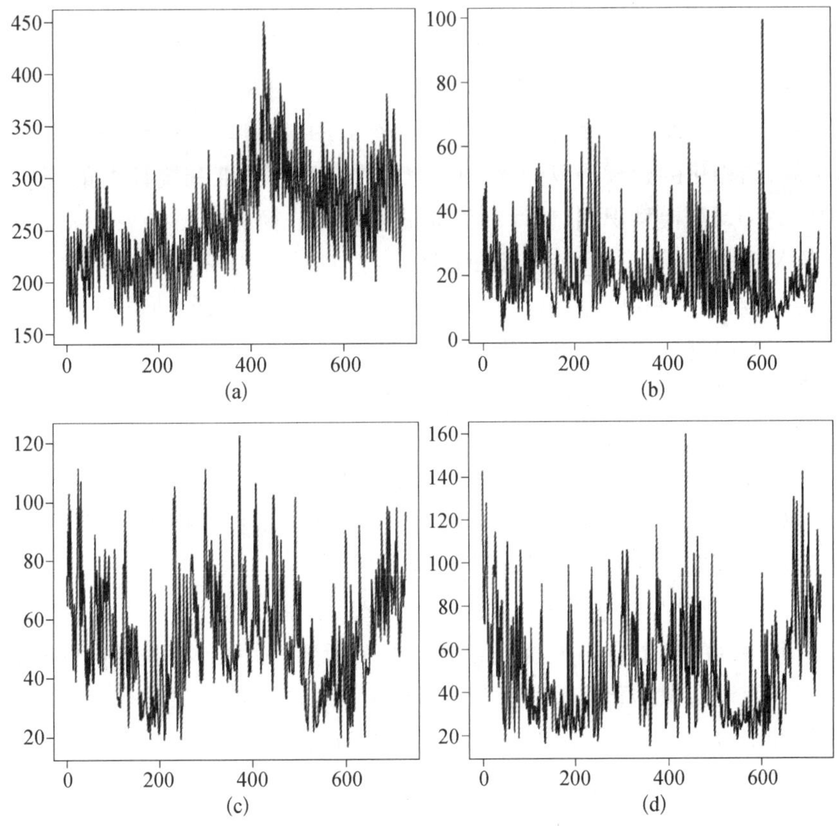

图 1.10　1994 年 1 月 1 日—1995 年 12 月 31 日香港环境数据序列

时间序列分析突出发展从数据获得推断的有效方法，其目的就是建立一个能很好描述数据的随机模型，使得观测到的时间序列可以看作该随机模型的一个实现。这个模型应该能够反映内在的动态行为，并且只要模型是合适的，就能够用来预测和控制。

1.2　时间序列分析方法简介

时间序列分析依赖于不同的应用背景，有不同的目的。时间序列一般被看作一个随机过程的实现。分析的基本任务是揭示支配观测到的时间序列的随机规律，通过所了解的这个随机规律，可以理解所要考虑的动态系统，预测未来的事件，并且通过干预来控制将来事件。上述即为时间序列分析的三个目的。博克斯和詹金斯(Box and Jenkins)1970 的专著《时间序列分析：预测与控制》(*Time Series Analysis: Forecasting and Control*)是时间序列分析发展的里程碑，为实际工作者提供了对时间序列进行分析、预测，以及对 ARIMA 模型进行识别、估计和诊断的系统方法，使 ARIMA 模型的建立有了一套完整、正规、结构化的建模方法，并且具有牢固的理论基础和统计上的完善性。这种对 ARIMA 模型识别、估计和诊断的系统方法简称 B-J 方法。对于通常的 ARIMA 的建模过程，B-J 方法的具体步骤如下。

第一步，对时间序列进行特性分析。一般从时间序列的随机性、平稳性和季节性三方面进行考虑。其中平稳性和季节性更为重要，对于一个非平稳时间序列，若要建模首先要将其平稳化，其方法通常有三种：① 差分，一些序列通过差分可以使其平稳化。② 季节差分，如果序列具有周期波动特点，为了消除周期波动的影响，通常引入季节差分。③ 函数变换与差分的结合运用，某些序列如果具有某类函数趋势，可以先引入某种函数变换将序列转化为线性趋势，然后再进行差分以消除线性趋势。

第二步，识别与建立模型，这是建立 ARMA 模型的重要一步。首先需要计算时间序列的样本自相关函数和偏自相关函数，利用自相关函数图和偏自相关图进行模型识别和定阶。一般来说，仅使用这一种方法往往无法完成模型识别和定阶，我们还需要估计几个不同的确认模型，进行比较并最终确立模型。在确定了模型阶数后，就要对模型中的参数进行估计。得到模型之后，应该对模型的适应性进行检验。

第三步，评价模型，并利用模型进行预测。一般来说，评价和分析模型的方法是对时间序列进行历史模拟。此外，还可以做事后预测，通过比较预测值和实际值来评价预测的精确程度。B-J 方法通常采用了线性最小方差预测法。

时间序列分析早期的研究分为频域(Frequency Domain)分析方法和时域(Time Domain)分析方法。所谓频域分析方法，也称为“频谱分析”或者“谱分析”方法，是着重研究时间序列的功率谱密度函数，对序列的频率分量进行统计分析和建模。对于平稳序列来说，自相关函数是功率谱密度函数的傅立叶变换(Fourier Transformation)。但是由于谱分析过程一般都比较复杂，其分析结果也比较抽象，不易于进行直观解释，所以一般来说谱分析方法的使用具有较大的局限性。时域分析方法是分析时间序列的样本自相关函数，并建立参数模型(如 ARIMA 模型)，以此去描述序列的动态相依关系。时域分析方法的基本思想是源于事件的发展通常都具有一定的惯性，这种惯性使用统计语言来描述即为序列之间的相关关系，而这种相关关系具有一定的统计性质，时域分析的重点就是寻找这种统计规律，并且拟合适当的数学模型来描述这种规律，进而利用这个拟合模型来预测序列未来的走势。时域分析方法最早可以追溯到1927年，英国统计学家尤尔(G. U. Yule)提出了自回归(Autoregressive)模型。1931年，英国数学家、天文学家沃克(G. T. Walker)在分析印度大气规律时引入了移动平均(Moving Average)模型和自回归移动平均(Autoregressive Moving Average)模型。这些模型奠定了时间序列分析时域分析方法的基础。相对于频域分析方法，时域分析方法具有比较系统的统计理论基础，操作过程规范，分析结果易于解释。鉴于此，本书主要应用时域方法进行时间序列分析。

计算技术的飞速进步极大地推动了时间序列分析的发展。线性正态假定下的参数模型得到充分解决，计算量较大的离群值分析和结构变化的识别成为时间序列模型诊断的重要部分。非线性时间序列分析也得到充分的发展，实际上，我们常常会遇到在理论上和数据分析上都不属于线性的时间序列。在这种情况下，我们需要引入非线性时间序列。汤家豪(H. Tong, 1978)利用分段线性化构造模型的思想提出了门限自回归模型，开创了非线性时间序列分析的先河。门限自回归模型的特征恰好刻画了自然界的突变现象，例如在经济领域，许多指标受到多种因素的影响，使某些观测序列呈跳跃变化，在水文、气象等领域中也有诸多类似的现象。有学者(Tong and Lim, 1980)认为这类模型是一个非常实用的模型，可以解决很多线性模型不能解决的问题。

在时间序列分析方法的发展历程中，商业、经济、金融等领域的应用始终起着重要的推动作用，时间序列分析的每一步发展都与应用密不可分。随着计算机的快速发展，时间序列分析在商业、经济、金融等各个领域的应用越来越广泛，经济分析涉及大量的时间序列数据，如股票市场中的综合指数、个股每日的收盘价等。从经济学的角度来说，个人为了获得最大利益，总是力图对经济变量做出最准确的预期，以避免行动的盲目性。在股票市场上，每个人都想正确地预期到股票将来的价格。由于股票市场属于不对称信息(Asymmetric Information)市场，投资者往往无法准确地获取各种充分的信息，只能凭借历史的和不完整的信息来推测，因此，如何准确地分析、预测股票价格变动的方向和程度成为股市投资的基础和重点。

金融时间序列分析主要用于以下五个方面的研究：

① 研究金融过程的动态结构；

② 探索金融变量之间的动态关系；

③ 对金融数据进行季节或其他形式的周期调整(如日内效应、周效应等);

④ 通过对具有自相关关系的模型的误差分析,改进用时间序列进行回归分析的模型;

⑤ 对均值或波动率进行点预测或区间预测。

金融时间序列建模不仅需要研究时间序列数据,而且要研究时间间隔序列,这些研究使得时间序列分析不仅需要统计方法,同时需要融入更多的随机过程成分。

在现代金融理论中,金融市场上收益的风险和价格的不确定性往往是用方差来度量的。金融市场一般包括货币资金融通市场、有价证券市场、资本和外汇市场等,其主要数据来源于资金融通市场如债券市场的利率、股票市场的价格(它反映了收益率)外汇市场的汇率等。传统的计量经济学模型往往假定样本的方差保持不变,随着金融理论的发展和实证分析工作的深入,越来越发现这一假设的不尽合理性。大量来自金融市场的数据分析已表明,用于表示不确定性的风险的方差是随着时间变化的。

金融市场证券价格波动具有随时间变化的特征,有时相对稳定,有时波动异常激烈。金融市场上证券数据从一个时期到另一个时期的变化过程中,常常出现价格波动聚集(Volatility Clustering)现象,大幅度波动聚集在某一段时间,而小幅度波动聚集在另一些时段上。一般来说,描述风险资产(如股票、期权)的价格,需引入随机变量,而且其方差往往也随时间变化。恩格尔(Engle, 1982)在研究英国的通货膨胀时首次提出了 ARCH(Autoregressive Conditional Heteroskedasticity)模型,并利用 ARCH 模型刻画数据中存在的条件异方差。恩格尔和其合作者还对 ARCH 模型进行了很多扩展,比如 IGARCH 模型(Bollerslev and Engle, 1986)、FARCH 模型(Engle, 1987)、对市场微观结构研究的 ACD 模型(Engle and Russell, 1998; Engle, 2000)。另外,很多学者提出了其他类型的 ARCH 模型,比如纳尔逊(Nelson, 1991)的指数 ARCH 模型。目前 ARCH 模型的研究仍然是计量经济学研究的热门领域,而 ARCH 在金融学中的应用研究出现了一门的新的学科——金融计量经济学,而这一学科也处在不断的发展之中。

金融高频时间序列分析从 20 世纪 90 年代开始迅速发展,目前已经涉及的内容十分广泛,对于金融高频数据的计量建模就是其中的一个重要研究方向。高频金融时间序列通常是指以天、小时、分钟甚至秒为频率所采集的按时间先后顺序排列的金融类数据以及记录每笔交易的时间序列。从金融高频数据产生至今，对金融高频时间序列分析一直是金融研究领域中一个备受瞩目的焦点。这可以归结为两个原因：一个是由于对金融高频数据本身所具有的特征值的关注。通常所指的交易数据，除了交易价格外，还包括与交易相连的询价和报价、交易数量、交易之间的时间间隔、相似资产的现价等。因此，对于金融高频数据的分析，实质上是一个"以不同时间间隔观察到的、具有不规则强度、既有离散变量又有连续变量的"复杂多变量问题。这样如何从总体上来分析金融高频数据，又如何处理具体金融交易中高频数据的特殊性，便成为众多金融领域的从业者和研究者所面临的一个有趣而又富有挑战性的课题。另外，由于金融高频数据具有许多新的特征，如波动率日内"U"形走势、波动率具有日历性、价格序列具有极高的峰值、价格序列一阶负相关、宽尾、非正态、波动率聚集、随机不等间隔以及价格离散取值等。这些特征使得传统的模型假设失去了意义，需要探寻新的计量模型来刻画这些数据特征。近年来，计量模型研究的核心内容是交易间隔（Intratrade Duration）与交易特征值，如收益、询报价差额、交易量等之间的格兰杰（Granger）因果关系。它们认为较长的时间间隔意味着缺少交易活动，也代表着一个没有新信息产生的时期，因此，时间间隔行为的动态性中含有关于日内市场活动的有用信息。金融高频时间序列分析对金融市场的计量建模、实证金融乃至连续金融产生了巨大的挑战和冲击，从而也加速了各个研究领域的融合。

1.3 时间序列分析软件

计算机技术的进步极大地促进了时间序列分析的发展。目前，许多统计软件都可以用于时间序列分析工作，常用软件有 S-plus、Matlab、Gauss、TSP、EViews 和 SAS 软件。

SAS（Statistical Analysis System）软件是由美国北卡来罗纳州立大学（North Carolina State University）的两位教授（A. J. Barr and J. H. Goodnight）共同开发的，这是一个专门用于数学建模和统计分析的软件系统，经过多年的发展，已被全世界 120 多个国家和地区的近三万家机构所采用，直接用户则超过三百万人，遍及金融、医药卫生、生产、运输、通信、政府和教育科研等领域。在数据处理和统计分析领域，SAS 系统被誉为国际上的标准软件系统，并在 1996—1997 年度被评选为建立数据库的首选产品。SAS 系统是一个组合软件系统，它由多个功能模块组合而成，其基本部分是 BASE SAS 模块。BASE SAS 模块是 SAS 系统的核心,承担着主要的数据管理任务,并管理用户使用环境,进行用户语言的处理,调用其他 SAS 模块和产品。也就是说,SAS 系统的运行,首先必须启动 BASE SAS 模块,它除了本身所具有数据管理、程序设计及描述统计计算功能以外,还是 SAS 系统的中央调度室。它除可单独存在外,也可与其他产品或模块共同构成一个完整的系统。各模块的安装及更新都可通过其安装程序非常方便地进行。SAS 系统具有灵活的功能扩展接口和强大的功能模块,在 BASE SAS 的基础上,还可以增加如下不同的模块而增加不同的功能:SAS/STAT(统计分析模块)、SAS/GRAPH(绘图模块)、SAS/QC(质量控制模块)、SAS/ETS(经济计量学和时间序列分析模块)、SAS/OR(运筹学模块)、SAS/IML(交互式矩阵程序设计语言模块)、SAS/FSP(快速数据处理的交互式菜单系统模块)、SAS/AF(交互式全屏幕软件应用系统模块)等。SAS 有一个智能型绘图系统,不仅能绘各种统计图,还能绘出地图。SAS 提供多个统计过程,每个过程均含有极丰富的任选项。用户还可以通过对数据集的一连串加工,实现更为复杂的统计分析。此外,SAS 还提供了各类概率分析函数、分位数函数、样本统计函数和随机数生成函数,使用户能方便地实现特殊统计要求。

SAS/ETS(经济计量学和时间序列分析模块)编程语言简洁,输出功能强大,分析结果精确,是进行时间序列分析与预测的理想软件。由于 SAS 系统具有全球一流的数据仓库功能,因此在进行海量数据的时间序列分析时具有其他统计软件无可比拟的优势。

由于 SAS 系统是从大型机上的系统发展而来,在设计上也是完全针对专业用户,因此其操作至今仍以编程为主,人机对话界面不太友好,并且在编程操作时需要用户最好对所使用的统计方法有较清楚的了解,非统计专业人员掌握起来较为困难。

EViews 是美国 GMS 公司 1981 年发行第 1 版的 Micro TSP 的 Windows 版本,通常称为计量经济学软件包。EViews 是 Econometrics Views 的缩写,它的本义是对社会经济关系与经济活动的数量规律,采用计量经济学方法与技术进行"观察"。计量经济学研究的核心是设计模型、收集资料、估计模型、检验模型、运用模型进行预测、求解模型和运用模型,EViews 是完成上述任务得力的必不可少的工具,是当今世界上最流行的计量经济学软件之一。正是由于 EViews 等计量经济学软件包的出现,使计量经济学取得了长足的进步,发展成为实用与严谨的经济学科。使用 EViews 软件包可以对时间序列和非时间序列的数据进行分析,建立序列(变量)间的统计关系式,并用该关系式进行预测、模拟等。虽然 EViews 是由经济学家开发的,且在大多数情况下应用于经济学领域,但并非意味着该软件包仅限于处理经济方面的时间序列。EViews 处理非时间序列数据照样得心应手。实际上,相当大型的非时间序列(截面数据)项目也能在 EViews 中进行处理。EViews 具有数据处理、作图、统计分析、回归建模分析、预测、时间序列 ARIMA 分析、时间序列的季节调整分析、编程和模拟九大类功能,包括建立数据文件、画图、一系列计假设检验、最小二乘估计、工具变量估计、两阶段最小二乘估计、离散选择模型(tobit、probit、logit、删截、截余、计数等模型)估计、联立方程模型估计、GARCH 模型估计、时间序列 ARIMA 模型估计、向量自回归模型估计、向量误差修正模型估计、自相关检验、异方差检验、多重共线性检验、结构突变检验、单位根(时间序列平稳性)检验、Granger 因果检验、协整检验、面板数据应用、EViews 编程和蒙特卡罗(Monte Carlo)模拟、主成分分析、时间序列的季节调整等内容。

与 SAS 相比,EViews 操作灵活简便,可采用多种操作方式进行各种计量分析和统计分析,数据管理简单方便。EViews 的界面比较友好,使用简便。为了使学生能够更加深刻地掌握时间序列分析理论和应用,本书在每一章后面都有一节内容专门介绍本章的分析方法在 EViews 软件中的实现。另外,本书的所有例题也是以 EViews 软件为操作软件实现的。

习题 1

1.1 什么是时间序列?请收集几个生活中的观察序列。
1.2 时域方法的特点是什么?
1.3 金融时间序列分析主要研究哪几个方面?
1.4 什么是金融高频时间序列分析?它主要研究哪些内容?

EViews 软件介绍(Ⅰ)

一、EViews 基本简介

(一) EViews 窗口简介

利用 EViews5.1 安装包按提示安装完成后,使用 Windows 浏览器或从桌面上“我的电脑”定位 EViews 目录，双击“EViews”程序图标，就进入了 EViews 操作界面。

EViews 的窗口上方按照功能划分 9 个主菜单选项(见图 1.11)，鼠标左键单击任意选项会出现不同的下拉菜单，显示该部分的具体功能，9 个主菜单选项提供的主要功能如下：

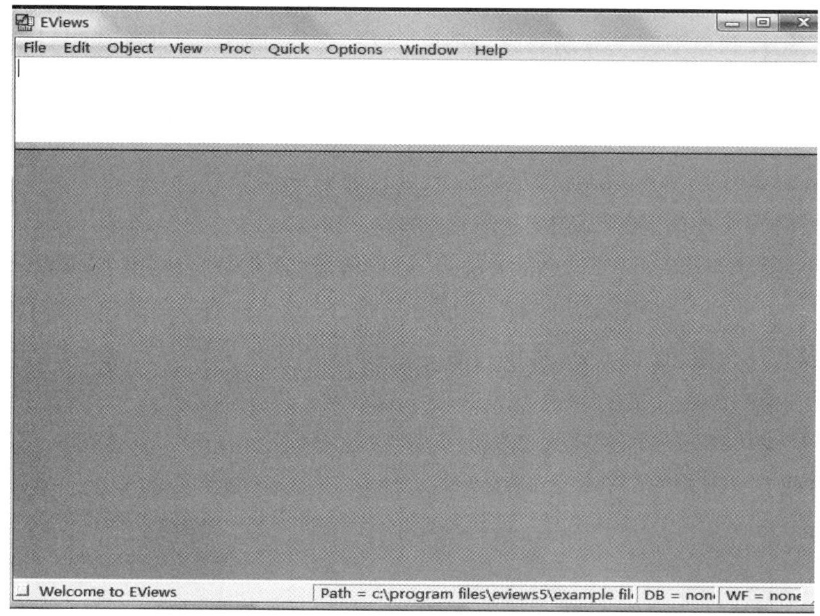

图 1.11 EViews5.0 软件窗口

File 有关文件(工作文件、数据库、EViews 程序等)的常规操作，如文件的建立(New)、打开(Open)、保存(Save/Save As)、关闭(Close)、读入(Import)、读出(Export)、打印(Print)、打印设置(Print Setup)、程序运行(Run)、退出(Exit)等，选择 Exit 将退出 EViews 软件。

Edit 相关下拉菜单有撤消(Undo)、剪切(Cut)、复制(Copy)、粘贴(Paste)、删除(Delete)、查找(Find)、替换(Replace)、合并(Merge)等功能，但通常情况下只提供复制功能，选择 Undo 则撤销上步操作。

Object 提供关于对象的基本操作。包括建立新对象(New Object)、从数据库获取(Fetch from DB)、更新对象(Update from DB)、将工作文件中的对象存储到数据库(Store to DB)、复制对象(Copy Object)、命名(Name)、删除对象(Delete)、打印(Print)、视图选择(View Option)等。

View 和 Proc　这两个主菜单的下拉菜单功能项随当前窗口不同而不同，主要涉及变量的多种查看方式和运算过程。

Quick　主要提供快速分析过程，包括常用的统计过程如抽样(Sample)、产生序列(Generate Series)、统计图(Graph)等，描述统计如序列统计量(Series Statistics)、群统计量(Group Statistics)等以及方程估计(Estimate Equation)、估计向量自回归模型(Estimate VAR)等。

Options　系统参数设定选项。软件运行过程中的各种状态，如窗口的显示模式、字体、视图、表格等都有默认的格式，用户可以根据需要进行选择和修改。

Window　提供多种在打开窗口中进行切换的方式，以及关闭所有窗口(Close All)和关闭所有对象(Close All Objects)等。

Help　帮助选项。

主窗口的主菜单下空白区域是交互模式下的命令输入区，每次允许键入一个操作命令。主窗口中大面积的空区域是留给其他子窗口显示所用。最下面是状态显示行，有程序路径、数据库和工作文件名称等相关内容。

(二) 关闭 EViews

关闭 EViews 的方法很多：选择主菜单上的"File"→"Exit"，按 ALT-F4 键，单击 EViews 窗口右上角的关闭按钮，双击 EViews 窗口左上角等。EViews 关闭时总是警告并给予机会将那些还没有保存的工作保存到磁盘文件中。

二、创建时间序列工作文件

要使用 EViews 分析数据，首先要将数据转换成 EViews 系统能够分析的 EViews Workfile 数据集。

(一) 创建工作文件

EViews 要求数据的分析处理过程必须在特定的工作文件(Workfile)中进行，所以在录入和分析数据之前，应创建一个工作文件。鼠标左键单击主菜单选项 File，在下拉菜单中选择 New/Workfile("/"表示下一步操作)，此时屏幕会出现一个工作文件创建(Workfile Create)对话框，对话框中共有 3 个选项区(见图 1.12)：工作文件结构类型(Workfile structure type)、日期设定(Date specification)和命名项(Name，可选项)。

Workfile structure type 选项区中共有 3 种类型，见图 1.13。

(1) 非结构/非日期型(Unstructured/Undated)；

(2) 日期规则频率型(Dated-regular frequency)；

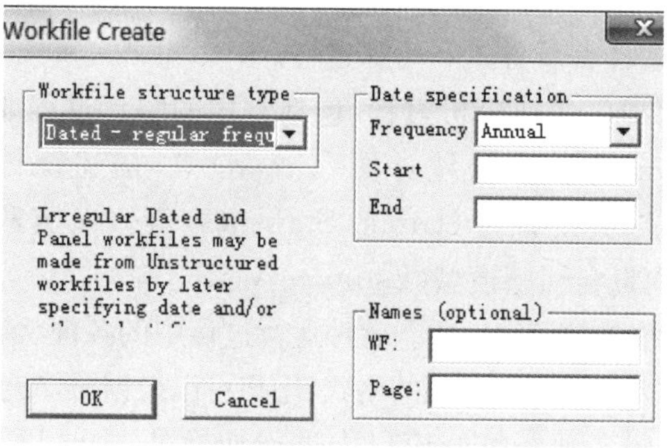

图 1.12　工作文件创建对话框

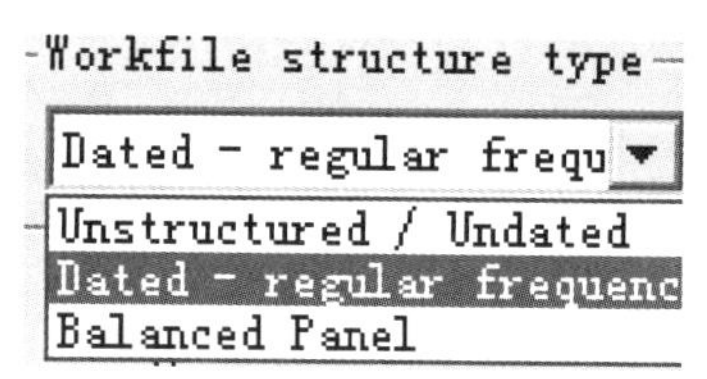

图 1.13　工作文件结构类型的选项

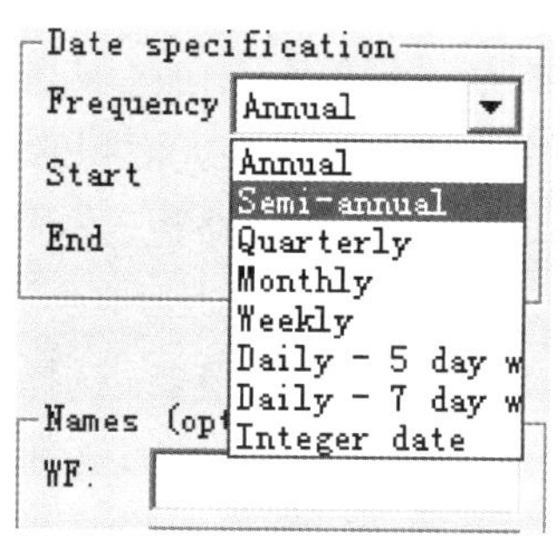

图 1.14　频率的选项

(3) 平衡面板型(Balanced Panel)。

默认状态是 Dated-regular frequency 型。在默认状态下,另一选项区 Date specification(日期设定区)有 8 种可选的日期设定频率,见图 1.14,分别是年度(Annual)、半年度(Semi-annual)、季度(Quarterly)、月度(Monthly)、周度(Weekly)、5 天一周以天计的(Daliy-5 day week)、7 天一周以天计的(Daliy-7 day week)和整天数计的(Integer date)。需要注意的是,在输入季度、月度和周度数据时,都需要在年度后相应加上 Q、M、W 和相应的数字,比如数据范围从 1999 年第一季度到 2008 年第二季度,起始期(Start)应输入 1999Q1,终止期(End)相应输入 2008Q2。

如果 Workfile structure type 选项区选择了 Unstructured/Undated,对话框就变成图 1.15 的模式,需要在 Date range 选择区输入观测值个数,即时间序列长度或样本数据个数。相应地,如果 Workfile structure type 选项区选择了 Balanced Panel,对话框相应变成图 1.16 的样子,在面板设定区域(Panel specification)有 4 个选择区。数据频率(Frequency)选择区包含 8 种选项。起始期(Start)和终止期(End)分别输入序列数据的开始时间和终止时间。个体个数(Number of cross)选择区要求输入面板数据中所包括的个体个数。按照数据分析要求设定完成后点击 OK 键,就建立了一个新工作文件。

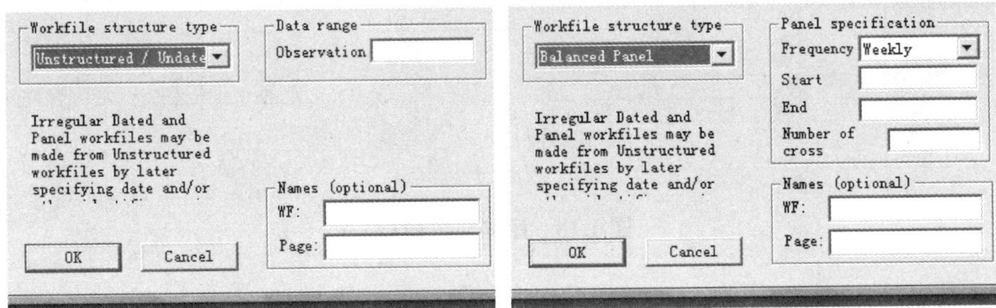

图 1.15　非结构/非日期型　　　　图 1.16　平衡面板型

(二) 创建时间序列

工作文件建立之后,应创建待分析处理的数据序列。在主窗口的菜单选项或工作文件窗口的工具栏中选择 Object/New Object,屏幕会出现图 1.17 的对话框。用户可以在左侧列表中选择希望生成的对象类型,对时间序列而言,通常选择 Series,同时在右边对话框为新序列命名(默认为 Untitled),如命名为 a(EViews 软件不区分序列名字的字母大小写表示),定义完毕后单击 OK。此时已经建立了一个名为 a 的序列,打开它主要有三种方法:

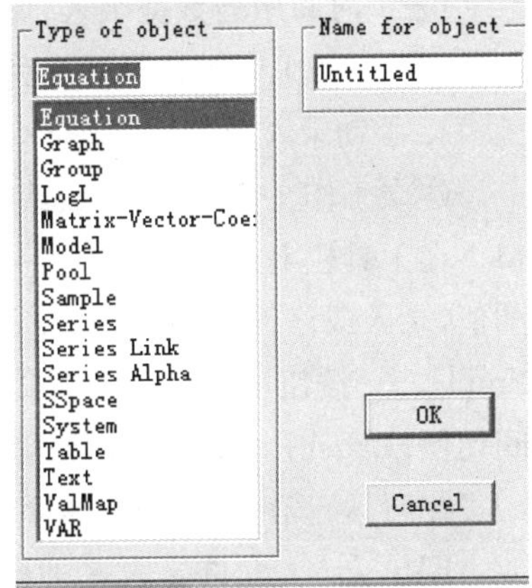

图 1.17　对象定义对话框

(1) 双击序列 a;

(2) 选中 a,在工作文件窗口选择 View/Open Selected/One Window;

(3) 在工作文件窗口中按 Show 或在主窗口中选择 Quick/Show 后,在出现的对话框中输入序列名 a,点击 OK 就建立了一个尚未录入数据的年度时间的时间序列 a,序列对象窗口见图 1.18。

在给对象命名时需要注意,EViews 软件本身有很多保留字符不能使用:ABS　ACOS　AR　ASIN　C　CON　CNORM　COEF　COS　D

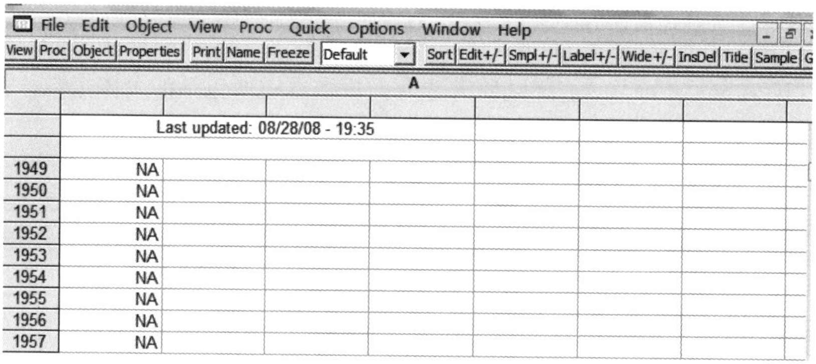

图 1.18 序列对象窗口

DLOG DNORM ELSE ENDIF EXP LOG LOGIT LPT1 LPT2 MA NA NRND PDL RESID RND SAR SIN SMA SQR 和 THEN。

(三) 时间序列数据录入、调用与编辑

EViews5.1 版本提供了多种导入数据的方法，以下主要介绍两种。

1. 手动录入数据

建立工作文件后，新生成或打开一个序列，都会出现图 1.18 的序列对象窗口。在工具栏上点击 Edit+/−按钮进入编辑状态，用户可输入或修改序列观测值，录入或修改数据完毕后必须再次点击 Edit+/−按钮恢复只读状态；Smpl+/−按钮可在显示工作文件时间范围内全部数据和只显示样本数据之间切换；Label+/−按钮在是否显示对象标签两种模式间进行切换。

2. 导入已有数据文件

EViews5.1 允许导入三种格式的数据：Text-ASCⅡ、Lotus 和 Excel 工作表。有三种方式可以导入：(1) 主菜单 File/Import/Read Text-Lotus-Excel；(2) 主菜单 Proc/Import/Read Text-Lotus-Excel；(3) 工作文件工具栏 Proc/Import/Read Text-Lotus-Excel。无论选择哪种导入方式，选择后找到并打开目标文件，对应于不用类型的文件会出现不同的对话框，时间序列分析通常以 Excel 工作表数据的读入最为常见，但要求 Excel 工作表中的序列名称一定不能出现汉字，因为 EViews 没经过汉化，现举例说明。

例 1 有个关于 1949—1998 年北京市每年最高气温(单位：摄氏度)序列的 Excel 工作表，见图 1.19，现将其读入 EViews。

第一步，按上面所介绍的方法建立一个时间范围为 1949—1998 年的工作文件；第二步，按导入数据的三种方法之一找到相关 Excel 文件存储路径后，双击此文件名，屏幕会出现如图 1.20 所示的对话框。对话框左上角有两个选项，分别表示数据在 Excel 工作簿中的排列方式：按观测值排列(By Observation)，如图 1.19 所示，每个变量的观测值分别在不同列上；按序列排列(By Series)表示每个特定变量的观测值在一横行上。选项右边 Upper-left data cell 下的空格应填 Excel 工作簿中左上方第一个有数据的单元格地址，若把 time 也作为一个变量，第一个数据出现在 A2，则把 B2 改成 A2；最右边的选项 Excel 5＋sheet name 下空格指定读入数据的工作表名称，若不指定，则默认从当前工作表读入数据，我们这里采用默认形式。对话框中间较大空白区域要求输入读入变量的名称或个数，如果采用原序列名，则输入 time 和 temperature(中间用空格隔开)；若对序列重新命名，则输入自定义序列名，第一个输入的序列名为原文件的第一列变量。对话框最下面空白是建立工作文件时定义的欲调入序列的时间范围，用户可以修改对应的样本期，如输入 1949 到 1980 则生成的序列从 1981 后均没有观测值。定义完毕后，工作文件窗口出现新读入的 time 和 temperature 序列。

Microsoft Excel - 1949-1998年北京市每年最高气温序列

	A	B	C	D
1	time	temperarture		
2	1949	38.8		
3	1950	35.6		
4	1951	38.3		
5	1952	39.6		

图 1.19 数据的 Excel 工作表

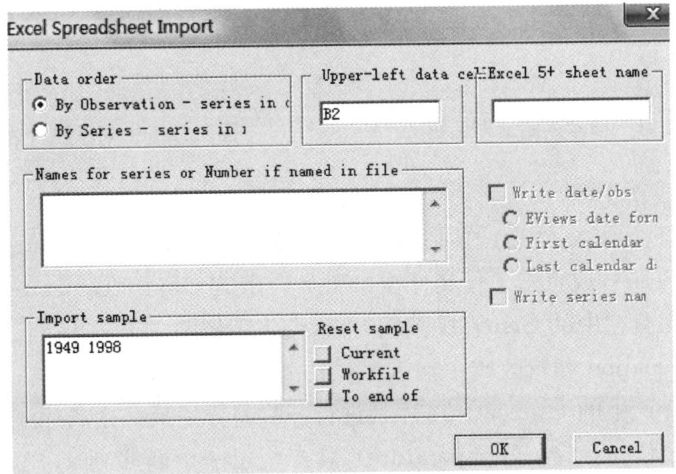

图 1.20 读入 Excel 电子表格对话框

（四）新序列的建立

在数据分析时，从原序列选取样本进行分析或利用已有序列生成新序列和修改原序列值都很常见，下面介绍样本的产生和新序列的生成。

1. 产生样本

样本(sample)通常是工作文件序列观测值的一个子集。在建立工作文件时，系统默认为整个观测期。当需要对某段时间按或符合某种条件的观测值分析时，需要更改样本期。有四种实现方式：在工作文件窗口的工具栏点击 Sample；在主菜单或工作文件窗口工具栏点击 Proc/Set Sample；在主菜单点击 Quick/Sample，屏幕会出现如图 1.21 的对话框。在 Sample range pairs 下的空白区域需给出成对的日期，每对数值分别表示在新样本期中一个子集的起止点，如输入 1949 1970 1980 1989，表示选择 1949—1970 年和 1980—1989 年的观测值构成样本进行操作。对话框下半部分 If condition 是附加条件输入区域，若不需要对序列值进行限制可省略。EViews5.1 将取用户输入的样本区间和附加条件的交集作为最终的样本期。样本期的定义也可用命令完成，格式为：

smpl start1 end1 start2 end2 **if**_condition

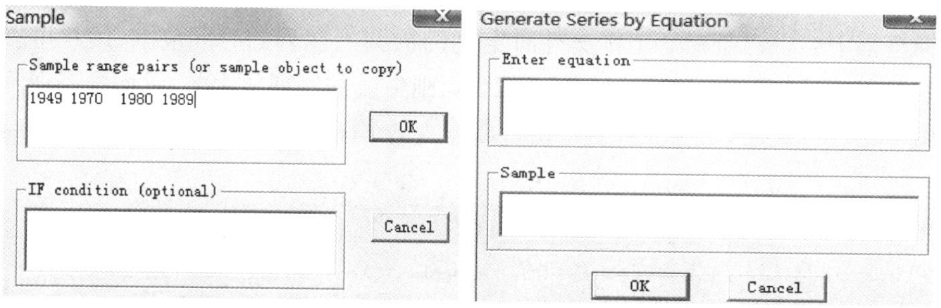

图 1.21 样本期定义对话框　　图 1.22 生成序列对话框

2. 生成新序列

建立好工作文件后，在主菜单选择 Quick/Generate Series 或 Object/Generate Series，或点击工作文件窗口工具栏中的 Object/Generate Series，或直接点击工具栏中的 Generate 按钮，屏幕会出现如图 1.22 对话框。用户可以在 Enter equation 编辑区域中输入赋值语句，在下面 Sample 中输入样本期。比如对例 1 产生的 temperature 序列进行一阶差分生成一个新序列 x，则可键入如下赋值语句：x=d(temperature)，就产生了一个新序列 x 了。生成或修改一个序列，也可用命令方式，格式为

Series name=formula

比如上面生成的序列 x，在命令区域可键入

Series x=d(temperature)

(五) 创建群

在数据分析时，通常需要针对多个序列操作以观察序列间的关系。和创建序列操作相同，在图 1.17 种选择 Group，命名后就出现图 1.23 的对话框，输入欲建立的群所包含的序列名称后，点 OK。也可以使用命令方式生成群，格式为

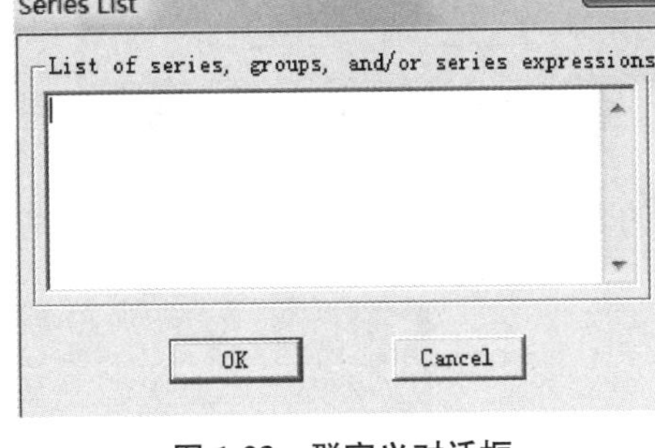

图 1.23 群定义对话框

Group group-name ser1 ser2 ser3 ser4

三、绘制时间序列图

时序图可以大致看出序列的平稳性，平稳序列的时序图应该显示出序列始终围绕一个常数值波动，且波动的范围不大。

承例 1 1949—1998 年北京市每年最高气温序列(单位：摄氏度)时序图

按照前面介绍的方法建立工作文件和导入外部 Excel 文件，建立对应的时间序列 temperature。点击主菜单 Quick/Graph 就可作图，共有 5 个选项，见图 1.24，分别是折线图(Line graph)、条形图(Bar graph)、散点图(Scatter)等，也可双击序列名，出现显示电子表格的序列观测值，然后点击工具栏的

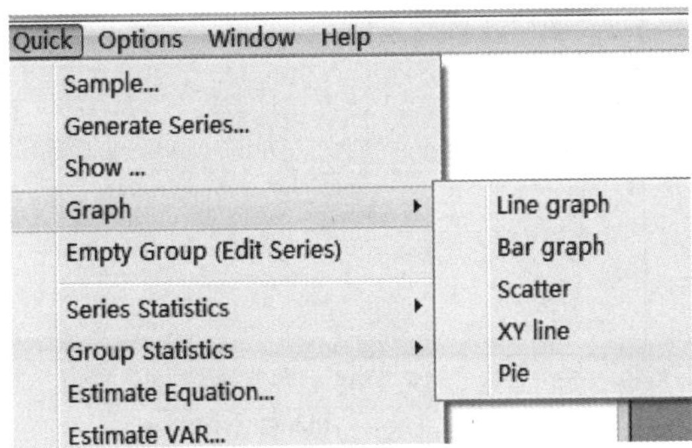

图 1.24 EViews 作图

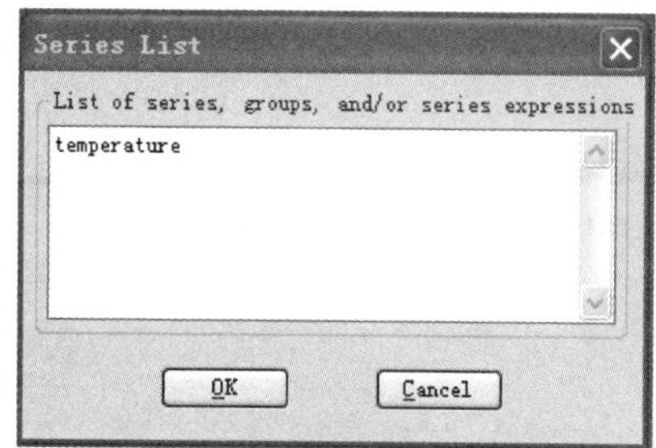

图 1.25 选择折线图出现的对话框

View/Graph。如果选择折线图，出现图 1.25 的对话框，在此对话框中键入要做图的序列，我们输入 temperature，点击 OK 则出现折线图，横轴表示时间，纵轴表示最高气温，见图 1.26。选择图 1.26 上工具栏 options 可以对折线图做相应修饰，比如显示出各数据点并用“ * ”表示，把背景色调成白色，默认为黄色，点击主菜单的 Edit/Copy，然后粘贴到文档就变成如图 1.27 的折线图。

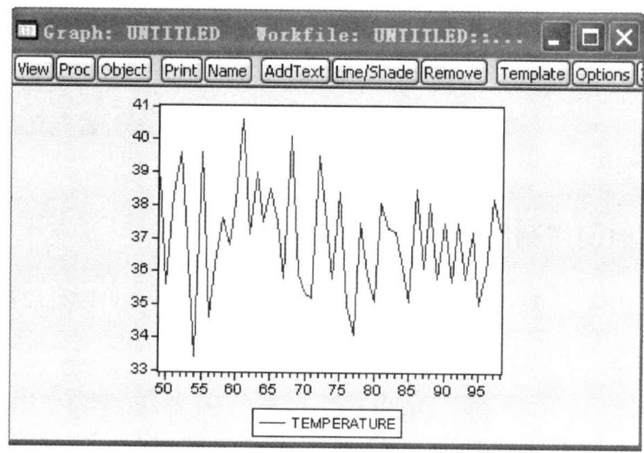

图 1.26 折线图

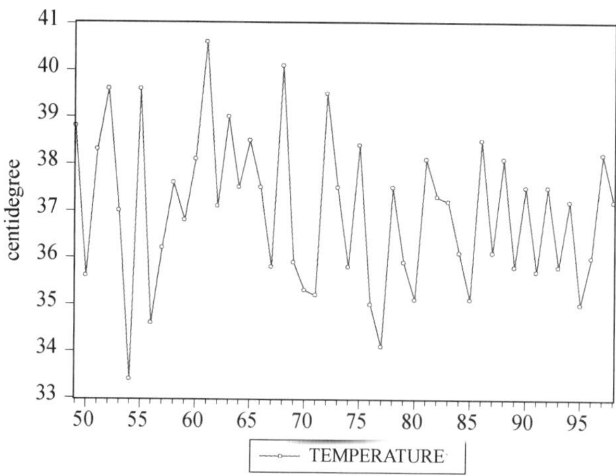

图 1.27 粘贴到文档后的折线图

四、查看序列的简单统计量

通过 EViews 软件，我们可以非常方便地查看目标序列的相关简单统计量。

承例 1　在工作文件中选中并双击目标序列对象 temperature，在打开的这一目标序列对话框中，选择左上角的 View 选项，如图 1.28 所示。在下拉菜单中选中“Descriptive Statistics”，在出现的次级菜单中选中“Histogram and Stats”，EViews 就会给出 temperature 的柱状图以及简单描述统计量，如图 1.29 所示。

Series: TEMPERATURE　Workfile: UNTITLED::Unt...

View | Proc | Object | Properties | Print | Name | Freeze | Default | Sort | Edit+/- | Smpl+/- | Lab

TEMPERATURE

Last updated: 11/14/08 - 13:58

1949	38.80000
1950	35.60000
1951	38.30000
1952	39.60000
1953	37.00000
1954	33.40000
1955	39.60000
1956	34.60000
1957	36.20000
1958	37.60000
1959	36.80000
1960	38.10000
1961	40.60000
1962	37.10000
1963	

图 1.28　目标序列

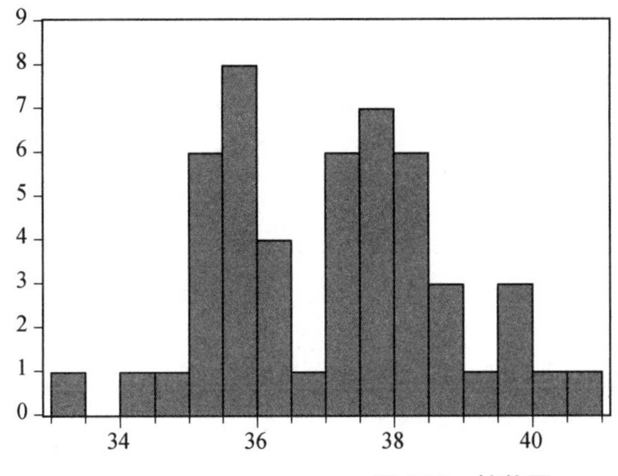

Series: TEMPERATURE
Sample 1949 1998
Observations 50

Mean	36.986 00
Median	37.200 00
Maximum	40.600 00
Minimum	33.400 00
Std. Dev.	1.619 273
Skewness	0.107 098
Kurtosis	2.458 279
Jarque-Bera	0.706 962
Probability	0.702 239

图 1.29　柱状图

图1.29中显示有该序列的名称 temperature、样本起止点1949—1998,共有50个观测值。以及该序列的均值(Mean),中位数(Median),最大、最小值(Maximum, Minimum),标准差(Std. Dev.),偏度(Skewness),峰度(Kurtosis),J-B统计量(Jarque-Bera)及其相伴概率(Probability)。

2 时间序列分析的基本概念

本章将介绍时间序列分析的一些基本概念，其中关于平稳性、自协方差函数和样本自协方差函数的概念尤为重要。由于时间序列是随机过程的特例，所以我们首先介绍随机过程的一些基础概念和基本理论，最后介绍一些差分方程理论和动态数据的预处理方法。

2.1 随机过程

在对某些随机现象的变化过程进行研究时，需要考虑无穷多个随机变量，必须用一簇随机变量才能刻画这种随机现象的全部统计特征，这样的随机变量族通常称为随机过程。下面为几个常见的随机过程的例子：

例 2.1(随机游动) 设 X_1, X_2, $\cdots$ 是一列独立同分布的随机变量序列，令

$$S_n = S_0 + X_1 + X_2 \cdots + X_n$$

则称随机变量序列 $\{S_n; n=0, 1, \cdots\}$ 为随机游动。其中 S_0 是与 X_1, X_2, $\cdots$ 相互独立(但是不同分布)的随机变量，一般来说，我们假定 $S_0=0$。 如果

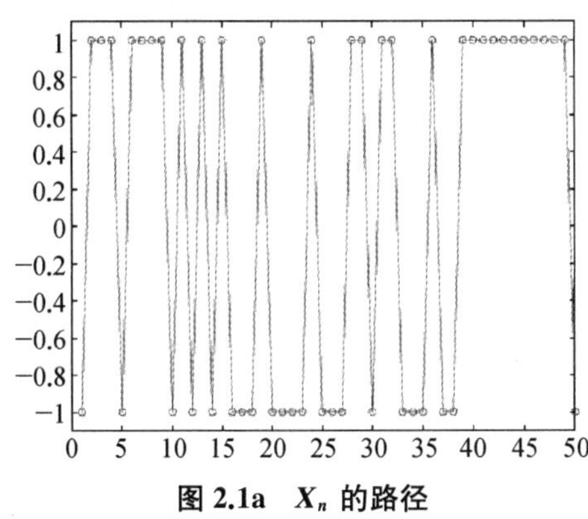

图 2.1a X_n 的路径

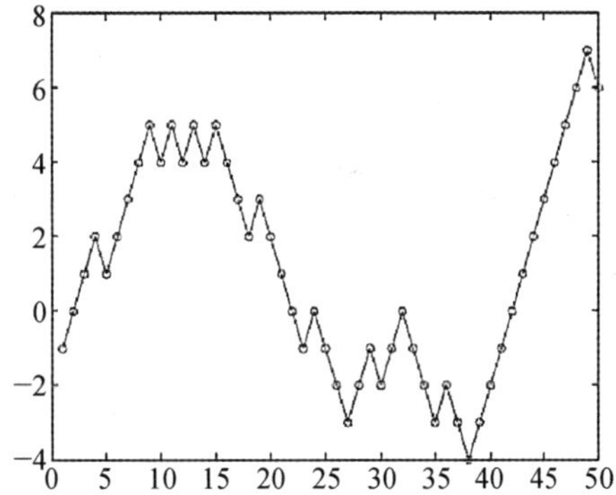

图 2.1b S_n 的路径

$$P(X_n=1)=P(X_n=-1)=1/2$$

$\{S_n\}$ 就是一般概率论与数理统计教材中提到的简单随机游动。

例 2.2(布朗运动) 英国植物学家布朗注意到漂浮在液面上的微小粒子不断进行无规则的运动,它是分子大量随机碰撞的结果。这种运动后来称为布朗运动。若记 $(X(t), Y(t))$ 为粒子在平面坐标上的位置,则它是平面上的布朗运动。

例 2.3 在通信工程中,电话交换台在时间段$[0, t]$内接到的呼唤次数是与 t 有关的随机变量 $X(t)$,对于固定的 t, $X(t)$ 是一个取非负整数的随机变量,则 $\{X(t), t\in[0, \infty)\}$ 是随机过程。

下面介绍随机过程的定义。随机试验所有可能结果组成的集合称为这个试验的样本空间,记为 Ω,其中的元素 ω 称为样本点或基本事件,Ω 的子集 A 称为事件,样本空间 Ω 称为必然事件,空集 Φ 称为不可能事件,F 是 Ω 的某些子集组成的集合组,P 是 (Ω, F) 上的概率。

定义 2.1 随机过程是概率空间 (Ω, F, P) 上的一族随机变量 $\{X(t), t\in T\}$,其中 t 是参数,它属于某个指标集 T,T 称为参数集。

随机过程可以这样理解:对于固定的样本点 $\omega_0\in\Omega$, $X(t, \omega_0)$ 就是定义在 T 上的一个函数,称为 $X(t)$ 的一条样本路径或一个样本函数;而对于固定的时刻 $t\in T$, $X(t)=X(t, \omega)$ 是概率空间 Ω 上的一个随机变量,其取值随着试验的结果而变化,变化的规律呈概率分布。随机过程的取值称为过程所处的状态,状态的全体称为状态空间,记为 S。根据 T 及 S 的不同,过程可以分成不同的类:依照状态空间可分为连续状态和离散状态,依照参数集可分为离散参数和连续参数过程。

对于一维随机变量,掌握了它的分布函数就能完全了解该随机变量。对于多维随机变量,掌握了它们的联合分布函数就能确定它们的所有统计特性。对于由一族或多个随机变量形成的随机过程,要采用有限维分布函数族来刻画其统计特性。

定义 2.2 随机过程的一维分布,二维分布,…,n 维分布,其全体

$$\{F_{t_1,\cdots,t_n}(x_1, \cdots, x_n), t_1, \cdots, t_n\in T, n\geqslant 1\}$$

称为过程 $X(t)$ 的有限维分布族。

一个随机过程的有限维分布族具有如下两个性质:

(1) 对称性。

对 $(1, 2, \cdots, n)$ 的任一排列 $(j_1, j_2, \cdots, j_n)$,有

$$F_{t_{j_1},\cdots,t_{j_n}}(x_{j_1},\cdots,x_{j_n})=F_{t_1,\cdots,t_n}(x_1,\cdots,x_n) \tag{2.1}$$

（2）相容性。

对 $m<n$，有

$$F_{t_1,\cdots,t_m,t_{m+1},\cdots,t_n}(x_1,\cdots,x_m,\infty,\cdots,\infty)=F_{t_1,\cdots,t_m}(x_1,\cdots,x_m) \tag{2.2}$$

对于满足对称性和相容性条件的分布函数族 F，是否一定存在一个以 F 作为有限维分布函数族的随机过程呢？柯尔莫哥洛夫（Kolmogorov）定理给出了确定的结论。

定理 2.1（柯尔莫哥洛夫定理）　设分布函数族 $\{F_{t_1,\cdots,t_n}(x_1,\cdots,x_n),t_1,\cdots,t_n\in T,n\geqslant 1\}$ 满足上述的对称性和相容性，则必存在一个随机过程 $\{X(t),t\in T\}$，使 $\{F_{t_1,\cdots,t_n}(x_1,\cdots,x_n),t_1,\cdots,t_n\in T,n\geqslant 1\}$ 恰好是 $X(t)$ 的有限维分布族。

柯尔莫哥洛夫定理说明，随机过程的有限维分布函数族是随机过程概率特征的完整描述。在实际问题中，要掌握随机过程的全部有限维分布函数族是不可能的，一般是利用随机过程的某些统计特征。如下是一些常用的统计特征。

定义 2.3　设 $\{X(t),t\in T\}$ 是一个随机过程，如果对任意 $t\in T$，$\mathrm{E}[X(t)]$ 存在，则称函数

$$\mu_X(t)=\mathrm{E}[X(t)],\ t\in T \tag{2.3}$$

为 $\{X(t),t\in T\}$ 的**均值函数**，称

$$\gamma_X(s,t)=\mathrm{E}[(X(s)-\mu_X(s))(X(t)-\mu_X(t))],\ s,t\in T \tag{2.4}$$

为 $\{X(t),t\in T\}$ 的**协方差函数**，称

$$\mathrm{Var}_X(t)=\gamma_X(t,t)=\mathrm{E}[X(t)-\mu_X(t)]^2,\ s,t\in T \tag{2.5}$$

为 $\{X(t),t\in T\}$ 的**方差函数**。

均值函数是随机过程 $\{X(t),t\in T\}$ 在时刻 t 的平均值，方差函数是随机过程在时刻 t 对均值 $\mu_X(t)$ 的偏离程度，而协方差函数和相关函数则反映了随机过程在时刻 s 和 t 时的线性相关程度。

2.2　平稳过程的特征及遍历性

有一类重要的过程，它处于某种平稳状态，其主要性质与变量之间的时间

间隔有关,与所考察的起始点无关,这样的过程称为平稳过程。

定义 2.4 如果随机过程 $\{X(t), t \in T\}$ 对任意的 $t_1, \cdots, t_n \in T$ 和任意的 h(使得 $t_i + h \in T, i=1, 2, \cdots, n$),有:

$(X(t_1+h), X(t_2+h), \cdots, X(t_n+h))$ 与 $(X(t_1), X(t_2), \cdots, X(t_n))$ 具有相同的联合分布,记为

$$(X(t_1+h), X(t_2+h), \cdots, X(t_n+h)) \overset{d}{=} (X(t_1), X(t_2), \cdots, X(t_n)) \tag{2.6}$$

则称 $\{X(t), t \in T\}$ 为**严平稳**的。

根据定义 2.4,对任意的 $t_1, \cdots, t_n \in T$ 和任意的 h,上述 $(X(t_1), X(t_2), \cdots, X(t_n))$ 的分布函数记为 $F(x_1, x_2, \cdots, x_n; t_1, t_2, \cdots, t_n)$,则 (2.6)式可以写为

$$\begin{aligned} & F(x_1, x_2, \cdots, x_n; t_1, t_2, \cdots, t_n) \\ = & F(x_1, x_2, \cdots, x_n; t_1+h, t_2+h, \cdots, t_n+h) \end{aligned}$$

即取样点在时间上做任意平移时,随机过程 $\{X(t), t \in T\}$ 的有限维分布函数是不变的。当 $n=1$ 时,对任意的 $t \in T$ 和任意的 h,在严平稳定义下,随机过程 $\{X(t), t \in T\}$ 的分布函数满足

$$F(x; t) = F(x; t+h) = F(x)$$

当 $n=2$ 时,对任意的 $t_1, t_2 \in T$ 和任意的 h,在严平稳定义下,分布函数满足

$$F(x_1, x_2; t_1, t_2) = F(x_1, x_2; t_1+h, t_2+h) = F(x_1, x_2; t_2-t_1)$$

显然可以看出,严平稳随机过程 $\{X(t), t \in T\}$ 的二维分布函数只与时间间隔 t_2-t_1 有关。

对于严平稳过程而言,有限维分布关于时间是平移不变的,条件很强,不容易验证。所以引入另一种所谓的宽平稳过程或二阶平稳过程。

定义 2.5 设 $\{X(t), t \in T\}$ 是一个随机过程,若 $\{X(t), t \in T\}$ 的所有二阶矩都存在,并且对任意 $t \in T$, $\mathrm{E}[X(t)] = \mu$ 为常数,对任意 $s, t \in T$, $\gamma(s, t)$ 只与时间差 $t-s$ 有关,则称 $\{X(t), t \in T\}$ 为**宽平稳过程**,简称**平稳过程**。若 T 是离散集,则称平稳过程 $\{X(t), t \in T\}$ 为**平稳序列**。

关于严平稳和宽平稳之间的关系,有如下关系:

(1) 严平稳$\nRightarrow$宽平稳

(2) 严平稳+二阶矩存在⇒宽平稳

(3) 宽平稳⇏严平稳

(4) 在正态分布假设下,严平稳⇔宽平稳

例 2.4 随机过程为 $X(t)=At$,其中 A 为随机变量,服从 $[0, 1]$ 的均匀分布,问 $X(t)$ 是否满足宽平稳定义?

解: 设 $f_A(u)$ 为 A 的密度函数,则 $X(t)$ 的数学期望为

$$E(X(t))=E(At)=t\int_0^1 uf_A(u)du=\frac{t}{2}$$

因此,$X(t)$ 的数学期望不满足宽平稳的定义,不平稳。同时,$X(t)$ 的协方差函数为

$$\begin{aligned}\gamma(t, s)&=\mathrm{cov}(X(t)\cdot X(s))\\&=E(X(t)\cdot X(s))-E(X(t))\cdot E(X(s))\\&=E(At\cdot As)-\frac{t\cdot s}{4}\\&=ts\int_0^1 u^2 f_A(u)du-\frac{t\cdot s}{4}\\&=\frac{t\cdot s}{12}\end{aligned}$$

由此可见,$X(t)$ 的协方差函数也不满足宽平稳的定义。

例 2.5 随机过程定义为 $X(t)=u\sin(\omega_0 t+\varphi)$,其中 u 和 φ 是常数,φ 是区间 $[0, 2\pi]$ 上均匀分布的随机变量。问 $X(t)$ 是否宽平稳过程?给出理由。

解: 根据宽平稳的定义,随机过程 $X(t)$ 是随机变量 φ 的函数,计算

$E(X(t))=\int_0^{2\pi} u\sin(\omega_0 t+\varphi)\frac{1}{2\pi}\cdot d\varphi=\frac{u}{2\pi}\int_0^{2\pi}\sin(\omega_0 t+\varphi)\cdot d\varphi=0$,为常数,

$$\begin{aligned}\gamma(t, s)&=E[(X(t)-E(X(t)))\cdot(X(s)-E(X(s)))]\\&=E(X(t)X(s))\\&=\int_0^{2\pi}\sin(\omega_0 t+\varphi)\sin(\omega_0 s+\varphi)\cdot\frac{u^2}{2\pi}d\varphi\\&=\frac{u^2}{2\pi}\int_0^{2\pi}[\cos(\omega_0(t-s))-\cos(\omega_0(t+s)+2\varphi)]\cdot d\varphi\end{aligned}$$

$$=u^2\cos(\omega_0(t-s))-\frac{u^2}{2\pi}\int_0^{2\pi}\cos(\omega_0(t+s)+2\varphi)\cdot \mathrm{d}\varphi$$
$$=\frac{u^2}{2}\cos(\omega_0(t-s))$$

因而 $X(t)$ 的二阶矩都存在,均值函数为 0,协方差函数 $\gamma(s, t)$ 只与 $t-s$ 有关,因而是宽平稳过程。

对于平稳过程而言,由于 $\gamma(s, t)=\gamma(0, t-s)$,所以可以记为 $\gamma(t-s)$。对所有的 τ,协方差函数 $\gamma(\tau)$ 有以下性质:

① 对所有的 τ 有 $\gamma(-\tau)=\gamma(\tau)$,即为偶函数,所以 $\gamma(\tau)$ 的图形关于坐标轴对称。

证明:
$$\begin{aligned}\gamma(\tau)&=\mathrm{cov}(X(t),\ X(t-\tau))\\&=\mathrm{E}(X(t)\cdot X(t-\tau))-\mathrm{E}(X(t))\mathrm{E}(X(t-\tau))\\&=\mathrm{E}(X(t-\tau)\cdot X(t))-\mathrm{E}(X(t-\tau))\mathrm{E}(X(t))\\&=\gamma(-\tau)\end{aligned}$$

② 其在 0 点的值就是 $X(t)$ 的方差,即 $\gamma(0)=\mathrm{Var}(X(t))$,并且所有的 τ 有 $|\gamma(\tau)|\leqslant\gamma(0)$。

证明:由于宽平稳过程 $X(t)$ 的均值是常数,其中 $\mathrm{E}[X(t)]=\mu$,则

$$\begin{aligned}\gamma(\tau)&=\mathrm{cov}(X(t),\ X(t-\tau))=\mathrm{E}[X(t)-\mu][X(t-\tau)-\mu]\\&=\mathrm{E}[X(t)\cdot X(t-\tau)]-\mu^2\end{aligned}$$

对于所有的 τ,$\mathrm{E}[X(t)\pm X(t-\tau)]^2\geqslant 0$,展开有

$$\mathrm{E}[X^2(t)\pm 2X(t)X(t-\tau)+X^2(t-\tau)]\geqslant 0$$

由于 $\gamma(0)=\mathrm{E}[X^2(t)]-\mu^2=\mathrm{E}[X^2(t-\tau)]-\mu^2$,根据上式 $2\gamma(0)\pm 2\gamma(\tau)\geqslant 0$,所以

$$|\gamma(\tau)|\leqslant\gamma(0)$$

③ 宽平稳过程的协方差函数具有非负定性,即对任意时刻 t_n,实数 a_n,$n=1, 2, \cdots, N$,有

$$\sum_{n=1}^{N}\sum_{m=1}^{N}a_n a_m\gamma(t_n-t_m)\geqslant 0$$

证明:对任意时刻 t_n,实数 a_n,$n=1, 2, \cdots, N$,

$$0 \leqslant \operatorname{Var}[a_1 X(t_1) + \cdots + a_N X(t_N)] = \sum_{n=1}^{N} \sum_{m=1}^{N} a_n a_m \operatorname{cov}(X(t_n), X(t_m))$$

$$= \sum_{n=1}^{N} \sum_{m=1}^{N} a_n a_m \gamma(t_n - t_m)$$

特别对于平稳时间序列 $\{X(t)\}$ 来说，$\gamma(k) = \operatorname{cov}(X(t-k), X(t))$，$k = 0, 1, 2, \cdots$，则上述性质，对于任意的 N，下述矩阵

$$\begin{bmatrix} \gamma(0) & \gamma(1) & \cdots & \gamma(N-2) & \gamma(N-1) \\ \gamma(1) & \gamma(0) & \cdots & \gamma(N-3) & \gamma(N-2) \\ \gamma(2) & \gamma(1) & \cdots & \gamma(N-4) & \gamma(N-3) \\ \vdots & \vdots & \cdots & \vdots & \vdots \\ \gamma(N-1) & \gamma(N-2) & \cdots & \gamma(1) & \gamma(0) \end{bmatrix}$$

为半正定阵。

定义 2.6 设 $\{X(t)\}$ 是一个平稳序列，对任意 k，定义 $X(t)$，$X(t-k)$ 的自相关函数 $\rho(k) = corr(X(t-k), X(t))$ 为

$$\rho(k) = \frac{\operatorname{cov}(X(t-k), X(t))}{\operatorname{Var}(X(t))} = \frac{\gamma(k)}{\gamma(0)}, \ k = 0, \pm 1, \pm 2, \cdots$$

根据协方差函数的性质，我们易得，对任意 k，$\rho(k)$ 满足如下性质：

① $\rho(0) = 1$；

② $\rho(k) = \rho(-k)$；

③ $|\rho(k)| \leqslant 1$。

平稳随机过程的统计特征完全由其二阶矩函数确定。对固定时刻 t，均值函数和协方差函数是随机变量 $X(t)$ 的取值在样本空间 Ω 上的概率平均，是由 $X(t)$ 的分布函数确定的，通常很难求得。在实际中，如果已知一个较长时间的样本记录，是否可按照时间取平均代替统计平均呢？这是平稳过程的遍历性所要讨论的问题。

由大数定律，设独立同分布的随机变量序列 $\{X_n, n = 1, 2, \cdots\}$ 具有 $\mathrm{E}X_n = \mu$，$\operatorname{Var}X_n = \sigma^2$，则

$$\lim_{N \to \infty} P\left\{ \left| \frac{1}{N} \sum_{k=1}^{N} X_k - \mu \right| < \varepsilon \right\} = 1$$

这里，若将随机序列 $\{X_n, n=1, 2, \cdots\}$ 看作具有离散参数的随机过程，则 $\frac{1}{N}\sum_{k=1}^{N} X_k$ 为随机过程的样本函数按不同时刻所取的平均值，该函数随样本不同而变化，是随机变量。而 $EX_n=\mu$ 是随机过程的均值。大数定律表明，随时间 n 的无限增长，随机过程的样本函数按时间平均以越来越大的概率近似于过程的统计平均。那么，只要观测的时间足够长，则随机过程的每个样本函数都能够遍历各种可能状态。这种特性称为遍历性。

定义 2.7 设 $\{X(t), -\infty<t<+\infty\}$ 为均方连续的平稳过程，则分别称

$$\langle X(t)\rangle=\lim_{T\to\infty}\frac{1}{2T}\int_{-T}^{T} X(t)\mathrm{d}t \tag{2.7}$$

$$\langle X(t)X(t-\tau)\rangle=\lim_{T\to\infty}\frac{1}{2T}\int_{-T}^{T} X(t)X(t-\tau)\mathrm{d}t \tag{2.8}$$

为该过程的时间均值和时间相关函数。

定义 2.8 设 $\{X(t), -\infty<t<+\infty\}$ 为均方连续的平稳过程，若

$$\lim_{T\to\infty}\frac{1}{2T}\int_{-T}^{T} X(t)\mathrm{d}t=\mu_X \tag{2.9}$$

则称该平稳过程的均值具有遍历性。

若

$$\lim_{T\to\infty}\frac{1}{2T}\int_{-T}^{T} X(t)X(t-\tau)\mathrm{d}t=r_X(\tau) \tag{2.10}$$

则称该平稳过程的协方差函数具有遍历性。

定义 2.9 如果均方连续的平稳过程的均值和相关函数都具有各态历经性，则称该平稳过程具有遍历性。

定理 2.2(均值遍历性定理)

① 设 $X=\{X_n, n=0, \pm 1, \pm 2\}$ 是平稳序列，其协方差函数为 $r(t)$，则 X 具有遍历性的充分必要条件是

$$\lim_{N\to\infty}\frac{1}{N}\sum_{t=0}^{N-1} r(t)=0 \tag{2.11}$$

② 设 $X=\{X_t, \infty<t<\infty\}$ 是平稳过程，则 X 具有遍历性的充分必要条件是

$$\lim_{T\to\infty}\frac{1}{T}\int_0^{2T}\left(1-\frac{\tau}{2T}\right)r(\tau)\mathrm{d}\tau=0 \tag{2.12}$$

证明: 由于证明的思路相同,这里只证明连续时间的均值遍历性定理。首先计算 $\bar{X}$ 的均值和方差。记

$$\bar{X}_T=\frac{1}{2T}\int_{-T}^{T}X(t)\mathrm{d}t$$

则有

$$\mathrm{E}\bar{X}=\mathrm{E}[\lim_{T\to\infty}\bar{X}_T]=\lim_{T\to\infty}\mathrm{E}(\bar{X}_T)=\lim_{T\to\infty}\frac{1}{2T}\int_{-T}^{T}\mathrm{E}X(t)\mathrm{d}t$$

进而

$$\begin{aligned}\mathrm{Var}(\bar{X})&=\mathrm{E}\,(\bar{X}-\mathrm{E}\bar{X})^2\\&=\mathrm{E}\lim_{T\to\infty}\left[\frac{1}{2T}\int_{-T}^{T}(X(t)-\mu)\mathrm{d}t\right]^2\\&=\lim_{T\to\infty}\frac{1}{4T^2}\mathrm{E}\left[\int_{-T}^{T}(X(t)-\mu)\mathrm{d}t\right]^2 \qquad (2.13)\\&=\lim_{T\to\infty}\frac{1}{4T^2}\int_{-T}^{T}\int_{-T}^{T}\mathrm{E}[(X(t)-\mu)(X(s)-\mu)]\mathrm{d}t\,\mathrm{d}s\\&=\lim_{T\to\infty}\frac{1}{4T^2}\int_{-T}^{T}\int_{-T}^{T}\gamma(t-s)\mathrm{d}t\,\mathrm{d}s\end{aligned}$$

在上述积分中,作变换

$$\begin{cases}\tau=t-s\\ \upsilon=t+s\end{cases}$$

则变换的雅可比(Jacobi)行列式值为

$$J=\begin{vmatrix}1&-1\\1&1\end{vmatrix}^{-1}=\frac{1}{2}$$

因而积分区域变换为顶点分别在 τ 轴和 υ 轴上的菱形区域: $-2T\leqslant\tau\pm\upsilon\leqslant 2T$。由于 $\gamma(\tau)$ 是偶函数,故(2.13)式等于

$$\begin{aligned}
&\lim_{T\to\infty}\frac{1}{8T^2}\int_{-2T}^{2T}\gamma(\tau)\mathrm{d}\tau\int_{-(2T-|\tau|)}^{2T-|\tau|}\mathrm{d}\upsilon \\
=&\lim_{T\to\infty}\frac{1}{4T^2}\int_{-2T}^{2T}\gamma(\tau)(2T-|\tau|)\mathrm{d}\tau \\
=&\lim_{T\to\infty}\frac{1}{2T^2}\int_{0}^{2T}\gamma(\tau)(2T-\tau)\mathrm{d}\tau \\
=&\lim_{T\to\infty}\frac{1}{T}\int_{0}^{2T}\gamma(\tau)\left(1-\frac{\tau}{2T}\right)\mathrm{d}\tau
\end{aligned} \tag{2.14}$$

故关于均值的遍历性定理就化为上式极限是否趋于零的问题。于是由均方收敛的定义知这确实是等价的,定理结论得证。

推论 2.1 若$\int_{-\infty}^{\infty}|\gamma(t)|\mathrm{d}t<\infty$,则均值遍历性定理成立。

证明: 当$0\leqslant t\leqslant 2T$时,$|(1-t/2T)\gamma(t)|\leqslant|\gamma(t)|$ (2.15)

$$\begin{aligned}
\frac{1}{T}\left|\int_{0}^{2T}\left(1-\frac{t}{T}\right)\gamma(t)\mathrm{d}t\right| &\leqslant\frac{1}{T}\int_{0}^{2T}|\gamma(t)\mathrm{d}t| \\
&\leqslant\frac{1}{T}\int_{0}^{\infty}|\gamma(t)|\mathrm{d}t \\
&\to 0
\end{aligned} \tag{2.16}$$

对于平稳过程的协方差函数的遍历性定理,可以考虑随机过程$Y_\tau=\{Y_\tau(t),-\infty<t<\infty\}$,其中

$$Y_\tau(t)=(X(t+\tau)-\mu)(X(t)-\mu)$$

则$\mathrm{E}Y_\tau(t)=\gamma(\tau)$。由定理的证明过程可见,均值具有遍历性等价于$\mathrm{Var}(\bar{X})=0$。因此可以类推,协方差函数具有遍历性等价于$\mathrm{Var}(\bar{\gamma}(\tau))=0$。于是有以下定理。

定理 2.3(协方差函数遍历性定理)

设$X=\{X_t,-\infty<t<\infty\}$是平稳过程,其均值函数为零,则协方差函数有遍历性的充分必要条件是

$$\lim_{T\to\infty}\frac{1}{T}\int_{0}^{2T}\left(1-\frac{\tau_1}{2T}\right)(B(\tau_1)-r^2(0))\mathrm{d}\tau_1=0 \tag{2.17}$$

其中

$$B(\tau_1)=\mathrm{E}X(t+\tau+\tau_1)X(t+\tau_1)X(t+\tau)X(t) \tag{2.18}$$

在实际问题中,要严格验证平稳过程是否满足遍历性条件是比较困难的。遍历性定理的重要意义在于从理论上给出如下结论:一个宽平稳过程,如果它是遍历的,则可用任意一个样本函数的时间平均代替平稳过程的统计平均。

例 2.6 随机过程定义为 $X(t)=u\sin(\omega_0 t+\varphi)$,其中 u 和 φ 是常数,φ 是区间 $[0, 2\pi]$ 上均匀分布的随机变量,试讨论随机过程 $X(t)$ 的遍历性。

解: 根据例 **2.5**,随机过程 $X(t)$ 的均值函数和自协方差函数为

$$\mu_X(t)=0,\ t\in T,\ \gamma_X(\tau)=\frac{u^2}{2}\cos(\omega_0\tau)\ \text{对于任意的}\ \tau$$

先验证 $\langle X(t)\rangle=\lim\limits_{T\to\infty}\frac{1}{2T}\int_{-T}^{T}X(t)\mathrm{d}t$ 满足遍历性:

$$\begin{aligned}\langle X(t)\rangle&=\lim_{T\to\infty}\frac{1}{2T}\int_{-T}^{T}X(t)\mathrm{d}t=\lim_{T\to\infty}\frac{u}{2T}\int_{-T}^{T}\sin(\omega_0 t+\varphi)\mathrm{d}t\\&=\lim_{T\to\infty}\frac{-u}{2T\omega_0}\cos(\omega_0 t+\varphi)\Big|_{-T}^{T}\\&=\lim_{T\to\infty}\frac{-u}{2T\omega_0}(2\sin\omega_0 T\sin\varphi)=0\end{aligned}$$

再验证 $\langle X(t)X(t-\tau)\rangle=\lim\limits_{T\to\infty}\frac{1}{2T}\int_{-T}^{T}X(t)X(t-\tau)\mathrm{d}t$ 满足遍历性:

$$\begin{aligned}\langle X(t)X(t-\tau)\rangle&=\lim_{T\to\infty}\frac{u^2}{2T}\int_{-T}^{T}\sin(\omega_0 t+\varphi)\sin(\omega_0(t-\tau)+\varphi)\mathrm{d}t\\&=\lim_{T\to\infty}\frac{u^2}{2T}\int_{-T}^{T}(\sin^2(\omega_0 t+\varphi)\cos\omega_0\tau\\&\qquad-\sin(\omega_0 t+\varphi)\cos(\omega_0 t+\varphi)\sin\omega_0\tau)\mathrm{d}t\\&=\lim_{T\to\infty}\frac{u^2}{2T}\int_{-T}^{T}(\sin^2(\omega_0 t+\varphi)\cos\omega_0\tau\\&\qquad-\frac{1}{2}\sin2(\omega_0 t+\varphi)\sin\omega_0\tau)\mathrm{d}t\\&=\frac{u^2}{2}\cos\omega_0\tau\end{aligned}$$

所以随机过程 $X(t)$ 满足遍历性。

下面的内容中,对于时间序列 $\{X(t)\}$,我们常常不加区别地使用以下符号如 $X(t)=X_k$, $\gamma(k)=\gamma_k$, $\rho(k)=\rho_k$。

在时间序列分析中,还会经常遇到白噪声过程,定义如下:

定义 2.10 如果随机过程 $X(t)(t=1, 2, \cdots)$ 是由一个不相关的随机变量序列构成,对于所有 $s \neq t$,随机变量 $X(t)$ 和 $X(s)$ 的协方差均为零,即随机变量 $X(t)$ 和 $X(s)$ 互不相关,则称其为**纯随机过程**。对于一个纯随机过程来说,若其期望和方差都为常数,则称为**白噪声过程**。白噪声过程的样本实现称为**白噪声序列**(White noise)。

对于白噪声序列 $\{\varepsilon_t\}$,如果对于任意的 s, t,

$$\mathrm{E}\varepsilon_t=\mu, \qquad \operatorname{cov}(\varepsilon_t, \varepsilon_s)=\begin{cases}\sigma^2 & s=t \\ 0 & s \neq t\end{cases} \tag{2.19}$$

则称 $\{\varepsilon_t\}$ 是一个白噪声序列,记为 $\varepsilon_t \sim WN(\mu, \sigma^2)$。

当 $\{\varepsilon_t\}$ 独立时,称 $\{\varepsilon_t\}$ 是一个**独立的白噪声序列**。

白噪声是平稳的随机过程,因其均值为零,方差不变,随机变量之间非相关。显然上述白噪声是二阶宽平稳随机过程。如果 $X(t)$ 同时还服从正态分布,则它就是一个强平稳的随机过程。

白噪声源于物理学与电学,原指音频和电信号在一定频带中的一种强度不变的干扰声。

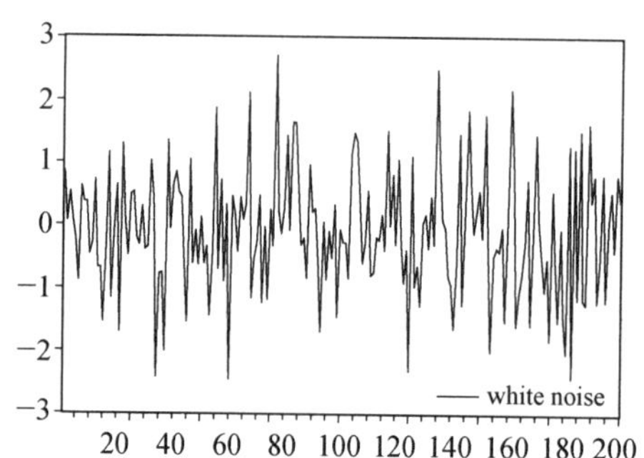

图 2.2a 由白噪声过程产生的时间序列

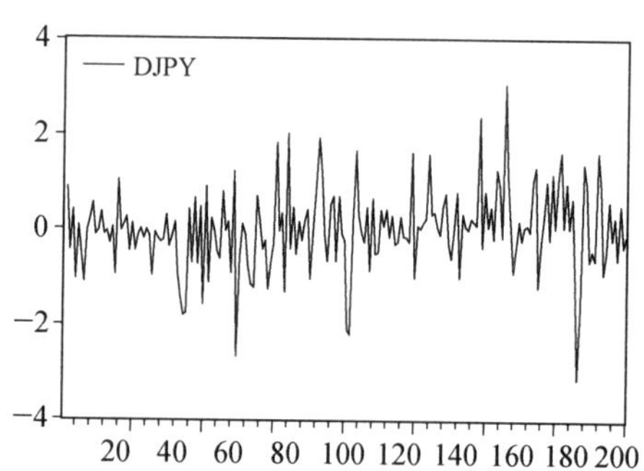

图 2.2b 日元对美元汇率的收益率序列

2.3 线性差分方程

2.3.1 一阶差分方程

假定当前时期 t 期的 y_t 和另一个变量 ω_t 及前一期的 y_{t-1} 之间存在如下

动态方程：

$$y_t = \varphi \cdot y_{t-1} + \omega_t \tag{2.20}$$

则此方程称为一阶线性差分方程，这里假定 ω_t 为一个确定性的数值序列。差分方程就是关于一个变量与它的前期值之间关系的表达式。

① 用递归替代法解差分方程。根据方程(2.20)，如果我们知道 $t=-1$ 期的初始值 y_{-1} 和 ω_t 的各期值，则可以通过动态系统得到任何一个时期的值，即

$$y_t = \varphi^{t+1} \cdot y_{-1} + \varphi^t \cdot \omega_0 + \varphi^{t-1} \cdot \omega_1 + \cdots + \omega_t \tag{2.21}$$

这个过程称为差分方程的递归解法。

② 动态乘子。对于方程(2.21)，如果 ω_0 随 y_{-1} 变动，而 $\omega_1, \omega_2, \cdots, \omega_t$ 都与 y_{-1} 无关，则 ω_0 对 y_t 的影响为：

$$\frac{\partial y_t}{\partial \omega_0} = \phi^t \text{ 或} \frac{\partial y_{t+j}}{\partial \omega_t} = \phi^j \tag{2.22}$$

方程(2.22)称为动态系统的乘子。动态乘子依赖于 j，即输入 ω_t 的扰动和输出 y_{t+j} 的观察值之间的时间间隔。

对于方程(2.20)，当 $0 < \phi < 1$ 时，动态乘子按几何方式衰减到零；当 $-1 < \phi < 0$ 时，动态乘子振荡衰减到零；当 $\phi > 1$ 时，动态乘子指数增加；当 $\phi < -1$ 时，动态乘子发散性振荡。因此，当 $\phi < 1$ 时，动态系统稳定，即给定 ω_t 的变化的后果将逐渐消失；当 $\phi > 1$ 时，系统发散。

当 $|\phi| = 1$ 时，此时 $y_t = y_{-1} + \omega_0 + \omega_1 + \cdots + \omega_t$，即输出变量的增量是所有输入 ω 的历史值之和。

如果 ω 产生持久性变化，即 $\omega_t, \omega_{t+1}, \cdots, \omega_{t+j}$ 都增加一个单位，此时持久性影响为：

$$\frac{\partial y_{t+j}}{\partial \omega_t} + \frac{\partial y_{t+j}}{\partial \omega_{t+1}} + \cdots + \frac{\partial y_{t+j}}{\partial \omega_{t+j}} = \phi^j + \phi^{j-1} + \cdots + \phi + 1 \tag{2.23}$$

当 $|\phi| < 1$ 且 $j \to \infty$ 时，持久性影响为：

$$\lim_{j \to \infty} \left[\frac{\partial y_{t+j}}{\partial \omega_t} + \frac{\partial y_{t+j}}{\partial \omega_{t+1}} + \cdots + \frac{\partial y_{t+j}}{\partial \omega_{t+j}} \right] = 1 + \phi + \cdots + \phi^{j-1} + \phi^j + \cdots = \frac{1}{1-\phi} \tag{2.24}$$

如果考察 ω_t 的一个暂时性变化对输出 y 的累积性影响，则和长期影响一致。

2.3.2　*p* 阶差分方程

如果动态系统中的输出 y_t 依赖于它的 p 期滞后值以及输入变量 ω_t：

$$y_t=\phi_1 y_{t-1}+\phi_2 y_{t-2}+\cdots+\phi_p y_{t-p}+\omega_t \tag{2.25}$$

此时可以写成向量的形式，定义

$$\xi_t=\begin{bmatrix} y_t \\ y_{t-1} \\ y_{t-2} \\ \vdots \\ y_{t-p+1} \end{bmatrix},\ F=\begin{bmatrix} \phi_1 & \phi_2 & \cdots & \phi_{p-1} & \phi_p \\ 1 & 0 & \cdots & 0 & 0 \\ 0 & 1 & \cdots & 0 & 0 \\ \vdots & \vdots & \cdots & \vdots & \vdots \\ 0 & 0 & 0 & 1 & 0 \end{bmatrix},\ v_t=\begin{bmatrix} \omega_t \\ 0 \\ 0 \\ \vdots \\ 0 \end{bmatrix}$$

从而(2.25)写成向量形式：

$$\xi_t=F\xi_{t-1}+v_t \tag{2.26}$$

这个系统由 p 个方程组成，为了便于处理，将 p 阶数量系统变成一阶向量系统。

0 期的 ξ 值为：$\xi_0=F\xi_{-1}+v_0$

1 期的 ξ 值为：$\xi_1=F\xi_0+v_1=F(F\xi_{-1}+v_0)+v_1=F^2\xi_{-1}+Fv_0+v_1$

t 期的 ξ 值为：$\xi_t=F^{t+1}\xi_{-1}+F^t v_0+F^{t-1}v_1+F^{t-2}v_2+\cdots Fv_{t-1}+v_t$

写成 ξ 和 v 的形式为：

$$\begin{bmatrix} y_t \\ y_{t-1} \\ y_{t-2} \\ \vdots \\ y_{t-p+1} \end{bmatrix}=F^{t+1}\begin{bmatrix} y_{-1} \\ y_{-2} \\ y_{-3} \\ \vdots \\ y_{-p} \end{bmatrix}+F^t\begin{bmatrix} \omega_0 \\ 0 \\ 0 \\ \vdots \\ 0 \end{bmatrix}+F^{t-1}\begin{bmatrix} \omega_1 \\ 0 \\ 0 \\ \vdots \\ 0 \end{bmatrix}+\cdots+F^1\begin{bmatrix} \omega_{t-1} \\ 0 \\ 0 \\ \vdots \\ 0 \end{bmatrix}+\begin{bmatrix} \omega_t \\ 0 \\ 0 \\ \vdots \\ 0 \end{bmatrix} \tag{2.27}$$

该系统中的第一个方程代表了 y_t 的值。令 $f_{11}^{(t)}$ 表示 F^t 中第(1, 1)个元素，$f_{12}^{(t)}$ 表示 F^t 中第(1, 2)个元素等。于是 y_t 的值为：

$$\begin{aligned} y_{t+j}=&f_{11}^{(j+1)}y_{t-1}+f_{12}^{(j+1)}y_{t-2}+f_{13}^{(j+1)}y_{t-3}+\cdots+f_{1p}^{(j+1)}y_{t-p} \\ &+f_{11}^{(j)}\omega_t+f_{11}^{(j-1)}\omega_{t+1}+\cdots+f_{11}^{(1)}\omega_{t+j-1}+\omega_{t+j} \end{aligned} \tag{2.28}$$

表示成初始值和输入变量历史值的函数，此时 p 阶差分方程的动态乘子：

$$\frac{\partial y_{t+j}}{\partial \omega_t}=f_{11}^{(j)} \tag{2.29}$$

是 F^j 的(1, 1)元素。因此对于任何一个 p 阶差分方程，

$$\frac{\partial y_{t+1}}{\partial \omega_t}=\phi_1, \quad \frac{\partial y_{t+2}}{\partial \omega_t}=\phi_1^2+\phi_2 \tag{2.30}$$

对于更大的 j 值，通过分析表达式(2.28)就非常有用。通过矩阵 F 的特征根进行求解，矩阵 F 的特征根为满足下式的 λ 值：

$$|F-\lambda I_p|=0 \tag{2.31}$$

对于一个 p 阶系统，行列式(2.31)为特征根 λ 的 p 阶多项式，多项式的 p 个解是 F 的 p 个特征根。

定理 2.4 矩阵 F 的特征根由满足下式的 λ 值组成：

$$\lambda^p-\phi_1\lambda^{p-1}-\phi_2\lambda^{p-2}-\cdots-\phi_{p-1}\lambda-\phi_p=0 \tag{2.32}$$

证明： 考虑具有相异特征根的 p 阶差分方程的通解，此时存在一个 $p\times p$ 阶非奇异矩阵 T，满足：

$$\begin{aligned}
&F=T\Lambda T^{-1}\\
&F^2=T\Lambda T^{-1}T\Lambda T^{-1}=T\Lambda^2 T^{-1}\\
&\vdots\\
&F^j=T\Lambda^j T^{-1}
\end{aligned} \tag{2.33}$$

其中，Λ 是一个 $p\times p$ 矩阵，主对角线由 F 的特征根组成，其他元素为零。令 t_{ij} 表示 T 的第 i 行、第 j 列的元素，t^{ij} 表示 T^{-1} 的第 i 行、第 j 列的元素。则有：

$$F^j=\begin{bmatrix} t_{11} & t_{12} & \cdots & t_{1p}\\ t_{21} & t_{22} & \cdots & t_{2p}\\ \vdots & \vdots & \cdots & \vdots\\ t_{p1} & t_{p2} & \cdots & t_{pp}\end{bmatrix}\begin{bmatrix} \lambda_1^j & 0 & 0 & \cdots & 0\\ 0 & \lambda_2^j & 0 & \cdots & 0\\ \vdots & \vdots & \vdots & \vdots & \vdots\\ 0 & 0 & 0 & \cdots & \lambda_p^j\end{bmatrix}\begin{bmatrix} t^{11} & t^{12} & \cdots & t^{1p}\\ t^{21} & t^{22} & \cdots & t^{2p}\\ \vdots & \vdots & \cdots & \vdots\\ t^{p1} & t^{p2} & \cdots & t^{pp}\end{bmatrix} \tag{2.34}$$

因此 F^j 的第(1, 1)个元素为：

$$f_{11}^{(j)}=c_1\lambda_1^j+c_2\lambda_2^j+\cdots+c_p\lambda_p^j \tag{2.35}$$

其中 $c_i=t_{1i}t^{i1}$。因为 $\sum_{i=1}^{p}c_i=\sum_{i=1}^{p}t_{1i}t^{i1}=TT^{-1}=1$。将(2.35)代入(2.29)，得到 p 阶差分方程的动态乘子：

$$\frac{\partial y_{t+j}}{\partial \omega_t}=f_{11}^{(j)}=c_1\lambda_1^j+c_2\lambda_2^j+\cdots+c_p\lambda_p^j \tag{2.36}$$

定理 2.5 如果矩阵 F 特征值是相异的，则

$$c_i=\frac{\lambda_i^{p-1}}{\prod_{\substack{k=1\\k\neq i}}^{p}(\lambda_i-\lambda_k)} \tag{2.37}$$

因此求出 F 的特征值 λ，就可以求出相应的 c_i，由此就可以根据(2.36)式计算得到动态乘子。

如果所有的特征值都是实根，且存在一个特征根的绝对值大于 1，则系统是发散的。根据(2.36)式，动态乘子最终由绝对值最大的特征根的指数函数决定。

接下来我们讨论线性差分方程求解过程，对于序列 $\{y_t: t=0, \pm 1, \pm 2, \cdots\}$，其线性差分方程为

$$y_t=\phi_1 y_{t-1}+\phi_2 y_{t-2}+\cdots+\phi_p y_{t-p}+\omega_t$$

其中 $p\geqslant 1$，α_1，…，α_p 为实数，ω_t 为 t 的已知函数。

当函数 $\omega_t=0$ 时，差分方程

$$y_t-(\phi_1 y_{t-1}+\phi_2 y_{t-2}+\cdots+\phi_p y_{t-p})=0$$

称为齐次线性差分方程。否则，线性差分方程称为非齐次线性差分方程。

在时间序列模型中，求解差分方程起着重要的作用，X_t 关于白噪声序列 ε_t 的有限参数模型都是用线性差分模型表示的。下面我们讨论线性差分方程解的问题，首先讨论齐次线性差分方程解的情况。为此，需要先定义齐次线性差分方程的特征方程和特征根。下列方程

$$\lambda^p+\alpha_1\lambda^{p-1}+\cdots+\alpha_p=0$$

称为齐次线性差分方程的特征方程。这是一个一元 p 次线性方程，它至少存在 p 个非零根，称这 p 个非零根为特征根，记为 λ_1，λ_2，…，λ_p。

根据特征根 $\lambda_1, \lambda_2, \cdots, \lambda_p$ 的情况，齐次线性差分方程解的解有如下情形：

① 特征根 $\lambda_1, \lambda_2, \cdots, \lambda_p$ 为互不相同的实根。

这时齐次线性差分方程的解为

$$y_t = c_1\lambda_1^t + \cdots + c_p\lambda_p^t$$

其中，$c_1, \cdots, c_p$ 为任意实数。

② 特征根 $\lambda_1, \lambda_2, \cdots, \lambda_p$ 中有相同实根。

此时不妨设 $\lambda_1 = \cdots = \lambda_d$ 为 d 个相同实根，$\lambda_{d+1}, \cdots, \lambda_p$ 为互不相同的实根，齐次线性差分方程的解为：

$$y_t = (c_1 + c_2t^2 + \cdots + c_dt^{d-1})\lambda_1^t + c_{d+1}\lambda_{d+1}^t + \cdots + c_p\lambda_p^t$$

其中，$c_1, \cdots, c_p$ 为任意实数。

③ 特征根 $\lambda_1, \lambda_2, \cdots, \lambda_p$ 中有复根。

此时由于 $c_1, \cdots, c_p$ 为任意实数，所以若方程有复根，则必有共轭复根，不妨假定

$$\lambda_1 = a + ib = re^{i\omega},\ \lambda_2 = a - ib = re^{-i\omega}$$

为一对共轭复根，其中 $r = \sqrt{a^2 + b^2}$，$\omega = \arccos\dfrac{a}{r}$，$\lambda_3, \cdots, \lambda_p$ 为互不相同的实根，这时齐次线性差分方程的解为

$$\begin{aligned} y_t &= c_1\lambda_1^t + \cdots + c_p\lambda_p^t \\ &= r^t(c_1e^{it\omega} + c_2e^{-it\omega}) + c_3\lambda_3^t + \cdots + c_p\lambda_p^t \end{aligned}$$

其中，$c_1, \cdots, c_p$ 为任意实数。

对于非齐次线性差分方程解的问题，通常分两个步骤进行。首先求出对应齐次线性差分方程的通解 y'_t，然后再求出该非齐次线性差分方程的一个特解 y''_t，即 y''_t 满足

$$y''_t = \phi_1 y''_{t-1} + \phi_2 y''_{t-2} + \cdots + \phi_p y''_{t-p} + \omega_t$$

则非齐次线性差分方程 $y_t = \phi_1 y_{t-1} + \phi_2 y_{t-2} + \cdots + \phi_p y_{t-p} + \omega_t$ 的解为对应齐次线性差分方程的解 y'_t 和该非齐次线性差分方程的一个特解 y''_t 之和，即

$$y_t = y'_t + y''_t$$

由此可见，非齐次线性差分方程的特解依赖于函数 ω_t 的形式，齐次线性差分方程的通解依赖于对应特征方程的根，并且带有任意常数。时间序列模型的最终特性通常是被齐次差分方程所支配。

2.4 时间序列数据的预处理

具有动态随机变化特征的数据序列通常称为动态随机数据。动态数据的统计特性可以用概率分布密度来描述，但由于动态数据的随机过程往往具有很复杂的多维概率分布特性，实际上难以分析和应用。时间序列分析作为另外一种描述动态数据统计特性的理论和方法，具有方便和实用的突出特点。

在建立时间序列模型之前，必须先对动态数据进行必要的预处理，以剔除那些不符合统计规律的异常样本，并对这些样本数据的基本统计特性进行检验，以确保建立时间序列模型的可靠性和置信度，并满足一定的精度要求。

2.4.1 平稳性检验

时间序列的平稳性是时间序列建模的重要前提。在检验时间序列的平稳性时，必须考虑两点：序列的均值和方差是否为常数；序列的自相关函数是否仅与时间间隔有关，而与时间间隔端点的位置无关。

下面介绍平稳性检验的几种常用方法。

(1) 平稳性的参数检验法

设样本序列 $x_1, x_2, \cdots, x_N$ 足够长，即 N 相当大。把样本序列分成 k 个子序列，即取 $N=k \cdot M$，M 是一个较大的正整数，k 也是一个正整数。分段后的样本序列为 $\{x_{ij}\}$，$i=1, 2, \cdots, k$；$j=1, 2, \cdots, M$。

对于 k 个子序列，可以分别计算它们的样本均值、样本方差和样本自相关函数。它们的定义分别为：

$$\bar{x}_i = \frac{1}{M}\sum_{j=1}^{M} x_{ij} \tag{2.38}$$

$$s_i^2 = \frac{1}{M}\sum_{j=1}^{M} (x_{ij} - \bar{x}_i)^2 \tag{2.39}$$

$$R_i(\tau)=\frac{1}{M}\sum_{j=1}^{M-1}(x_{ij}-\bar{x}_i)(x_{i,\,j+\tau}-\bar{x}_i)\ (i=1,\,2,\,\cdots,\,k;\ \tau=1,\,2,\,\cdots,\,m,\,m\ll M) \tag{2.40}$$

由平稳性的假定，以上各统计量对不同的子序列 i 不应有显著差异，否则就应否定 $\{x_t\}$ 是平稳。

设 $\{x_t\}$ 具有理论上的均值 μ、方差 σ^2 和自相关系数 ρ_τ，这时样本统计量 $\bar{x}_i$、s_i^2 及 $R_i(\tau)$ 的方差可由随机变量四阶矩的算式得到：

样本均值的方差

$$\begin{aligned}\sigma_1^2&=D(\bar{x}_i)\\&=\frac{1}{M^2}\mathrm{E}\Big[\sum_{j=1}^{M}\sum_{l=1}^{M}(x_{ij}-\mu)(x_{il}-\mu)\Big]\\&=\frac{\sigma^2}{M^2}\sum_{j=1}^{M}\sum_{l=1}^{M}\rho_{j-l}\\&=\frac{\sigma^2}{M^2}\Big[1+2\sum_{j=1}^{M}\Big(1-\frac{j}{M}\Big)\rho_j\Big]\end{aligned} \tag{2.41}$$

样本方差的方差

$$\sigma_2^2=D(s_i^2)=\frac{2\sigma^2}{M^2}\Big[1+2\sum_{j=1}^{M}\Big(1-\frac{j}{M}\Big)\rho_j^2\Big] \tag{2.42}$$

样本自相关函数的方差

$$\sigma_3^2=D(R_i^2)\approx\frac{1}{M-\tau}\Big[1+\rho_\tau^2+2\sum_{j=1}^{M-\tau}\Big(1-\frac{j}{M-\tau}\Big)(\rho_j^2+\rho_{j+\tau}\rho_{j-\tau})\Big] \tag{2.43}$$

采用统计检验方法，取显著水平 $\alpha=0.05$ 和 2σ 原则，置信度 0.95，则

$$|\bar{x}_i-\bar{x}_j|>1.96\sqrt{2}\sigma_1 \tag{2.44}$$

$$|s_i-\sigma|>1.96\sqrt{2}\sigma_2 \tag{2.45}$$

$$|R_i(\tau)-R_j(\tau)|>1.96\sqrt{2}\sigma_3(\tau) \tag{2.46}$$

$$(i\neq j,\ i,\ j=1,\,2,\,\cdots,\,k;\ \tau=1,\,2,\,\cdots,\,m)$$

当上述三个不等式至少有一个成立时，可拒绝 $\{x_t\}$ 为平稳序列的假设，即该序列不具有平稳性。但一般并不知道 $\{x_t\}$ 的理论方差与自相关函数，因此无法得出 σ_1^2，σ_2^2 和 $\sigma_3^2(\tau)$，只能以它们的样本估计值代之。因此，这个方法还不

够理想，还须结合背景判断在过程运行中周围条件及相关参数是否维持不变来确定是否平稳。

(2) 平稳性的非参数检验法

平稳性的非参数检验中常使用**游程检验法**。由于该方法只涉及一组实测数据，不需要假设数据的分布规律，所以实际中应用最多。

在保持随机序列原有顺序的情况下，游程定义为具有相同符号的序列，这种符号将观测值分成两个相互排斥的类。假如观测序列的值是 x_i，$i=1$，2，…，N，其均值为 $\bar{x}$，用符号“+”表示 $x_i \geqslant \bar{x}$，而“-”表示 $x_i < \bar{x}$。按符号“+”和“-”出现的顺序将原序列写成如下形式：

+ + + - + + - - + - - - - +

观察可知，“+”和“-”共 14 个，分为 7 个游程。游程过多或过少都被认为是存在非平稳性趋势。游程检验的原假设为：样本数据出现的顺序没有明显的趋势，就是平稳的。

样本统计量有：N_1 表示一种符号出现的次数，N_2 表示另一种符号出现的次数，r 表示游程的总数并作为检验统计量。对于显著水平 $\alpha=0.05$ 的双边检验，由附表给出概率分布左右两侧为 $\frac{\alpha}{2}=0.025$ 时的上限 r_U 和下限 r_L。如果 r 在界限以内，则接受原假设；否则拒绝原假设。

当 N_1 或 N_2 超过 15 时，可用正态分布来近似，利用附表来确定检验的接受域和否定域。此时用的统计量为

$$Z=\frac{\gamma-\mu_r}{\sigma_r} \tag{2.47}$$

式中：

$$\mu_r=\frac{2N_1N_2}{N}+1 \tag{2.48}$$

$$\sigma_r=\left[\frac{2N_1N_2(2N_1N_2-N)}{N^2(N-1)}\right]^{1/2} \tag{2.49}$$

$$N=N_1+N_2 \tag{2.50}$$

对于 $\alpha=0.05$ 的显著性水平，如果 $|Z|\leqslant 1.96$(按 2σ 原则)，则可接受原假设，否则就拒绝。

下面两种方法是图检验方法，利用时序图和自相关图显示的特征来做出判断检验时间序列。图检验方法用于判断检验时间序列平稳性操作简便、运用广泛，但也有主观性较强的缺点。

(3) 时序图检验法

根据平稳时间序列均值、方差为常数的性质，平稳时间序列的时序图应该显示出该序列始终在一个常数值附近随机波动，而且波动的范围有界的特点。如果观察序列的时序图显示出该序列有明显的趋势性或者周期性，则时间序列通常不是平稳时间序列。据此我们可以判断一些时间序列的平稳性。

例 2.7　图 2.3 为 1975—1980 年夏威夷岛莫那罗亚火山(Mauna Loa)每月释放的二氧化碳的数据时序图。

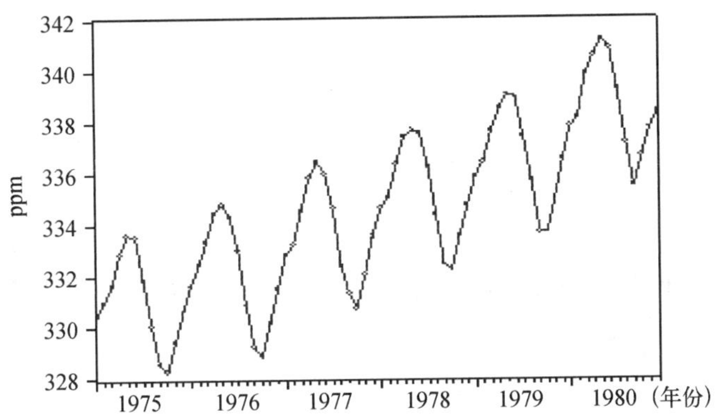

图 2.3　1975—1980 年夏威夷岛莫那罗亚火山每月释放的二氧化碳的数据

根据以上时序图显示，我们可以看到这些数据中存在着某种季节趋势和明显的增长趋势，因此可以初步判定这一时间序列是非平稳的。

2.4.2　正态性检验

有时，时间序列模型建立在具有正态分布特性的白噪声基础上，或者从大样本的观点上看也是如此。因此，需要检验采集的数据序列是否具有正态特性。正态分布的概率密度函数为

$$f(x)=\frac{1}{\sigma\sqrt{2\pi}}\mathrm{e}^{-\frac{(x-\mu)^2}{2\sigma^2}}$$

式中，μ 和 σ^2 分别为样本总体的均值和方差。概率分布为

$$F(x)=\frac{1}{\sigma\sqrt{2\pi}}\int_{-\infty}^{x}\mathrm{e}^{-\frac{(x-\mu)^2}{2\sigma^2}}\mathrm{d}x=\Phi\left(\frac{X-\mu}{\sigma}\right)$$

式中，Φ 称为概率积分。

检验随机数据正态性的有效方法是 **χ^2 拟合优度检验**。该方法是将 χ^2 统计量作为观察到的概率密度函数和理论密度函数之间的偏差的度量，两者是否相同可通过分析 χ^2 的样本分布来检验。如果数据是正态的，则应落入第 j 组区间中的数据个数为

$$\begin{cases}F_0=N\Phi\left(\dfrac{a-\mu}{\sigma}\right)\\ \vdots\\ F_j=N\left[\Phi\left(\dfrac{a+jc-\mu}{\sigma}\right)-\Phi\left(\dfrac{a+(j-1)c-\mu}{\sigma}\right)\right]\\ \vdots\\ F_{k+1}=N\left[1-\Phi\left(\dfrac{b-\mu}{\sigma}\right)\right]\end{cases}\tag{2.51}$$

式中，a 和 b 是两个端点值，$c=\dfrac{b-a}{k}$，k 是数据分组数。F_j 和观察到的频数 N_j 之间的偏差为 (N_j-F_j)，由于

$$\sum_{j=0}^{k+1}N_j=\sum_{j=0}^{k+1}F_j=N\tag{2.52}$$

因此总偏差为零。根据皮尔逊(Pearson)定理，样本的 χ^2 统计量为

$$\chi^2=\sum_{j=0}^{k+1}\frac{(N_j-F_j)^2}{F_j}\tag{2.53}$$

假定这个样本 χ^2 统计量近似为 χ^2 分布，并将该统计量和理论 χ^2 分布做比较。此时，自由度 $n=k+2$ 减去一些线性约束的数目，其中一个约束是当前 $k+1$ 个组区间的频数已知时，由于总频数为 N，最后一个组区间的频数也知道了。另外两个约束是由于同理论正态概率密度函数拟合观察数据的频数直方图而引起的，统计量 χ^2 是利用样本均值和样本方差计算 $\{F_j\}$，而不是用真正的均值和方差。因此，如果利用全部 $\{N_i\}$，则自由度为

$$n=(k+2)-3=k-1$$

实际 n 值可能比这还要小些,因为 $F<2$ 的一些组可能和其他组合并。

正态性假设检验规则是:假设随机变量服从正态分布,在把观察数据分组列入 $k+2$ 个组区间后,利用样本均值和方差计算 F_j,再求 χ^2。样本分布函数对正态分布的任何偏差都会使 χ^2 增大。如果

$$\chi^2 \leqslant \chi^2_{n,\alpha} \tag{2.54}$$

则在显著水平 α 上接受样本数据为正态分布的假设;反之,如果 $\chi^2 > \chi^2_{n,\alpha}$,则在显著水平 α 上拒绝上述假设。

经验表明,总体样本量和分组数目应满足的最优关系式为

$$k = 1.87\,(N-1)^{\frac{2}{5}}$$

此外,需要注意的是采用 χ^2 检验方法必须保证每个区间中的期望频数至少为 2。由于范围两端的期望频数最少,所以上述要求可以用来确定 a 和 b,而参数 a 应满足如下关系式

$$2 = N\left[(2\pi)^{-\frac{1}{2}}\int_{-\infty}^{(a-\mu)/\sigma}\exp\left(-\frac{1}{2}x^2\right)\mathrm{d}x\right]$$

据此求得 a,又利用 $\mu=\dfrac{b-a}{2}$,得参数 b 为

$$b = 2\mu + a$$

而分组区间数目为 $k=r-2$,其中 r 为最小区间数。以上三个参数确定之后就可以计算样本概率密度。

2.4.3 独立性检验

在时间序列分析和建模过程中,除了要求检验样本数据的平稳性和正态性之外,还要求检验其独立性。本节介绍的独立性方法是基于正态随机变量自相关函数的统计性质。

设随机变量 $X \sim N(0, \sigma^2)$,其自相关函数

$$\rho_r = \begin{cases} 1, & r=0 \\ 0, & r\neq 0 \end{cases} \tag{2.55}$$

当 $r \geqslant 1$ 时,$\rho_r=0$。实际中我们只能得到样本自相关系数的估计值 $\hat{\rho}_r$,一般不等于 0,从自相关系数的估计值判断是否满足独立性条件,需要借助巴

特利(Bartlett)公式。

巴特利公式：若 ρ_r 在 $r>M$ 时趋于零，则在 N 足够大的情况下其方差为

$$D[\hat{\rho}_r]\approx\frac{1}{N}\sum_{m=-M}^{M}\hat{\rho}_m^2\quad(r>M)\tag{2.56}$$

并且，当 $r>M$ 时，$\hat{\rho}_r$ 近似于正态分布。

若 $\hat{\rho}_r$ 是白噪声的自相关系数，则 $M=0$，

$$D[\hat{\rho}_r]\approx\frac{1}{N}\quad(r>0)\tag{2.57}$$

根据统计检验的 2σ 准则，当

$$|\hat{\rho}_r|\leqslant 1.96\sqrt{\frac{1}{N}}\approx 2\sqrt{\frac{1}{N}}\tag{2.58}$$

或

$$\sqrt{N}\,|\hat{\rho}_r|\leqslant 2\tag{2.59}$$

时，便可认为 $\hat{\rho}_r$ 为零的可能性是 95%，从而接受 $\hat{\rho}_r=0\ (r>0)$ 这一估计，即数据是独立的。

如果有个别 $\hat{\rho}_r(r>0)$ 超出(2.57)式所约束的范围，可以采用另一种检验该随机变量是否独立的整体检验方法。考虑到 $r\geqslant 1$ 时，白噪声序列的样本自相关分布渐近于正态分布，或是说当 N 较大时，$\{\sqrt{N}\hat{\rho}_1,\ \sqrt{N}\hat{\rho}_2,\ \cdots,\ \sqrt{N}\hat{\rho}_k\}$ 这 k 个量近似为相互独立的正态随机变量 $N(0,\ 1)$，因而它们的平方和符合 χ^2 分布。构造统计量为

$$Q=N\sum_{r=1}^{k}\hat{\rho}_r^2\tag{2.60}$$

则检验 $x_1,\ x_2,\ \cdots,\ x_N$ 是否为白噪声样本值的问题可转化为检验统计量 Q 是否是自由度为 k 的 χ^2 分布问题。

具体算法是：以“$\{x_t\}$为白噪声”做原假设，以 α 为显著水平，则根据 α 和自由度 k 由 χ^2 分布表查出相应的 $\chi_\alpha^2(k)$ 值，并与计算出的 Q 值比较。如果

$$Q\leqslant\chi_\alpha^2(k)\tag{2.61}$$

则肯定原假设，即在 $(1-\alpha)$ 的置信水平上接受 $\{x_t\}$ 为独立的假定。如果

$$Q > \chi_a^2(k) \tag{2.62}$$

则否定原假设。

2.4.4 离群点的检验与处理

离群点是指一个时间序列中,远离序列一般水平的极端大值和极端小值,也称为奇异值或野值。形成离群点的原因是多种多样的,比如,数据传输过程、采样及记录过程中发生信号失真或丢失,研究现象本身受各种偶然的非正常因素影响,等等。不论何种原因引起离群点,通常会在之后的时间序列分析中带来误差,影响建立时序模型的精度。在得到时间序列以后,首先要检查是否存在离群点,下面介绍寻找和剔出离群点的一种线性外推方法。

该方法是将时间序列值与平滑值进行比较,认为正常的数据是"平滑的",而离群点是"突变的"。用 $\bar{X}_i^2$ 表示先对序列进行平滑、再平方得到的数值,$\overline{X_i^2}$ 表示先对序列取平方再做平滑而得到的数值,用 S_i^2 表示方差,有 $S_i^2 = \overline{X_i^2} - \bar{X}_i^2$,如果

$$\mid X_{i+1} - \bar{X}_i \mid < kS_i \tag{2.63}$$

则认为 X_{t+1} 是正常的,否则认为 X_{t+1} 是一个离群点。K 是常数,一般取 3~9 的整数。

如果 X_{t+1} 是离群点,则可用 $\hat{X}_{t+1}$ 来代替,即

$$\hat{X}_{t+1} = 2X_i - X_{i-1} \tag{2.64}$$

为避免出现无休止的外推计算,建议事先规定连续外推的次数,因为接连检测到一些离群点后,最终的外推结果可能偏离很远,以致会排出本来是很正常的数据点。

习题 2

2.1 $\varepsilon_t \sim \text{i.i.d.} N(0, \sigma^2)$, a, b, c 是常数,下列哪些过程是平稳的?若平稳,计算其均值和自协方差函数。

(1) $X_t = a + b\varepsilon_t + c\varepsilon_{t-2}$

(2) $X_t = \varepsilon_1 \cos(ct) + \varepsilon_2 \sin(ct)$

(3) $X_t = \varepsilon_t \cos(ct) + \varepsilon_{t-1} \sin(ct)$

(4) $X_t = a + b\varepsilon_0$

(5) $X_t = \varepsilon_0 \cos(ct)$

(6) $X_t = \varepsilon_t \varepsilon_{t-1}$

2.2 设 $X_t = \sin(2\pi U \cdot t)$, $t = 1, 2, \cdots$, 其中 U 是$[0, 1]$上的均匀分布,证明

(1) $\{X_t\}$ 是宽平稳的;

(2) $\{X_t\}$ 不是严平稳的。

2.3 设 $Y_t = 5 + 2t + X_t$, 其中 $\{X_t\}$ 是零均值的宽平稳序列,其自协方差函数为 γ_k。

(1) 求 $\{Y_t\}$ 的均值函数;

(2) 求 $\{Y_t\}$ 的自协方差函数;

(3) $\{Y_t\}$ 是否平稳? 说明理由。

2.4 设 $\{Y_t\}$ 是宽平稳序列,其自协方差函数为 γ_k。

(1) 通过求 $\{W_t\}$ 的均值函数和自协方差函数,证明 $W_t = (1-B)Y_t = Y_t - Y_{t-1}$ 平稳;

(2) 证明 $U_t = (1-B)^2 Y_t = Y_t - 2Y_{t-1} + Y_{t-2}$ 是平稳的。

2.5 设 $\{Y_t\}$ 是宽平稳序列,其自协方差函数 γ_k, 证明,对于任意的正整数 n, 任意的常数 $c_1, c_2, \cdots, c_n$, $\{W_t\}$ 宽平稳的,其中 $W_t = c_1 Y_t + c_2 Y_{t-1} + \cdots + c_n Y_{t-n+1}$。

2.6 设 $Y_t = \beta_0 + \beta_1 t + X_t$, 其中 $\{X_t\}$ 是零均值的宽平稳序列,其自协方差函数 γ_k,并且 β_0, β_1 是常数。

(1) 证明, $\{Y_t\}$ 是非平稳序列,但是 $W_t = (1-B)Y_t = Y_t - Y_{t-1}$ 是平稳的;

(2) 证明,如果 $Y_t = \mu_{\cdot t} + X_t$, 其中 $\{X_t\}$ 是零均值的宽平稳序列, $\mu_{\cdot t}$ 是 t 的 d 阶多项式函数,那么当 $m \geqslant d$ 时, $(1-B)^m Y_t$ 是宽平稳序列,而当 $0 \leqslant m < d$ 时非平稳。

2.7 假设 $\mathrm{cov}(X_t, X_{t-k}) = \gamma_k$ 与 t 无关,而 $\mathrm{E}(X_t) = 3t$。

(1) $\{X_t\}$宽平稳吗?

(2) 设 $Y_t = 7 - 3t + X_t$, $\{Y_t\}$ 宽平稳吗?

2.8 假设 X 是零均值随机变量,定义 $Y_t = (-1)^t X$。

(1) 求 $\{Y_t\}$ 的均值函数;

(2) 求 $\{Y_t\}$ 的自协方差函数;

(3) $\{Y_t\}$ 是否平稳?

2.9　若 $X_t=\phi X_{t-1}+\varepsilon_t$, $|\phi|<1$, $\{\varepsilon_t\}\sim WN(0, \sigma^2)$,且 $\text{cov}(\varepsilon_t, X_s)=0$, $\forall s<t$:

(1) 当 $\phi=0.9$, $\sigma^2=1$ 时,计算 $(X_1+X_2+X_3+X_4)/4$ 的均值;

(2) 当 $\phi=-0.9$, $\sigma^2=1$ 时,重复(1)的计算,并比较计算结果。

2.10　若 $X_t=\varepsilon_t+\theta\varepsilon_{t-2}$, $\{\varepsilon_t\}\sim WN(0, 1)$:

(1) 当 $\theta=0.8$ 时,写出这个过程的自协方差函数和自相关函数;

(2) 当 $\theta=0.8$ 时,计算 $(X_1+X_2+X_3+X_4)/4$ 的均值;

(3) 当 $\theta=-0.8$ 时,重复(2)的计算,并比较计算结果。

2.11　若 $\{X_t\}$ 和 $\{Y_t\}$ 是两个不相关的平稳过程,即 $\text{cov}(X_t, Y_s)=0$, $\forall t, s$。试证明 $\{X_t+Y_t\}$ 是平稳的,且其自协方差函数等于他们各自的自协方差函数之和。

2.12　若 $\{\varepsilon_t\}\sim \text{i.i.d.}N(0, 1)$,定义 $X_t=\begin{cases}\varepsilon_t, & t\text{ 是偶数}\\ (\varepsilon_{t-1}^2-1)/\sqrt{2}, & t\text{ 是奇数}\end{cases}$

(1) 试证明 $\{X_t\}$ 是 $WN(0, 1)$ 但不是 $\text{i.i.d.}(0, 1)$ 的噪声;

(2) 当 n 是奇数和偶数时,分别计算 $\text{E}(X_{n+1}\mid X_1, \cdots, X_n)$ 并比较结果。

2.13　(1) $X_t=\varepsilon_t+0.3\varepsilon_{t-1}-0.4\varepsilon_{t-2}$, $\{\varepsilon_t\}\sim WN(0, 1)$,试写出 $\{X_t\}$ 的自协方差函数;

(2) $Y_t=\tilde{\varepsilon}_t-1.2\tilde{\varepsilon}_{t-1}-1.6\tilde{\varepsilon}_{t-2}$, $\{\tilde{\varepsilon}_t\}\sim WN(0, 0.25)$,试写出 $\{Y_t\}$ 的自协方差函数并和(1)的结果进行比较。

2.14　对于 $t>0$, $X_t=X_0+\varepsilon_t+\varepsilon_{t-1}+\cdots+\varepsilon_1$,其中 $\{\varepsilon_t\}\sim WN(0, \sigma_\varepsilon^2)$, X_0 的均值为 μ_0,方差为 σ_0^2,且 X_0, ε_t, ε_{t-1}, $\cdots$, ε_1 相互独立。

(1) 对于任意的 $t>0$, $\text{E}(X_t)=\mu_0$;

(2) 证明 $\text{Var}(X_t)=t\sigma_\varepsilon^2+\sigma_0^2$;

(3) 证明 $\text{cov}(X_t, X_s)=\min(t, s)\sigma_\varepsilon^2+\sigma_0^2$;

(4) 证明对于任意 $0\leqslant s\leqslant t$, $\text{corr}(X_t, X_s)=\sqrt{\dfrac{t\sigma_\varepsilon^2+\sigma_0^2}{s\sigma_\varepsilon^2+\sigma_0^2}}$。

2.15　对于任意的常数 $|c|<1$,设 $X_t=cX_{t-1}+\varepsilon_t$,其中 $\{\varepsilon_t\}\sim WN(0, \sigma^2)$, $X_1=\varepsilon_1$。

(1) 证明 $\text{E}(X_t)=0$。

(2) 证明 $\mathrm{Var}(X_t)=\sigma^2(1+c^2+c^4+\cdots+c^{2t-2})$，$\{X_t\}$ 平稳吗?

(3) 证明 $\mathrm{Corr}(X_t, X_{t-1})=c\sqrt{\dfrac{\mathrm{Var}(X_{t-1})}{\mathrm{Var}(X_t)}}$，并且一般来说，

$$\mathrm{Corr}(X_t, X_{t-k})=c^k\sqrt{\frac{\mathrm{Var}(X_{t-k})}{\mathrm{Var}(X_t)}},\ k>0$$

(4) 对于充分大的 t，证明

$$\mathrm{Var}(X_t)\approx\frac{\sigma^2}{1-c^2},\ \mathrm{Corr}(X_t, X_{t-k})\approx c^k,\ k>0$$

2.16 设 $\{X_t\}$ 平稳，其自协方差函数 γ_k，定义样本方差为

$$S^2=\frac{1}{n-1}\sum_{t=1}^{n}(Y_t-\bar{Y})^2$$

(1) 证明 $\sum\limits_{t=1}^{n}(Y_t-\mu)^2=\sum\limits_{t=1}^{n}(Y_t-\bar{Y})^2+n(\bar{Y}-\mu)^2$；

(2) 使用 (1) 证明 $\mathrm{E}(S^2)=\dfrac{1}{n-1}\gamma_0-\dfrac{1}{n-1}\mathrm{Var}(\bar{Y})=\gamma_0-\dfrac{2}{n-1}\sum\limits_{k=1}^{n-1}\left(1-\dfrac{k}{n}\right)\gamma_k$。

EViews 软件介绍(Ⅱ)

在 EViews5.1 中,我们可以很方便地判断一个时间序列是否平稳以及是否为纯随机性序列,判断步骤如下。

一、绘制时间序列图

通过时序图可以大致看出序列的平稳性。平稳序列的时序图应该显示出序列始终围绕一个常数值波动,且波动的范围不大。如果观察序列的时序图显示出该序列有明显的趋势或周期,那它通常不是平稳序列,现以例子来说明。

例 1 1964—1999 年中国纱年产量序列(单位:万吨)。

按照第一章的方法建立工作文件和导入外部 Excel 文件,创建新序列 SHA,如图 2.2 所示。点击主菜单 Quick/Graph 就可作图,见图 2.3,分别是折线图(Line graph)、条形图(Bar graph)、散点图(Scatter)等,也可双击序列名,

出现显示电子表格的序列观测值，然后点击工具栏的 View/Graph。如果选择折线图，出现图 2.4 的对话框，在此对话框中键入要做图的序列，点击 OK 则出

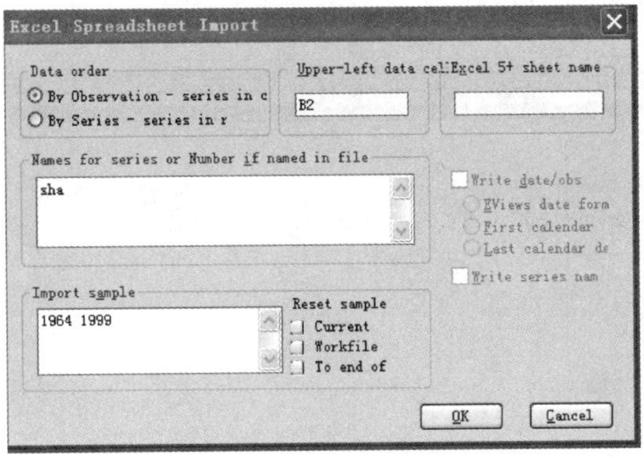

图 2.2 创建新序列 SHA

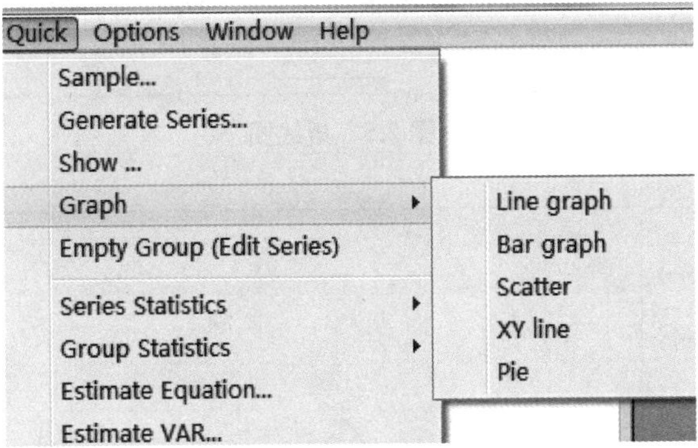

图 2.3 作图选项

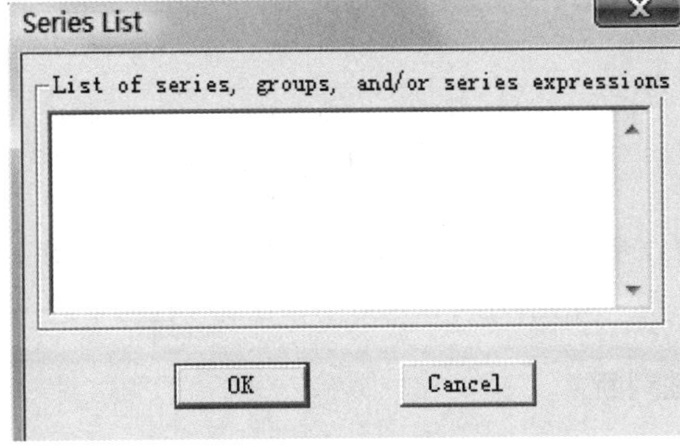

图 2.4 选择折线图

现折线图，横轴表示时间，纵轴表示纱产量，见图 2.5，选择图 2.5 上工具栏 options 可以对折线图做相应修饰。点击主菜单的 Edit/Copy，然后粘贴到文档就变成了如图 2.6 的折线图。

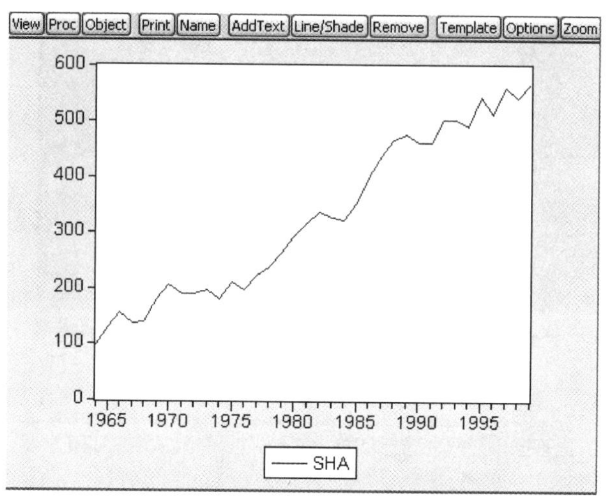

图 2.5 折线图

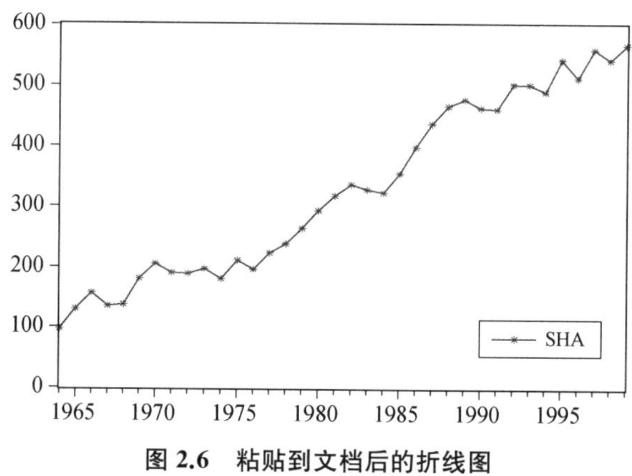

图 2.6 粘贴到文档后的折线图

从图 1.5 可以看出，纱产量呈现波动中上升的趋势，显然不平稳，所以不是一个平稳序列。这一结论，还可以通过平稳性统计检验来进一步说明。

二、平稳性判断

承例 1 为了进一步的判断序列 SHA 的平稳性，需要绘制出该序列的自相关图。双击序列名 sha 出现序列观测值的电子表格工作文件，点击 View/Correlogram，出现图 2.7 的相关图设定对话框，上面选项要求选择对谁计算自相关系数，选项有原始序列(Level)、一阶差分(1st difference)和二阶差分(2nd difference)，默认是对原始序列显示相关图。下面指定相关图显示的最大滞后阶数 k，若观测值较多，k 可取 $[T/10]$ 或 $[\sqrt{T}]$；若样本量较小，k 一般取 $[T/4]$(T 表示时间序列观测值个数，[] 表明不超过其的最大整数)。若序列是季节数据，一般 k 取季节周期的整数倍。设定完毕点击 OK 就出现如图 2.8 所示的序列相关图和相应的统计量。

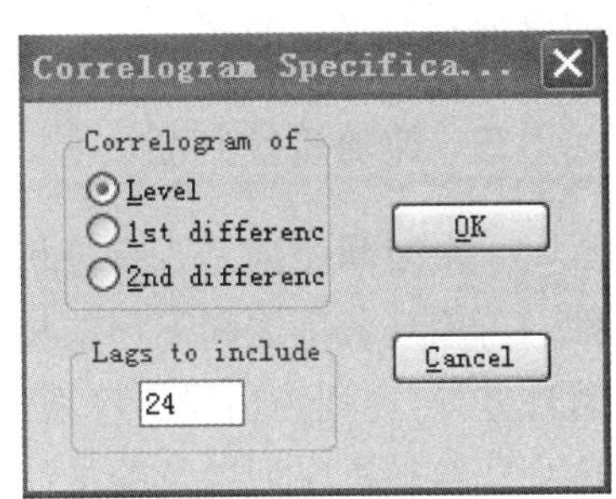

图 2.7　相关图设定

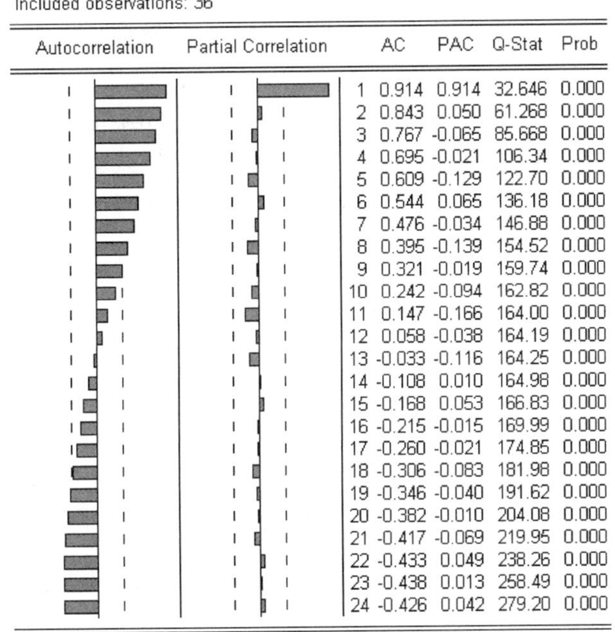

Sample: 1964 1999
Included observations: 36

Autocorrelation	Partial Correlation		AC	PAC	Q-Stat	Prob
		1	0.914	0.914	32.646	0.000
		2	0.843	0.050	61.268	0.000
		3	0.767	-0.065	85.668	0.000
		4	0.695	-0.021	106.34	0.000
		5	0.609	-0.129	122.70	0.000
		6	0.544	0.065	136.18	0.000
		7	0.476	-0.034	146.88	0.000
		8	0.395	-0.139	154.52	0.000
		9	0.321	-0.019	159.74	0.000
		10	0.242	-0.094	162.82	0.000
		11	0.147	-0.166	164.00	0.000
		12	0.058	-0.038	164.19	0.000
		13	-0.033	-0.116	164.25	0.000
		14	-0.108	0.010	164.98	0.000
		15	-0.168	0.053	166.83	0.000
		16	-0.215	-0.015	169.99	0.000
		17	-0.260	-0.021	174.85	0.000
		18	-0.306	-0.083	181.98	0.000
		19	-0.346	-0.040	191.62	0.000
		20	-0.382	-0.010	204.08	0.000
		21	-0.417	-0.069	219.95	0.000
		22	-0.433	0.049	238.26	0.000
		23	-0.438	0.013	258.49	0.000
		24	-0.426	0.042	279.20	0.000

图 2.8　序列相关图

图 2.8 的左半部分是自相关和偏自相关分析图，垂立的两道虚线表示 2 倍标准差。右半部分是滞后阶数、自相关系数、偏自相关系数、Q 统计量和伴随概率。从自相关和偏自相关分析图可以看出自相关系数趋向 0 的速度相当缓

慢,滞后 6 阶之后自相关系数才落入 2 倍标准差范围以内,并且呈现一种三角对称的形式,这是具有单调趋势的时间序列典型的自相关图的形式,进一步表明序列是非平稳的。

三、纯随机性判断

一个时间序列是否有分析价值,要看序列观测值之间是否有一定的相关性。若序列各项之间不存在相关,即相应滞后阶数的自相关系数与 0 没有显著性差异,序列为白噪声序列,则图 2.8 中 Q 统计量正是对序列是否是白噪声序列即纯随机序列进行的统计检验,该检验的原假设和备择假设分别为:

$$\mathrm{H}_0: \rho_1 = \rho_2 = \cdots = \rho_m = 0, \ \forall m \geqslant 1$$

$$\mathrm{H}_1: \text{至少存在某个 } \rho_k \neq 0, \ \forall m \geqslant 1, \ k \leqslant m$$

在图 2.8 中,由每个 Q 统计量的伴随概率可以看出,都是拒绝原假设的,说明至少存在某个 k,使得滞后 k 期的自相关系数显著非 0,即拒绝序列是白噪声序列的原假设。

进行时间序列分析,我们希望序列是平稳的且非随机的。若随机,则前后观察值之间没有任何关系,没有信息可以提取。所以我们在研究时间序列之前,首先要对其平稳性和随机性进行检验,目的是对平稳且非随机序列进行研究。

3　线性平稳时间序列分析

在时间序列的统计分析中，平稳序列是一类重要的随机序列。在这方面已经有了比较成熟的理论知识，最常用的是 ARMA（Autoregressive Moving Average）序列。用 ARMA 模型去近似地描述动态数据在实际应用中有许多优点。例如，它是线性模型，只要给出少量参数就可完全确定模型形式；另外，便于分析数据的结构和内在性质，也便于在最小方差意义下进行最佳预测和控制。本章将讨论 ARMA 模型的基本性质和特征，这是时间序列统计分析中的重要理论基础。

3.1　线性过程

在正式讨论线性过程之前，我们首先给出相应的准备工具，介绍延迟算子和求解线性差分方程，这些工具会使得时间序列模型表达和分析更为简洁和方便，下面是延迟算子的概念。

定义　设 B 为一步延迟算子，如果当前序列乘以一个延迟算子，就表示把当前序列值的时间向过去拨一个时刻，即 $BX_t = X_{t-1}$。

进而，对于任意的 n，延迟算子 B 满足：

$$B^2 X_t = X_{t-2}$$

$$\vdots$$

$$B^n X_t = X_{t-n}$$

一般来说，延迟算子 B 有如下性质：

① $B^0 = 1$；

② 若 c 为任意常数，则 $B(c \cdot X_t) = c \cdot B(X_t) = c \cdot X_{t-1}$；

③ 对于任意的两个序列 $\{X_t\}$ 和 $\{Y_t\}$，有 $B(X_t \pm Y_t) = B(X_t) \pm B(Y_t) = X_{t-1} \pm Y_{t-1}$；

④ $(1-B)^n=\sum_{i=0}^{n}C_d^i\ (-1)^iB^i$。

3.1.1 线性过程的定义

定义 3.1 $\{X_t,\ t\in Z\}$ 称为**线性过程**,若

$$X_t=\sum_{j=-\infty}^{\infty}G_j\varepsilon_{t-j} \tag{3.1}$$

其中,$\{\varepsilon_t\}$ 是白噪声序列,系数序列 $\{G_j\}$ 满足

$$\sum_{j=-\infty}^{\infty}G_j^2<\infty \tag{3.2}$$

若其中系数序列满足 $G_j=0,\ j<0$,则系统表示为

$$X_t=\sum_{j=0}^{\infty}G_j\varepsilon_{t-j} \tag{3.3}$$

该系统为**因果性**的。

定理 3.1 定义(3.1)中的线性过程是平稳序列,且 $\sum_{j=-\infty}^{\infty}G_j\varepsilon_{t-j}$ 是均方收敛的。

证明: 首先证明 $\sum_{j=-\infty}^{\infty}G_j\varepsilon_{t-j}$ 是均方收敛的。由于 $\{\varepsilon_t\}$ 为白噪声序列,因此 $\{\varepsilon_t\}$ 为互不相关的序列,又

$$\sum_{j=-\infty}^{\infty}G_j^2<\infty$$

则对于任意充分大的 $M,\ N>0$,

$$\mathrm{E}\Big(\sum_{j=-M}^{N}G_j\varepsilon_{t-j}\Big)^2=\sigma^2\sum_{j=-M}^{N}G_j^2<\infty,\text{当}\,M,\ N\to\infty$$

从而 $\sum_{j=-\infty}^{\infty}G_j\varepsilon_{t-j}$ 均方收敛。

下面证明序列 $\{X_t,\ t\in Z\}$ 是平稳的,容易计算

$$\mathrm{E}X_t=\sum_{j=-\infty}^{\infty}G_j\,\mathrm{E}\varepsilon_{t-j}=0$$

$$\begin{aligned}\gamma_k &= \mathrm{E}X_tX_{t-k}\\ &= \mathrm{E}\left(\sum_{j=-\infty}^{\infty}G_j\varepsilon_{t-j}\cdot\sum_{l=-\infty}^{\infty}G_l\varepsilon_{t-k-l}\right)\\ &= \sigma^2\sum_{j=-\infty}^{\infty}G_jG_{j-k}\end{aligned}$$

根据柯西(Cauchy)不等式,我们可以得到

$$\sum_{j=-\infty}^{\infty}|G_jG_{j-k}|\leqslant\left(\sum_{j=-\infty}^{\infty}G_j^2\cdot\sum_{j=-\infty}^{\infty}G_{j-k}^2\right)^{1/2}<\infty$$

所以级数 $\sum_{j=-\infty}^{\infty}G_jG_{j-k}$ 收敛,故 $\{X_t\}$ 为平稳序列。

3.1.2　线性过程的因果性和可逆性

上节提到,在应用时间序列分析去解决实际问题时,所使用的线性过程是**因果性**的,即

$$X_t=\sum_{j=0}^{\infty}G_j\varepsilon_{t-j},\ G_0=1 \tag{3.4}$$

$$\sum_{j=0}^{\infty}G_j^2<\infty \tag{3.5}$$

设 B 为一步延迟算子,则 $B^jX_t=X_{t-j}$,$j\geqslant 0$,(3.4)可表示为:

$$X_t=\left(\sum_{j=0}^{\infty}G_jB^j\right)\varepsilon_t=G(B)\varepsilon_t \tag{3.6}$$

其中,$G(B)=\sum_{j=0}^{\infty}G_jB^j$,今后将把 $G(B)$ 看作对 ε_t 进行运算的算子,又可作为 B 的函数来讨论。

函数 $G(B)$ 中系数序列 $\{G_j\}$ 可以是有限项,也可以是无限项。在无限项时要求(3.4)满足一定的收敛性。要使 $\{X_t\}$ 平稳,则要求 $\{G_j\}$ 满足(3.5)。函数 $G(B)$ 在 $|B|\leqslant 1$ 时收敛可作为 $\sum_{j=0}^{\infty}G_j$ 收敛的充分条件。通常更便于使用的条件是

$$\sum_{j=0}^{\infty}|G_j|<\infty \tag{3.7}$$

在进行理论研究和处理实际问题时，通常还需要用 t 时刻及 t 时刻以前的 X_{t-j} $(j=0,\ 1,\ \cdots)$ 来表示白噪声 ε_t，即

$$\varepsilon_t = G^{-1}(B)X_t = X_t - \sum_{j=1}^{\infty} I_j X_{t-j} \tag{3.8}$$

其中

$$G^{-1}(B) = I(B) = 1 - \sum_{j=1}^{\infty} I_j B^j \tag{3.9}$$

称将 X_t 变换为 ε_t 的线性算子

$$I(B) = -\sum_{j=0}^{\infty} I_j B^j,\ I_0 = -1$$

为**逆函数**，称(3.8)式为 X_t 的**逆转形式**，也称无穷阶自回归。

与因果性完全类似，为使(3.8)式中级数有意义，易证，若 $\sum_{j=0}^{\infty} |I_j|^2 < \infty$，则(3.8)式的级数为均方收敛。

定理 3.2 若(3.4)式、(3.5)式中的系数序列 $\{G_j\}$ 满足(3.7)式，且

$$G(B) = \sum_{j=0}^{\infty} G_j B^j \neq 0,\ |B| \leqslant 1$$

则 $G^{-1}(B)$ 可表示为(3.9)式，且有

$$\sum_{j=0}^{\infty} |I_j| < \infty$$

$$I(B) = -\sum_{j=0}^{\infty} I_j B^j \neq 0,\ |B| \leqslant 1$$

由上述定理可见：$G(B)$ 的零点都在单位圆外与 $I(B)$ 的零点都在单位圆外是等价的。

3.2 自回归模型 AR(p)

上节中所讨论的线性过程及其逆转形式都是无穷和的形式，当用有限和去逼近时即产生有限参数线性模型，而且许多平稳序列本身就是由有限参数线性模型刻画的。有限参数线性模型是时间序列分析中理论最基础、应用最

广泛的部分。以下将讨论 AR、MA 和 ARMA 三种有限参数线性模型。

3.2.1　一阶自回归模型 AR(1)

由于经济系统惯性的作用，经济时间序列往往存在着前后依存关系。最简单的一种情形就是变量当前的取值主要与其前一时期的取值状况有关，用数学模型来描述这种关系就是下面介绍的一阶自回归模型。

定义 3.2　$\{X_t\}$ 为时间序列，满足如下差分方程：

$$X_t = c + \phi X_{t-1} + \varepsilon_t \tag{3.10}$$

其中，ϕ 为 X_t 对 X_{t-1} 的依赖程度，称为自回归系数，$\{\varepsilon_t\}$ 为白噪声序列，满足 $E\varepsilon_t = 0$，$\mathrm{Var}(\varepsilon_t) = \sigma^2$，则称 $\{X_t\}$ 满足**一阶自回归模型**（Autoregressive Model），常记作 AR(1)。图 3.1 为一个零均值的 AR(1)模型的 200 个模拟数据。

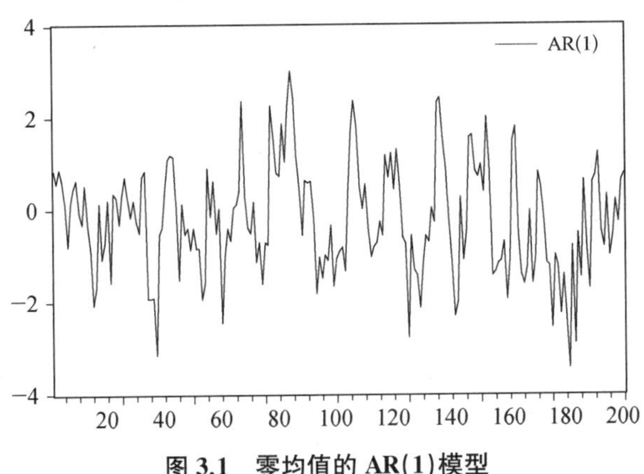

图 3.1　零均值的 AR(1)模型

我们首先考虑一阶自回归 AR(1)模型为 $X_t = \phi X_{t-1} + \varepsilon_t$，其中，$\{\varepsilon_t\}$ 为白噪声序列，满足 $E\varepsilon_t = 0$，$\mathrm{Var}(\varepsilon_t) = \sigma^2$。运用迭代方法可以得到

$$\begin{aligned} X_t &= \phi X_{t-1} + \varepsilon_t = \phi(\phi X_{t-2} + \varepsilon_{t-1}) + \varepsilon_t \\ &= \phi^2 X_{t-2} + \varepsilon_t + \phi\varepsilon_{t-1} \\ &\;\;\vdots \\ &= \phi^k X_{t-k} + \sum_{j=0}^{k-1} \phi^j \varepsilon_{t-j} \end{aligned}$$

如果自回归的系数满足 $|\phi| < 1$，若 $\{X_t\}$ 的二阶矩存在，则

$$\lim_{k\to\infty}\mathrm{E}\left(X_t-\sum_{j=0}^{k-1}\phi^j\varepsilon_{t-j}\right)^2=\lim_{k\to\infty}\phi^{2k}\mathrm{E}(X_{t-k}^2)=0$$

所以有 $X_t=\sum_{j=0}^{\infty}\phi^j\varepsilon_{t-j}$。

根据3.2.3自回归AR(p)的一般平稳性理论可知，在AR(1)中，保持其平稳性的条件是对应的特征方程

$$\lambda-\phi=0$$

的根的绝对值必须小于1，即满足 $|\phi|<1$。对此，我们可以通过如下推导过程加以理解。利用延迟算子，对于AR(1)，$X_t=c+\phi X_{t-1}+\varepsilon_t$ 可写为

$$(1-\phi B)X_t=c+\varepsilon_t$$

$$\begin{aligned}X_t&=(1-\phi B)^{-1}(c+\varepsilon_t)\\&=\frac{c}{1-\phi}+(1-\phi B)^{-1}\varepsilon_t\end{aligned}$$

在 $|\phi|<1$ 条件下，有

$$\begin{aligned}X_t&=\frac{c}{1-\phi}+(1+\phi B+\cdots+\phi^jB^j+\cdots)\varepsilon_t\\&=\frac{c}{1-\phi}+\varepsilon_t+\phi\varepsilon_{t-1}+\cdots+\phi^j\varepsilon_{t-j}+\cdots\end{aligned}\tag{3.11}$$

若保证AR(1)具有平稳性，$\sum_{j=0}^{\infty}\phi^jB^j$ 必须收敛，即自回归参数 ϕ 必须满足 $|\phi|<1$，或者满足 $\sum_{j=0}^{\infty}|\phi|^j=\frac{1}{1-|\phi|}<\infty$。这是容易理解的。

反之，如果 $|\phi|>1$，根据(3.11)式中 ε_t 对 X 的影响不会随着时间的递增而消失，系统不是有限方差的协方差平稳过程，$\sum_{j=0}^{\infty}\phi^jB^j$ 发散。于是，$\{X_t\}$ 变成一个非平稳随机过程，这个过程一般称为爆炸性过程。

因为 $\{\varepsilon_t\}$ 是一个白噪声过程，根据(3.11)式，对于平稳的AR(1)，经过简单的计算易得

$$\mathrm{E}(X_t)=\mu=\frac{c}{1-\phi}\tag{3.12}$$

$$\begin{aligned}\operatorname{Var}(X_t) &= \operatorname{Var}\left(\frac{c}{1-\phi} + \varepsilon_t + \phi\varepsilon_{t-1} + \cdots + \phi^j\varepsilon_{t-j} + \cdots\right) \\ &= \sum_{j=0}^{\infty}\phi^{2j}\operatorname{Var}(\varepsilon_{t-j}) \\ &= \frac{\sigma^2}{1-\phi^2}\end{aligned} \tag{3.13}$$

(3.13)式也说明,若要保证 $\{X_t\}$ 平稳,则必须保证 $|\phi|<1$。

例 3.1 设一阶自回归模型 $X_t = 0.6X_{t-1} + \varepsilon_t$,则

$$\begin{aligned}&(1-0.6B)X_t = \varepsilon_t \\ &X_t = (1-0.6B)^{-1}\varepsilon_t \\ &\quad = \varepsilon_t + 0.6\varepsilon_{t-1} + \cdots + 0.6^j\varepsilon_{t-j} + \cdots\end{aligned}$$

上式变换为一个无限阶的移动平均过程。

3.2.2 二阶自回归模型 AR(2)

当变量当前的取值主要与其前两时期的取值状况有关,用数学模型来描述这种关系就是如下的二阶自回归模型 AR(2):

$$X_t = c + \phi_1 X_{t-1} + \phi_2 X_{t-2} + \varepsilon_t \tag{3.14}$$

引入延迟算子 B 的表达形式为:

$$(1-\phi_1 B - \phi_2 B^2)X_t = c + \varepsilon_t \tag{3.15}$$

首先讨论 AR(2)模型的平稳性问题,此时,差分方程的平稳条件是特征方程

$$\lambda^2 - \phi_1\lambda - \phi_2 = 0$$

的根 λ_1 和 λ_2 都落在单位圆内,即

$$|\lambda_1|<1,\ |\lambda_2|<1$$

容易计算两个特征根分别是

$$\lambda_1,\ \lambda_2 = \frac{\phi_1 \pm \sqrt{\phi_1^2 + 4\phi_2}}{2}$$

下面利用特征方程的根与模型参数 ϕ_1 和 ϕ_2 的关系,给出 AR(2)模型平稳的

ϕ_1 和 ϕ_2 的取值条件(或值域)。由初等数学知识易得

$$\lambda_1+\lambda_2=\phi_1$$
$$\lambda_1\lambda_2=-\phi_2$$

从而有

$$\phi_2+\phi_1=-\lambda_1\lambda_2+\lambda_1+\lambda_2=1-(1-\lambda_1)(1-\lambda_2)$$
$$\phi_2-\phi_1=-\lambda_1\lambda_2-\lambda_1-\lambda_2=1-(1+\lambda_1)(1+\lambda_2)$$

则由 $|\lambda_1|<1$, $|\lambda_2|<1$,无论 λ_1, λ_2 为实数或共轭复数,都有

$$(1\pm\lambda_1)(1\pm\lambda_2)>0$$

从而得出

$$\phi_2\pm\phi_1<1 \tag{3.16}$$

进而有

$$|\phi_2|<1 \tag{3.17}$$

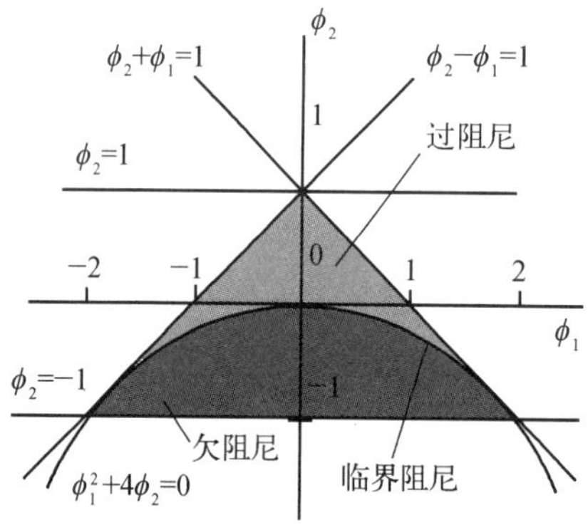

图 3.2 平稳 AR(2)模型参数 ϕ_1, ϕ_2 取值区域(阴影部分)

(3.16)式和(3.17)式是为保证 AR(2)模型平稳,回归参数 ϕ_1, ϕ_2 所应具有的条件。反之,若(3.16)式和(3.17)式成立,则特征方程 $\lambda^2-\phi_1\lambda-\phi_2=0$ 的根必落在单位圆内。满足条件(3.16)式和(3.17)式给出的区域 $\{(\phi_1, \phi_2) \mid \phi_2\pm\phi_1<1, |\phi_2|<1\}$ 称为平稳域。对于 AR(2)模型平稳域是一个三角形区域,见图 3.2 中的阴影部分。

回归参数 ϕ_1, ϕ_2 的取值变化分以下三种情形讨论:

① 当 $\phi_1^2+4\phi_2=0$ 时,有 $\lambda_1=\lambda_2$ 为相等实数根。ϕ_1, ϕ_2 取值在图中的抛物线上,称为临界阻尼状态;

② 当 $\phi_1^2+4\phi_2>0$ 时,λ_1, λ_2 为不等实数根。ϕ_1, ϕ_2 的值位于过阻尼区(自相关函数呈指数衰减);

③ 当 $\phi_1^2+4\phi_2<0$ 时,λ_1, λ_2 为共轭复根。ϕ_1, ϕ_2 的值位于欠阻尼区(自

相关函数呈正弦震荡衰减）。

由此，对于 AR(2)模型 $X_t = c + \phi_1 X_{t-1} + \phi_2 X_{t-2} + \varepsilon_t$ 来说，可以使用两种方法判断其平稳性，分别是：

① 利用模型对应的特征根 λ_1，λ_2 的约束条件，即满足 $|\lambda_1| < 1$，$|\lambda_2| < 1$；

② 利用模型参数 ϕ_1，ϕ_2 的约束条件，满足 $\{(\phi_1, \phi_2) \mid \phi_2 \pm \phi_1 < 1, |\phi_2| < 1\}$。

例 3.2　设 AR(2)模型 $X_t = 0.7X_{t-1} - 0.1X_{t-2} + \varepsilon_t$，试判别 X_t 的平稳性。

解： 根据上述关于平稳条件的讨论，可以通过两种途径进行讨论：

① 利用 ϕ_1，ϕ_2 的约束条件。

$$\phi_1 + \phi_2 = 0.6,\ -\phi_1 + \phi_2 = -0.8,\ \phi_2 = -0.1,$$

满足条件(3.16)式和(3.17)式，所以 X_t 是平稳的。

② 利用特征根都落在单位圆内的条件。

模型 $X_t = 0.7X_{t-1} - 0.1X_{t-2} + \varepsilon_t$ 对应的特征方程为

$$\lambda^2 - 0.7\lambda + 0.1 = 0$$

特征方程的两个根是 $\lambda_1, \lambda_2 = \dfrac{0.7 \pm \sqrt{0.7^2 + 0.4}}{2}$，即 $|\lambda_1| < 1$，$|\lambda_2| < 1$。因为两个根都在单位圆内，所以 X_t 是平稳的。

例 3.3　设 AR(2)模型 $X_t = 0.7X_{t-1} + 0.6X_{t-2} + \varepsilon_t$，试判别 X_t 的平稳性。

解： ① 利用 ϕ_1，ϕ_2 的约束条件。

由于

$$\phi_1 + \phi_2 = 1.3,\ -\phi_1 + \phi_2 = -0.1,\ \phi_2 = 0.6$$

不满足条件(3.16)式，所以 X_t 是非平稳的。

② 利用特征根都落在单位圆内的条件。

AR(2)模型 $X_t = 0.7X_{t-1} + 0.6X_{t-2} + \varepsilon_t$ 对应的特征方程为

$$\lambda^2 - 0.7\lambda - 0.6 = 0$$

特征方程的两个根是 $\lambda_1 = 1.2$，$\lambda_2 = -0.5$，因为一个根 1.2 在单位圆外，所以 X_t 是一个非平稳的序列。

关于 AR(2)模型因果性问题，考虑特征方程

$$\lambda^2-\phi_1\lambda-\phi_2=0$$

其特征根 λ_1 和 λ_2 为

$$\lambda_1,\ \lambda_2=\frac{1}{2}(\phi_1\pm\sqrt{\phi_1^2+4\phi_2})$$

所以 X_t 可用部分分式来展开(设 $\lambda_1\neq\lambda_2$)。

$$\begin{aligned}X_t&=\frac{1}{1-\phi_1B-\phi_2B^2}\varepsilon_t\\&=\frac{1}{(1-\lambda_1B)(1-\lambda_2B)}\varepsilon_t\\&=\left(\frac{\lambda_1}{\lambda_1-\lambda_2}\cdot\frac{1}{(1-\lambda_1B)}+\frac{\lambda_2}{\lambda_2-\lambda_1}\cdot\frac{1}{(1-\lambda_2B)}\right)\varepsilon_t\\&=\frac{1}{\lambda_1-\lambda_2}\sum_{j=0}^{\infty}(\lambda_1^{j+1}-\lambda_2^{j+1})\varepsilon_{t-j}\end{aligned}\tag{3.18}$$

下面我们讨论序列的统计特性,关于平稳 AR(2)模型:

$$X_t=c+\phi_1X_{t-1}+\phi_2X_{t-2}+\varepsilon_t,$$

可以直接求出其均值 μ。我们对(3.14)式两边取期望,得到

$$\mathrm{E}(X_t)=\mu=c+\phi_1\mathrm{E}(X_{t-1})+\phi_2\mathrm{E}(X_{t-2})=c+\phi_1\mu+\phi_2\mu$$

即

$$\mathrm{E}(X_t)=\mu=\frac{c}{1-\phi_1-\phi_2}\tag{3.19}$$

关于序列的方差,将在后面章节讨论。

3.2.3 *p* 阶自回归模型 AR(*p*)

如果 X_t 与过去时期直到 $t-p$ 期的自身取值相关,则需要使用包含 X_{t-1}, …, X_{t-p} 在内的 p 阶自回归 AR(p)模型的一般形式为:

$$\begin{cases}X_t=c+\phi_1X_{t-1}+\cdots+\phi_pX_{t-p}+\varepsilon_t,\\\varepsilon_t\sim WN(0,\ \sigma^2),\\\forall s<t,\ \mathrm{E}(X_s\cdot\varepsilon_t)=0\end{cases}\tag{3.20}$$

这里 $\forall s<t$，$\mathrm{E}(X_s \cdot \varepsilon_t)=0$ 说明当前期的随机干扰 ε_t 与过去的序列值 X_s 无关。

当 $c=0$ 时，自回归模型称为中心化的 AR(p)模型；

当 $c \neq 0$ 时，AR(p)序列也可以通过下述的变换转化为中心化的 AR(p)序列。

由于 $\mathrm{E}(X_t)=\mu$，$\forall t$，对(3.20)式两边求期望，得到：

$$\mu=c+\phi_1\mu+\phi_2\mu+\cdots+\phi_p\mu$$

从而可以得到时间序列 $\{X_t\}$ 均值：

$$\mu=\frac{c}{1-\phi_1-\phi_2-\cdots-\phi_p}$$

由此，(3.20)式可以写成：

$$X_t-\mu=\phi_1(X_{t-1}-\mu)+\phi_2(X_{t-2}-\mu)+\cdots+\phi_p(X_{t-p}-\mu)+\varepsilon_t$$

设 $Y_t=X_t-\mu$，根据上述式子，

$$Y_t=\phi_1Y_{t-1}+\phi_2Y_{t-2}+\cdots+\phi_pY_{t-p}+\varepsilon_t$$

则 $\{Y_t\}$ 为 $\{X_t\}$ 的中心化序列。由于这种变换对于序列之间的相关关系没有任何影响，所以在以后的篇幅中，如果涉及讨论 AR(p)模型的相关关系时，简单起见，我们仅对中心化的 AR(p)模型进行讨论就可以了。

下面我们利用差分方程求解的方法讨论 AR(p)模型的平稳问题。考虑一个中心化的 AR(p)模型：

$$\Phi(B)X_t=\varepsilon_t \tag{3.21}$$

其中，$\Phi(B)=(1-\phi_1B-\phi_2B^2-\cdots-\phi_pB^p)$ 为算子多项式。根据第二章非齐次差分方程解的情况，(3.21)式有通解为：

$$X_t=X_t'+X_t''$$

其中，X_t' 为对应齐次差分方程 $\Phi(B)X_t=0$ 的通解，X_t'' 是非齐次差分方程 $\Phi(B)X_t=\varepsilon_t$ 的一个特解，接下来我们给出 X_t' 和 X_t'' 的具体形式。

(1) 先求对应齐次差分方程 $\Phi(B)X_t=0$ 的通解 X_t'

假定其对应特征方程 $\lambda^p-\phi_1\lambda^{p-1}-\cdots-\phi_p=0$ 的 p 个特征根为 λ_1，λ_2，…，λ_p，根据前面的讨论，这 p 个特征根可能有如下情形：

① $\lambda_1=\cdots=\lambda_d$ 为 d 个相同实根；

② λ_{d+1}，…，λ_{p-2m} 为 $p-d-2m$ 互不相同的实根；

③ λ_{p-2m+1}，…，λ_p 为 $2m$ 个复根，它们两两共轭。

则齐次差分方程 $\Phi(B)X_t=0$ 的通解为：

$$X'_t=\sum_{j=1}^{d}c_j t^{j-1}\lambda_j^t+\sum_{j=d+1}^{p-2m}c_j\lambda_j^t+\sum_{j=p-2m+1}^{p}r_j^t(c_{1j}\cos t\omega_j+c_{2j}\sin t\omega_j)$$

这里 c_1，…，c_{p-2m}，c_{1j}，c_{2j}（$j=1$，…，m）为任意实数。

(2) 再求非齐次差分方程 $\Phi(B)X_t=\varepsilon_t$ 的一个特解 X''_t

由于 λ_1，λ_2，…，λ_p 为所对应的特征根，因此

$$\lambda_j^p-\phi_1\lambda_j^{p-1}-\cdots-\phi_p=0,\ j=1,\ \cdots,\ p$$

进而

$$1-\phi_1\frac{1}{\lambda_j}-\cdots-\phi_p\frac{1}{\lambda_j^p}=0,\ j=1,\ \cdots,\ p,$$

这说明 $u_j=\dfrac{1}{\lambda_j}$，$j=1$，…，p 是方程 $\Phi(u)=1-\phi_1u-\phi_2u^2-\cdots-\phi_pu^p=0$ 的根，即**AR(p)模型的自回归系数多项式方程 $\Phi(u)=0$ 的根与对应齐次差分方程 $\Phi(B)X_t=0$ 的特征根互为倒数**。由此，自回归系数多项式可以写为

$$\Phi(B)=\prod_{j=1}^{p}(1-\lambda_jB)$$

因此，我们可以得到非齐次差分方程 $\Phi(B)X_t=\varepsilon_t$ 的一个特解

$$X''_t=\frac{1}{\Phi(B)}\varepsilon_t=\frac{1}{\prod_{j=1}^{p}(1-\lambda_jB)}\varepsilon_t$$

部分分式展开得到

$$X''_t=\frac{1}{\prod_{j=1}^{p}(1-\lambda_jB)}\varepsilon_t=\sum_{j=1}^{p}\frac{k_j}{1-\lambda_jB}\varepsilon_t$$

其中 k_1，…，k_p 为任意实数。

由上述讨论，我们获得非齐次差分方程 $\Phi(B)X_t=\varepsilon_t$ 的通解的具体表达

式为：

$$X_t = \sum_{j=1}^{d} c_j t^{j-1} \lambda_j^t + \sum_{j=d+1}^{p-2m} c_j \lambda_j^t + \sum_{j=p-2m+1}^{p} r_j^t (c_{1j} \cos t\omega_j + c_{2j} \sin t\omega_j) + \sum_{j=1}^{p} \frac{k_j}{1-\lambda_j B} \varepsilon_t$$

由此，要使得中心化的 AR(p)模型 $\Phi(B)X_t = \varepsilon_t$ 平稳，对任意实数 $c_1, \cdots, c_{p-2m}, c_{1j}, c_{2j}(j=1, \cdots, m), k_1, \cdots, k_p$，平稳的充要条件为：

$$\begin{cases} |\lambda_j| < 1, & j=1, \cdots, p-2m \\ |r_j| < 1, & j=p-2m+1, \cdots, p \end{cases}$$

这等价于 AR(p)模型 $\Phi(B)X_t = \varepsilon_t$ 的特征根在单位圆内或者自回归系数多项式方程 $\Phi(u)=0$ 的根在单位圆外。

3.3　移动平均模型 MA(q)

3.3.1　一阶移动平均模型 MA(1)

有些情况下，序列 $\{X_t\}$ 的记忆是关于过去外部干扰的记忆。在这种情况下，$\{X_t\}$ 可以表示成过去干扰值和现在干扰值的线性组合，此类模型常称为序列 $\{X_t\}$ 的移动平均模型。最简单的情形是如下的**一阶移动平均模型**：

$$X_t = \mu + \varepsilon_t - \theta \varepsilon_{t-1} \tag{3.22}$$

其中，μ 为常数，θ 为移动平均系数，$\{\varepsilon_t\}$ 是白噪声过程，满足 $E\varepsilon_t = 0$，$\mathrm{Var}(\varepsilon_t) = \sigma^2$，则称(3.22)式为**一阶移动平均模型**(Moving Average)，记为 MA(1)。图 3.3 为一个零均值的 MA(1)序列 200 个模拟数据。

容易计算，MA(1)的期望为

$$E(X_t) = \mu + E(\varepsilon_t) - \theta E(\varepsilon_{t-1}) = \mu \tag{3.23}$$

方差为

$$E(X_t - \mu)^2 = E(\varepsilon_t - \theta\varepsilon_{t-1})^2 = E(\varepsilon_t^2 - 2\theta\varepsilon_t\varepsilon_{t-1} + \theta^2\varepsilon_{t-1}^2) = (1+\theta^2)\sigma^2 \tag{3.24}$$

由于 MA(1)序列是白噪声序列 ε_t 与其延迟项 ε_{t-1} 的加权和构造形成的，所以，

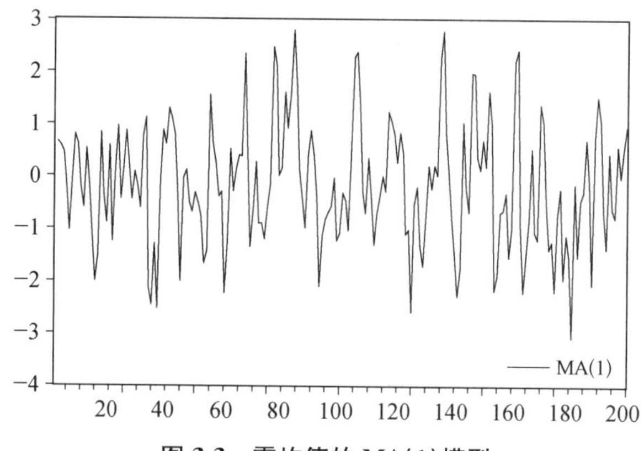

图 3.3 零均值的 MA(1)模型

MA(1)序列 $\{X_t\}$ 是显然平稳的。类似于自回归模型的平稳性讨论，与移动平均过程相联系的一个重要概念是可逆性。对于零均值的 MA(1)序列

$$X_t = \varepsilon_t - \theta\varepsilon_{t-1}$$

模型可写为

$$(1-\theta B)\varepsilon_t = X_t$$
$$\varepsilon_t = (1-\theta B)^{-1}X_t$$

在 $|\theta|<1$ 条件下，有

$$\begin{aligned}\varepsilon_t &= (1+\theta B+\cdots+\theta^j B^j+\cdots)X_t\\ &= X_t+\theta X_{t-1}+\cdots+\theta^j X_{t-j}+\cdots\end{aligned}$$

这是一个无限阶的以几何衰减特征为权数的自回归过程，此时 MA(1)模型可以展成无穷阶的自回归模型，称 MA(1)模型是可逆的。

3.3.2 q 阶移动平均模型 MA(q)

如果一个随机过程成分的可用下式表达

$$X_t = \mu + \varepsilon_t - \theta_1\varepsilon_{t-1} - \cdots - \theta_q\varepsilon_{t-q} \tag{3.25}$$

其中，θ_1，θ_2，…，θ_q 是移动平均系数，$\{\varepsilon_t\}$ 是白噪声过程，满足 $E\varepsilon_t=0$，$\mathrm{Var}(\varepsilon_t)=\sigma^2$，则上式称为 q 阶移动平均模型，记为 MA(q)。

同样，容易计算其均值和方差分别为

$$\begin{aligned} \mathrm{E}(X_t) &= \mathrm{E}(\mu + \varepsilon_t - \theta_1\varepsilon_{t-1} - \cdots - \theta_q\varepsilon_{t-q}) \\ &= \mu + \mathrm{E}(\varepsilon_t) - \theta_1\mathrm{E}(\varepsilon_{t-1}) - \cdots - \theta_q\mathrm{E}(\varepsilon_{t-q}) \\ &= \mu \end{aligned} \tag{3.26}$$

$$\begin{aligned} \mathrm{Var}(X_t) &= \mathrm{E}(X_t - \mu)^2 \\ &= \mathrm{E}(\varepsilon_t - \theta_1\varepsilon_{t-1} - \cdots - \theta_q\varepsilon_{t-q})^2 \\ &= (1 + \theta_1^2 + \theta_2^2 + \cdots + \theta_q^2)\sigma^2 \end{aligned} \tag{3.27}$$

显然,对于 q 阶移动平均模型 MA(q)均满足平稳性。因此,移动平均模型 MA(q)的平稳性对于参数没有任何要求。关于 q 阶移动平均模型 MA(q)的可逆性问题,我们将在 ARMA(p, q)模型的讨论中一起讨论。

3.4 自回归移动平均模型 ARMA(p, q)

3.4.1 ARMA(p, q)模型的平稳域和可逆域

如果序列 $\{X_t\}$ 的当前值不仅与自身的过去值有关,还与其以前进入系统的外部干扰存在一定依存关系,则在用模型刻画这种动态特征时,模型中既包括自身的滞后项,也包括过去的外部干扰,这种模型叫作**自回归移动平均模型**(Autoregressive-Moving Average Model),即 ARMA(p, q)模型。

定义 3.3 ARMA(p, q)模型的一般表达式为:

$$\begin{cases} X_t = c + \phi_1 X_{t-1} + \cdots + \phi_p X_{t-p} + \varepsilon_t - \theta_1\varepsilon_{t-1} - \cdots - \theta_q\varepsilon_{t-q}, \\ \qquad \varepsilon_t \sim WN(0, \sigma^2), \ \forall s < t, \ \mathrm{E}(X_s \cdot \varepsilon_t) = 0 \end{cases} \tag{3.28}$$

其中,ϕ_1, …, ϕ_p 为自回归系数,θ_1, …, θ_q 为移动平均系数。写成带有延迟算子的形式为:

$$(1 - \phi_1 B - \phi_2 B^2 - \cdots - \phi_p B^p)X_t = c + (1 - \theta_1 B - \cdots - \theta_p B^q)\varepsilon_t \tag{3.29}$$

图 3.4 为一个零均值的 ARMA(1, 1)序列的 200 个模拟数据。

模型的平稳性和可逆性是讨论 AR、MA、ARMA 模型的前提条件,从数据出发建立模型,需要检验所得模型是否满足平稳性和可逆性。检验的方法是根据代数方程的根与系数的关系对模型参数的约束条件进行讨论,为此,引入模型参数的平稳域与可逆域的概念。

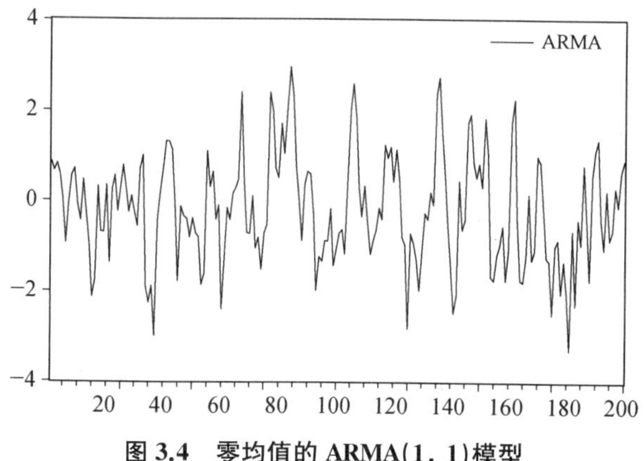

图 3.4 零均值的 ARMA(1, 1)模型

定义 3.4(平稳域) 设 ARMA 模型的自回归系数和移动平均系数的向量表示为：

$$\boldsymbol{\varphi}=(\phi_1,\ \cdots,\ \phi_p)^T,\ \boldsymbol{\theta}=(\theta_1,\ \cdots,\ \theta_p)^T$$

对于 AR(p)或 ARMA(p, q)模型来说,使得 AR(p)模型对应特征根全在单位圆内或者 $\Phi(B)=0$ 的根全在单位圆外的参数向量 $\boldsymbol{\varphi}$ 的全体构成一个 p 维向量空间 R^p 上的子集,记为 $\Phi^{(p)}=\{\phi:\ \Phi(B)=0$ 的根全在单位圆外$\}$,称 $\Phi^{(p)}$ 为 AR(p)或 ARMA(p, q)模型的**平稳域**。

定义 3.5(可逆域) 对 MA(q)或 ARMA(p, q)模型,使 $\Theta(B)=0$ 的根全在单位圆外的参数向量 $\boldsymbol{\theta}$ 的全体构成一个 q 维向量空间 R^q 上的子集,记为 $\Theta^{(q)}=\{\theta:\ \Theta(B)=0$ 的根全在单位圆外$\}$,称 $\Theta^{(q)}$ 为 MA(q)或 ARMA(p, q)模型的**可逆域**。

定义 3.6(平稳可逆域) 对 ARMA(p, q)模型,如下向量称为**平稳可逆域**：

$$\begin{pmatrix}\Phi^{(p)}\\ \Theta^{(q)}\end{pmatrix}=\left\{\begin{pmatrix}\phi\\ \theta\end{pmatrix}:\ \phi\in\Phi^{(p)},\ \theta\in\Theta^{(q)}\right\}$$

例 3.4 求 ARMA(1, 1)的平稳域和可逆域。

解: ① 平稳域。

$$X_t-\phi_1X_{t-1}=\varepsilon_t-\theta_1\varepsilon_{t-1}$$

$$X_t\ \text{平稳}\Leftrightarrow|\ \phi_1\ |<1$$

以上平稳域与AR(1)的平稳域相同，即ARMA(1，1)序列的平稳性仅与自回归系数有关，而与移动平均系数无关，并且平稳条件与AR(1)的平稳条件相同。

② 可逆域。

对于ARMA(1，1)，假定可逆形式为

$$\varepsilon_t = \pi(B)X_t = (1 - \pi_1 B - \pi_2 B^2 - \cdots - \pi_k B^k - \cdots)X_t$$

代入ARMA(1，1)的滞后算子表示形式，比较同次幂系数可得

$$\varepsilon_t = X_t - (\phi_1 - \theta_1)X_{t-1} - \theta_1(\phi_1 - \theta_1)X_{t-2} - \cdots - \theta_1^{k-1}(\phi_1 - \theta_1)X_{t-k} - \cdots$$

根据可逆性定义，应有 $|\theta_1| < 1$。因此，ARMA(1，1)的可逆域是：

$$\theta^{(1)} = \{\theta: |\theta_1| < 1\},$$

它仅与移动系数有关，而与自回归系数无关，而且可逆域与MA(1)的可逆域相同。

例 3.5 求MA(2)的可逆域。

解：

$$Y_t = \varepsilon_t - \theta_1 \varepsilon_{t-1} - \theta_2 \varepsilon_{t-2}$$

其对应方程为：

$$\theta(B) = 1 - \theta_1 B - \theta_2 B^2 = 0$$

该方程的两个根为：

$$\lambda_1 = \frac{-\theta_1 - \sqrt{\theta_1^2 + 4\theta_2}}{2\theta_2}$$

$$\lambda_2 = \frac{-\theta_1 + \sqrt{\theta_1^2 + 4\theta_2}}{2\theta_2}$$

由二次方程根与系数的关系，有

$$\lambda_1 \lambda_2 = -\frac{1}{\theta_2},\ \lambda_1 + \lambda_2 = -\frac{\theta_1}{\theta_2}$$

当MA(2)可逆时，根的模 $|\lambda_1|$ 与 $|\lambda_2|$ 都必须大于1，因此必有：

$$|\theta_2| = \frac{1}{|\lambda_1\lambda_2|} < 1$$

由根与系数的关系，可以推出如下式子：

$$\theta_2 + \theta_1 = 1 - \left(1 - \frac{1}{\lambda_1}\right)\left(1 - \frac{1}{\lambda_2}\right)$$

$$\theta_2 - \theta_1 = 1 - \left(1 + \frac{1}{\lambda_1}\right)\left(1 + \frac{1}{\lambda_2}\right)$$

由于θ_1和θ_2是实数，λ_1与λ_2必同为实数或共轭复数。又因为$|\lambda_i|>1$，因此

$$1 \mp \frac{1}{\lambda_i} > 0$$

故

$$\theta_2 \pm \theta_1 = 1 - \left(1 \mp \frac{1}{\lambda_1}\right)\left(1 \mp \frac{1}{\lambda_2}\right) < 1$$

反之，如果$|\theta_2|<1$，且$\theta_2 \pm \theta_1 < 1$。那么从$|\theta_2| = \frac{1}{|\lambda_1\lambda_2|} < 1$可以推出至少有一个$|\lambda_i|>1$，例如，假设$|\lambda_1|>1$，则根据$1-\left(1 \mp \frac{1}{\lambda_1}\right)\left(1 \mp \frac{1}{\lambda_2}\right)<1$可推出$\left(1 \mp \frac{1}{\lambda_1}\right)\left(1 \mp \frac{1}{\lambda_2}\right) > 0$，由$1 \mp \frac{1}{\lambda_1} > 0$可以推出$1 \mp \frac{1}{\lambda_2} > 0$，从而$|\lambda_2|>1$。因此，$\theta(B) = 1 - \theta_1 B - \theta_2 B^2 = 0$的根在单位圆之外。

从而可知，ARMA(p, q)过程的平稳性完全取决于回归参数(ϕ_1, …, ϕ_p)，而与移动平均参数无关，即平稳性的充要条件为对应AR(p)部分的特征方程

$$\lambda^p - \phi_1\lambda^{p-1} - \cdots - \phi_p = 0$$

的根在单位圆内。

3.4.2 模型的因果性和格林(Green)函数

当$\Phi(B)=0$的根在单位圆外时，对于(3.29)式，两侧同时除以$(1-\phi_1 B - \cdots - \phi_p B^p)$可得

$$X_t = \mu + G(B)\varepsilon_t \tag{3.30}$$

其中，

$$G(B)=\frac{1-\theta_1B-\cdots-\theta_qB^q}{1-\phi_1B-\cdots-\phi_pB^p}=\frac{\Theta(B)}{\Phi(B)} \tag{3.31}$$

$$\mu=\frac{c}{1-\phi_1-\phi_2-\cdots-\phi_p} \tag{3.32}$$

对于零均值的模型,则 ARMA(p, q)模型 $\Phi(B)X_t=\Theta(B)\varepsilon_t$ 可表示为:

$$X_t=\Phi^{-1}(B)\Theta(B)\varepsilon_t=G(B)\varepsilon_t \tag{3.33}$$

由部分分式展开,$G(B)$ 可表示为:

$$G(B)=\Phi^{-1}(B)\Theta(B)=\sum_{j=0}^{\infty}G_jB^j$$

比较两边 B 的同次幂系数,得到:

$$\left(1-\sum_{j=1}^{p}\phi_jB^j\right)\left(\sum_{j=0}^{\infty}G_jB^j\right)=\left(1-\sum_{j=1}^{q}\theta_jB^j\right)$$
$$G_0=1,\ G_1=\phi_1-\theta_1,\ G_2=G_1\phi_1+\phi_2-\theta_1,\ \cdots$$

写成通式为:

$$\sum_{j=0}^{l}\phi_j^*G_{l-j}=\theta_l^*,\ l=1,\ 2,\ \cdots \tag{3.34}$$

其中

$$\phi_0^*=-1,\ \phi_j^*=\begin{cases}\phi_j, & 1\leqslant j\leqslant p\\ 0, & j>p\end{cases},\ \theta_j^*=\begin{cases}\theta_j, & 1\leqslant j\leqslant q\\ 0, & j>q\end{cases} \tag{3.35}$$

可以得到 $\{G_j\}$ 的递推公式:

$$G_l=\begin{cases}\sum_{j=1}^{l}\phi_j^*G_{l-j}-\theta_l, & 1\leqslant l\leqslant q\\ \sum_{j=1}^{l}\phi_j^*G_{l-j}, & j>q\end{cases}$$

定义 3.7 当 $\{X_t\}$ 表示为

$$X_t=\sum_{j=0}^{\infty}G_jB^j\varepsilon_t=\sum_{j=0}^{\infty}G_j\varepsilon_{t-j} \tag{3.36}$$

即称为**ARMA(p, q)模型的传递形式**,或 $\{X_t\}$ 的 **Wold 分解**,称 $\{G_j\}$ 为**格林函数**,或 **Wold 系数**。

从格林函数的展开式可以看出,G_j 是 j 个单位时间以前加入系统的冲击或扰动 ε_t 对现在影响的权重。另一方面,格林函数表示了系统对冲击 ε_{t-j} 有多大的记忆,即如果有单个 ε_t 加入系统,格林函数决定了系统将用多久能够恢复到它的平衡位置。

例 3.6 求 AR(1)模型的格林函数。

解: 由于

$$
\begin{aligned}
(1-\phi_1 B)X_t &= \varepsilon_t \\
X_t &= (1+\phi_1 B+\phi_1^2 B^2+\cdots)\varepsilon_t \\
&= \sum_{j=0}^{\infty}\phi_1^j\varepsilon_{t-j} \\
&= \sum_{j=0}^{\infty}G_j\varepsilon_{t-j}
\end{aligned}
$$

所以,

$$G_j=\phi_1^j,\ j=0,\ 1,\ 2,\ \cdots$$

例 3.7 求 ARMA(2, 1)模型的格林函数。

解: 将 ARMA(2, 1)模型的自回归部分因式分解为:

$$(1-\phi_1 B-\phi_2 B^2)=(1-\lambda_1 B)(1-\lambda_2 B)$$

即

$$\lambda_1+\lambda_2=\phi_1,\ \lambda_1\lambda_2=-\phi_2$$

其中,λ_1 和 λ_2 为二阶线性差分方程的特征根,由特征方程

$$\lambda^2-\phi_1\lambda-\phi_2=0$$

给出。

故

$$\lambda_1,\ \lambda_2=\frac{1}{2}\left(\phi_1\pm\sqrt{\phi_1^2+4\phi_2}\right)$$

所以,X_t 可用部分分式来展开(设 $\lambda_1\neq\lambda_2$):

$$
\begin{aligned}
X_t &= \frac{(1-\theta_1 B)}{1-\phi_1 B-\phi_2 B^2}\varepsilon_t \\
&= \frac{(1-\theta_1 B)}{(1-\lambda_1 B)(1-\lambda_2 B)}\varepsilon_t \\
&= \left(\frac{\lambda_1-\theta_1}{\lambda_1-\lambda_2}\cdot\frac{1}{(1-\lambda_1 B)}+\frac{\lambda_2-\theta_1}{\lambda_2-\lambda_1}\cdot\frac{1}{(1-\lambda_2 B)}\right)\varepsilon_t \\
&= \sum_{j=0}^{\infty}\left[\left(\frac{\lambda_1-\theta_1}{\lambda_1-\lambda_2}\right)\lambda_1^j+\left(\frac{\lambda_2-\theta_1}{\lambda_2-\lambda_1}\right)\lambda_2^j\right]\varepsilon_{t-j}
\end{aligned}
$$

于是,格林函数为:

$$
G_j=\left(\frac{\lambda_1-\theta_1}{\lambda_1-\lambda_2}\right)\lambda_1^j+\left(\frac{\lambda_2-\theta_1}{\lambda_2-\lambda_1}\right)\lambda_2^j=g_1\lambda_1^j+g_2\lambda_2^j
$$

其中, $g_1=\dfrac{\lambda_1-\theta_1}{\lambda_1-\lambda_2}$, $g_2=\dfrac{\lambda_2-\theta_1}{\lambda_2-\lambda_1}$。

对于 MA(q)模型,因为 $\Phi(B)=1$,故 $G(B)=\Theta(B)$, 模型本身就是一种传递形式,格林函数为:

$$
G_j=\begin{cases}-\theta_j, & 1\leqslant j\leqslant q\\ 0, & j>q\end{cases} \tag{3.37}
$$

对于 AR(p)或 ARMA(p, q)模型,由(3.34)式知,当 $l\geqslant \max(p,\ q+1)$ 格林函数满足如下形式的齐次差分方程:

$$
\Phi(B)G_j=0 \tag{3.38}
$$

设 λ_1, …, λ_p 为相应特征方程 $\lambda^p-\phi_1\lambda^{p-1}-\cdots-\phi_p=0$ 的不同的实根,(3.38)式的解为:

$$
G_l=c_1\lambda_1^l+\cdots+c_p\lambda_p^l,\ l\geqslant \max(p,\ q+1) \tag{3.39}
$$

因为 G_j, $j=1, 2, \cdots, \max(p,\ q+1)-1$ 为有限个,所以可适当选择常数 c_1, c_2, …, c_p, 使对一切 $l\geqslant 1$, (3.39)式成立。因为 AR(p)和 ARMA(p, q)具有平稳性,所以相应特征方程的根都在单位圆内,即 $|\lambda_j|<1$, $j=1, 2, \cdots, p$, 故由(3.39)式得

$$
|G_l|\leqslant g_1 e^{-g_2 l} \tag{3.40}
$$

其中, $g_1=\max\limits_{1\leqslant j\leqslant p}|c_j|$, $g_2=\min\limits_{1\leqslant j\leqslant p}(-\ln|\lambda_j|)$。

对于 MA(q)模型，格林函数满足(3.37)式，有 $G_q=-\theta_q\neq 0$，$G_j=0$，$j>q$。这时称格林函数为 q 步截尾的。对于 AR(p)或 ARMA(p, q)模型，格林函数 $\{G_j\}$ 按负指数规律衰减，这时称格林函数为拖尾的。

3.4.3 模型的逆转形式和逆函数

对于 ARMA(p, q)模型，还可以由平稳序列 $\{X_t\}$ 的加权和形式来表示白噪声序列，即

$$\varepsilon_t=\Theta^{-1}(B)\Phi(B)X_t=I(B)X_t$$

其中，

$$I(B)=-\sum_{j=0}^{\infty}I_jB^j,\ I_0=-1$$

定义 3.8 ARMA(p, q)模型可表示为

$$\varepsilon_t=X_t-\sum_{j=0}^{\infty}I_jX_{t-j} \tag{3.41}$$

(3.41)式被称为 ARMA(p, q)模型的**逆转形式**，$\{I_j\}$ 被称为模型的**逆函数**。

例 3.8 求 AR(1)模型的逆函数。

解： 由于

$$X_t=\phi_1X_{t-1}+\varepsilon_t$$
$$\varepsilon_t=X_t-\phi_1X_{t-1}$$

所以

$$I_1=\phi_1,\ I_j=0\quad (j>1)$$

例 3.9 求 MA(1)模型的逆函数。

解： 由于

$$X_t=(1-\theta_1B)\varepsilon_t$$
$$\varepsilon_t=\frac{1}{1-\theta_1B}X_t=(1+\theta_1B+\theta_1^2B^2+\cdots)X_t$$

故

$$\varepsilon_t=X_t+\sum_{j=1}^{\infty}(\theta_1^jX_{t-j})$$

所以

$$I_j = -\theta_1^j, \ j = 0, \ 1, \ 2, \ \cdots$$

例 3.10　求 ARMA(1, 2)模型的逆函数。

解： ARMA(2, 1)模型

$$X_t = \frac{(1-\theta_1 B)}{1-\phi_1 B-\phi_2 B^2}\varepsilon_t = \frac{(1-\theta_1 B)}{(1-\lambda_1 B)(1-\lambda_2 B)}\varepsilon_t$$

由上节知 ARMA(2, 1)模型的格林函数为：

$$G_j = \left(\frac{\lambda_1-\theta_1}{\lambda_1-\lambda_2}\right)\lambda_1^j + \left(\frac{\lambda_2-\theta_1}{\lambda_2-\lambda_1}\right)\lambda_2^j = g_1\lambda_1^j + g_2\lambda_2^j$$

其中，$g_1 = \frac{\lambda_1-\theta_1}{\lambda_1-\lambda_2}$，$g_2 = \frac{\lambda_2-\theta_1}{\lambda_2-\lambda_1}$。

而对 ARMA(1, 2)而言，

$$X_t = \phi_1 X_{t-1} + \varepsilon_t - \theta_1\varepsilon_{t-1} - \theta_2\varepsilon_{t-2}$$

有

$$\varepsilon_t = \frac{(1-\phi_1 B)}{(1-\theta_1 B-\theta_2 B^2)}X_t = \frac{(1-\phi_1 B)}{(1-\nu_1 B)(1-\nu_2 B)}X_t$$

其中，ν_1 和 ν_2 为 $\nu^2-\theta_1\nu-\theta_2=0$ 的根。利用格林函数与逆函数之间的对偶关系很容易从 ARMA(2, 1)模型的格林函数找到 ARMA(1, 2)模型的逆函数为：

$$I_j = \left(\frac{\nu_1-\phi_1}{\nu_1-\nu_2}\right)\nu_1^j + \left(\frac{\nu_2-\phi_1}{\nu_2-\nu_1}\right)\nu_2^j$$

从以上几个例子可以观察出，AR(1)的 G_j 与 MA(1)的 I_j 形式一致。只要符号相反、参数互换，就可以根据 G_j 求得 I_j，即用 $-I_j$ 代替 G_j，用 θ_1 代替 ϕ_1。以此类推，AR(1)的 I_j 与 MA(1)的 G_j 形式也是一致的。这种对偶性并非偶然，也不是一阶模型特有，对于任意阶模型都是存在的。

对于 ARMA(p, q)模型，由等式

$$\left(1-\sum_{j=1}^{q}\theta_j B^j\right)\left(-\sum_{j=0}^{\infty}I_j B^j\right) = 1-\sum_{j=1}^{p}\phi_j B^j$$

比较两边 B 的同次幂系数得到下列结果：

$$-\sum_{j=0}^{l}\theta_j^* I_{l-j}=\phi_l^*,\ l=1,\ 2,\ \cdots,\ \theta_0^*=-1 \tag{3.42}$$

其中，ϕ_l^*，θ_j^* 由(3.34)式确定，由(3.42)式得 $\{I_j\}$ 的递推公式为

$$I_l=\begin{cases}\phi_l-\sum_{j=1}^{l}\theta_j^* I_{l-j}, & 1\leqslant l\leqslant p\\ -\sum_{j=1}^{l}\theta_j^* I_{l-j}, & l>p\end{cases} \tag{3.43}$$

特别对 AR(p)模型，由于 $\Theta(B)\equiv 1$，因此 $I(B)=\Phi(B)$。故

$$I_j=\begin{cases}\phi_j, & 1\leqslant j\leqslant p\\ 0, & j>p\end{cases} \tag{3.44}$$

即 AR(p)模型本身就是一种逆转形式。性质(3.44)称为 ***p* 步截尾**。

对于 MA(q)和 ARMA(p, q)模型，当 $l\geqslant \max(p+1,\ q)$ 时，I_l 满足如下齐次差分方程

$$\Theta(B)I_l=0$$

类似讨论可得

$$|I_l|\leqslant g_3 e^{-g_4 l},\ g_3>0,\ g_4>0 \tag{3.45}$$

从而 MA(q)和 ARMA(p, q)模型的逆函数为拖尾。

三种模型 AR(p)、MA(q)和 ARMA(p, q)都具有平稳可逆性要求，可以有如下转换关系：

① $AR(p)\Rightarrow MA(\infty)$；

② $MA(q)\Rightarrow AR(\infty)$；

③ $ARMA(p,\ q)\Rightarrow AR(\infty)$ 或 $MA(\infty)$。

3.5 自相关系数与偏相关系数

3.5.1 自相关系数及其特征

(1) AR(1)模型的自相关函数

AR(1)模型的平稳性条件为 $|\phi_1|<1$，对于平稳的 AR(1)模型，

$$(1-\phi_1 B)X_t=\varepsilon_t$$

我们可以将上式写为

$$X_t=\frac{\varepsilon_t}{1-\phi_1 B}=\sum_{i=0}^{\infty}(\phi_1 B)^i\varepsilon_t=\sum_{i=0}^{\infty}\phi_1^i\varepsilon_{t-i}$$

其中,格林函数 $G_i=\phi_1^i$, $i=0, 1, \cdots$。

所以,平稳 AR(1)模型的均值为 $\mathrm{E}X_t=0$, 方差为

$$\mathrm{Var}(X_t)=\sum_{i=0}^{\infty}G_i^2\mathrm{Var}(\varepsilon_t)=\sum_{i=0}^{\infty}\phi_1^{2i}\sigma^2=\frac{\sigma^2}{1-\phi_1^2}$$

对于任意 $k\geqslant 1$, 根据自协方差函数的定义,我们有:

$$\gamma_k=\mathrm{cov}(X_t, X_{t-k})=\mathrm{E}(X_t X_{t-k})=\phi_1\mathrm{E}(X_{t-1}X_{t-k})+\mathrm{E}(\varepsilon_t X_{t-k}),\ \forall k\geqslant 1$$

对于平稳 AR(1)模型,我们有 $\mathrm{E}(\varepsilon_t X_{t-k})=0$, $\forall k\geqslant 1$, 可以得到平稳 AR(1)模型自协方差函数的递推公式如下:

$$\gamma_k=\phi_1\gamma_{k-1}=\phi_1^k\gamma_0 \tag{3.46}$$

对于(3.46)式,两边同时除以 γ_0, 就可以得到平稳 AR(1)模型的自相关函数的递推公式:

$$\rho_k=\phi_1^k$$

(2) AR(p)模型的自相关系数

根据自回归模型的平稳性讨论,AR(p)模型的平稳性条件为对应特征方程 $\lambda^p-\phi_1\lambda^{p-1}-\cdots-\phi_p=0$ 的根都在单位圆内。假设中心化序列 $\{X_t\}$ 是平稳的,AR(p)模型两侧同时乘以 X_{t-k}, 再取期望可得自协方差函数,得到著名的尤拉-沃克(Yule-Walker)方程:

$$\gamma_k=\begin{cases}\phi_1\gamma_{k-1}+\phi_2\gamma_{k-2}+\cdots+\phi_p\gamma_{k-p}, & k=1, 2, \cdots\\ \phi_1\gamma_1+\phi_2\gamma_2+\cdots+\phi_p\gamma_p+\sigma^2, & k=0\end{cases} \tag{3.47}$$

已知 $\gamma_{-k}=\gamma_k$, 因此得到结论:当 $k=0, 1, \cdots, p$ 时, $\gamma_0, \gamma_1, \cdots, \gamma_p$ 是 $\sigma^2, \phi_1, \phi_2, \cdots, \phi_p$ 的函数,即

$$\begin{cases}\gamma_1=\phi_1\gamma_0+\phi_2\gamma_1+\cdots+\phi_p\gamma_{p-1}\\ \gamma_2=\phi_1\gamma_1+\phi_2\gamma_0+\cdots+\phi_p\gamma_{p-2}\\ \vdots\\ \gamma_p=\phi_1\gamma_{p-1}+\phi_2\gamma_{p-2}+\cdots+\phi_p\gamma_0\end{cases}$$

对于自相关函数,(3.47)式两侧同时除以 γ_0,得到等价的尤拉-沃克方程:

$$\rho_k=\phi_1\rho_{k-1}+\phi_2\rho_{k-2}+\cdots+\phi_p\rho_{k-p} \tag{3.48}$$

同样对于 $k=0, 1, \cdots p$,得到

$$\begin{cases}\rho_1=\phi_1+\phi_2\rho_1+\cdots+\phi_p\rho_{p-1}\\ \rho_2=\phi_1\rho_1+\phi_2+\cdots+\phi_p\rho_{p-2}\\ \vdots\\ \rho_p=\phi_1\rho_{p-1}+\phi_2\rho_{p-2}+\cdots+\phi_p\end{cases}$$

因此(3.47)式和(3.48)式表明,p 阶自回归过程的自协方差系数和自相关系数具有相同形式的 p 阶差分方程,其自相关函数具有拖尾特征。在相异根的条件下,自协方差解为:

$$\gamma_k=g_1\lambda_1^k+g_2\lambda_2^k+\cdots+g_p\lambda_p^k \tag{3.49}$$

其中,特征根 $(\lambda_1, \lambda_2, \cdots, \lambda_p)$ 为特征方程 $\lambda^p-\phi_1\lambda^{p-1}-\cdots-\phi_p=0$ 的解。

在 3.2 节讨论过,AR(p)模型的自协方差满足如下尤拉-沃克方程:

$$\gamma_k=\phi_1\gamma_{k-1}+\cdots+\phi_p\gamma_{k-p}, \ k>0 \tag{3.50}$$

$$\rho_k=\phi_1\rho_{k-1}+\cdots+\phi_p\rho_{k-p}, \ k>0 \tag{3.51}$$

当获得自协方差函数 $\gamma_0, \gamma_1, \cdots\gamma_p$ 和 $\rho_1, \rho_2, \cdots\rho_p$,并保证(3.51)式和(3.52)式的系数矩阵

$$\begin{pmatrix}\gamma_0 & \gamma_1 & \cdots & \gamma_{p-1}\\ \gamma_1 & \gamma_0 & \cdots & \gamma_{p-2}\\ \vdots & \vdots & \vdots & \vdots\\ \gamma_{p-1} & \gamma_{p-2} & \cdots & \gamma_0\end{pmatrix} \text{和} \begin{pmatrix}1 & \rho_1 & \cdots & \rho_{p-1}\\ \rho_1 & 1 & \cdots & \rho_{p-2}\\ \vdots & \vdots & \vdots & \vdots\\ \rho_{p-1} & \rho_{p-2} & \cdots & 1\end{pmatrix}$$

为正定阵,则由(3.50)式和(3.51)式可解出自回归系数 $\phi_1, \phi_2, \cdots\phi_p$。

在 AR(p)平稳的条件下,方程 $\Phi(\lambda)=0$ 有 p 个在单位圆外的根。p 阶自回归过程的自协方差系数和自相关系数具有相同形式的 p 阶差分方程,根据线性差分方程解的有关理论,它们满足:

$$|\gamma_k|\leqslant g_1e^{-g_2k}, \ |\rho_k|\leqslant g_3e^{-g_4k}, k>0$$

其中,$g_j>0\ (j=1, 2, 3, 4)$ 为常数。所以 AR(p)序列的自协方差系数和自

相关系数均是拖尾的，这是 AR(p)序列的重要特征。

(3) MA(1)模型的自相关系数

对于 MA(1)模型，其一阶自协方差为：

$$\begin{aligned}\mathrm{E}(X_t-\mu)(X_{t-1}-\mu)&=\mathrm{E}(\varepsilon_t-\theta\varepsilon_{t-1})(\varepsilon_{t-1}-\theta\varepsilon_{t-2})\\&=\mathrm{E}(\varepsilon_t\varepsilon_{t-1}-\theta\varepsilon_{t-1}^2-\theta\varepsilon_t\varepsilon_{t-2}+\theta^2\varepsilon_{t-1}\varepsilon_{t-2})\\&=-\theta\sigma^2\end{aligned}\tag{3.52}$$

当 $j>1$ 时，其自协方差为：

$$\begin{aligned}\mathrm{E}(X_t-\mu)(X_{t-j}-\mu)&=\mathrm{E}(\varepsilon_t-\theta\varepsilon_{t-1})(\varepsilon_{t-j}-\theta\varepsilon_{t-j-1})\\&=0\end{aligned}\tag{3.53}$$

上述均值和协方差都不是时间的函数，因此不管 θ 为何值，MA(1)过程都是平稳的。

一阶自相关系数为：

$$\rho_1=\frac{-\theta\sigma^2}{(1+\theta^2)\sigma^2}=\frac{-\theta}{1+\theta^2}\tag{3.54}$$

高阶自相关系数均为 0。此时自相关系数在 1 阶处截尾。

(4) MA(q)模型的自相关系数

根据 3.3 节容易计算，MA(q)模型的自协方差系数满足

$$\gamma_0=\sigma^2(1+\theta_1^2+\cdots+\theta_q^2)\tag{3.55}$$

$$\gamma_k=\begin{cases}(-\theta_k+\theta_{k+1}\theta_1+\theta_{k+2}\theta_2+\cdots+\theta_q\theta_{q-j})\sigma^2, & k=1,\ 2,\ \cdots,\ q\\0, & k>q\end{cases}\tag{3.56}$$

故 $\{X_t\}$ 的自相关系数(ACF)为：

$$\begin{aligned}\rho_k&=\frac{\gamma_k}{\gamma_0}\\&=\begin{cases}1, & k=0\\\dfrac{-\theta_k+\theta_1\theta_{k+1}+\cdots+\theta_{q-k}\theta_q}{1+\theta_1^2+\cdots+\theta_q^2}, & 1\leqslant k\leqslant q\\0, & k>q\end{cases}\end{aligned}\tag{3.57}$$

$$
\begin{aligned}
\text{其中 } \gamma_k &= \mathrm{E}(X_t-\mu)(X_{t-k}-\mu)\\
&= \mathrm{E}(\varepsilon_t+\theta_1\varepsilon_{t-1}+\cdots+\theta_q\varepsilon_{t-q})(\varepsilon_{t-k}+\theta_1\varepsilon_{t-k-1}+\cdots+\theta_q\varepsilon_{t-k-q})\\
&= \begin{cases}(-\theta_k+\theta_{k+1}\theta_1+\theta_{k+2}\theta_2+\cdots+\theta_q\theta_{q-k})\sigma^2, & k=1,\ 2,\ \cdots,\ q\\ 0, & k>q\end{cases}
\end{aligned}
\tag{3.58}
$$

即自相关函数在 q 阶处截尾。

上式表明,MA(q)模型的记忆仅有 q 个时段,X_t 的自协方差系数或自相关系数(ACF)q 步截尾,这是 MA(q)模型的典型特征。

(5) ARMA(p, q)的自协方差系数

ARMA(p, q)序列的自协方差系数须分三个步骤来讨论:

① 第一阶段,零均值的 ARMA(p, q)模型为

$$X_t=\phi_1X_{t-1}+\cdots+\phi_pX_{t-p}+\varepsilon_t-\theta_1\varepsilon_{t-1}-\cdots-\theta_q\varepsilon_{t-q}$$

两边同乘以 X_{t-k},再求均值得

$$
\begin{aligned}
\gamma_k &= \mathrm{E}X_tX_{t-k}\\
&= \phi_1\mathrm{E}X_{t-1}X_{t-k}+\cdots+\phi_p\mathrm{E}X_{t-p}X_{t-k}+\mathrm{E}\varepsilon_tX_{t-k}\\
&\quad -\theta_1\mathrm{E}\varepsilon_{t-1}X_{t-k}-\cdots-\theta_q\mathrm{E}\varepsilon_{t-q}X_{t-k}
\end{aligned}
$$

因为 $\mathrm{E}\varepsilon_tX_{t-j}=0$, $j>0$,故当 $k>q$ 时,

$$\gamma_k=\phi_1\gamma_{k-1}+\cdots+\phi_p\gamma_{k-p} \tag{3.59}$$

由于 $\mathrm{E}\varepsilon_{t-q}X_{t-q}=\mathrm{E}\varepsilon_{t-q}^2=\sigma^2$,当 $k=q$ 时,

$$\gamma_k=\phi_1\gamma_{k-1}+\cdots+\phi_p\gamma_{k-p}-\theta_q\sigma^2 \tag{3.60}$$

由(3.59)式和(3.60)式有

$$\gamma_k=\begin{cases}\phi_1\gamma_{k-1}+\cdots+\phi_p\gamma_{k-p}, & k>q\\ \phi_1\gamma_{k-1}+\cdots+\phi_p\gamma_{k-p}-\theta_q\sigma^2, & k=q\end{cases} \tag{3.61}$$

在(3.61)式的第一个方程中,取 $k=q+1,\ q+2,\ \cdots,\ q+p$,得到如下方程组:

$$
\begin{cases}
\gamma_{q+1}=\phi_1\gamma_q+\phi_2\gamma_{q-1}+\cdots+\phi_p\gamma_{q+1-p}\\
\gamma_{q+2}=\phi_1\gamma_{q+1}+\phi_2\gamma_q+\cdots+\phi_p\gamma_{q+2-p}\\
\vdots\\
\gamma_{q+p}=\phi_1\gamma_{q+p-1}+\phi_2\gamma_{q+p-2}+\cdots+\phi_p\gamma_q
\end{cases}
\tag{3.62}
$$

当(3.62)式的系数矩阵可逆,且当自协方差函数已知时,可解线性方程组(3.62)求出自回归系数 $\phi_1, \phi_2, \cdots, \phi_p$。

② 第二阶段,令

$$X_t^* = X_t - \phi_1 X_{t-1} - \cdots - \phi_p X_{t-p} = -\sum_{j=0}^{p} \phi_j X_{t-j}$$

其中,$\phi_0 = -1$。由于 $\{X_t\}$ 为 ARMA(p, q)序列,因此 $\{X_t^*\}$ 为 MA(q)序列。

其自协方差函数为:

$$\begin{aligned} \gamma_k^* &= \mathrm{E} X_t^* X_{t-k}^* \\ &= \mathrm{E}\left[\left(-\sum_{j=0}^{p} \phi_j X_{t-j}\right)\left(-\sum_{i=0}^{p} \phi_i X_{t-k-i}\right)\right] \\ &= \sum_{i, j=0}^{p} \phi_i \phi_j \gamma_{k+i-j} \end{aligned} \tag{3.63}$$

通过 $\phi_1, \cdots, \phi_p$ 和$\{\gamma_k\}$可计算出 $\{\gamma_k^*\}$。

③ 第三阶段,由于 $\{X_t^*\}$ 为 MA(q)序列,

$$X_t^* = \varepsilon_t - \theta_1 \varepsilon_{t-1} - \cdots - \theta_q \varepsilon_{t-q}$$

有

$$\gamma_k^* = (\theta_0 \theta_k + \theta_1 \theta_{k+1} + \cdots + \theta_{q-k} \theta_q) \sigma^2, \ 0 \leqslant k \leqslant q \tag{3.64}$$

由第二步计算出 $\{\gamma_k^*\}$,再解非线性方程组(3.64),可求得滑动平均系数 $\theta_1, \cdots, \theta_q$ 和σ^2。

通过以上三个步骤,由 $\{\gamma_k\}$ 可解出 ARMA(p, q)模型参数 $\phi_1, \cdots, \phi_p$,$\theta_1, \cdots, \theta_q$ 和σ^2。此外,当 $k > q$,$\{\gamma_k\}$ 满足 p 阶差分方程

$$\Phi(B)\gamma_k = 0$$

根据差分方程的有关结果可知:

$$|\gamma_k| \leqslant g_1 e^{-g_2 k}$$

所以,ARMA(p, q)序列的自协方差系数是拖尾的,将自协方差系数换成自相关函数也有类似结论。

3.5.2 偏自相关系数及其特征

在对前面平稳时间序列的分析中，我们看到对于 MA(q)过程，其自相关系数具有 q 阶截尾性，由此我们可以通过计算序列的自相关系数大致判断出模型的阶数。但是，对于平稳的自回归模型 AR(p)来说，由于自相关系数不具有截尾性，因此无法利用序列的自相关系数来判断模型的阶数，我们希望找到一种类似的系数，使得对自回归模型 AR(p)来说也具有截尾性。

考虑一个平稳自回归模型 AR(p)，其自相关系数 ρ_k 表示的不是 X_t 与 X_{t-k} 之间的单纯的相关关系，因为 X_t 同时还会受到中间 $k-1$ 个变量 X_{t-k-1}，…，X_{t-1} 的影响，而这 $k-1$ 个随机变量也与 X_{t-k} 具有相关关系，因此 ρ_k 也含有 X_{t-k-1}，…，X_{t-1} 对于 X_t 和 X_{t-k} 的影响，不是纯粹的 X_t 与 X_{t-k} 之间的相关关系。如果我们希望单纯测量 X_t 与 X_{t-k} 之间的关系，可以首先固定中间 $k-1$ 个变量 X_{t-k-1}，…，X_{t-1}，然后计算 X_t 与 X_{t-k} 的相关系数，这就是我们将要引入的自相关系数。

(1) 偏自相关系数的定义

对于零均值平稳序列 $\{X_t\}$，考虑用 X_{t-k}，X_{t-k+1}，…，X_{t-1} 对 X_t 的线性最小方差估计，即选择系数，使得

$$\begin{aligned}\delta_k &= \mathrm{E}\Big(X_t - \sum_{j=1}^{k}\phi_{kj}X_{t-j}\Big)^2 \\ &= \gamma_0 - 2\sum_{j=1}^{k}\phi_{k,j}\gamma_j + \sum_{i,j=1}^{k}\phi_{k,i}\phi_{k,j}\gamma_{i-j}\end{aligned} \tag{3.65}$$

达到最小，即 $\phi_{k,j}(j=1, 2, \cdots, k)$ 为使残差的方差达到极小的 k 阶自回归模型的第 k 项系数。

为此，δ_k 分别对 $\phi_{k,j}(j=1, 2, \cdots, k)$ 求偏导数，并令其为零，便得到 $\phi_{k,j}(j=1, 2, \cdots, k)$ 满足的如下线性方程组：

$$\gamma_j = \sum_{i=1}^{k}\phi_{k,i}\gamma_{i-j},\ j=1, 2, \cdots, k \tag{3.66}$$

两边同除以 γ_0，得

$$\rho_j = \sum_{i=1}^{k}\phi_{k,i}\rho_{i-j},\ j=1, 2, \cdots, k \tag{3.67}$$

线性方程组(3.67)求得的最后一个系数为 ϕ_{kk}，当 k 变动时所得的函数 $\{\phi_{kk}\}$ 称为 $\{X_t\}$ 的**偏自相关系数**。

令

$$\hat{X}_t = \mathrm{E}(X_t \mid X_{t-1}, X_{t-2}, \cdots, X_{t-k+1}) \tag{3.68}$$

$$\hat{X}^*_{t-k} = \mathrm{E}(X_{t-k} \mid X_{t-1}, X_{t-2}, \cdots, X_{t-k+1}) \tag{3.69}$$

$\hat{X}_t$ 和 $\hat{X}^*_{t-k}$ 分别表示 X_t 和 X_{t-k} 在 $X_{t-1}, X_{t-2}, \cdots, X_{t-k+1}$ 所张成的线性空间上的正交投影。记

$$\tilde{X}_t = X_t - \hat{X}_t,\ \tilde{X}^*_{t-k} = X_{t-k} - \hat{X}^*_{t-k} \tag{3.70}$$

此处不加证明地给出如下定理。

定理 3.3 设 $\{\phi_{kk}\}$ 为平稳序列 $\{X_t\}$ 的偏自相关系数,则 $\{\phi_{kk}\}$ 可表示为

$$\phi_{kk} = \frac{\mathrm{E}(\tilde{X}_t \tilde{X}^*_{t-k})}{\sqrt{\mathrm{E}(\tilde{X}_t^2) \cdot \mathrm{E}(\tilde{X}^{*2}_{t-k})}},\ k = 1, 2, \cdots \tag{3.71}$$

这也说明了偏自相关系数的概率意义。与平稳序列 $\{X_t\}$ 的自相关系数

$$\rho_k = \frac{\mathrm{E}(X_t - \mathrm{E}X_t)(X_{t-k} - \mathrm{E}X_{t-k})}{\sqrt{\mathrm{E}\,(X_t - \mathrm{E}X_t)^2 \mathrm{E}\,(X_{t-k} - \mathrm{E}X_{t-k})^2}},\ k = 1, 2, \cdots$$

比较可知,(3.71)式相当于条件自相关系数。

ϕ_{kk} 是使在模型中已经包含了滞后期较短的滞后值 $X_{t-1}, X_{t-2}, \cdots, X_{t-k+1}$ 之后,再增加一期滞后 X_{t-k} 所增加的模型的解释能力,它是一种条件相关,是对 X_t 与 X_{t-k} 之间未被 $X_{t-1}, X_{t-2}, \cdots, X_{t-k+1}$ 所解释的相关的度量。

(2) 偏自相关函数的递推算法

偏自相关系数的定义与回归分析中的偏相关系数的定义非常类似,由此,我们考虑偏自相关系数的另一层含义,假定 $\{X_t\}$ 为中心化平稳序列,用过去的 k 期序列值 $X_{t-1}, X_{t-2}, \cdots, X_{t-k}$ 对 X_t 作 k 阶自回归拟合：

$$X_t = \phi_{k1} X_{t-1} + \cdots + \phi_{kk} X_{t-k} + \varepsilon_t \tag{3.72}$$

其中, $\mathrm{E}(\varepsilon_t) = 0$, $\mathrm{E}(X_s \varepsilon_t) = 0$, $\forall s < t$。在 $X_{t-1}, X_{t-2}, \cdots, X_{t-k+1}$ 已知的条件下，根据(3.68)式和(3.69)式,有

$$\begin{aligned}\hat{X}_t &= \mathrm{E}(X_t \mid X_{t-1}, X_{t-2}, \cdots, X_{t-k+1}) \\ &= \phi_{k1}X_{t-1} + \cdots + \phi_{kk-1}X_{t-k+1} + \phi_{kk}\hat{X}^*_{t-k} \\ &\quad + \mathrm{E}(\varepsilon_t \mid X_{t-1}, X_{t-2}, \cdots, X_{t-k+1})\end{aligned}$$

由 $\mathrm{E}(\varepsilon_t)=0$, $\mathrm{E}(X_s\varepsilon_t)=0$, $\forall s<t$,得

$$\mathrm{E}(\varepsilon_t \mid X_{t-1}, X_{t-2}, \cdots, X_{t-k+1}) = \mathrm{E}(\varepsilon_t) = 0$$

则

$$\begin{aligned}\hat{X}_t &= \mathrm{E}(X_t \mid X_{t-1}, X_{t-2}, \cdots, X_{t-k+1}) \\ &= \phi_{k1}X_{t-1} + \cdots + \phi_{kk-1}X_{t-k+1} + \phi_{kk}\hat{X}^*_{t-k}\end{aligned}$$

由此可得

$$X_t - \hat{X}_t = \phi_{kk}(X_{t-k} - \hat{X}^*_{t-k}) + \varepsilon_t$$

进一步计算 $X_t - \hat{X}_t$ 与 $X_{t-k} - \hat{X}^*_{t-k}$ 的协方差,得

$$\begin{aligned}&\mathrm{E}[(X_t - \hat{X}_t)(X_{t-k} - \hat{X}^*_{t-k})] \\ &= \phi_{kk}\mathrm{E}\,(X_{t-k} - \hat{X}^*_{t-k})^2 + \mathrm{E}[(X_{t-k} - \hat{X}^*_{t-k})\varepsilon_t]\end{aligned}$$

再利用 $\mathrm{E}(\varepsilon_t)=0$, $\mathrm{E}(X_s\varepsilon_t)=0$, $\forall s<t$

$$\mathrm{E}[(X_{t-k} - \hat{X}^*_{t-k})\varepsilon_t] = 0$$

所以有

$$\mathrm{E}[(X_t - \hat{X}_t)(X_{t-k} - \hat{X}^*_{t-k})] = \phi_{kk}\mathrm{E}\,(X_{t-k} - \hat{X}^*_{t-k})^2$$

由此可得

$$\phi_{kk} = \frac{\mathrm{E}[(X_t - \hat{X}_t)(X_{t-k} - \hat{X}^*_{t-k})]}{\mathrm{E}\,(X_{t-k} - \hat{X}^*_{t-k})^2}$$

这说明延迟 k 阶的偏自相关系数 ϕ_{kk} 实际上是 k 阶自回归模型中第 k 个系数。根据这一特性可以给出计算偏自相关系数的具体计算过程,根据(3.72)式,$\forall l>1$,容易计算

$$\rho_l = \phi_{k1}\rho_{l-1} + \cdots + \phi_{kk}\rho_{l-k}$$

这样可以取前 k 个方程求解偏自相关系数 $\{\phi_{kk}\}$:

$$\begin{cases}\rho_1=\phi_{k1}+\phi_{k2}\rho_1+\cdots+\phi_{kk}\rho_{k-1}\\ \rho_2=\phi_{k1}\rho_1+\phi_{k2}+\cdots+\phi_{kk}\rho_{k-2}\\ \vdots\\ \rho_k=\phi_{k1}\rho_{k-1}+\phi_{k2}\rho_{k-2}+\cdots+\phi_{kk}\end{cases}$$

即为尤尔-沃克方程,由此可以解出 $\phi_{k1}, \phi_{k2}, \cdots, \phi_{kk}$,其中最后一个解 ϕ_{kk} 即为延迟 k 阶的偏相关系数。上述线性方程组由矩阵表示可以写为:

$$\begin{pmatrix}1 & \rho_1 & \cdots & \rho_{k-1}\\ \rho_1 & 1 & \cdots & \rho_{k-2}\\ \vdots & \vdots & \vdots & \vdots\\ \rho_{k-1} & \rho_{k-2} & \cdots & 1\end{pmatrix}\cdot\begin{pmatrix}\phi_{k1}\\ \phi_{k2}\\ \vdots\\ \phi_{kk}\end{pmatrix}=\begin{pmatrix}\rho_1\\ \rho_2\\ \vdots\\ \rho_k\end{pmatrix}$$

如果系数阵可逆,则

$$\begin{pmatrix}\phi_{k1}\\ \phi_{k2}\\ \vdots\\ \phi_{kk}\end{pmatrix}=\begin{pmatrix}1 & \rho_1 & \cdots & \rho_{k-1}\\ \rho_1 & 1 & \cdots & \rho_{k-2}\\ \vdots & \vdots & \vdots & \vdots\\ \rho_{k-1} & \rho_{k-2} & \cdots & 1\end{pmatrix}^{-1}\begin{pmatrix}\rho_1\\ \rho_2\\ \vdots\\ \rho_k\end{pmatrix}$$

根据线性方程组克拉默(Cramer)法则,所求偏自相关系数是

$$\phi_{kk}=\frac{D_k}{D}$$

其中,

$$D=\begin{vmatrix}1 & \rho_1 & \cdots & \rho_{k-1}\\ \rho_1 & 1 & \cdots & \rho_{k-2}\\ \vdots & \vdots & \vdots & \vdots\\ \rho_{k-1} & \rho_{k-2} & \cdots & 1\end{vmatrix},\ D_k=\begin{vmatrix}1 & \rho_1 & \cdots & \rho_1\\ \rho_1 & 1 & \cdots & \rho_2\\ \vdots & \vdots & \vdots & \vdots\\ \rho_{k-1} & \rho_{k-2} & \cdots & \rho_k\end{vmatrix}$$

由此对于一般低阶的 ARMA 模型,我们可以采用上述方法计算偏相关系数。但是对于高阶的 ARMA 模型,直接求偏相关系数是非常烦琐的,通常也可以采用如下偏自相关系数的递推公式来实现。

定理 3.4 设 $\{X_t\}$ 为平稳序列,则它的偏相关函数 $\{\phi_{kk}\}$ 满足如下递推公式:

$$\begin{cases}\phi_{11}=\rho_1\\ \phi_{k+1,k+1}=\left(\rho_{k+1}-\sum\limits_{j=1}^{k}\rho_{k+1-j}\phi_{k,j}\right)\Big/\left(1-\sum\limits_{j=1}^{k}\rho_j\phi_{k,j}\right)\\ \phi_{k+1,j}=\phi_{k,j}-\phi_{k+1,k+1}\phi_{k,k+1-j},\ j=1,2,\cdots,k\end{cases}\tag{3.73}$$

其中，$\{\rho_j\}$ 是$\{X_t\}$ 的自相关系数。

例 3.11 求 AR(1)序列的偏自相关系数。

解： 对 $X_t=\phi_1X_{t-1}+\varepsilon_t$，计算可以得到

$$\phi_{11}=\rho_1=\phi_1,\ \phi_{22}=\frac{\begin{vmatrix}1&\rho_1\\ \rho_1&\rho_2\end{vmatrix}}{\begin{vmatrix}1&\rho_1\\ \rho_1&1\end{vmatrix}}=\frac{\begin{vmatrix}1&\phi_1\\ \phi_1&\phi_1^2\end{vmatrix}}{\begin{vmatrix}1&\phi_1\\ \phi_1&1\end{vmatrix}}=0$$

$$\phi_{33}=\frac{\begin{vmatrix}1&\rho_1&\rho_1\\ \rho_1&1&\rho_2\\ \rho_2&\rho_1&\rho_3\end{vmatrix}}{\begin{vmatrix}1&\rho_1&\rho_2\\ \rho_1&1&\rho_1\\ \rho_2&\rho_1&1\end{vmatrix}}=\frac{\begin{vmatrix}1&\phi_1&\phi_1\\ \phi_1&1&\phi_1^2\\ \phi_1^2&\phi_1&\phi_1^3\end{vmatrix}}{\begin{vmatrix}1&\phi_1&\phi_1^2\\ \phi_1&1&\phi_1\\ \phi_1^2&\phi_1&1\end{vmatrix}}=0,\ \cdots$$

因此有

$$\phi_{kk}=\begin{cases}\phi_1, & k=1\\ 0, & k>1\end{cases}$$

即对于 $k>1$，$\phi_{kk}=0$，故对于 AR(1)序列，偏自相关系数是一步截尾的。

例 3.12 求 AR(2)序列的偏自相关系数。

解： 对 $X_t=\phi_1X_{t-1}+\phi_2X_{t-2}+\varepsilon_t$，计算可以得到

$$\phi_{11}=\rho_1=\frac{\phi_1}{1-\phi_2}$$

$$\phi_{22}=\frac{\begin{vmatrix}1&\rho_1\\ \rho_1&\rho_2\end{vmatrix}}{\begin{vmatrix}1&\rho_1\\ \rho_1&1\end{vmatrix}}=\frac{\rho_2-\rho_1^2}{1-\rho_1^2}=\frac{\dfrac{\phi_1^2+\phi_2-\phi_2^2}{1-\phi_2}-\left(\dfrac{\phi_1}{1-\phi_2}\right)^2}{1-\left(\dfrac{\phi_1}{1-\phi_2}\right)^2}$$

$$=\frac{\phi_2[(1-\phi_2)^2-\phi_1^2]}{(1-\phi_2)^2-\phi_1^2}=\phi_2$$

$$\phi_{33}=\frac{\begin{vmatrix}1 & \rho_1 & \rho_1\\ \rho_1 & 1 & \rho_2\\ \rho_2 & \rho_1 & \rho_3\end{vmatrix}}{\begin{vmatrix}1 & \rho_1 & \rho_2\\ \rho_1 & 1 & \rho_1\\ \rho_2 & \rho_1 & 1\end{vmatrix}}=\frac{\begin{vmatrix}1 & \rho_1 & \phi_1+\phi_2\rho_1\\ \rho_1 & 1 & \phi_1\rho_1+\phi_2\\ \rho_2 & \rho_1 & \phi_1\rho_2+\phi_2\rho_1\end{vmatrix}}{\begin{vmatrix}1 & \rho_1 & \rho_2\\ \rho_1 & 1 & \rho_1\\ \rho_2 & \rho_1 & 1\end{vmatrix}}=0,\ \cdots$$

因此有

$$\phi_{kk}=\begin{cases}\dfrac{\phi_1}{1-\phi_2}, & k=1\\ \phi_2, & k=2\\ 0, & k>2\end{cases}$$

当 $k>2$ 时，$\phi_{kk}=0$，故对于 AR(2)序列，偏自相关系数是两步截尾的。

由此可以推测偏自相关系数对于 AR(p)是否具有 p 步截尾。另外，和自相关系数类似，偏自相关系数也可以反映 AR(p)，MA(q)和 ARMA(p, q)的固有特征，我们将给出如下一些相关结论。

定理 3.5　零均值平稳序列 $\{X_t\}$ 为 AR(p)序列的充分必要条件是 $\{X_t\}$ 的偏自相关系数 p 步截尾。

证明①：将 AR(p)模型方程 $X_t=\sum\limits_{j=1}^{p}\phi_j X_{t-j}+\varepsilon_t$

代入(3.65)式，且令 $k>p$，得

$$\begin{aligned}\delta_k&=\mathrm{E}\left(X_t-\sum_{j=1}^{k}\phi_{k,j}X_{t-j}\right)^2\\&=\mathrm{E}\left(\sum_{j=1}^{p}\phi_j X_{t-j}+\varepsilon_t-\sum_{j=1}^{k}\phi_{k,j}X_{t-j}\right)^2\\&=\mathrm{E}\varepsilon_t^2+\mathrm{E}\left[\sum_{j=1}^{p}(\phi_j-\phi_{k,j})X_{t-j}-\sum_{j=p+1}^{k}\phi_{k,j}X_{t-j}\right]^2\\&\geqslant\sigma^2\end{aligned}$$

① 只证必要性，充分性的证明见项静恬、杜金观、史久恩(1986)。

为使 δ_k 达最小,应当取

$$\phi_{k,j}=\begin{cases}\phi_j, & 1\leqslant j\leqslant p\\ 0, & p+1\leqslant j\leqslant k\end{cases} \tag{3.74}$$

故 AR(p)序列的偏自相关系数 $\phi_{pp}=\phi_p\neq 0$,而 $\phi_{kk}=0$,$k>p$,即 AR(p)序列的偏自相关系数 $\{\phi_{kk}\}$ 为 p 步截尾。

定理 3.6 设 $\{X_t\}$ 为 MA(q)序列或 ARMA(p, q)序列,则 $\{X_t\}$ 的偏自相关系数 $\{\phi_{kk}\}$ 为拖尾。

证明: 设 MA(q)模型或 ARMA(p, q)模型的逆转形式为

$$X_t=\sum_{j=1}^{\infty}I_jX_{t-j}+\varepsilon_t \tag{3.75}$$

令

$$U_k=\sum_{j=1}^{k-1}I_jX_{t-j},\ V_k=\sum_{j=k}^{\infty}I_jX_{t-j} \tag{3.76}$$

则

$$X_t=U_k+V_k+\varepsilon_t \tag{3.77}$$

由线性最小方差估计知

$$\begin{aligned}\hat{X}_t&=\hat{\mathrm{E}}(X_t\mid X_{t-1},X_{t-2},\cdots,X_{t-k+1})\\&=\hat{\mathrm{E}}((U_k+V_k+\varepsilon_t)\mid X_{t-1},X_{t-2},\cdots,X_{t-k+1})\\&=U_k+\hat{V}_k\end{aligned}$$

其中,

$$\hat{V}_k=\hat{\mathrm{E}}(V_k\mid X_{t-1},X_{t-2},\cdots,X_{t-k+1})$$

记 $\tilde{X}_t=X_t-\hat{X}_t$,则

$$\begin{aligned}\tilde{X}_t&=U_k+V_k+\varepsilon_t-U_k-\hat{V}_k\\&=\tilde{V}_k+\varepsilon_t\end{aligned} \tag{3.78}$$

$\tilde{V}_k$ 与 ε_t 不相关,故

$$\mathrm{E}\tilde{X}_t^2=\mathrm{E}\varepsilon_t^2+\mathrm{E}\tilde{V}_k^2\geqslant\sigma^2 \tag{3.79}$$

由于 MA(q)和 ARMA(p, q)模型的逆函数 $\{I_k\}$ 为拖尾,即 I_k 被负指数所控

制，所以

$$\begin{aligned} EV_k^2 &= \sum_{j,\, l=k}^{\infty} I_j \gamma_{l-j} I_l \\ &\leqslant \gamma_0 \Big(\sum_{j=k}^{\infty} |I_j|\Big)^2 \\ &\leqslant \gamma_0 g_1^2 \Big(\sum_{j=k}^{\infty} e^{-g_2 j}\Big)^2 \\ &\leqslant g_3 e^{-g_4 k},\ g_i > 0,\ i=1,2,3,4 \end{aligned} \tag{3.80}$$

在(3.71)式中

$$\begin{aligned} |E\widetilde{X}_t \widetilde{X}_{t-k}^*| &= |E(\widetilde{V}_k + \varepsilon_t)\widetilde{X}_{t-k}^*| \\ &= |E\widetilde{V}_k \widetilde{X}_{t-k}^*| \\ &= \sqrt{E\widetilde{V}_k^2 \widetilde{X}_{t-k}^{*2}} \end{aligned}$$

因而，

$$|\phi_{kk}| = \frac{|E\widetilde{V}_k \widetilde{X}_{t-k}^*|}{\sqrt{E\widetilde{X}_t^2 \widetilde{X}_{t-k}^{*2}}} \leqslant \frac{\sqrt{E\widetilde{V}_k^2}}{\sqrt{\sigma^2}} \leqslant \frac{\sqrt{EV_k^2}}{\sqrt{\sigma^2}} \leqslant \frac{1}{\sigma}\sqrt{g_3}\, e^{-\frac{1}{2}g_4 k} \tag{3.81}$$

得证。

表 3.1 是 AR、MA、ARMA 的模型性质总结。

表 3.1 AR、MA、ARMA 模型性质总结

特 征	模 型		
	AR(p)	MA(q)	ARMA(p, q)
模型方程	$\Phi(B)X_t = \varepsilon_t$	$X_t = \Theta(B)\varepsilon_t$	$\Phi(B)X_t = \Theta(B)\varepsilon_t$
平稳性条件	$\Phi(B) \neq 0,\ \mid B \mid \leqslant 1$	无条件	$\Phi(B) \neq 0,\ \mid B \mid \leqslant 1$
可逆性条件	无条件	$\Theta(B) \neq 0,\ \mid B \mid \leqslant 1$	$\Theta(B) \neq 0,\ \mid B \mid \leqslant 1$
因果性	$X_t = \Phi^{-1}(B)\varepsilon_t$	$X_t = \Theta(B)\varepsilon_t$	$X_t = \Phi^{-1}(B)\Theta(B)\varepsilon_t$
逆转形式	$\varepsilon_t = \Phi(B)X_t$	$\varepsilon_t = \Theta^{-1}(B)X_t$	$\varepsilon_t = \Theta^{-1}(B)\Phi(B)X_t$
自相关系数	拖尾	q 步截尾	拖尾
偏自相关系数	p 步截尾	拖尾	拖尾

习题 3

3.1 判断下列哪些 ARMA 过程是因果的，哪些是可逆的，其中 $\{\varepsilon_t\}$ 是白噪声：

(1) $X_t + 0.2X_{t-1} - 0.48X_{t-2} = \varepsilon_t$

(2) $X_t + 1.9X_{t-1} + 0.88X_{t-2} = \varepsilon_t + 0.2\varepsilon_{t-1} + 0.7\varepsilon_{t-2}$

(3) $X_t + 0.6X_{t-1} = \varepsilon_t + 1.2\varepsilon_{t-1}$

(4) $X_t + 1.8X_{t-1} + 0.81X_{t-2} = \varepsilon_t$

(5) $X_t + 1.6X_{t-1} = \varepsilon_t - 0.4\varepsilon_{t-1} + 0.04\varepsilon_{t-2}$

3.2 把上题中具有因果关系的过程 $\{X_t\}$ 表示成 $x_t = \sum_{j=0}^{\infty} G_j\varepsilon_{t-j}$ 的形式并计算其前 6 个系数：G_0，G_1，…，G_5。

3.3 过程 $X_t = 0.8X_{t-2} + \varepsilon_t$，$\{\varepsilon_t\} \sim WN(0, \sigma^2)$，试计算其自相关函数 ACF 和偏自相关函数 PACF。

3.4 考虑 AR(1)过程，满足 $X_t = 3X_{t-1} + \varepsilon_t$：

(1) 证明 $X_t = -\sum\limits_{j=1}^{\infty} (1/3)^j\varepsilon_{t+j}$ 满足 AR(1)方程。

(2) 证明(1)中定义的模型是平稳的。

3.5 ARMA(1, 1)过程 $X_t - \phi X_{t-1} = \varepsilon_t + \theta\varepsilon_{t-1}$，$|\phi| < 1$，$\{\varepsilon_t\} \sim WN(0, \sigma^2)$，试计算该过程的自协方差函数。

3.6 令 $\{Y_t\}$ 是一个 AR(1)过程加上一个白噪声时间序列，表示成 $Y_t = X_t + w_t$，其中 $\{w_t\} \sim WN(0, \sigma_w^2)$，$X_t = \phi X_{t-1} + \varepsilon_t$，$|\phi| < 1$，$\{\varepsilon_t\} \sim WN(0, \sigma_\varepsilon^2)$ 且 $E(w_s\varepsilon_t) = 0$，$\forall s, t$：

(1) 证明 $\{Y_t\}$ 是平稳的且计算其自协方差函数；

(2) 令 $u_t = Y_t - \phi Y_{t-1}$，试证明 u_t 一阶相关，进而证明 u_t 是一个 MA(1)过程；

(3) 结合(2)的结论，推导出 $\{Y_t\}$ 是个 ARMA(1, 1)过程，用 ϕ，σ_w^2，σ_ε^2 表示这个过程的参数。

3.7 令 $\{Y_t\}$ 是一个 ARMA 过程加上白噪声序列，表示成 $Y_t = X_t + w_t$，其中 $\{w_t\} \sim WN(0, \sigma_w^2)$，$\{X_t\}$ 是一个 ARMA 过程，满足 $\phi(B)X_t = \theta(B)\varepsilon_t$，$\{\varepsilon_t\} \sim WN(0, \sigma_\varepsilon^2)$ 且 $E(w_s\varepsilon_t) = 0$，$\forall s, t$：

(1) 试证明 $\{Y_t\}$ 是平稳的，并用 σ_w^2 和$\{X_t\}$ 的自协方差系数表示出 $\{Y_t\}$ 的自协方差系数；

(2) 若令 $u_t = \phi(B)Y_t$，试证明 $\{u_t\}$ 是 r 阶相关的，其中 $r = \max(p, q)$，进而它是一个 MA(r)过程，试推导 $\{Y_t\}$ 是一个 ARMA(p, r)。

3.8 证明如下两个MA(1)过程当 $0<|\theta|<1$ 时有相同的自协方差系数：$X_t=\varepsilon_t+\theta\varepsilon_{t-1}$，$\{\varepsilon_t\}\sim WN(0,\sigma^2)$；$Y_t=\tilde{\varepsilon}_t+1/\theta\tilde{\varepsilon}_{t-1}$，$\{\tilde{\varepsilon}_t\}\sim WN(0,\sigma^2\theta^2)$

3.9 假定 $\{X_t\}$ 是不可逆的MA(1)过程：$X_t=\varepsilon_t+\theta\varepsilon_{t-1}$，$\{\varepsilon_t\}\sim WN(0,\sigma^2)$ 且 $|\theta|>1$。定义一个新的过程 $\{w_t\}$：$w_t=\sum\limits_{j=0}^{\infty}(-\theta)^j x_{t-j}$。试证明 $\{w_t\}\sim WN(0,\sigma_w^2)$ 并用 θ 和 σ^2 表示 σ_w^2，证明 $\{X_t\}$ 用 $\{w_t\}$ 可表示成可逆形式 $X_t=w_t+1/\theta w_{t-1}$。

3.10 令 $\{X_t\}$ 是自回归过程 $X_t=\phi X_{t-1}+\varepsilon_t$ 的唯一平稳解，其中 $t=0$，±1，…，$|\phi|>1$，$\varepsilon_t\sim WN(0,\sigma^2)$，于是 $X_t=-\sum\limits_{j=1}^{\infty}\phi^{-j}\varepsilon_{t+j}$。定义一个新的序列 $w_t=X_t-\dfrac{1}{\phi}X_{t-1}$，试证明 $\{w_t\}\sim WN(0,\sigma_w^2)$ 并用 ϕ 和 σ^2 表示 σ_w^2。

3.11 试证明MA(1)过程 $X_t=\varepsilon_t+\theta\varepsilon_{t-1}$，$t=0,\pm1,\cdots$，$\{\varepsilon_t\}\sim WN(0,\sigma^2)$ 的滞后二期偏自相关系数是 $\alpha(2)=-\theta^2/(1+\theta^2+\theta^4)$。

3.12 已知AR(2)过程 $X_t=\phi_1X_{t-1}+\phi_2X_{t-2}+\varepsilon_t$，$\{\varepsilon_t\}\sim WN(0,\sigma^2)$，且 $\rho_1=0.6$，$\rho_2=0.4$，试计算 ϕ_1 和 ϕ_2 的值。

3.13 设有AR(2)过程 $X_t=X_{t-1}-0.5X_{t-2}+\varepsilon_t$，$\{\varepsilon_t\}\sim WN(0,0.5^2)$。

(1) 写出该过程的尤尔-沃克方程，并由此解出 ρ_1 和 ρ_2；

(2) 计算 x_t 的方差。

3.14 ARMA(1, 1)过程 $X_t-0.3X_{t-1}=\varepsilon_t+0.6\varepsilon_{t-1}$，$\{\varepsilon_t\}\sim WN(0,\sigma^2)$，确定该模型的格林(Green)函数，把它表示无穷阶MA的形式。

3.15 已知AR(2)过程 $X_t=X_{t-1}+aX_{t-2}+\varepsilon_t$，$\{\varepsilon_t\}\sim WN(0,\sigma^2)$，试确定 a 的范围，以保证 $\{X_t\}$ 为平稳序列，并给出该序列 ρ_k 的表达式。

3.16 对一个ARMA(1, 1)过程 $X_t=0.5X_{t-1}+\varepsilon_t-0.25\varepsilon_{t-1}$，$\{\varepsilon_t\}\sim WN(0,\sigma^2)$，计算其自相关系数。

3.17 考虑AR(1)过程，满足 $X_t=\phi X_{t-1}+\varepsilon_t$，其中 ϕ 为任意值，$\{\varepsilon_t\}\sim WN(0,\sigma^2)$，并且 ε_t 与 $\{X_{t-1},X_{t-2},\cdots\}$ 相互独立，令 X_0 为随机变量，其均值为 μ_0，方差为 σ_0^2。

(1) 证明：当 $t>0$ 时，可写为

$$X_t=\varepsilon_t+\phi\varepsilon_{t-1}+\phi^2\varepsilon_{t-2}+\cdots+\phi^{t-1}\varepsilon_1+\phi^tX_0$$

(2) 证明：当 $t>0$ 时，有 $\mathrm{E}(X_t)=\phi^t\mu_0$。

(3) 证明：当 $t>0$ 时，

$$\mathrm{Var}(X_t)=\begin{cases}\dfrac{1-\phi^{2t}}{1-\phi^2}\sigma^2+\phi^{2t}\sigma_0^2 & \phi\neq 1\\ t\sigma^2+\sigma_0^2 & \phi=1\end{cases}$$

(4) 假设 $\mu_0=0$，试证：如果 $\{X_t\}$ 平稳，必定有 $\phi\neq 1$。

(5) 假设 $\mu_0=0$，试证：如果 $\{X_t\}$ 平稳，则 $\mathrm{Var}(X_t)=\dfrac{\sigma^2}{1-\phi^2}$，必定有 $|\phi|<1$。

4　非平稳序列和季节序列模型

前面章节我们围绕着平稳时间序列问题进行讨论。但是，在实际应用中，我们经常会遇见不满足平稳性的时间序列，尤其在经济领域和商业领域中的时间序列多数是非平稳的。例如，美国 1961 年 1 月—1985 年 12 月 16～19 岁失业女性的月度数据。由图 4.1 可以看到这一序列的均值显然是随时间发生改变的。图 4.2 是美国 1871—1979 年烟草生产量的年度数据，可以看到不但

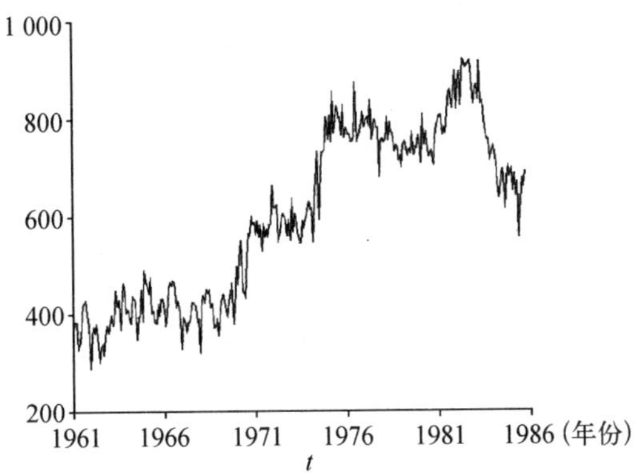

图 4.1　美国 16～19 岁失业女性的月度序列

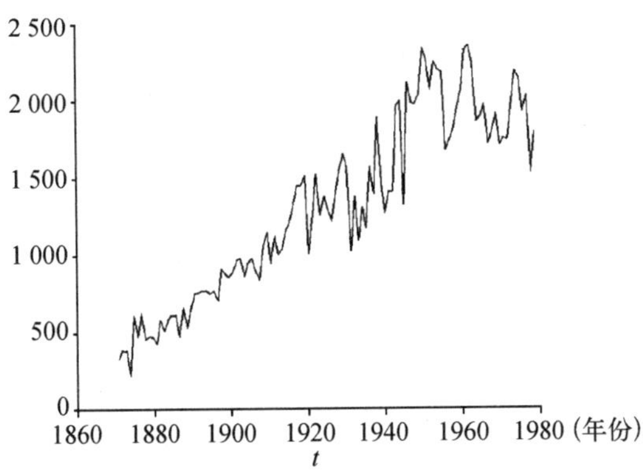

图 4.2　美国 1871—1979 年烟草生产量年度序列

序列的均值随时间发生改变,而且方差也随着均值水平在增大。

本章将介绍非平稳时间序列模型,着重介绍 ARIMA(Autoregressive-Integrated-Moving Average)模型。对于非平稳时间序列,我们将引入有用的差分方法和使方差平稳化的一些变换。

4.1 均值非平稳

均值非平稳性将对于时变均值函数的估计提出各种问题,我们将引入两种比较常用的模型。

4.1.1 确定性趋势模型

对于非平稳序列的时变均值函数,最简单的处理方法就是考虑均值函数可以由一个时间的确定性函数来描述,这时,可以用回归模型来描述。假如均值函数服从于线性趋势 $\mu_t=\alpha_0+\alpha_1 t$,我们可以利用确定性的线性趋势模型

$$X_t=\alpha_0+\alpha_1 t+\varepsilon_t,\ \varepsilon_t\sim WN(0,\ \sigma^2) \tag{4.1}$$

如果均值函数服从二次函数 $\mu_t=\alpha_0+\alpha_1 t+\alpha_2 t^2$,则我们可以用

$$X_t=\alpha_0+\alpha_1 t+\alpha_2 t^2+\varepsilon_t,\ \varepsilon_t\sim WN(0,\ \sigma^2) \tag{4.2}$$

描述。进一步来说,假如均值函数服从 k 次多项式 $\mu_t=\alpha_0+\alpha_1 t+\cdots+\alpha_k t^k$,我们可以使用下列模型建模

$$X_t=\alpha_0+\alpha_1 t+\cdots+\alpha_k t^k+\varepsilon_t,\ \varepsilon_t\sim WN(0,\ \sigma^2) \tag{4.3}$$

更一般地说,在模型中除了确定性趋势之外,其余部分是平稳部分

$$X_t=\mu_t+a_t=\sum_{j=0}^{k}\alpha_j t^j+G(B)\varepsilon_t,\ \varepsilon_t\sim WN(0,\ \sigma^2) \tag{4.4}$$

其中 $G(B)=\Theta(B)/\Phi(B)$。由于

$$\mathrm{E}(a_t)=G(B)\mathrm{E}(\varepsilon_t)=0$$

得到

$$\mathrm{E}(X_t)=\sum_{j=0}^{k}\alpha_j t^j$$

上述的确定性趋势可以通过差分运算加以消除。例如，对于线性趋势，考虑模型(4.1)，易得

$$X_t - X_{t-1} = \alpha_1 + \varepsilon_t - \varepsilon_{t-1}$$

$\{X_t\}$ 的一阶差分序列 $\{Y_t\}$

$$Y_t = X_t - X_{t-1} = \nabla X_t = \alpha_1 + \nabla \varepsilon_t$$

则 $\{Y_t\}$ 是一个平稳但是非可逆的 MA(1)模型。

一般情况下，如果趋势为 k 次多项式 $\mu_t = \alpha_0 + \alpha_1 t + \cdots + \alpha_k t^k$，考虑模型(4.4)，则

$$X_t = \sum_{j=0}^{k} \alpha_j t^j + \frac{\Theta(B)}{\Phi(B)} \varepsilon_t$$

经过 k 阶差分得到

$$\nabla^k X_t = \theta_0 + \frac{\nabla^k \Theta(B)}{\Phi(B)} \varepsilon_t$$

其中 $\theta_0 = k!\ \alpha_k$，易得上式中 $\nabla^k X_t$ 的方差与 a_t 的方差相同，为常数。由此可得，对于具有确定性趋势的序列 $\{X_t\}$，其均值为确定性函数，且方差为常数，则经过有限阶的差分后序列 $\{X_t\}$ 将可以平稳化。

4.1.2 随机趋势模型和差分

还有一种使得均值函数非平稳的情况是自回归参数不满足平稳条件的 ARMA 模型。例如，考虑 AR(1)模型

$$X_t = \phi X_{t-1} + \varepsilon_t$$

其中 $|\phi| > 1$。经过简单的迭代计算可得

$$X_t = \phi^t X_0 + \sum_{i=0}^{t} \phi^i \varepsilon_{t-i}$$

由此，容易得到 $\{X_t\}$ 的方差

$$\mathrm{Var}(X_t) = \sigma^2 \sum_{i=0}^{t} \phi^{2i} = \sigma^2\ \frac{\phi^{2(t+1)} - 1}{\phi^2 - 1}$$

则当 $t \to \infty$ 时，$\{X_t\}$ 的均值和方差都趋向于 ∞，这种过程称为爆炸性的。

图 4.3 为爆炸性过程：

$$X_t = 10.5X_{t-1} + \varepsilon_t,\ X_0 = 10,\ \varepsilon_t \sim N(0,\ 9)$$

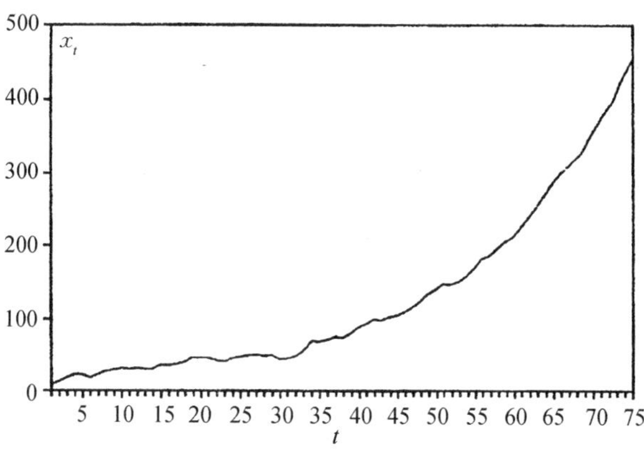

图 4.3　$X_t = 10.5X_{t-1} + \varepsilon_t,\ X_0 = 10,\ \varepsilon_t \sim N(0,\ 9)$

根据第三章，对于 AR(1)模型，当 $|\phi| > 1$ 时，序列 $\{X_t\}$ 是非平稳的，呈爆炸性，这种模型是没有现实意义的；当 $|\phi| < 1$ 时，序列 $\{X_t\}$ 是平稳的，均值是常数；当 $|\phi| = 1$ 时，均值是时变的，且序列 $\{X_t\}$ 的局部行为不依赖于其水平，许多经济和金融时间序列都具有这样的特性。

考虑 ARMA 模型：$\Phi(B)X_t = \Theta(B)\varepsilon_t$，要使序列 $\{X_t\}$ 的行为不依赖于其水平，那么自回归算子多项式必须满足

$$\Phi(B)(X_t + c) = \Phi(B)X_t \tag{4.5}$$

其中 c 为任意常数。因此有

$$\Phi(B) \cdot c = \Phi(1) \cdot c = 0$$

由于 c 为任意常数，因此 $\Phi(1) = 0$，则 $\Phi(B) = 0$ 有单位根，所以 $\Phi(B)$ 能够分解为

$$\Phi(B) = \Phi_1(B)(1 - B) = \Phi_1(B)\nabla$$

令 $Y_t = \nabla X_t$，由于我们不考虑爆炸性的序列，所以 $\{Y_t\}$ 或者是平稳的，或者是满足(4.5)式。则可以有 $\Phi_2(B) = \Phi_1(B)(1 - B)$，以此类推，可以知道存在某个 d，使得序列 $\{X_t\}$ 的自回归算子多项式必定具有形式 $\Phi(B)\nabla^d$，其中 $\Phi(B)$ 是平稳序列的自回归算子多项式。因此，具有性质(4.5)的时间序列

$\{X_t\}$ 可以通过对一般序列取适当的差分而化为平稳序列。

4.2 自回归求和移动平均模型(ARIMA)

4.2.1 一般的 ARIMA 模型

如果时间序列 $\{X_t\}$ 的 d 阶差分 $Y_t = (1-B)^d X_t$ 是个平稳的ARMA(p, q)序列,其中 $d \geqslant 1$ 是整数,则称 $\{X_t\}$ 为具有阶 p, d 和 q 的自回归求和移动平均(ARIMA)模型,记为 $\{X_t\} \sim \text{ARIMA}(p, d, q)$。

图 4.4、图 4.5 分别为由 ARIMA(1, 1, 1)模型

$$(1-0.5B)(1-B)X_t = (1+0.3B)\varepsilon_t,\ \varepsilon_t \overset{\text{i.i.d.}}{\sim} N(0, 1)$$

产生的 200 个数据的序列图和一阶差分序列图。

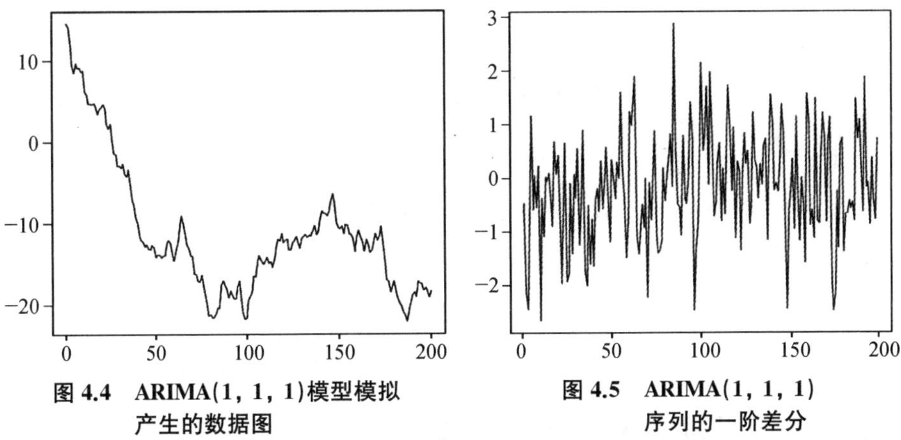

图 4.4 ARIMA(1, 1, 1)模型模拟产生的数据图

图 4.5 ARIMA(1, 1, 1)序列的一阶差分

关于 ARIMA 模型,我们特别注意以下两点。

① 求和过程。定义序列 $\omega_t = \nabla^d X_t$,则 ω_t 平稳的,适合于模型

$$\Phi(B)\omega_t = \Theta(B)\varepsilon_t$$

定义算子 S 为 ∇ 的逆,有

$$S = (1-B)^{-1} = 1 + B + B^2 + \cdots$$

因此算子 ∇ 的逆算子 S 是无限求和算子。由此,对于时间序列 $\{X_t\}$ 可以写为

$$X_t = S^d \omega_t$$

说明平稳序列 $\{\omega_t\}$ 经过 d 次求和得到适合于 ARIMA 模型的时间序列 $\{X_t\}$，说明了 ARIMA 模型中“求和”(Integrated)的含义。

② ARIMA 模型的表示。设

$$\begin{aligned}\Psi(B) &= \Phi(B)(1-B)^d \\ &= 1-\varphi_1 B-\cdots-\varphi_{p+d} B^{p+d}\end{aligned}$$

则 ARIMA(p, d, q)模型可以写成

$$X_t-\varphi_1 X_{t-1}-\cdots-\varphi_{p+d} X_{t-p-d}=\varepsilon_t-\theta_1 \varepsilon_{t-1}-\cdots-\theta_q \varepsilon_{t-q},$$

是 ARMA($p+d$, q)模型，但是模型是不平稳的(因为存在单位根)。

也可以设

$$X_t=\varepsilon_t+G_1 \varepsilon_{t-1}+G_2 \varepsilon_{t-2}+\cdots=G(B) \varepsilon_t$$

其中，

$$G(B)=\frac{\Theta(B)}{\Phi(B)(1-B)^d}$$

由于模型不平稳，则权 G_j 是发散的。

如果 ARIMA(p, d, q)模型是可逆的，则逆函数与通常的 ARMA 模型是一样的。

$$I(B)=\frac{\Phi(B)(1-B)^d}{\Theta(B)}$$

4.2.2 随机游动(Random Walk)模型

设时间序列 $\{X_t\}$ 有下列模型

$$X_t=X_{t-1}+\varepsilon_t, \quad \varepsilon_t \sim WN(0, \sigma^2) \tag{4.6}$$

则称 $\{X_t\}$ 为随机游动序列。图 4.6 为随机游动序列模拟产生的 200 个数据序列图，图 4.7 为 1995 年日元对美元汇率数据，也是随机游动序列。

“随机游动”一词首次出现于 1905 年《自然》(*Nature*)杂志第 72 卷的一篇通信中(Pearson K. and Rayleigh L.)。该信件的题目是《随机游动问题》。文中讨论寻找一个被放在野地中央的醉汉的最佳策略是从投放点开始搜索。

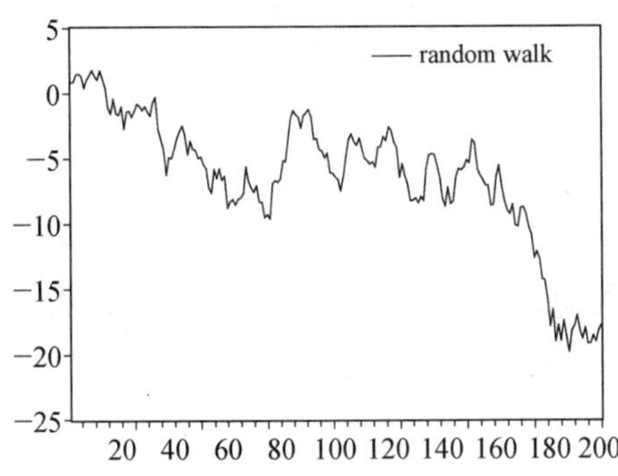

图 4.6 随机游动序列模拟产生时间序列

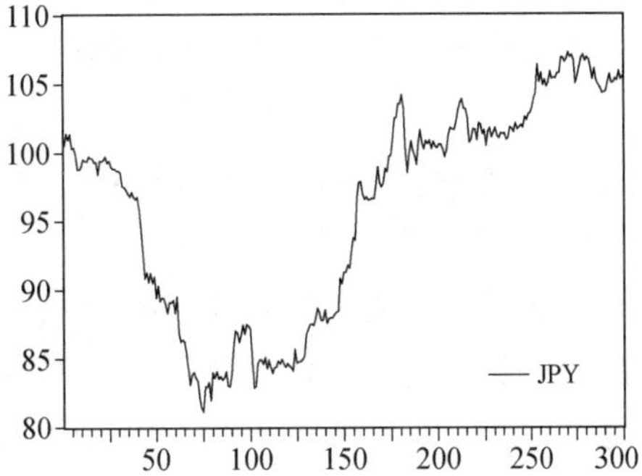

图 4.7 日元对美元汇率(300 天,1995 年)

随机游走过程的均值为零,方差为无限大。这是因为

$$X_t = X_{t-1} + \varepsilon_t = \varepsilon_t + \varepsilon_{t-1} + X_{t-2} = \varepsilon_t + \varepsilon_{t-1} + \cdots$$

$$\mathrm{E}(X_t) = \mathrm{E}(\varepsilon_t + \varepsilon_{t-1} + \cdots) = 0$$

$$\mathrm{Var}(X_t) = \mathrm{Var}(\varepsilon_t + \varepsilon_{t-1} + \cdots) = \sum_{-\infty}^{t} \sigma^2 \to \infty$$

所以随机游动序列是非平稳的时间序列。

随机游动模型是 AR(1)模型 $X_t = \phi X_{t-1} + \varepsilon_t$ 在 $\phi \to 1$ 的极限情形。由于 AR(1)模型的自相关系数 $\rho_k = \phi^k$,因此 $\phi \to 1$ 时,随机游动模型的特性可以描述为:原序列的样本自相关系数长期不衰减,而其偏自相关系数除了 $\phi_{11} = \rho_1$ 接近于 1,其余 $\phi_{kk} = 0,\ k \geqslant 2$。根据第 3 章,可以知道原序列样本的偏自相关系数

$$\hat{\phi}_{k+1k+1} = \frac{\hat{\rho}_{k+1} - \sum_{j=1}^{k} \hat{\phi}_{kj} \hat{\rho}_{k+1-j}}{1 - \sum_{j=1}^{k} \hat{\phi}_{kj} \hat{\rho}_j}$$

其中,$\hat{\phi}_{k+1,\,j} = \hat{\phi}_{k,\,j} - \hat{\phi}_{k+1,\,k+1} \hat{\phi}_{k,\,k+1-j}$,$j = 1, \cdots, k$。设 $\phi = 1 - \delta (1 - \delta \cong 0)$,则 $\rho_k = (1-\delta)^k \cong (1 - k\delta)$,当 $k = 2$ 时,

$$\hat{\phi}_{22} = \frac{\hat{\rho}_2 - \hat{\phi}_{11} \hat{\rho}_1}{1 - \hat{\phi}_{11} \hat{\rho}_1} = \frac{(1-2\delta) - (1-\delta)^2}{1 - (1-\delta)^2} = \frac{\delta^2}{2\delta + \delta^2} = \frac{\delta}{2+\delta} \to 0$$

对于其他的 $\hat{\phi}_{kk}$,$k > 2$ 也有 $\hat{\phi}_{kk} \cong 0$。

类似于随机游动模型，对于一般的 ARIMA(p, d, q)模型，也有自相关系数缓慢线性衰减，偏自相关系数除了 $\phi_{11}=\rho_1$ 接近于 1，其余 $\phi_{kk}=0$, $k\geqslant 2$。

4.3 方差和自协方差非平稳

根据过程宽平稳定义，当均值为常数时，其协方差也不一定满足平稳条件。如前所述，ARIMA 模型的均值函数是依赖于时间的，进而说明其方差和协方差也不满足平稳条件。例如使用模型

$$(1-B)X_t=(1-\theta B)\varepsilon_t,\ \varepsilon_t\sim WN(0,\ \sigma^2)$$

去拟合 n_0 个观测序列，关于这个时间原点 n_0，模型可以写为

$$\begin{aligned}X_t&=X_{t-1}+\varepsilon_t-\theta\varepsilon_{t-1}\\&=X_{t-2}+\varepsilon_t+(1-\theta)\varepsilon_{t-1}-\theta\varepsilon_{t-2}=\cdots\\&=X_{n_0}+\varepsilon_t+(1-\theta)\varepsilon_{t-1}+\cdots+(1-\theta)\varepsilon_{n_0+1}-\theta\varepsilon_{n_0}\end{aligned}$$

与之类似，有

$$X_{t-k}=X_{n_0}+\varepsilon_{t-k}+(1-\theta)\varepsilon_{t-k-1}+\cdots+(1-\theta)\varepsilon_{n_0+1}-\theta\varepsilon_{n_0}$$

假设 n_0、X_{n_0} 和 ε_{n_0} 为常数，则可以计算

$$\mathrm{Var}(X_t)=[1+(t-n_0-1)(1-\theta)^2]\sigma^2 \tag{4.7}$$

$$\mathrm{Var}(X_{t-k})=[1+(t-k-n_0-1)(1-\theta)^2]\sigma^2 \tag{4.8}$$

计算自协方差函数，设 $n_0<t-k<t$，因为

$$(1-\theta)\varepsilon_{n_0+1}+\cdots+(1-\theta)\varepsilon_{t-k-1}+(1-\theta)\varepsilon_{t-k}+\cdots+(1-\theta)\varepsilon_{t-1}+\varepsilon_t$$

$$(1-\theta)\varepsilon_{n_0+1}+\cdots+(1-\theta)\varepsilon_{t-k-1}+(1-\theta)\varepsilon_{t-k}$$

由此得到

$$\mathrm{cov}(X_t,\ X_{t-k})=[1-\theta+(t-k-n_0-1)(1-\theta)^2]\sigma^2 \tag{4.9}$$

由上述分析可知，ARIMA 模型的方差依赖于时间，且 $\mathrm{Var}(X_t)\neq\mathrm{Var}(X_{t-k})$；另外，当 $t\to\infty$ 时，方差 $\mathrm{Var}(X_t)$ 的值是无界的；序列的自协方差 $\mathrm{cov}(X_t,\ X_{t-k})$ 也依赖于时间。

下面我们考虑另外一类问题，就是有些非平稳时间序列通过有限阶差分

不一定能够平稳。有许多序列虽然均值平稳但方差非平稳，此时需要考虑利用适当的变换使得方差平稳。在许多场合，非平稳时间序列的方差随均值水平的改变而变化，即

$$\mathrm{Var}(X_t)=c\cdot f(\mu_t)$$

对于某些正值常数 c 和函数 $f(\mu_t)$，上述等式成立。我们的工作是寻找一个函数 T 使得变换后的序列 $T(X_t)$ 具有同方差。为此，一种思路就是利用泰勒(Taylor)定理，可以近似地找到函数 T，令

$$T(X_t)\cong T(\mu_t)+T'(\mu_t)(X_t-\mu_t) \tag{4.10}$$

其中，$T(\mu_t)$，$T'(\mu_t)$ 分别是函数 T 和其一阶导数在 μ_t 的函数值，则有

$$\mathrm{Var}[T(X_t)]\cong[T'(\mu_t)]^2\mathrm{Var}(X_t)=c\,[T'(\mu_t)]^2 f(\mu_t) \tag{4.11}$$

因此，要使 $T(X_t)$ 具有同方差，即让(4.10)式中的 $\mathrm{Var}[T(X_t)]$ 为常数，则取 T 满足

$$T'(\mu_t)=\frac{1}{\sqrt{f(\mu_t)}} \tag{4.12}$$

也就是

$$T(\mu_t)=\int\frac{1}{\sqrt{f(\mu_t)}}\mathrm{d}\mu_t \tag{4.13}$$

可以使时间序列 $\{T(X_t)\}$ 具有同方差。

例如，若时间序列 $\{X_t\}$ 的标准差与均值水平成正比，即 $\mathrm{Var}(X_t)=c^2\mu_t^2$，则

$$T(\mu_t)=\int\frac{1}{\sqrt{f(\mu_t)}}\mathrm{d}\mu_t=\log(\mu_t)$$

于是，我们关于原序列 $\{X_t\}$ 进行对数变换 $\{\log(X_t)\}$ 即可得到相同的方差。

若时间序列 $\{X_t\}$ 的方差与均值水平成正比，即 $\mathrm{Var}(X_t)=c\mu_t$，则

$$T(\mu_t)=\int\frac{1}{\sqrt{f(\mu_t)}}\mathrm{d}\mu_t=2\sqrt{\mu_t}$$

所以，我们关于原序列 $\{X_t\}$ 进行平方根变换 $\{\sqrt{X_t}\}$ 即可得到同方差时间

序列。

若时间序列 $\{X_t\}$ 的标准差与均值水平的平方成正比，即 $\mathrm{Var}(X_t)=c^2\mu_t^4$，则

$$T(\mu_t)=\int\frac{1}{\sqrt{f(\mu_t)}}\mathrm{d}\mu_t=-\frac{1}{\mu_t}$$

关于原序列 $\{X_t\}$ 进行倒数变换 $\{1/X_t\}$ 即可得到平稳时间序列。

一般来说，我们可以采用博克斯-考克斯(Box-Cox)变换，即

$$T(X_t)=X_t^{(\lambda)}=\frac{X_t^{\lambda}-1}{\lambda} \tag{4.14}$$

该变换是博克斯和考克斯(1964)引入的，这里 λ 称为变换参数。

4.4 季节时间序列(SARIMA)模型

在某些时间序列中，存在明显的周期性变化。这种周期是由于季节性变化(包括季度、月度、周度等变化)或其他一些固有因素引起的。这类序列称为季节性序列。比如一个地区的气温值序列(每隔一小时取一个观测值)中除了含有以天为周期的变化，还含有以年为周期的变化。在经济领域中，季节性序列更是随处可见。如季度时间序列、月度时间序列、周度时间序列等。处理季节性时间序列只用以上介绍的方法是不够的。描述这类序列的模型之一是季节时间序列模型(seasonal ARIMA model)，用 SARIMA 表示。较早的文献也称其为乘积季节模型(multiplicative seasonal model)。

设季节性序列(月度、季度、周度等序列都包括其中)的变化周期为 s，即时间间隔为 s 的观测值有相似之处。首先用季节差分的方法消除周期性变化。季节差分算子定义为

$$\nabla_s=1-B^s$$

若季节性时间序列用 y_t 表示，则一次季节差分表示为

$$\nabla_s X_t=(1-B^s)X_t=X_t-X_{t-s}$$

对于非平稳季节性时间序列，有时需要进行 D 次季节差分之后才能转换为平稳的序列。在此基础上可以建立关于周期为 s 的 P 阶自回归 Q 阶移动平

均季节时间序列模型[注意 P、Q 等于 2 时,滞后算子应为 $(B^s)^2=B^{2s}$]。

$$A_P(B^s)\nabla_s^D X_t = B_Q(B^s)\varepsilon_t \tag{4.15}$$

对于上述模型,相当于假定 ε_t 是平稳的、非自相关的。

当 ε_t 非平稳且存在 ARMA 成分时,则可以把 ε_t 描述为

$$\Phi_p(B)\nabla^d \varepsilon_t = \Theta_q(B)v_t \tag{4.16}$$

其中,v_t 为白噪声过程,p, q 分别表示非季节自回归、移动平均算子的最大阶数,d 表示 ε_t 的一阶(非季节)差分次数。由上式得

$$\varepsilon_t = \Phi_p^{-1}(B)\nabla^{-d}\Theta_q(B)v_t \tag{4.17}$$

把(4.16)式代入(4.14)式,得到季节时间序列模型的一般表达式:

$$\Phi_p(B)A_P(B^s)(\nabla^d\nabla_s^D X_t) = \Theta_q(B)B_Q(B^s)v_t \tag{4.18}$$

其中,下标 P, Q, p, q 分别表示季节与非季节自回归、移动平均算子的最大滞后阶数,d, D 分别表示非季节和季节性差分次数。上式称作 $(p, d, q)\times(P, D, Q)_s$ 阶季节时间序列模型或乘积季节模型。

保证$(\Delta^d\Delta_s^D X_t)$具有平稳性的条件是 $\Phi_p(B)A_P(B^s)=0$ 的根在单位圆外;保证$(\Delta^d\Delta_s^D X_t)$具有可逆性的条件是 $\Theta_q(L)B_Q(L^s)=0$ 的根在单位圆外。

当 $P=D=Q=0$ 时,SARIMA 模型退化为 ARIMA 模型,从这个意义上说,ARIMA 模型是 SARIMA 模型的特例。当 $P=D=Q=p=q=d=0$ 时,SARIMA 模型退化为白噪声模型。

$(1, 1, 1)\times(1, 1, 1)_{12}$ 阶月度 SARIMA 模型表达为

$$(1-\phi_1 B)(1-\alpha_1 B^{12})\Delta\Delta_{12}X_t = (1+\theta_1 B)(1+\beta_1 B^{12})v_t$$

$\Delta\Delta_{12}X_t$ 具有平稳性的条件是 $|\phi_1|<1$, $|\alpha_1|<1$, $\Delta\Delta_{12}X_t$ 具有可逆性的条件是 $|\theta_1|<1$, $|\beta_1|<1$。

对乘积季节模型的季节阶数,即周期长度 s 的识别可以通过对实际问题的分析、时间序列图以及时间序列的相关图和偏相关图分析得到。

以相关图和偏相关图为例,如果相关图和偏相关图不是呈线性衰减趋势,而是在变化周期的整倍数时点上出现绝对值相当大的峰值并呈振荡式变化,就可以认为该时间序列可以用 SARIMA 模型描述。

习题 4

4.1 某地区 2012—2020 年平均每头奶牛的月度产奶量数据如表 4.1 所示(行数据)。

表 4.1 奶牛月度产奶量 单位:磅

589	561	640	656	727	697	640	599	568	577	553	582
600	566	653	673	742	716	660	617	583	587	565	598
628	618	688	705	770	736	678	639	604	611	594	634
658	622	709	722	782	756	702	653	615	621	602	635
677	635	736	755	811	798	735	697	661	667	645	688
713	667	762	784	837	817	767	722	681	687	660	698
717	696	775	796	858	826	783	740	701	706	677	711
734	690	785	805	871	845	801	764	725	723	690	734
750	707	807	824	886	859	819	783	740	747	711	751

绘制该序列时序图,直观考察该序列的特点。

4.2 某城市 2000 年 1 月—2015 年 8 月每月屠宰生猪数量如表 4.2 所示(行数据)。绘制该序列时序图,直观考察该序列的特点。

表 4.2 每月屠宰生猪数量 单位:头

76 378	71 947	33 873	96 428	105 084	95 741	110 647	100 331	94 133	103 055
90 595	101 457	76 889	81 291	91 643	96 228	102 736	100 264	103 491	97 027
95 240	91 680	101 259	109 564	76 892	85 773	95 210	93 771	98 202	97 906
100 306	94 089	102 680	77 919	93 561	117 062	81 225	88 357	106 175	91 922
104 114	109 959	97 880	105 386	96 479	97 580	109 490	110 191	90 974	98 981
107 188	94 177	115 097	113 696	114 532	120 110	93 607	110 925	103 312	120 184
103 069	103 351	111 331	106 161	111 590	99 447	101 987	85 333	86 970	100 561
89 543	89 265	82 719	79 498	74 846	73 819	77 029	78 446	86 978	75 878
69 571	75 722	64 182	77 357	63 292	59 380	78 332	72 381	55 971	69 750
85 472	70 133	79 125	85 805	81 778	86 852	69 069	79 556	88 174	66 698
72 258	73 445	76 131	86 082	75 443	73 969	78 139	78 646	66 269	73 776
80 034	70 694	81 823	75 640	75 540	82 229	75 345	77 034	78 589	79 769
75 982	78 074	77 588	84 100	97 966	89 051	93 503	84 747	74 531	91 900
81 635	89 797	81 022	78 265	77 271	85 043	95 418	79 568	103 283	95 770
91 297	101 244	114 525	101 139	93 866	95 171	100 183	103 926	102 643	108 387
97 077	90 901	90 336	88 732	83 759	99 267	73 292	78 943	94 399	92 937
90 130	91 055	106 062	103 560	104 075	101 783	93 791	102 313	82 413	83 534
109 011	96 499	102 430	103 002	91 815	99 067	110 067	101 599	97 646	104 930
88 905	89 936	106 723	84 307	114 896	106 749	87 892	100 506		

5　时间序列的模型识别

前面四章我们讨论了时间序列的平稳性问题、可逆性问题，关于线性平稳时间序列模型，引入了自相关系数和偏自相关系数，由此得到 ARMA(p, q)统计特性。从本章开始，我们将运用数据进行时间序列的建模工作，其工作流程如图 5.1 所示。

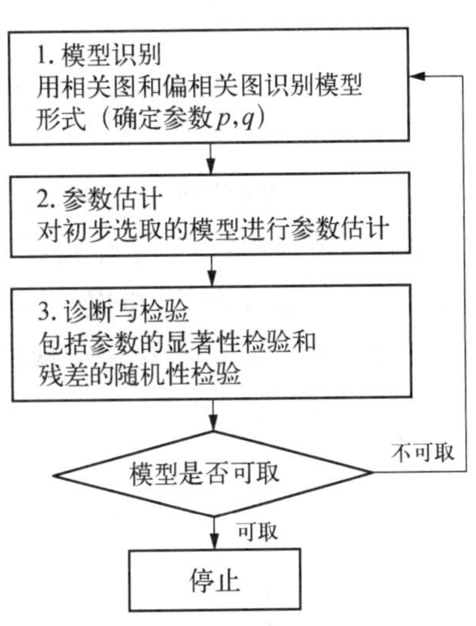

图 5.1　建立时间序列模型流程图

在 ARMA(p, q)的建模过程中，对于阶数(p, q)的确定，是建模中比较重要的步骤，也是比较困难的。需要说明的是，模型的识别和估计过程必然会交叉，所以，我们可以先估计一个比我们希望找到的阶数更高的模型，然后决定哪些方面可能被简化。在这里我们使用估计过程去完成一部分模型识别，但是这样得到的模型识别必然是不精确的，而且在模型识别阶段对于有关问题没有精确的公式可以利用，初步识别可以为我们提供有关模型类型的试探性的考虑。

对于线性平稳时间序列模型来说，模型的识别问题就是确定 ARMA(p, q)过程的阶数，从而判定模型的具体类别，为我们下一步进行模型的参数估计做准备。所采用的基本方法主要是依据样本的自相关系数(ACF)和偏自相关系数(PACF)初步判定其阶数，如果利用这种方法无法明确判定模型的类别，就需要借助诸如 AIC、BIC 等信息准则。我们分别给出几种定阶方法，分别是：

① 利用时间序列的相关特性，这是识别模型的基本理论依据。如果样本的自相关系数(ACF)在滞后 $q+1$ 阶时突然截断，即在 q 处截尾，那么我们可以判定该序列为 MA(q)序列。同样的道理，如果样本的偏自相关系数

(PACF)在 p 处截尾,那么我们可以判定该序列为 AR(p)序列。如果 ACF 和 PACF 都不截尾,只是按指数衰减为零,则应判定该序列为 ARMA(p, q)序列,此时阶次尚需作进一步的判断。

② 利用数理统计方法检验高阶模型新增加的参数是否近似为零,根据模型参数的置信区间是否含零来确定模型阶次,检验模型残差的相关特性等。

③ 利用信息准则,确定一个与模型阶数有关的准则函数,既考虑模型对原始观测值的接近程度,又考虑模型中所含待定参数的个数,最终选取使该函数达到最小值的阶数,常用的该类准则有 AIC、BIC、FPE 等。

实际应用中,往往是几种方法交叉使用,然后选择最为合适的阶数(p, q)作为待建模型的阶数。

5.1 自相关和偏自相关系数法

在平稳时间序列分析中,最关键的过程就是利用数据去识别和建模,根据第 3 章讨论的内容,一个比较直观的方法,就是通过观察自相关系数(ACF)和偏自相关系数(PACF)可以对拟合模型有一个初步的识别,这是因为从理论上说,平稳 AR、MA 和 ARMA 模型的 ACF 和 PACF 有如下特性:

模型(序列)	AR(p)	MA(q)	ARMA(p, q)
自相关系数(ACF)	拖尾	q 阶截尾	拖尾
偏自相关系数(PACF)	p 阶截尾	拖尾	拖尾

但是,在实际中 ACF 和 PACF 是未知的,对于给定的时间序列观测值 x_1, x_2, …, x_T,我们需要使用样本的自相关系数 $\{\hat{\rho}_k\}$ 和偏自相关系数 $\{\hat{\phi}_{kk}\}$ 对其进行估计。然而由于 $\{\hat{\rho}_k\}$ 和$\{\hat{\phi}_{kk}\}$ 均是随机变量,对于相应的模型不可能具有严格的“截尾性”,只能呈现出在某步之后围绕零值上、下波动,因此,我们需要借助 $\{\hat{\rho}_k\}$ 和$\{\hat{\phi}_{kk}\}$ 的“截尾性”来判断 $\{\rho_k\}$ 和$\{\phi_{kk}\}$ 的截尾性,进而由此可以给出模型的初步识别。首先,我们需要给出样本的自相关系数 $\{\hat{\rho}_k\}$ 和偏自相关系数 $\{\hat{\phi}_{kk}\}$ 的定义。

设平稳时间序列 $\{X_t\}$ 的一个样本 x_1, …, x_T,则样本自协方差系数定义为

$$\begin{aligned} &\hat{\gamma}_k = \frac{1}{T}\sum_{j=1}^{T-k}(x_j - \bar{x})(x_{j+k} - \bar{x}),\ 1 \leqslant k \leqslant T-1 \\ &\hat{\gamma}_{-k} = \hat{\gamma}_k,\ 1 \leqslant k \leqslant T-1 \end{aligned} \tag{5.1}$$

其中 $\bar{x}=\frac{1}{T}\sum_{j=1}^{T}x_j$ 为样本均值，则样本自协方差系数 $\{\hat{\gamma}_k\}$ 是$\{X_t\}$ 的自协方差系数 $\{\gamma_k\}$ 的估计。样本自相关系数定义为：

$$\hat{\rho}_k=\hat{\gamma}_k/\hat{\gamma}_0,\ |k|\leqslant T-1 \tag{5.2}$$

是 $\{X_t\}$ 的自相关系数 $\{\rho_k\}$ 的估计。

作为 $\{X_t\}$ 的自协方差系数 $\{\gamma_k\}$ 的估计，根据数理统计知识，样本自协方差系数还可以写为

$$\hat{\gamma}_k=\frac{1}{T-k}\sum_{j=1}^{T-k}(x_j-\bar{x})(x_{j+k}-\bar{x}),\ 1\leqslant k\leqslant T-1 \tag{5.3}$$

$$\hat{\gamma}_{-k}=\hat{\gamma}_k,\ 1\leqslant k\leqslant T-1$$

在上述两种估计中，当样本容量 T 很大，而 k 的绝对值较小时，上述两种估计值相差不大，其中由(5.1)式定义的第一种估计值的绝对值较小。根据前面章节的讨论，因为 AR(p)，MA(q)或者 ARMA(p, q)模型的自协方差系数 $\{\gamma_k\}$ 都是以负指数阶收敛到零，所以在对平稳时间序列的数据拟合 AR(p)，MA(q)或者 ARMA(p, q)模型时，希望实际计算的样本自协方差系数 $\{\hat{\gamma}_k\}$ 能以很快的速度收敛。因此，我们一般选择由(5.1)式定义的第一种估计值作为 $\{\gamma_k\}$ 的点估计。

根据第 3 章偏自相关系数的计算，利用样本自相关系数 $\{\hat{\rho}_k\}$ 的值，定义样本偏自相关系数 $\{\hat{\phi}_{kk}\}$ 如下：

$$\hat{\phi}_{kk}=\frac{\hat{D}_k}{\hat{D}},\ k=1,\ 2,\ \cdots,\ T \tag{5.4}$$

其中

$$\hat{D}=\begin{vmatrix}1 & \hat{\rho}_1 & \cdots & \hat{\rho}_{k-1}\\ \hat{\rho}_1 & 1 & \cdots & \hat{\rho}_{k-2}\\ \vdots & \vdots & \vdots & \vdots\\ \hat{\rho}_{k-1} & \hat{\rho}_{k-2} & \cdots & 1\end{vmatrix},\ \hat{D}_k=\begin{vmatrix}1 & \hat{\rho}_1 & \cdots & \hat{\rho}_1\\ \hat{\rho}_1 & 1 & \cdots & \hat{\rho}_2\\ \vdots & \vdots & \vdots & \vdots\\ \hat{\rho}_{k-1} & \hat{\rho}_{k-2} & \cdots & \hat{\rho}_k\end{vmatrix}$$

关于样本的自相关系数 $\{\hat{\rho}_k\}$ 的统计性质，我们将在下一章给予讨论。

克努耶(Quenouille)证明，$\{\hat{\phi}_{kk}\}$ 也满足巴特利公式，即当样本容量 T 充分大时，

$$\hat{\phi}_{kk} \sim N(0,\ 1/T) \tag{5.5}$$

这样根据正态分布的性质，我们有

$$P\left\{|\hat{\phi}_{kk}| \leqslant \frac{1}{\sqrt{T}}\right\}=68.3\% \tag{5.6}$$

$$P\left\{|\hat{\phi}_{kk}| \leqslant \frac{2}{\sqrt{T}}\right\}=95.5\% \tag{5.7}$$

这样，关于偏自相关系数 $\{\phi_{kk}\}$ 的截尾性的判断，转化为利用上述性质(5.6)或者性质(5.7)，可以判断 $\{\hat{\phi}_{kk}\}$ 的截尾性。具体方法为对于每一个 $p>0$，考查 $\phi_{p+1,\ p+1}$，$\phi_{p+2,\ p+2}$，…，$\phi_{p+M,\ p+M}$ 中落入 $|\hat{\phi}_{kk}| \leqslant \frac{1}{\sqrt{T}}$ 或 $|\hat{\phi}_{kk}| \leqslant \frac{2}{\sqrt{T}}$ 的比例是否占总数 M 的 68.3%或 95.5%。

一般我们取 $M=\sqrt{T}$。如果 $p=p_0$ 之前 $\hat{\phi}_{kk}$ 都明显地不为零，而当 $p>p_0$ 时，$\phi_{p_0+1,\ p_0+1}$，$\phi_{p_0+2,\ p_0+2}$，…，$\phi_{p_0+M,\ p_0+M}$ 中满足不等式

$$|\hat{\phi}_{kk}| \leqslant \frac{1}{\sqrt{T}} \text{ 或 } |\hat{\phi}_{kk}| \leqslant \frac{2}{\sqrt{T}}$$

的个数占总数 M 的 68.3%或 95.5%，则可以认定 $\{\phi_{kk}\}$ 在 p_0 处截尾，由此可以初步判定序列 $\{X_t\}$ 为 AR(p_0)模型。

对于样本的自相关系数 $\{\hat{\rho}_k\}$，由第 2 章的巴特利公式，对于 $q>0$，$\{\hat{\rho}_k\}$ 满足

$$\hat{\rho}_k \sim N\left(0,\ \frac{1}{T}\left[1+2\sum_{j=1}^{q}\hat{\rho}_j^2\right]\right) \tag{5.8}$$

进而当样本容量 T 充分大时，$\{\hat{\rho}_k\}$ 也满足

$$\hat{\rho}_k \sim N(0,\ 1/T) \tag{5.9}$$

类似于(5.6)式或者(5.7)式，对于每一个 $q>0$，检查 $\hat{\rho}_{q+1}$，$\hat{\rho}_{q+2}$，…，$\hat{\rho}_{q+M}$ 中落入 $|\hat{\rho}_k| \leqslant \frac{1}{\sqrt{T}}$ 或者 $|\hat{\rho}_k| \leqslant \frac{2}{\sqrt{T}}$ 中的比例是否占总数 M 的 68.3%或 95.5% 左右。如果在 q_0 之前，$\hat{\rho}_k$ 都明显不为零，而当 $q=q_0$ 时，$\hat{\rho}_{q_0+1}$，$\hat{\rho}_{q_0+2}$，…，$\hat{\rho}_{q_0+M}$ 中满足上述不等式的个数达到比例，则判断 $\{\rho_k\}$ 在 q_0 处截尾。初步认为序列 $\{X_t\}$ 为 MA(q_0)模型。

至此,我们可以利用样本的自相关系数 $\{\hat{\rho}_k\}$ 和偏自相关系数 $\{\hat{\phi}_{kk}\}$,得到ARMA模型阶数的初步判定方法。具体做法如下:

① 如果样本自相关系数 $\{\hat{\rho}_k\}$ 在最初的 q 阶明显的大于2倍标准差范围,即 $2(1/\sqrt{T})$,而后几乎95%的样本自相关系数 $\hat{\rho}_k$ 都落在2倍标准差范围之内,并且由非零样本自相关系数衰减为在零附近小值波动的过程非常突然,这时通常视为自相关系数 $\{\rho_k\}$ 截尾,即可以初步判定相应的时间序列为MA(q)模型。

② 同样,样本偏自相关系数 $\{\hat{\phi}_{kk}\}$ 如果满足上述性质,则可以初步判定相应的时间序列为AR(p)模型。

③ 对于样本自相关系数 $\{\hat{\rho}_k\}$ 和样本偏自相关系数 $\{\hat{\phi}_{kk}\}$,如果均有超过5%的值落入2倍标准差范围之外,或者由非零样本自相关系数和样本偏自相关系数衰减为在零附近小值波动的过程非常缓慢,这时都视为拖尾的,我们将初步判定时间序列为ARMA模型,那么这样的判断往往会失效,因为这时ARMA(p, q)模型的阶数 p 和 q 很难确定。

总之,基于样本自相关和偏自相关系数的定阶法只是一种初步定阶方法,可在建模开始时加以粗略地估计。

例5.1 绿头苍蝇数据的时间序列。具有均衡性别比例数目固定的成年绿头苍蝇保存在一个盒子中,每天给一定数量的食物,每天对绿头苍蝇的总体计数,共得到 $T=82$ 个观测值。经过平稳性处理后计算其基于样本自相关和偏自相关系数,见表5.1和图5.2。

表5.1 绿头苍蝇的样本ACF和PACF

样本自相关系数		样本偏自相关系数	
k	$\hat{\rho}_k$	k	$\hat{\phi}_{kk}$
1	0.73	1	0.73
2	0.49	2	−0.09
3	0.30	3	−0.04
4	0.20	4	0.04
5	0.12	5	−0.03
6	0.02	6	−0.12
7	−0.01	7	0.07
8	−0.04	8	−0.05
9	−0.01	9	0.07
10	−0.03	10	−0.08

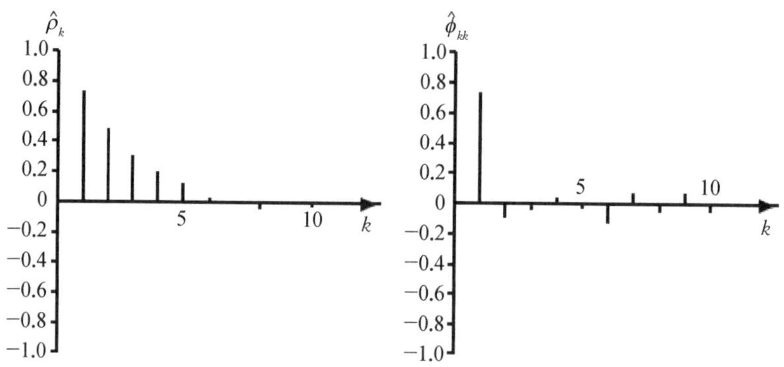

图 5.2　绿头苍蝇的样本 ACF 和 PACF

由表 5.1 和图 5.2 知，样本自相关函数 $\{\hat{\rho}_k\}$ 呈拖尾状，而从 10 个偏自相关系数的绝对值来看，除 $\hat{\phi}_{11}$ 显著地异于零之外，其余 9 个中绝对值不大于 $\frac{1}{\sqrt{T}}=\frac{1}{\sqrt{82}}=0.11$ 的有 8 个，$\frac{8}{9}\approx 0.89>68.3\%$，故该时间序列初步判定为 AR(1)模型。

例 5.2　某时间序列数据($T=273$)的样本自相关系数和偏自相关系数计算数据如表 5.2 所示。

表 5.2　某时间序列数据的样本自/偏自相关系数

样本自相关系数				样本偏自相关系数			
k	$\hat{\rho}_k$	k	$\hat{\rho}_k$	k	$\hat{\phi}_{kk}$	k	$\hat{\phi}_{kk}$
1	0.82	9	0.46	1	0.82	9	0.19
2	0.45	10	0.64	2	−0.68	10	0.01
3	0.047	11	0.63	3	−0.12	11	−0.01
4	−0.26	12	0.45	4	0.06	12	−0.03
5	−0.41	13	0.16	5	−0.02	13	0.02
6	−0.36	14	−0.11	6	0.18	14	0.05
7	−0.15	15	−0.30	7	0.20	15	−0.06
8	0.16			8	0.04		

由上表知，样本自相关函数 $\{\hat{\rho}_k\}$ 呈拖尾状，而从 15 个偏自相关系数的绝对值来看，除 $\hat{\phi}_{11}$，$\hat{\phi}_{22}$ 显著地异于零之外，其余 13 个中绝对值不大于 $\frac{1}{\sqrt{T}}=\frac{1}{\sqrt{273}}=$

0.060 5 的有 9 个，$\frac{9}{13}=0.692\approx 68.3\%$，故该时间序列初步判定为 AR(2) 模型。

例 5.3 某车站 1993—1997 年各月的列车运行数量数据共 60 个，见表 5.3，试对该序列给出初步的模型识别。

表 5.3 某车站 1993—1997 年各月的列车运行数量数据

单位：千列·千米

k	观测值	k	观测值	k	观测值	k	观测值	k	观测值
1	1 196.8	13	1 234.1	25	1 249.9	37	1 215.0	49	1 266.0
2	1 181.3	14	1 146.0	26	1 220.1	38	1 191.0	50	1 200.0
3	1 222.6	15	1 304.9	27	1 267.4	39	1 179.0	51	1 306.0
4	1 229.3	16	1 221.9	28	1 182.3	40	1 224.0	52	1 209.0
5	1 221.5	17	1 244.1	29	1 221.7	41	1 183.0	53	1 248.0
6	1 148.4	18	1 194.4	30	1 178.1	42	1 228.0	54	1 208.0
7	1 250.2	19	1 281.5	31	1 261.6	43	1 274.0	55	1 231.0
8	1 174.4	20	1 277.3	32	1 274.5	44	1 218.0	56	1 244.0
9	1 234.5	21	1 238.9	33	1 196.4	45	1 263.0	57	1 296.0
10	1 209.7	22	1 267.5	34	1 222.6	46	1 205.0	58	1 221.0
11	1 206.5	23	1 200.9	35	1 174.7	47	1 210.0	59	1 287.0
12	1 204.0	24	1 245.5	36	1 212.6	48	1 243.0	60	1 191.0

图 5.3 和图 5.4 分别为原始数据和平稳化以后（第 8 章将给出具体平稳化方法）数据的散点图。

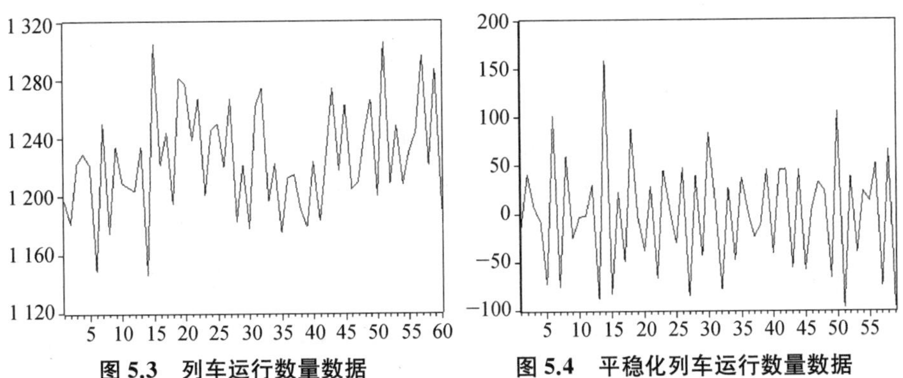

图 5.3 列车运行数量数据 **图 5.4 平稳化列车运行数量数据**

经过计算，其前 20 个样本自相关系数和偏自相关系数如表 5.4 所示。

表 5.4 平稳化列车运行数量数据样本自/偏自相关系数

样本自相关系数				样本偏自相关系数			
k	$\hat{\rho}_k$	k	$\hat{\rho}_k$	k	$\hat{\phi}_{kk}$	k	$\hat{\phi}_{kk}$
1	−0.685	11	−0.036	1	−0.685	11	−0.130
2	0.341	12	0.156	2	−0.243	12	0.139
3	−0.193	13	−0.165	3	−0.139	13	0.136
4	0.042	14	0.038	4	−0.208	14	−0.184
5	−0.068	15	0.001	5	−0.313	15	−0.120
6	0.199	16	−0.027	6	0.046	16	−0.012
7	−0.221	17	0.143	7	−0.030	17	0.196
8	0.185	18	−0.130	8	−0.037	18	0.025
9	−0.130	19	0.004	9	−0.002	19	−0.143
10	0.037	20	0.021	10	−0.042	20	−0.073

由上表知，样本自相关函数 $\{\hat{\phi}_{kk}\}$ 呈拖尾状，而从 20 个自相关系数的绝对值来看，样本自相关系数 $\{\hat{\rho}_k\}$ 在最初的 2 阶明显大于 2 倍标准差范围，即(−0.26, 0.26)，而后 95%以上的样本自相关系数 $\hat{\rho}_k$ 都落在(−0.26, 0.26)内，并且由非零样本自相关系数衰减为在零附近小值波动的过程非常突然，这时通常视为自相关系数 $\{\rho_k\}$ 截尾，故该时间序列初步判定为 MA(2)或 MA(3)模型。

5.2 F 检验法

利用 F 分布进行假设检验是实践中经常使用的统计检验方法，在回归分析中，往往用 F 检验来考察两个回归模型是否有显著差异，因此常被用来判定 ARMA 模型的阶数。考虑如下线性回归模型

$$y = \alpha_1 X_1 + \alpha_2 X_2 + \cdots + \alpha_n X_n + \varepsilon \tag{5.10}$$

$Y = (y_1, y_2, \cdots, y_N)^T$ 为 N 个独立的随机观察值，$X_i = (X_{i1}, X_{i2}, \cdots, X_{iN})^T$，$i = 1, 2, \cdots, r$ 为 r 个回归因子，$\varepsilon = (\varepsilon_1, \varepsilon_2, \cdots, \varepsilon_N)^T$ 为模型残差。设 $\hat{\alpha}$ 是模型(5.10)中参数 $\alpha = (\alpha_1, \alpha_2, \cdots, \alpha_r)^T$ 的最小二乘估计，为了检验其中后面 s 个元素对因变量的影响是否显著，设去掉此 s 个因素的线性回归模型为

$$y = \alpha'_1 X_1 + \alpha'_2 X_2 + \cdots + \alpha'_{r-s} X_{r-s} + \varepsilon' \tag{5.11}$$

其中模型(5.11)的参数 α' 的最小二乘估计为 $\hat{\alpha}'$。因此，检验模型(5.10)与模型(5.11)是否有显著差异等价于检验原假设，即

$$H_0: \alpha_{r-s+1} = \alpha_{r-s+2} = \cdots = \alpha_r = 0 \tag{5.12}$$

是否成立。为此，考虑上述两个模型的残差平方和 Q_0 与 Q_1，于是有

$$Q_0 = \sum_{t=1}^{N} (y_t - \hat{\alpha}_1 X_{1t} - \hat{\alpha}_2 X_{2t} - \cdots - \hat{\alpha}_r X_{rt})^2 \tag{5.13}$$

$$Q_1 = \sum_{t=1}^{N} (y_t - \hat{\alpha}'_1 X_{1t} - \hat{\alpha}'_2 X_{2t} - \cdots - \hat{\alpha}'_{r-s} X_{r-s,\,t})^2 \tag{5.14}$$

借助回归分析中残差平方和的分布结论：$Q_0 \sim \sigma^2 \chi^2(N-r)$，$Q_0$ 与 $Q_1 - Q_0$ 相互独立，且当原假设 H_0 为真时，$Q_1 - Q_0 \sim \sigma^2 \chi^2(s)$，因此有：

$$\frac{Q_1 - Q_0}{s} \Big/ \frac{Q_0}{N-r} \sim F(s,\ N-r) \tag{5.15}$$

据此构造统计量

$$F = \frac{Q_1 - Q_0}{s} \Big/ \frac{Q_0}{N-r} \tag{5.16}$$

对于预先给定的显著性水平 α，由附录 2.3F 分布表查出满足

$$P(F \geqslant F_\alpha) = \alpha \tag{5.17}$$

若 $F > F_\alpha(s,\ N-r)$，则拒绝原假设 H_0，即后面 s 个因素对因变量的影响是显著的；若 $F \leqslant F_\alpha(s,\ N-r)$，则接受原假设 H_0，即这 s 个因素对因变量的影响是不显著的，表明模型(5.11)是合适的。

5.2.1　AR(p)模型定阶的 F 检验准则

1967 年，瑞典控制论专家奥斯特隆姆(K. J. Aström)教授将 F 检验准则用于对时间序列模型的定阶。设 $X_t(1 \leqslant t \leqslant N)$ 是零均值平稳序列的一段样本，并用模型 AR(p)

$$X_t = \phi_1 X_{t-1} + \phi_2 X_{t-2} + \cdots + \phi_p X_{t-p} + \varepsilon_t \tag{5.18}$$

进行拟合。根据模型阶数节省原则(parsimony principle)，采取由低阶逐步升高的“过拟合”办法。先对观测数据拟合模型 AR(p)($p=1,2,\cdots$)，用递推最小二乘估计其参数 $\phi_j(1 \leqslant j \leqslant n)$ 并分别计算对应模型的残差平方和。根据适用的模型应具有较小的残差平方和的特点，用 F 准则判定模型的阶数改变后相应的残差平方和变化是否显著。

检验假设 $\phi_p=0$ 即表示模型 AR$(p-1)$是合适的。由于模型 AR(p)残差平方和为

$$Q_0=\sum_{t=p+1}^{N}(X_t-\phi_1X_{t-1}-\phi_2X_{t-2}-\cdots-\phi_pX_{t-p})^2 \tag{5.19}$$

而模型 AR$(p-1)$的残差平方和为

$$Q_1=\sum_{t=p+1}^{N}(X_t-\phi_1X_{t-1}-\phi_2X_{t-2}-\cdots-\phi_{p-1}X_{t-p+1})^2 \tag{5.20}$$

统计量 F 服从自由度为 1 和 $N-p$ 的 F 分布，即

$$F=\frac{Q_1-Q_0}{1}\bigg/\frac{Q_0}{N-p}\sim F(1,\ N-p) \tag{5.21}$$

对照(5.16)式，这里 $n=p$ 是模型阶数总数，$s=1$ 是被检验的阶数差数。对给定的显著性 $\alpha=0.05$ 或 0.01，查附录 2.3 F 分布表得 $F_\alpha(1,\ N-p)$，并计算 $F=\frac{Q_1-Q_0}{1}\bigg/\frac{Q_0}{N-p}$。若 $F>F_\alpha$ 就拒绝假设 H_0，即 AR$(p-1)$是不适合模型；若 $F\leqslant F_\alpha$，则接受 H_0，即 AR$(p-1)$是适合模型。

例 5.4 根据某实测数据序列拟合的时间序列模型为 AR(p)，其中 $N=80$。当阶数 $p=0,\ 1,\ 2,\ 3$ 时，参数估计及 F 检验结果分别如表 5.5、表 5.6 所示。

表 5.5 AR(p)模型的参数估计结果

参数	AR(p)模型			
	AR(0)	AR(1)	AR(2)	AR(3)
$\hat{\phi}_1$	—	0.822 3	1.354 3	1.425 8
$\hat{\phi}_2$	—	—	0.064 3	0.077 4
$\hat{\phi}_3$	—	—	—	0.098 3

表 5.6 各模型的 F 检验结果

检验统计量	AR(p)模型			
	AR(0)	AR(1)	AR(2)	AR(3)
Q	100 316	31 125	18 149	17 282
F	175.64	55.72	3.86	45.66

由表 5.5 和表 5.6 可知，当模型阶次从 1 增加到 2 时，残差平方和 Q 值急剧减少。根据 F 检验定阶方法，当 $\alpha=0.05$ 和 $N=80$ 时，查附录 2.3F 分布表得 $F_\alpha=3.96$。当 $p=11$ 时求得 $F=55.7>F_\alpha$，这表明 F 检验显著，表明 AR(1)模型是不适用的，应改用 AR(2)模型。计算得 $F=3.86<F_\alpha$，这表明 F 检验不显著，因此 AR(2)模型是适用的。

5.2.2　ARMA(p, q)模型定阶的 F 检验准则

仿照 AR(p)模型定阶 F 检验准则，可以将 F 检验应用于 ARMA(p, q)模型的定阶。采用过拟合方法，首先对观测数据用 ARMA(p, q)模型进行拟合，再假定 ϕ_p, θ_q 高阶系数中某些取值为零，用 F 检验准则来判定阶数降低之后的模型与 ARMA(p, q)模型之间是否存在显著性差异。如果差异显著，则说明模型阶数仍存在着升高的可能性；若差异不显著，则说明模型阶数可以降低，低阶模型与高阶模型之间的差异用残差平方和来衡量。

假定原假设为 H_0：$\phi_p=0$, $\theta_q=0$，记 Q_0 为 ARMA(p, q)模型的残差平方和，Q_1 为 ARMA($p-1$, $q-1$)模型的残差平方和，则可以计算统计量

$$F=\frac{Q_1-Q_0}{2}\Big/\frac{Q_0}{N-p-q}\sim F(2,\ N-p-q) \tag{5.22}$$

对照(5.16)式，这里 $n=p+q$ 是模型阶数的总数，$s=2$ 是被检验阶散的差数。如果 $F>F_\alpha$，则 H_0 不成立，模型阶数仍有上升的可能；否则 H_0 成立，即 ARMA($p-1$, $q-1$)是合适的模型。

5.3　信息准则法

5.3.1　FPE 准则法

前面两节中模型的定阶都采用统计检验手段，在给定显著性水平 α 下作假设检验，带有一定的人为性和主观性。而 FPE、AIC 和 BIC 准则都避免上述的缺陷。1969 年，日本统计学家赤池(Akaike)提出了一种识别 AR 模型阶数的最终预报误差准则(finial prediction error)，简称 FPE 准则。其基本思想是用模型一步预报误差的方差来判定自回归模型的阶数是否适用，一步预报误差的方差愈小，就认为模型拟合愈好。

设随机序列 $\{X_t\}$ 所适合的真实模型为 AR(p)，即

$$X_t = \phi_1 X_{t-1} + \phi_2 X_{t-2} + \cdots + \phi_p X_{t-p} + \varepsilon_t$$

其中 $\mathrm{E}(\varepsilon_t)=0$，$\mathrm{E}(\varepsilon_t^2)=\sigma^2$。设 ϕ_i 的估计值为 $\hat{\phi}_i(1 \leqslant i \leqslant p)$。用 $\hat{X}_t(1)$ 表示 t 时刻的一步预报值,则有

$$\hat{X}_t(1) = \hat{\phi}_1 X_{t-1} + \hat{\phi}_2 X_{t-2} + \cdots + \hat{\phi}_p X_{t-p} \tag{5.23}$$

可以证明一步预报误差的方差为

$$\mathrm{E}\left[X_{t+1} - \hat{X}_t(1)\right]^2 \approx \left(1 + \frac{p}{n}\right)\sigma^2 \tag{5.24}$$

可以证明,当样本总量 n 充分大时有

$$\mathrm{E}[\hat{\sigma}^2] \approx \left(1 - \frac{p}{n}\right)\sigma^2 \tag{5.25}$$

上式表明 $\hat{\sigma}^2\Big/\left(1-\dfrac{p}{n}\right)$ 是 σ^2 的无偏估计。在(5.24)式中用无偏估计来代替 σ^2 便可得到

$$\mathrm{E}\left[X_{t+1} - \hat{X}_t(1)\right]^2 \approx \left(1 + \frac{p}{n}\right)\left(1 - \frac{p}{n}\right)^{-1}\hat{\sigma}^2 \tag{5.26}$$

因而将 FPE 准则定义为

$$FPE_p = \hat{\sigma}^2 \frac{n+p}{n-p} \tag{5.27}$$

可以看出,系数 $\dfrac{n+p}{n-p}$ 随着 p 的增大而增大,而当阶数由低阶至高阶增加时,AR(p)模型残差方差 $\hat{\sigma}^2$ 开始是随着 p 的增大而减小,但当 p 超过序列 X_t 的真正模型阶数 p_0 之后,$\hat{\sigma}^2$ 就不会再减少了,这时 $\dfrac{n+p}{n-p}$ 将起主导作用。最终,使 FPE_p 取最小值的那个 p 就可以判定为模型的最佳阶数。

根据经验,当样本点数 $n=100\sim200$ 时取预先设定的样本上限 $L=\dfrac{2n}{\ln 2n}$;当 $n=50\sim100$ 时,取 $L=\dfrac{n}{3}\sim\dfrac{n}{2}$。

如果 FPE_p 的数值从 $p=1$ 就开始上升,则可以判定模型阶数 $p=1$。若 FPE_p 的值随 p 增加而一直下降,则很可能是由于实际数据序列不宜采用 AR

序列来描述。如果在某一 p 的 FPE_p 值下降很快,以后又有缓慢地下降,则可以将这个 p 值作为模型的阶。如果随 p 的增加,FPE_p 的值上、下剧烈跳动,取不出最小值,这很可能是由于样本数据长度 n 太小引起的,可增大样本长度后再进行定阶。

例 5.5　根据某实测数据序列拟合的 AR(p)($p=1, 2, \cdots, 10$)模型的 $\hat{\sigma}_p^2$ 和 FPE_p 结果如表 5.7 所示。

表 5.7　拟合各阶 AR(p)模型的 $\hat{\sigma}_p^2$ 和 FPE_p

p	$\hat{\sigma}_p^2$	FPE_p	p	$\hat{\sigma}_p^2$	FPE_p
0	1.720 3	1.720 3	6	0.470 5	0.531 8
1	0.509 7	0.520 2	7	0.467 9	0.539 9
2	0.479 0	0.498 9	8	0.466 4	0.549 3
3	0.472 8	0.502 7	9	0.466 4	0.560 7
4	0.470 8	0.510 9	10	0.445 3	0.546 5
5	0.470 5	0.521 1			

由表 5.7 可以看出,$\hat{\sigma}_p^2$ 随着 p 的增加持续下降,但是 FPE_p 在 $p=2$ 时取得最小值,这提示着模型取为 AR(2)较合适。

5.3.2　AIC 准则法

AIC 准则(Akaika information criterion)是由日本统计学家赤池弘次(Akaika)在 1973 年提出的。该准则既考虑拟合模型对数据的接近程度,也考虑模型中所含待定参数的个数,适用于 ARMA(包括 AR 和 MA)模型的检验,下面我们对 AIC 准则理论给出一般性的介绍。

设 n 维随机向量 X 的概率密度属于函数族 $\{f(\cdot;\psi),\ \psi\in\Psi\}$,$f(\cdot;\psi)$ 与 $f(\cdot;\theta)$ 之间的库尔拜克-莱布勒(Kullback-Leibler)指标即 K-L 指标定义为

$$\mathrm{d}(\psi \mid \theta)=\Delta(\psi \mid \theta)-\Delta(\theta \mid \theta) \tag{5.28}$$

其中

$$\Delta(\psi \mid \theta)=\mathrm{E}_\theta(-2\ln f(X;\psi))=\int_{R^n}-2\ln(f(X;\psi))f(X;\theta)\mathrm{d}X \tag{5.29}$$

是 $f(\cdot;\ \psi)$ 相对于 $f(\cdot;\ \theta)$ 的库尔拜克-莱布勒指标，根据詹森(Jensen)不等式有：

$$
\begin{aligned}
\mathrm{d}(\psi \mid \theta) &= \int_{R^n} -2\ln\left(\frac{f(X;\ \psi)}{f(X;\ \theta)}\right) f(X;\ \theta)\mathrm{d}X \\
&\geqslant -2\ln \int_{R^n} \left(\frac{f(X;\ \psi)}{f(X;\ \theta)}\right) f(X;\ \theta)\mathrm{d}X \\
&\geqslant -2\ln \int_{R^n} f(X;\ \psi)\mathrm{d}X \\
&= 0
\end{aligned}
\tag{5.30}
$$

其中的等号当且仅当 $f(X;\ \psi)=f(X;\ \theta)$ 时成立。

假设所有观测 $X_1,\ X_2,\ \cdots,\ X_n$ 来自一参数向量为 $\theta=(\beta,\ \sigma^2)$ 的 ARMA 过程，真实的阶数为 $(p,\ q)$，令 $\hat{\theta}=(\hat{\beta},\ \hat{\sigma}^2)$ 为 θ 基于 $X_1,\ X_2,\ \cdots,\ X_n$ 的极大似然估计，$Y_1,\ Y_2,\ \cdots Y_n$ 为该过程的样本实现，则

$$
-2\ln L_Y(\hat{\beta},\ \hat{\sigma}^2) = -2\ln L_X(\hat{\beta},\ \hat{\sigma}^2) + \hat{\sigma}^{-2}S_Y(\hat{\beta}) - n \tag{5.31}
$$

其中，

$$
L(\phi,\ \theta,\ \sigma^2) = \frac{1}{\sqrt{(2\pi\sigma^2)^n r_0 \cdots r_{n-1}}} \exp\left\{-\frac{1}{2\sigma^2}\sum_{j=1}^{n} \frac{(X_j - \hat{X}_j)^2}{r_{j-1}}\right\}
$$

$$
\hat{\sigma}^2 = n^{-1} s(\hat{\phi},\ \hat{\theta})
$$

$$
s(\hat{\phi},\ \hat{\theta}) = \sum_{j=1}^{n} (X_j - \hat{X}_j)^2 / r_{j-1}
$$

$$
r_n = \mathrm{E}(X_{n+1} - \hat{X}_{n+1})^2 / \sigma^2
$$

这样，

$$
\begin{aligned}
\mathrm{E}_\theta(\Delta(\hat{\theta} \mid \theta)) &= \mathrm{E}_{\beta,\ \sigma^2}(-2\ln L_Y(\hat{\beta},\ \hat{\sigma}^2)) \\
&= \mathrm{E}_{\beta,\ \sigma^2}(-2\ln L_X(\hat{\beta},\ \hat{\sigma}^2)) + \mathrm{E}_{\beta,\ \sigma^2}\left(\frac{S_Y(\hat{\beta})}{\hat{\sigma}^2}\right) - n
\end{aligned}
\tag{5.32}
$$

在大样本逼近的情形下，

$$E_{\beta,\sigma^2}\left(\frac{S_Y(\hat{\beta})}{\hat{\sigma}^2}\right)\approx\frac{2(p+q+1)n}{n-p-q-2} \tag{5.33}$$

从而，$-2\ln L_X(\hat{\beta},\hat{\sigma}^2)+2(p+q+1)n/(n-p-q-2)$ 是 K-L 指标 $E_\theta(\Delta(\hat{\theta}\mid\theta))$ 的渐进无偏估计。前面的推导是建立在真实阶数为 (p, q) 的基础上的,因而可以选择能够极小化如下 $AICC(\hat{\beta})$ 函数的 (p, q)，或者极小化等价 $AIC(\hat{\beta})$ 统计量的 (p, q)：

$$AICC(\beta)=-2\ln L_X(\beta, S_X(\beta)/n)+2(p+q+1)n/(n-p-q-2) \tag{5.34}$$

$$AIC(\beta)=-2\ln L_X(\beta, S_X(\beta)/n)+2(p+q+1) \tag{5.35}$$

$AICC(\hat{\beta})$ 和 $AIC(\hat{\beta})$ 也可以定义为以 σ^2 的估计值代替公式中的 $S_X(\beta)/n$ 的形式,因为当设定 $\sigma^2=S_X(\beta)/n$ 时，$AICC(\hat{\beta})$ 和 $AIC(\hat{\beta})$ 同时极小化。

对于自回归模型来说,AIC 存在着过拟合 p 的倾向,惩罚因子 $2(p+q+1)n/(n-p-q-2)$ 和 $2(p+q+1)$ 在 $n\to\infty$ 时是渐进等价的,但 $AICC$ 统计量对高阶模型会有更极端的惩罚效果,这将抵消 AIC 的过拟合倾向。

从上述可以看出,AIC 准则的一般形式可表示为：

$$\text{AIC}=-2\ln(\text{模型最大似然度})+2(\text{模型独立参数个数}) \tag{5.36}$$

将其具体运用到 AR(p)模型的定阶时,设观测数据序列 $\{X_t\}$ 为零均值平稳序列,其中的一组样本数据为 $x_1, x_2, \cdots, x_T$，设定一个拟合模型的最高阶数 L,则 AR(k)模型 AIC 定阶步骤如下：

① 计算样本自协方差系数 $\hat{\gamma}_k(0\leqslant k\leqslant L)$ 和样本自相关系数 $\hat{\rho}_k(0\leqslant k\leqslant L)$；

② 利用递推算法计算偏相关函数 $\hat{\phi}_{kj}(1\leqslant j\leqslant k;\ 1\leqslant k\leqslant L)$；

③ 令

$$\hat{\sigma}_k^2=\hat{\gamma}_0-\sum_{j=1}^{k}\hat{\phi}_{kj}\hat{\gamma}_j \tag{5.37}$$

其中 $\hat{\sigma}_k^2$ 是 AR(k)模型残差方差,记

$$AIC(k)=\ln\hat{\sigma}_k^2+\frac{2k}{T}\quad(0\leqslant k\leqslant L) \tag{5.38}$$

④ 在 $1\leqslant k\leqslant L$ 范围内,如果当 $k=p$ 时,AIC(k)取得最小值,则适用的模型为 AR(p)。

5.3.3 AIC 准则用于 ARMA(p, q)模型的定阶

根据取得的观测数据样本 X_1, X_2, …, X_N，计算出拟合残差方差 σ^2 的估计值 $\hat{\sigma}^2$，设定拟合模型的最高阶数 L，在 $0 \leqslant p \leqslant L$, $0 \leqslant q \leqslant L$ 范围内，计算

$$AIC(p, q) = \ln \hat{\sigma}_k^2 + \frac{2(p+q+1)}{N} \tag{5.39}$$

如果当 $p=p_0$, $q=q_0$ 时，AIC(p, q)取到最小值，则表明适用的拟合模型为 ARMA(p, q)。如果时间序列均值不为零 ($\mu \neq 0$)，则均值应作为一个独立参数进行估计，此时有

$$AIC(p, q) = \ln \hat{\sigma}_k^2 + \frac{2(p+q+2)}{N} \tag{5.40}$$

由此可见，AIC 准则函数通常由两项构成。第一项体现了模型拟合的好坏，它随阶数的增大而减小；第二项体现了模型参数的多少，它随阶数的增大而变大。取二者的最小值意味着上述两个量的一种平衡。从 $k=0$ 开始逐新增加模型阶数 AIC(k)的值是下降的，因为此时起决定性作用的是第一项，即模型残差方差。当阶数 k 达到某一值 k_0 时，AIC(k_0)达到最小，然后，随着阶数 k 继续上升，残差方差下降甚微。起决定性作用的是第二项，从而 AIC(k)的值随 k 而增长。此外，使用 AIC 准则需要注意以下几个问题。

① AIC 准则要求预先设定模型阶数的最大范围 L。根据经验可知，阶数上限取 $\sqrt{N}$, $N/10$, $\log N$ 均可。在比较 AIC 大小的过程中，如果已接近阶数上限仍不能确定 AIC 的极小点，则应加大上限，继续进行比较。

② AIC 准则要求参数由最大似然无法解释，但当序列不服从正态分布时，计算表明该准则对于最小二乘法估计也仍然适用。

③ AIC 准则是模型优化的一种宏观度量，但不宜机械地以绝对最小值来选择模型阶数，而是要在所对应的模型进行多次比较后，确定合理的模型阶数以及相应参数。

例 5.6 根据某观测数据序列($T=176$)拟合出若干个 AR(p)模型，其模型参数估计值、残差方差值以及 AIC 值如表 5.8 所示。

表 5.8 某序列模型的 AIC 定阶结果

参数值	AR(p)模型				
	AR(1)	AR(2)	AR(3)	AR(4)	AR(5)
$\hat{\phi}_1$	0.808 6	1.330 6	1.289 7	1.285 3	1.285 1
$\hat{\phi}_2$	—	0.645 5	0.561 1	0.599 5	0.599 4
$\hat{\phi}_3$	—	—	0.063 5	0.024 8	0.023 1
$\hat{\phi}_4$	—	—	—	0.068 4	0.064 9
$\hat{\phi}_5$	—	—	—	—	0.002 7
$\hat{\sigma}^2$	418.17	243.92	242.94	241.80	241.80
AIC	1 074	975.4	976.7	977.9	979.9

根据模型定阶的 AIC 准则，由上表中 AIC 的数值可以看出，最合适上述观测数据序列的模型结构应是二阶自回归模型，即 AR(2)：

$$X_t - 1.330\,6X_{t-1} - 0.645\,5X_{t-2} = \varepsilon_t$$

5.3.4 BIC 准则法

理论上已经证明，AIC 方法不能给出相容估计，即当样本容量 $T \to \infty$ 时，采用 AIC 方法定出的模型阶数估计值并不能依概率收敛到真值。对此，赤池弘次(Akaike, 1976)和哈曼(E. J. Haman, 1979)等学者又提出了 BIC 准则。

BIC 准则函数的定义如下：

$$BIC(p) = \log \hat{\sigma}^2 + \frac{p}{T}\log T \tag{5.38}$$

若某一阶数 p_0 满足

$$BIC(p_0) = \min_{1 \leqslant p \leqslant L} BIC(p) \tag{5.39}$$

其中，L 是预先设定的模型阶数上限，则取 p_0 为模型的最佳阶数。

与 AIC 准则函数相比，(5.38)式右边第二项用 $\log T$ 代替了系数 2。一般来说，$\ln T \gg 2$，因此 AIC 达到极小时所对应的阶数(p_0)往往比 BIC 准则相应定出的阶数(p_0')高，即

$$p'_0 \leqslant p_0$$

这说明对同一数据序列进行拟合，用 AIC 准则往往比用 BIC 准则确定的阶数高。此外，还可以定义其他类型的准则函数，如

$$BIC(p) = \log \hat{\sigma}^2 + \frac{cp}{T} \log T \tag{5.40}$$

其中，c 为给定常数。

必须指出，定义不同的准则函数，其目的是为了对拟合残差与参数个数之间进行不同的权衡，以体现研究者对残差与阶数两者重要性的不同侧重。当然，用不同准则挑选出的最优模型，其渐进性质是不同的。例如，当样本数据 N 充分大时，用 AIC 准则挑选的最佳模型的阶数往往是过相容的，也就是说，选定的阶数往往比真实模型的阶数高。而用 BIC 准则确定的最佳模型往往是相容的，也就是说，选定的阶数往往比较接近真实模型的阶数。

在实际问题中，对不同阶数模型得到的准则函数值，往往不是理想的下凸函数，而是总的趋势符合下凸函数变化规律，同时具有随机起伏，有时可能出现准则函数值达到某值后，没有明显的增长趋势，而是随机地起伏摆动。遇到这种情况，如果适当地增加(5.40)式中的常数 c，可使准则函数值在后一段有较明显的增长趋势。

习题 5

5.1 设 $\{X_t\}$ 为零均值平稳序列，给定长度 $T=100$ 的样本，计算得样本自协方差系数如下，试求样本偏自相关系数的估计，并对序列服从哪种模型进行识别。

(1) $\hat{\gamma}_0=1.4$，$\hat{\gamma}_1=0.77$，$\hat{\gamma}_2=0.41$，$\hat{\gamma}_3=0.2$，$\hat{\gamma}_4=0.06$，$\hat{\gamma}_5=-0.05$，$\hat{\gamma}_6=-0.14$；

(2) $\hat{\gamma}_0=1.98$，$\hat{\gamma}_1=0.41$，$\hat{\gamma}_2=-1.25$，$\hat{\gamma}_3=-0.71$，$\hat{\gamma}_4=0.61$，$\hat{\gamma}_5=0.65$，$\hat{\gamma}_6=-0.27$。

5.2 已知某序列 $\{X_t\}(T=96)$ 的样本自相关系数和偏自相关系数如表 5.9 所示，试对序列 $\{X_t\}$ 给出初步的模型识别。

表 5.9 样本自相关系数和偏自相关系数

样本自相关系数				样本偏自相关系数			
k	$\hat{\rho}_k$	k	$\hat{\rho}_k$	k	$\hat{\phi}_{kk}$	k	$\hat{\phi}_{kk}$
1	0.428	11	−0.048	1	0.428	11	−0.086
2	0.291	12	−0.197	2	0.131	12	−0.188
3	0.188	13	0.070	3	0.029	13	0.135
4	0.042	14	−0.057	4	−0.093	14	−0.002
5	0.087	15	−0.006	5	0.086	15	−0.048
6	0.048	16	0.152	6	−0.001	16	0.170
7	0.002	17	0.141	7	−0.038	17	0.071
8	0.046	18	0.117	8	0.045	18	−0.046
9	0.085	19	0.065	9	0.085	19	−0.066
10	0.004	20	0.085	10	−0.083	20	0.113

6　时间序列模型参数的统计推断

选择一个合适的 ARMA(p, q)模型来拟合一个观测到的平稳时间序列，将涉及一系列相互联系的过程，这些过程包括：

① 模型识别，即确定自回归模型阶数 p 和移动平均模型阶数 q，这些在上一章已经讨论过了。

② 参数估计，即给出均值、自回归参数和移动平均参数 $\{\phi_i, \theta_j: i=1, \cdots, p, j=1, \cdots, q\}$，以及白噪声方差 σ^2 的估计值。由于自回归模型 AR(p)、移动平均模型 MA(q)和自回归移动平均模型 ARMA(p, q)的参数可以由相应的平稳序列的自协方差系数唯一确定，所以从平稳时间序列的观测数据出发，为了对数据建立上述模型需要首先估计自协方差系数。在对平稳时间序列进行预测时也需要先对自协方差系数进行估计。

③ 模型的检验和模型选择。对所选择的不同的阶数 p 和 q 的值，重复进行上述的估计步骤，直至选择出来最合适模型为止。

④ 应用信息准则法进行模型优化选择。

设平稳时间序列 $\{X_t\}$ 是一个 ARMA(p, q)过程，即

$$\begin{cases}X_t=\phi_1 X_{t-1}+\cdots+\phi_p X_{t-p}+\varepsilon_t-\theta_1\varepsilon_{t-1}-\cdots-\theta_q\varepsilon_{t-q}, \\ \varepsilon_t \sim WN(0, \sigma^2), \ \forall s<t, \ \mathrm{E}(X_s \cdot \varepsilon_t)=0\end{cases}$$

其中，$\phi_1, \cdots, \phi_p$ 为自回归系数，$\theta_1, \cdots, \theta_q$ 为移动平均系数。上一章我们讨论了关于模型阶数(p, q)的确定方法，在 ARMA(p, q)的建模过程中，关键的一步就是模型的参数估计问题，本章将讨论 ARMA(p, q)模型的参数估计问题。根据 ARMA(p, q)模型的特点，参数估计一般分两步进行：粗估计和精估计。为此，我们需要首先给出均值参数和自协方差系数的参数估计。

6.1　自协方差系数的参数估计

上一章我们给出了样本自协方差系数 $\{\hat{\gamma}_k\}$ 和自相关系数 $\{\hat{\rho}_k\}$ 的定义，在

这里我们将选择由(5.1)式定义的样本自协方差系数 $\{\hat{\gamma}_k\}$，一个重要的原因是其具有好的性质。比如自协方差系数 $\{\hat{\gamma}_k\}$ 构成的样本的自协方差系数阵 $\hat{\Gamma}_T$ 在一定条件下是正定的，具体内容参见下列定理。

定理 6.1 设平稳时间序列 $\{X_t\}$ 的一个样本为 $x_1, \cdots, x_T$，只要 $x_1, \cdots, x_T$ 不完全相同，则由 $\{\hat{\gamma}_k\}$ 构成的样本的自协方差系数阵

$$\hat{\Gamma}_T = \begin{pmatrix} \hat{\gamma}_0 & \hat{\gamma}_1 & \cdots & \hat{\gamma}_{T-1} \\ \hat{\gamma}_1 & \hat{\gamma}_0 & \cdots & \hat{\gamma}_{T-2} \\ \vdots & \vdots & \vdots & \vdots \\ \hat{\gamma}_{T-1} & \hat{\gamma}_{T-2} & \cdots & \hat{\gamma}_0 \end{pmatrix} \tag{6.1}$$

是正定矩阵。

证明： 当 $x_1, \cdots, x_T$ 不完全相同时，则

$$y_i = x_i - \bar{x},\ i = 1, \cdots, T$$

不全为零，所以 $T \times (2T-1)$ 矩阵

$$A = \begin{pmatrix} 0 & \cdots & 0 & y_1 & y_2 & \cdots & y_{T-1} & y_T \\ 0 & \cdots & y_1 & y_2 & \cdots & y_{T-1} & y_T & 0 \\ \vdots & \vdots & \vdots & \vdots & \vdots & \vdots & \vdots & \vdots \\ y_1 & y_2 & \cdots & y_T & 0 & 0 & \cdots & 0 \end{pmatrix} \tag{6.2}$$

是满秩阵，由简单计算可知，

$$\hat{\Gamma}_T = \begin{pmatrix} \hat{\gamma}_0 & \hat{\gamma}_1 & \cdots & \hat{\gamma}_{T-1} \\ \hat{\gamma}_1 & \hat{\gamma}_0 & \cdots & \hat{\gamma}_{T-2} \\ \vdots & \vdots & \vdots & \vdots \\ \hat{\gamma}_{T-1} & \hat{\gamma}_{T-2} & \cdots & \hat{\gamma}_0 \end{pmatrix} = \frac{1}{T} AA'$$

其中，A' 表示 A 的转置阵。则对于任意的非零向量 $\alpha \in R^T$，有

$$\alpha' \hat{\Gamma}_T \alpha = \frac{1}{T} \alpha' AA' \alpha = \frac{1}{T} \alpha' A\ (\alpha' A)' > 0$$

所以 $\hat{\Gamma}_T$ 是正定阵。

对于任意的 $1 \leqslant k \leqslant T$，根据正定阵的性质，由于 $\hat{\Gamma}_k$ 是 $\hat{\Gamma}_T$ 的主子式，因此 $\hat{\Gamma}_k$ 也是正定的。类似地，对于任意的 $1 \leqslant k \leqslant T$，相应的样本自相关系数矩阵

$$\hat{R}_k=\begin{pmatrix}1&\hat{\rho}_1&\cdots&\hat{\rho}_{k-1}\\\hat{\rho}_1&1&\cdots&\hat{\rho}_{k-2}\\\vdots&\vdots&\vdots&\vdots\\\hat{\rho}_{k-1}&\hat{\rho}_{k-2}&\cdots&1\end{pmatrix}\tag{6.3}$$

也是正定的。

进而对于由(5.1)式定义的自协方差系数 $\{\gamma_k\}$ 的估计,我们考虑样本自协方差系数 $\{\hat{\gamma}_k\}$ 的渐近性质,首先讨论其渐近无偏性。

定理 6.2 设平稳时间序列 $\{X_t\}$ 的样本自协方差系数 $\{\hat{\gamma}_k\}$ 由(6.1)式定义,如果 $k\to\infty$,则 $\gamma_k\to 0$。则对于每个固定的 k,$\hat{\gamma}_k$ 是 γ_k 的渐近无偏估计,即

$$\lim_{T\to\infty}\mathrm{E}\hat{\gamma}_k=\gamma_k$$

证明: 设平稳时间序列 $\{X_t\}$ 的均值非零,即 $\mu=\mathrm{E}X_t$,则 $\{Y_t\}(Y_t=X_t-\mu)$ 是平稳时间序列。对于 $\{X_t\}$ 的一个样本 x_1, $\cdots$, x_T,由于

$$\bar{y}=\frac{1}{T}\sum_{j=1}^{T}y_j=\frac{1}{T}\sum_{j=1}^{T}x_j-\mu=\bar{x}-\mu$$

则

$$\hat{\gamma}_k=\frac{1}{T}\sum_{j=1}^{T-k}(y_j-\bar{y})(y_{j+k}-\bar{y})=\frac{1}{T}\sum_{j=1}^{T-k}[y_jy_{j+k}-\bar{y}(y_{j+k}+y_j)+\bar{y}^2]\tag{6.4}$$

对于(6.4)式右侧,易得 $\mathrm{E}\bar{y}^2=\mathrm{E}(\bar{x}-\mu)^2\to 0$, $T\to\infty$。对于 $\bar{y}(y_{j+k}+y_j)$ 项,利用施瓦茨(Schwarz)不等式,当 $T\to\infty$ 时,得到

$$\mathrm{E}\mid\bar{y}(y_{j+k}+y_j)\mid\leqslant[\mathrm{E}\bar{y}^2\mathrm{E}(y_{j+k}+y_j)^2]^{1/2}\leqslant[4\mathrm{E}\bar{y}^2\gamma_0]^{1/2}\to 0$$

所以,当 $T\to\infty$ 时,

$$\hat{\gamma}_k\to\frac{1}{T}\mathrm{E}\Big[\sum_{j=1}^{T-k}y_jy_{j+k}\Big]=\mathrm{E}y_1y_{1+k}=\gamma_k$$

根据定理 6.2,只要 $\{X_t\}$ 是平稳序列,则在平均意义下,样本自协方差系数 $\{\hat{\gamma}_k\}$ 是 $\{\gamma_k\}$ 的渐近无偏估计。特别当 $\{X_t\}$ 是 AR(p), MA(q)或者 ARMA(p, q)序列时,对于每个固定的 k,样本自协方差系数 $\hat{\gamma}_k$ 是 γ_k 的渐近无偏

估计。

进而我们可以讨论样本自协方差系数 $\{\hat{\gamma}_k\}$ 的统计分布，关于样本自协方差系数 $\{\hat{\gamma}_k\}$ 的渐近分布，这里转为讨论相应的样本自相关系数 $\{\hat{\rho}_k\}$，我们不加证明地给出如下定理。

定理 6.3　设 $\{X_t\}$ 是平稳序列：

$$X_t = \mu + \sum_{j=-\infty}^{\infty} G_j \varepsilon_{t-j}, \ \{\varepsilon_t\} \sim \text{i.i.d.}(0, \sigma^2)$$

其中，$\sum_{j=-\infty}^{\infty} |G_j| < \infty$，则对于每一个 $k = 1, 2, \cdots$，有 $\hat{\boldsymbol{\rho}}(k)$ 的渐近分布为

$$N(\boldsymbol{\rho}(k), T^{-1}W),$$

其中，

$$\hat{\boldsymbol{\rho}}(k)' = (\hat{\rho}_1, \hat{\rho}_2, \cdots, \hat{\rho}_k)$$
$$\boldsymbol{\rho}(k)' = (\rho_1, \rho_2, \cdots, \rho_k)$$

W 是协方差矩阵，其第 (i, j) 元素 w_{ij} 由巴特利公式给出

$$w_{ij} = \sum_{k=-\infty}^{\infty} \{\rho_{k+i}\rho_{k+j} + \rho_{k-i}\rho_{k+j} + 2\rho_i\rho_j\rho_k^2 - 2\rho_i\rho_k\rho_{k+j} - 2\rho_j\rho_k\rho_{k+i}\}。 \tag{6.5}$$

由于上述定理涉及较多的数学推导，我们只给出结论[其证明参见(Peter J. Brockwell and Richard A. Davis, 1991)的 7.3]。

下面通过一些例子来说明在 ARMA(p, q)序列中上述定理的使用。

例 6.1　设 $\{X_t\}$ 是相互独立的白噪声序列，$EX_t = 0$，$\text{Var}(X_t) = \sigma^2$，如果 $|k| > 0$，则 $\boldsymbol{\rho}(k)' = (\rho_1, \cdots, \rho_k) = (0, \cdots, 0)$，根据计算可以得到

$$w_{ij} = \begin{cases} 1, & i = j \\ 0, & \text{其他} \end{cases}$$

因此，对于白噪声序列 $\{X_t\}$ 一个样本 $x_1, \cdots, x_T$，当 T 充分大时，有

$$(\hat{\rho}_1, \hat{\rho}_2, \cdots, \hat{\rho}_k) \xrightarrow{L} \text{i.i.d.} N(0, T^{-1})$$

例 6.2　设 $\{X_t\}$ 是 AR(1)序列，

$$X_t = \phi X_{t-1} + \varepsilon_t, \ \varepsilon_t \sim WN(0, \sigma^2)$$

由前面的知识,经过计算得到 $\boldsymbol{\rho}(k)'=(\rho_1, \cdots, \rho_k)=(\phi, \cdots, \phi^k)$, 根据(6.5)式,计算得到

$$w_{ij}=\sum_{k=1}^{i}2\phi^{2i}(\phi^{-k}-\phi^k)^2+\sum_{k=i+1}^{\infty}2\phi^{2k}(\phi^{-i}-\phi^i)^2$$
$$=(1-\phi^{2i})(1+\phi^2)(1-\phi^2)^{-1}-2i\phi^{2i}, \ i=1, 2, \cdots$$

当 i 比较大时,

$$w_{ij}\approx(1+\phi^2)(1-\phi^2)^{-1}$$

即为 $T^{-1/2}(\hat{\rho}_k-\rho_k)$ 的渐近方差。

例 6.3 设 $\{X_t\}$ 是 MA(q)序列,

$$X_t=\varepsilon_t-\theta_1\varepsilon_{t-1}-\cdots-\theta_q\varepsilon_{t-q}, \ \varepsilon_t\sim WN(0, \sigma^2)$$

当 $i>q$, $\rho_i=0$, 根据(6.5)式,计算得到

$$w_{ij}=(1+2\rho_1^2+\cdots+2\rho_q^2), \ i>q$$

当 T 充分大时,上式即为 $T^{-1/2}\hat{\rho}_k$ 的渐近方差。

6.2 ARMA(p, q)模型参数的矩估计

设平稳时间序列 $\{X_t\}$ 是一个零均值因果 ARMA(p, q)过程,现在要讨论的问题是基于样本观测值 $x_1, \cdots, x_T$, 给出自回归参数 $\phi_1, \cdots, \phi_p$, 移动平均参数 $\theta_1, \cdots, \theta_q$ 和白噪声方差 σ^2 的估计,本节将利用矩估计思想给出 ARMA(p, q)模型的参数估计。在这里运用 $p+q$ 个样本自相关系数估计理论自相关系数,即

$$\begin{cases}\rho_1(\phi_1, \cdots, \phi_p, \theta_1, \cdots, \theta_q)=\hat{\rho}_1\\ \cdots\cdots\\ \rho_{p+q}(\phi_1, \cdots, \phi_p, \theta_1, \cdots, \theta_q)=\hat{\rho}_{p+q}\end{cases}$$

解此方程组得到 $\hat{\phi}_1, \cdots, \hat{\phi}_p, \hat{\theta}_1, \cdots, \hat{\theta}_q$ 即为 $\phi_1, \cdots, \phi_p, \theta_1, \cdots, \theta_q$ 的矩估计。

对于白噪声方差 σ^2, 根据 ARMA 模型的各种特性,用 $\hat{\phi}_1, \cdots, \hat{\phi}_p, \hat{\theta}_1, \cdots, \hat{\theta}_q$ 代替 $\phi_1, \cdots, \phi_p, \theta_1, \cdots, \theta_q$, 也可以得到相应的矩估计 $\hat{\sigma}^2$。在一

定条件下，由此得到的矩估计具有比较好的统计性质，在大样本情况下，我们可以证明参数的矩估计是一致的，并且具有渐近正态分布，下面我们将分别进行讨论。

6.2.1 自回归 AR(p)模型参数的尤尔-沃克估计

关于模型的参数估计，我们首先讨论自回归模型。设平稳时间序列 $\{X_t\}$ 是一个零均值因果 AR(p)过程

$$\begin{cases} X_t = \phi_1 X_{t-1} + \cdots + \phi_p X_{t-p} + \varepsilon_t, \\ \varepsilon_t \sim WN(0, \sigma^2), \ \forall s < t, \ \mathrm{E}(X_s \cdot \varepsilon_t) = 0 \end{cases}$$

根据前几章讨论 AR(p)模型的特征，自回归系数 $\phi_1, \cdots, \phi_p$ 由 AR(p)模型的自相关系数唯一确定，即满足尤尔-沃克方程：

$$\begin{cases} \gamma_0 \phi_1 + \gamma_1 \phi_2 + \cdots + \gamma_{p-1} \phi_p = \gamma_1 \\ \gamma_1 \phi_1 + \gamma_0 \phi_2 + \cdots + \gamma_{p-2} \phi_p = \gamma_2 \\ \vdots \\ \gamma_{p-1} \phi_1 + \gamma_{p-2} \phi_2 + \cdots + \gamma_0 \phi_p = \gamma_p \end{cases} \tag{6.6}$$

上式写成矩阵形式为

$$\begin{pmatrix} \gamma_0 & \gamma_1 & \cdots & \gamma_{p-1} \\ \gamma_1 & \gamma_0 & \cdots & \gamma_{p-2} \\ \vdots & \vdots & \vdots & \vdots \\ \gamma_{p-1} & \gamma_{p-2} & \cdots & \gamma_0 \end{pmatrix} \cdot \begin{pmatrix} \phi_1 \\ \phi_2 \\ \vdots \\ \phi_p \end{pmatrix} = \begin{pmatrix} \gamma_1 \\ \gamma_2 \\ \vdots \\ \gamma_p \end{pmatrix} \tag{6.7}$$

如果方程的系数阵可逆，则(6.6)式可写为

$$\begin{pmatrix} \phi_1 \\ \phi_2 \\ \vdots \\ \phi_p \end{pmatrix} = \begin{pmatrix} \gamma_0 & \gamma_1 & \cdots & \gamma_{p-1} \\ \gamma_1 & \gamma_0 & \cdots & \gamma_{p-2} \\ \vdots & \vdots & \vdots & \vdots \\ \gamma_{p-1} & \gamma_{p-2} & \cdots & \gamma_0 \end{pmatrix}^{-1} \cdot \begin{pmatrix} \gamma_1 \\ \gamma_2 \\ \vdots \\ \gamma_p \end{pmatrix} \tag{6.8}$$

由此，我们得到方程组的解。

对于 AR(p)模型，由于其白噪声的方差满足

$$\sigma^2 = \gamma_0 \left(1 - \sum_{k=1}^{p} \phi_k \rho_k\right) \tag{6.9}$$

其中，$\rho_k(k=1, \cdots, p)$ 为 AR(p)模型的自相关系数。

设样本观测值 $x_1, \cdots, x_T$ 来自 AR(p)序列，根据 6.1，我们利用(6.1)式给出的 $\{\hat{\gamma}_k\}$ 估计 $\{\gamma_k\}$，(5.2)式给出的 $\{\hat{\rho}_k\}$ 估计 $\{\rho_k\}$。这样，在(6.8)式中，用 $\hat{\gamma}_k(k=0, \cdots, p)$ 代替 $\gamma_k(k=0, \cdots, p)$，根据定理 6.1，只要样本观测值 $x_1, \cdots, x_T$ 不完全相同时，相应的样本自协方差矩阵 $\hat{\Gamma}_p$ 必为正定，因此我们可以得到自回归系数 $\phi_1, \cdots, \phi_p$ 的唯一解：

$$\begin{pmatrix} \hat{\phi}_1 \\ \hat{\phi}_2 \\ \vdots \\ \hat{\phi}_p \end{pmatrix} = \begin{pmatrix} \hat{\gamma}_0 & \hat{\gamma}_1 & \cdots & \hat{\gamma}_{p-1} \\ \hat{\gamma}_1 & \hat{\gamma}_0 & \cdots & \hat{\gamma}_{p-2} \\ \vdots & \vdots & \vdots & \vdots \\ \hat{\gamma}_{p-1} & \hat{\gamma}_{p-2} & \cdots & \hat{\gamma}_0 \end{pmatrix}^{-1} \cdot \begin{pmatrix} \hat{\gamma}_1 \\ \hat{\gamma}_2 \\ \vdots \\ \hat{\gamma}_p \end{pmatrix} \tag{6.10}$$

进而用样本的自相关函数 $\{\hat{\rho}_k\}$ 来代替 $\{\rho_k\}$，$\{\hat{\phi}_k\}$ 代替 $\{\phi_k\}$，代入(6.11)式，也可以得到 σ^2 的估计：

$$\hat{\sigma}^2 = \hat{\gamma}_0 \left(1 - \sum_{k=1}^{p} \hat{\phi}_k \hat{\rho}_k\right) \tag{6.11}$$

由上述的估计是由尤尔-沃克方程得到，一般被称为自回归参数 $\phi_1, \cdots, \phi_p$ 的矩估计或者为尤尔-沃克估计，当样本观测值 $x_1, \cdots, x_T$ 不完全相同时，这种估计是由样本的自协方差系数 $\{\hat{\gamma}_k\}$ 唯一确定的，其优点之一就是计算简便。

例 6.4 设 $\{X_t\}$ 为 AR(1)序列，

$$X_t = \phi X_{t-1} + \varepsilon_t, \ \varepsilon_t \sim WN(0, \sigma^2)$$

计算 AR(1)模型参数 ϕ，σ^2 的尤尔-沃克估计。

解：根据(6.10)式可知，ϕ 的尤尔-沃克估计为：

$$\hat{\phi} = \hat{\rho}_1$$

由(6.11)式，σ^2 的矩估计为

$$\hat{\sigma}^2 = \hat{\gamma}_0 (1 - \hat{\phi} \hat{\rho}_1)$$

例 6.5 设 $\{X_t\}$ 为 AR(2)序列，

$$X_t = \phi_1 X_{t-1} + \phi_2 X_{t-2} + \varepsilon_t, \ \varepsilon_t \sim WN(0, \sigma^2)$$

试给出 AR(2)模型参数 ϕ_1，ϕ_2，σ^2 的尤尔-沃克估计。

解：根据(6.10)式可知，ϕ_1，ϕ_2 的尤尔-沃克估计为

$$\begin{pmatrix}\hat{\phi}_1\\\hat{\phi}_2\end{pmatrix}=\begin{pmatrix}\hat{\gamma}_0 & \hat{\gamma}_1\\\hat{\gamma}_1 & \hat{\gamma}_0\end{pmatrix}^{-1}\cdot\begin{pmatrix}\hat{\gamma}_1\\\hat{\gamma}_2\end{pmatrix}$$

解之得 $\hat{\phi}_1=\dfrac{1-\hat{\rho}_2}{1-\hat{\rho}_1}\hat{\rho}_1$，$\hat{\phi}_2=\dfrac{\hat{\rho}_2-\hat{\rho}_1^2}{1-\hat{\rho}_1^2}$。

由(6.11)式，σ^2 的矩估计为

$$\begin{aligned}\hat{\sigma}^2&=\hat{\gamma}_0(1-\hat{\phi}_1\hat{\rho}_1-\hat{\phi}_2\hat{\rho}_2)\\&=\hat{\gamma}_0\left(1-\frac{1-\hat{\rho}_2}{1-\hat{\rho}_1}\hat{\rho}_1^2-\frac{\hat{\rho}_2-\hat{\rho}_1^2}{1-\hat{\rho}_1^2}\hat{\rho}_2\right)\end{aligned}$$

对于 AR(p)模型的自回归参数 ϕ_1，…，ϕ_p 的尤尔-沃克估计，我们也可以讨论其统计性质，在一定条件下，自回归参数 ϕ_1，…，ϕ_p 的尤尔-沃克估计满足如下统计特性。

(1) 一致性

可以证明，若 $E\varepsilon_t^4<\infty$，自回归参数 ϕ_1，…，ϕ_p 的尤尔-沃克估计和σ^2 的矩估计分别依概率收敛于其真值参数，即

$$(\hat{\phi}_1,\cdots,\hat{\phi}_k)\xrightarrow{P}(\phi_1,\cdots,\phi_p),\ \hat{\sigma}^2\xrightarrow{P}\sigma^2$$

(2) 渐近正态性和渐近无偏性

如果 $\{X_t\}$ 序列满足因果性，即存在一个常数序列 $\{G_j\}$，且满足 $\sum\limits_{j=0}^{\infty}|G_j|<\infty$，使得

$$X_t=\sum_{j=0}^{\infty}G_j\varepsilon_{t-j},\quad t=0,\pm1,\cdots$$

则对于 $\hat{\phi}_1$，…，$\hat{\phi}_k$ 满足如下性质

$$T^{1/2}(\hat{\phi}-\phi)\xrightarrow{L}N(0,\sigma^2\Gamma_p^{-1}),\tag{6.12}$$

其中，$\hat{\phi}=(\hat{\phi}_1,\cdots,\hat{\phi}_p)$，$\phi=(\phi_1,\cdots,\phi_p)$，$\Gamma_p$ 为自协方差矩阵。

上述结论的证明参见(Peter J. Brockwell and Richard A. Davis，1991)，在这里略去。由上述结论也可以看出，自回归参数 ϕ_1，…，ϕ_p 的尤尔-沃克估计 $\hat{\phi}_1$，…，$\hat{\phi}_k$ 满足渐近无偏性。

应用渐近正态性,我们可以给出 $\hat{\phi}_1, \cdots, \hat{\phi}_k$ 的近似置信区间。令 $\sigma_{j,j}$ 表示(6.12)式中的协方差阵 $\sigma^2\Gamma_p^{-1}$ 的第 $j\times j$ 项元素,根据正态分布的性质,$\hat{\phi}_j(j=1, \cdots, p)$ 满足

$$T^{1/2}(\hat{\phi}_j-\phi_j)\xrightarrow{L}N(0, \sigma_{j,j}), j=1, \cdots, p。$$

由此,可以得到 $\phi_j(j=1, \cdots, p)$ 的置信水平为95%的近似置信区间为

$$(\hat{\phi}_j-1.96\sqrt{\sigma_{j,j}}/\sqrt{T}, \hat{\phi}_j+1.96\sqrt{\sigma_{j,j}}/\sqrt{T}), j=1, \cdots, p \quad (6.13)$$

但是在实际问题中,(6.13)式中的 $\sigma_{j,j}$ 是未知的,我们可以使用协方差阵 $\sigma^2\Gamma_p^{-1}$ 的估计 $\hat{\sigma}^2\hat{\Gamma}_p^{-1}$ 的第 $j\times j$ 项元素 $\hat{\sigma}_{j,j}$ 代替,由此得到 $\phi_j(j=1, \cdots, p)$ 的置信水平为95%近似置信区间:

$$(\hat{\phi}_j-1.96\sqrt{\hat{\sigma}_{j,j}}/\sqrt{T}, \hat{\phi}_j+1.96\sqrt{\hat{\sigma}_{j,j}}/\sqrt{T}), j=1, \cdots, p \quad (6.14)$$

通过上述讨论,我们知道基于样本观测值 $x_1, \cdots, x_T$ 给出的自回归参数 $\phi_1, \cdots, \phi_p$ 的尤尔-沃克估计和 σ^2 的矩估计具有比较好的统计性质。但是理论上可以证明,估计的收敛速度比较慢,随机模拟也显示这样得到的估计的精度较差、比较粗糙,无法直接作为模型参数的估计值。而下一步估计往往通过迭代完成,所以一般作为其迭代估计的初值。

6.2.2 移动平均 MA(q)模型参数的矩估计

设平稳时间序列 $\{X_t\}$ 是一个零均值 MA(q)序列,

$$X_t=\varepsilon_t-\theta_1\varepsilon_{t-1}+\cdots-\theta_q\varepsilon_{t-q}, \varepsilon_t\sim WN(0, \sigma^2) \quad (6.15)$$

基于样本观测值 $x_1, \cdots, x_T$,给出移动平均系数 $\theta_1, \cdots, \theta_q$ 和白噪声方差 σ^2 的矩估计。类似于 AR(p)模型,我们可以利用

$$\begin{cases}\gamma_0=(1+\theta_1^2+\cdots+\theta_q^2)\sigma^2\\ \gamma_k=(-\theta_k+\theta_{k+1}\theta_1+\cdots+\theta_q\theta_{q-k})\sigma^2, k=1, 2, \cdots, q\end{cases} \quad (6.16)$$

用 $\hat{\gamma}_k(k=0, \cdots, q)$ 代替 $\gamma_k(k=0, \cdots, q)$,代入(6.16)式,得到

$$\begin{cases}\hat{\gamma}_0=(1+\theta_1^2+\cdots+\theta_q^2)\sigma^2\\ \hat{\gamma}_k=(-\theta_k+\theta_{k+1}\theta_1+\cdots+\theta_q\theta_{q-k})\sigma^2, k=1, 2, \cdots, q\end{cases} \quad (6.17)$$

由此可以给出参数的矩估计，但是此方程是非线性的，实际求解一般比较困难。我们通过对低阶模型的讨论来看看 MA(q)模型参数的矩估计求解过程。

例 6.6 设 $\{X_t\}$ 为 MA(1)序列

$$X_t = \varepsilon_t - \theta_1 \varepsilon_{t-1}, \ \varepsilon_t \sim WN(0, \sigma^2)$$

其中，$|\theta_1| < 1$，给出 θ_1，σ^2 的矩估计。

解：由(6.17)式

$$\hat{\gamma}_0 = (1 + \theta_1^2)\sigma^2, \ \hat{\gamma}_1 = -\theta_1 \sigma^2$$

进一步得到 $\hat{\rho}_1 = \dfrac{\hat{\gamma}_1}{\hat{\gamma}_0} = \dfrac{-\theta_1}{1+\theta_1^2}$，由此得到一个关于 θ_1 的二次方程 $\hat{\rho}_1 \theta_1^2 + \theta_1 + \hat{\rho}_1 = 0$，解之得：

$$\hat{\theta}_1 = \frac{-1 \pm \sqrt{1 - 4\hat{\rho}_1^2}}{2\hat{\rho}_1}$$

由于 $|\theta_1| < 1$，所以 $\hat{\theta}_1 = \dfrac{-1 + \sqrt{1 - 4\hat{\rho}_1^2}}{2\hat{\rho}_1}$ 为 θ_1 的矩估计。

6.2.3 ARMA(p, q)模型参数的矩估计

设平稳时间序列 $\{X_t\}$ 是一个零均值 ARMA(p, q)序列，

$$X_t = \phi_1 X_{t-1} + \cdots + \phi_p X_{t-p} + \varepsilon_t - \theta_1 \varepsilon_{t-1} - \cdots - \theta_q \varepsilon_{t-q}, \ \varepsilon_t \sim WN(0, \sigma^2)$$

进一步设模型是因果的和可逆的。x_1, …, x_T 是 ARMA(p, q)序列 $\{X_t\}$ 的一个样本观测值。我们要讨论的问题是基于样本观测值 x_1, …, x_T，给出 ARMA(p, q)模型参数 ϕ_1, …, ϕ_p, θ_1, …, θ_q 和白噪声方差 σ^2 的矩估计。根据 ARMA(p, q)模型的自协方差系数的特点，我们有 ϕ_1, …, ϕ_p 满足如下方程组：

$$\begin{cases} \gamma_q \phi_1 + \gamma_{q-1} \phi_2 + \cdots + \gamma_{q-p+1} \phi_p = \gamma_{q+1} \\ \gamma_{q+1} \phi_1 + \gamma_q \phi_2 + \cdots + \gamma_{q-p+2} \phi_p = \gamma_{q+2} \\ \vdots \\ \gamma_{q+p+1} \phi_1 + \gamma_{q-p+2} \phi_2 + \cdots + \gamma_q \phi_p = \gamma_{q+p} \end{cases} \tag{6.18}$$

我们可以求出 ϕ_1, …, ϕ_p 的矩估计，

$$\begin{pmatrix} \hat{\phi}_1 \\ \hat{\phi}_2 \\ \vdots \\ \hat{\phi}_p \end{pmatrix} = \begin{pmatrix} \hat{\gamma}_q & \hat{\gamma}_{q+1} & \cdots & \hat{\gamma}_{q+p+1} \\ \hat{\gamma}_{q+1} & \hat{\gamma}_q & \cdots & \hat{\gamma}_{q+p+2} \\ \vdots & \vdots & \vdots & \vdots \\ \hat{\gamma}_{q+p+1} & \hat{\gamma}_{q+p+2} & \cdots & \hat{\gamma}_q \end{pmatrix}^{-1} \cdot \begin{pmatrix} \hat{\gamma}_{q+1} \\ \hat{\gamma}_{q+2} \\ \vdots \\ \hat{\gamma}_{q+p} \end{pmatrix} \tag{6.19}$$

关于 $\theta_1, \cdots, \theta_q$ 和白噪声方差 σ^2 的矩估计,根据第 3 章的内容, $\theta_1, \cdots, \theta_q, \sigma^2$ 满足

$$\begin{cases} \hat{\gamma}_0(y) = (1 + \theta_1^2 + \cdots + \theta_q^2)\sigma^2 \\ \hat{\gamma}_k(y) = (-\theta_k + \theta_{k+1}\theta_1 + \cdots + \theta_q\theta_{q-k})\sigma^2, \ k = 1, 2, \cdots, q \end{cases} \tag{6.20}$$

其中

$$\hat{\gamma}_k(y) = \sum_{i=0}^{p}\sum_{j=0}^{p} \hat{\phi}_i \hat{\phi}_j \hat{\gamma}_{i-j+k}, \ k = 0, 1, \cdots, q \tag{6.21}$$

在(6.21)式中,我们约定 $\hat{\phi}_0 = -1$, 方程(6.20)的解即为 $\theta_1, \cdots, \theta_q, \sigma^2$ 的矩估计。与 MA(q)模型参数的矩估计类似,这是一个非线性方程组,只有在 $q = 1$ 或者 2 时才可以较容易求出,当阶数 q 很高时,很难求出 $\theta_1, \cdots, \theta_q, \sigma^2$ 的显式解,一般只能通过数值解法得到 $\theta_1, \cdots, \theta_q, \sigma^2$ 的矩估计。

例 6.7 设 $\{X_t\}$ 为 ARMA(1, 1)序列

$$X_t = \phi_1 X_t + \varepsilon_t + \theta_1 \varepsilon_{t-1}, \ \varepsilon_t \sim WN(0, \sigma^2)$$

试求 ARMA(1, 1)模型参数 ϕ_1, θ_1 和白噪声方差 σ^2 的矩估计。

解: 根据第 3 章的讨论,ARMA(1, 1)模型的自协方差系数和自相关系数满足

$$\begin{cases} \gamma_0 = (1 + \theta_1^2 - 2\phi_1\theta_1)\sigma^2/(1 - \phi_1^2) \\ \rho_1 = (\phi_1 - \theta_1)(1 - \phi_1\theta_1)/(1 + \theta_1^2 - 2\phi_1\theta_1) \\ \rho_2 = \phi_1\rho_1 \end{cases}$$

进而有

$$\begin{cases} \gamma_0 = (1 + \theta_1^2 - 2\phi_1\theta_1)\sigma^2/(1 - \phi_1^2) \\ \theta_1^2 - (1 + \phi_1^2 - 2\rho_2)\theta_1/(\phi_1 - \rho_1) + 1 = 0 \\ \phi_1 = \rho_2/\rho_1 \end{cases}$$

以 $\{\hat{\gamma}_k\}$, $\{\hat{\rho}_k\}$ 代替 $\{\gamma_k\}$, $\{\rho_k\}$，并且考虑模型的可逆条件 $|\theta_1|<1$，解之得：

$$\begin{cases} \hat{\phi}_1=\hat{\rho}_2/\hat{\rho}_1 \\ \hat{\theta}_1=\begin{cases} \dfrac{c+\sqrt{c^2-4}}{2}, & c\leqslant -2 \\ \dfrac{c-\sqrt{c^2-4}}{2}, & c\geqslant 2 \end{cases} \\ \hat{\sigma}^2=(1-\hat{\phi}_1^2)\hat{\gamma}_0/(1+\hat{\theta}_1^2-2\hat{\phi}_1\hat{\theta}_1) \end{cases}$$

其中，$c=(1+\hat{\phi}_1^2-2\hat{\rho}_2)/(\hat{\phi}_1-\hat{\rho}_1)$。

6.3　ARMA(p, q)模型参数的极大似然估计

考察下面 ARMA(p, q)模型

$$X_t=\phi_1X_{t-1}+\cdots+\phi_pX_{t-p}+\varepsilon_t-\theta_1\varepsilon_{t-1}-\cdots-\theta_q\varepsilon_{t-q},$$

其中，ε_t 为白噪声，满足

$$\mathrm{E}\varepsilon_t=0,\ \mathrm{E}\varepsilon_t\varepsilon_s=\begin{cases}\sigma^2, & t=s \\ 0, & t\neq s\end{cases}$$

$x_1, \cdots, x_T$ 是 ARMA(p, q)序列的一个样本观测值，本节将要讨论的是根据极大似然原理，给出模型参数 $\phi_1, \cdots, \phi_p, \theta_1, \cdots, \theta_q$ 和白噪声方差 σ^2 的极大似然估计。为此，首先需要给定样本 $(x_1, \cdots, x_T)$ 的联合分布

$$F(x_1, \cdots, x_T; \boldsymbol{\theta})$$

其中，$\boldsymbol{\theta}=(\phi_1, \cdots, \phi_p, \theta_1, \cdots, \theta_q, \sigma^2)$。这就转化为要求事先给出白噪声 ε_t 的具体分布，一般可以假设 ε_t 服从正态分布，即

$$\varepsilon_t\sim \text{i.i.d.}N(0, \sigma^2)$$

尽管这个假设要求比较高，但是，从理论上说由此得到的估计 $\hat{\boldsymbol{\theta}}$ 也常常适合于非正态分布情况。求最大似然估计一般包含两步：第一步，计算似然函数。第二步，求使得这个似然函数达到最大的 $\boldsymbol{\theta}$ 值。不像以前独立同分布样本计算似然函数那么容易，由于在这个问题中样本 $(x_1, \cdots, x_T)$ 不是相互独立的，也不是同分布的，所以如何计算 ARMA(p, q)的样本 $(x_1, \cdots, x_T)$ 的似

然函数是本节的一个重要工作。

6.3.1 AR(1)模型的极大似然估计

我们首先从简单情况开始讨论。设 x_1, …, x_T 是 AR(1)序列的一个样本观测值:

$$X_t = \phi X_{t-1} + \varepsilon_t$$

假设白噪声 $\varepsilon_t \sim \text{i.i.d.} N(0, \sigma^2)$,此时参数为 $\boldsymbol{\theta} = (\phi, \sigma^2)$。

首先考察样本中第一个 X_1 的概率分布,由前面第 3 章的讨论可知:

$$\mathrm{E}X_1 = 0, \ \mathrm{E}X_1^2 = \sigma^2/(1-\phi^2)$$

因为 $\{\varepsilon_t\}$ 是正态分布的,所以 X_1 也服从正态分布,则 X_1 的概率分布为:

$$f_{X_1}(x_1; \phi, \sigma^2) = \frac{1}{\sqrt{2\pi}\sqrt{\sigma^2/(1-\phi^2)}} \exp\left[-\frac{x_1^2}{2\sigma^2/(1-\phi^2)}\right] \tag{6.22}$$

接下来考察样本中第二个 X_2 在第一个 $X_1 = x_1$ 已知的条件下的概率分布,由于

$$X_2 = \phi X_1 + \varepsilon_2, \tag{6.23}$$

当 $X_1 = x_1$ 已知时,根据正态分布的性质,X_2 也为正态分布,并且

$$\mathrm{E}(X_2 \mid X_1 = x_1) = \phi x_1, \ \mathrm{Var}(X_2 \mid X_1 = x_1) = \sigma^2$$
$$X_2 \mid X_1 = x_1 \sim N(\phi x_1, \sigma^2)$$

X_2 在第一个 $X_1 = x_1$ 已知的条件下的概率分布为:

$$f_{X_2|X_1}(x_2 \mid x_1; \phi, \sigma^2) = \frac{1}{\sqrt{2\pi}\sigma} \exp\left[-\frac{(x_2 - \phi x_1)^2}{2\sigma^2}\right] \tag{6.24}$$

根据初等概率论的乘法公式,(X_1, X_2) 的联合分布为:

$$f_{X_1, X_2}(x_1, x_2; \phi, \sigma^2) = f_{X_1}(x_1; \phi, \sigma^2) f_{X_2|X_1}(x_2 \mid x_1; \phi, \sigma^2)$$

与之类似,样本中第三个 X_3 在前两个已知的条件下的概率分布为:

$$f_{X_3|X_2, X_1}(x_3 \mid x_2, x_1; \phi, \sigma^2) = \frac{1}{\sqrt{2\pi}\sigma} \exp\left[-\frac{(x_3 - \phi x_2)^2}{2\sigma^2}\right]$$

再利用乘法公式,得到(X_1, X_2, X_3)的联合分布:

$$
\begin{aligned}
f_{X_1, X_2, X_3}(x_1, x_2, x_3; \phi, \sigma^2) &= f_{X_1, X_2}(x_1, x_2; \phi, \sigma^2) \\
&\quad f_{X_3 \mid X_2, X_1}(x_3 \mid x_2, x_1; \phi, \sigma^2) \\
&= f_{X_1}(x_1; \phi, \sigma^2) f_{X_2 \mid X_1}(x_2 \mid x_1; \phi, \sigma^2) \\
&\quad f_{X_3 \mid X_2, X_1}(x_3 \mid x_2, x_1; \phi, \sigma^2)
\end{aligned}
$$

一般来说,样本中第t个X_t在前$t-1$个已知的条件下,由于模型的特点,实际上前$t-1$个X_{t-1}, …, X_1只有X_{t-1}作用于X_t,因此有

$$
\begin{aligned}
f_{X_t \mid X_{t-1}, \cdots, X_1}(x_t \mid x_{t-1}, \cdots, x_1; \phi, \sigma^2) &= f_{X_t \mid X_{t-1}}(x_t \mid x_{t-1}; \phi, \sigma^2) \\
&= \frac{1}{\sqrt{2\pi}\sigma} \exp\left[-\frac{(x_t - \phi x_{t-1})^2}{2\sigma^2}\right]
\end{aligned}
\tag{6.25}
$$

则前t个$(X_t, \cdots, X_1)$的联合分布

$$
\begin{aligned}
& f_{X_t, X_{t-1}, \cdots, X_1}(x_t, x_{t-1}, \cdots, x_1; \phi, \sigma^2) \\
&= f_{X_{t-1}, \cdots, X_1}(x_{t-1}, \cdots, x_1; \phi, \sigma^2) f_{X_t \mid X_{t-1}, \cdots, X_1}(x_t \mid x_{t-1}, \cdots, x_1; \phi, \sigma^2) \\
&= f_{X_{t-1}, \cdots, X_1}(x_{t-1}, \cdots, x_1; \phi, \sigma^2) f_{X_t \mid X_{t-1}}(x_t \mid x_{t-1}; \phi, \sigma^2)
\end{aligned}
\tag{6.26}
$$

由此,我们可以给出$(X_T, \cdots, X_1)$的联合分布为:

$$
\begin{aligned}
& f_{X_T, \cdots, X_1}(x_T, \cdots, x_1; \phi, \sigma^2) \\
&= f_{X_1}(x_1; \phi, \sigma^2) \prod_{t=2}^{T} f_{X_t \mid X_{t-1}}(x_t \mid x_{t-1}; \phi, \sigma^2)
\end{aligned}
\tag{6.27}
$$

则相应的对数似然函数为:

$$
\begin{aligned}
L(\phi, \sigma^2) &= \log f_{X_1}(x_1; \phi, \sigma^2) + \sum_{t=2}^{T} \log f_{X_t \mid X_{t-1}}(x_t \mid x_{t-1}; \phi, \sigma^2) \\
&= -\frac{T}{2}\log(2\pi) - \frac{1}{2}\log[\sigma^2/(1-\phi^2)] - \frac{1}{2\sigma^2}(1-\phi^2)x_1^2 \\
&\quad - [(T-1)/2]\log(\sigma^2) - \frac{1}{2\sigma^2}\sum_{t=2}^{T}(x_t - \phi x_{t-1})^2
\end{aligned}
\tag{6.28}
$$

为了表述简便,也是为了进一步讨论的需要,上述推导可以利用矩阵形式给出,记

$$\boldsymbol{X}=(X_1,\ \cdots,\ X_T)'$$

若 $\mathrm{E}\boldsymbol{X}=0$,则 $\boldsymbol{X}$ 的协方差矩阵为

$$\sigma^2\mathbf{V}_T=\mathrm{E}\boldsymbol{X}\boldsymbol{X}'=\begin{pmatrix}\mathrm{E}X_1^2 & \mathrm{E}X_1X_2 & \cdots & \mathrm{E}X_1X_T\\ \mathrm{E}X_2X_1 & \mathrm{E}X_2^2 & \cdots & \mathrm{E}X_2X_T\\ \vdots & \vdots & \vdots & \vdots\\ \mathrm{E}X_TX_1 & \mathrm{E}X_TX_2 & \cdots & \mathrm{E}X_T^2\end{pmatrix} \tag{6.29}$$

我们可以将观察到的样本 $\boldsymbol{X}=(X_1,\ \cdots,\ X_T)'$ 看作来自多元正态分布 $\boldsymbol{N}(0,\ \sigma^2\mathbf{V}_T)$ 的一个样本,根据多元正态分布 $\boldsymbol{N}(0,\ \boldsymbol{\Omega})$ 的密度函数,样本的似然函数为:

$$f(\boldsymbol{X};\ \boldsymbol{\Omega})=(2\pi)^{-T/2}\mid\sigma^{-2}\mathbf{V}_T^{-1}\mid^{1/2}\exp\left[-\frac{1}{2\sigma^2}\boldsymbol{X}'\mathbf{V}_T^{-1}\boldsymbol{X}\right] \tag{6.30}$$

其对数似然函数为:

$$L(\boldsymbol{\theta})=(-T/2)\log(2\pi)+\frac{1}{2}\log\mid\sigma^{-2}\mathbf{V}_T^{-1}\mid-\frac{1}{2\sigma^2}\boldsymbol{X}'\mathbf{V}_T^{-1}\boldsymbol{X} \tag{6.31}$$

对于一阶自回归 AR(1)序列,对于 $1\leqslant t\leqslant T$, $\mathrm{E}x_tx_{t-j}=\sigma^2\phi^j/(1-\phi^2)$,所以

$$\sigma^2\mathbf{V}_T=\mathrm{E}\boldsymbol{X}\boldsymbol{X}'=\frac{\sigma^2}{1-\phi^2}\begin{pmatrix}1 & \phi & \cdots & \phi^{T-1}\\ \phi & 1 & \cdots & \phi^{T-2}\\ \vdots & \vdots & \vdots & \vdots\\ \phi^{T-1} & \phi^{T-2} & \cdots & 1\end{pmatrix}$$

下面我们说明(6.28)式与(6.31)式是相同的。定义

$$\boldsymbol{L}=\begin{pmatrix}\sqrt{1-\phi^2} & 0 & \cdots & 0\\ -\phi & 1 & \cdots & 0\\ \vdots & \vdots & \vdots & \vdots\\ 0 & 0 & \cdots & 1\end{pmatrix}$$

则可以证明

$$\mathbf{V}_T^{-1}=\boldsymbol{L}'\boldsymbol{L}$$

则(6.31)式可以写为

$$L(\boldsymbol{\theta})=(-T/2)\log(2\pi)+\frac{1}{2}\log|\sigma^{-2}\boldsymbol{L}'\boldsymbol{L}|-\frac{1}{2\sigma^2}\boldsymbol{X}'\boldsymbol{L}'\boldsymbol{L}\boldsymbol{X}$$

进而我们定义

$$\widetilde{\boldsymbol{X}}=\boldsymbol{L}\boldsymbol{X}=\begin{pmatrix}\sqrt{1-\phi^2} & 0 & \cdots & 0\\ -\phi & 1 & \cdots & 0\\ \vdots & \vdots & \vdots & \vdots\\ 0 & 0 & \cdots & 1\end{pmatrix}\begin{pmatrix}x_1\\ x_2\\ \vdots\\ x_T\end{pmatrix}$$

$$=\begin{pmatrix}\sqrt{1-\phi^2}\,x_1\\ x_2-\phi x_1\\ \vdots\\ x_T-\phi x_{T-1}\end{pmatrix}$$

由此，(6.31)式最后一项可以写为：

$$\frac{1}{2\sigma^2}\boldsymbol{X}'\boldsymbol{L}'\boldsymbol{L}\boldsymbol{X}=\frac{1}{2\sigma^2}\widetilde{\boldsymbol{X}}'\widetilde{\boldsymbol{X}}$$

$$=\frac{1}{2\sigma^2}(1-\phi^2)x_1^2+\frac{1}{2\sigma^2}\sum_{t=2}^{T}(x-\phi x_{t-1})^2$$

而(6.31)式的第二项可以写为：

$$\frac{1}{2}\log|\sigma^{-2}\boldsymbol{L}'\boldsymbol{L}|=\frac{1}{2}\log(\sigma^{-2T}|\boldsymbol{L}'\boldsymbol{L}|)$$

$$=-\frac{T}{2}\log\sigma^2+\log|\boldsymbol{L}|$$

$$=-\frac{T}{2}\log\sigma^2+\frac{1}{2}\log(1-\phi^2)$$

由此，我们得到(6.28)式与(6.31)式是相同的。

极大似然估计就是使得(6.28)式达到最大的参数 $\boldsymbol{\theta}$ 的值。根据数学分析理论，对(6.28)式，我们分别关于 ϕ，σ^2 求偏微分，并且令其结果为零，所以，在理论上，解一个二元方程组即可以求得极大似然估计 $\hat{\boldsymbol{\theta}}$。但是，由此所得到的方程组没有显示解，实际问题中，我们往往利用迭代方法求参数 $\boldsymbol{\theta}$ 的极大似然估计 $\hat{\boldsymbol{\theta}}$。这时，迭代初值常常利用初估计(矩估计)得到的值。

在上述问题中，我们看到，如果样本中第一个 X_1 是已知的，则有

$$f_{X_T,\cdots,X_2|X_1}(x_T,\cdots,x_2 \mid x_1;\phi,\sigma^2)=\prod_{t=2}^{T} f_{X_t|X_{t-1}}(x_t \mid x_{t-1};\phi,\sigma^2) \tag{6.32}$$

相应的对数条件似然函数为

$$\begin{aligned}&\sum_{t=2}^{T}\log f_{X_t|X_{t-1}}(x_t \mid x_{t-1};\phi,\sigma^2)\\&=-[(T-1)/2]\log(2\pi)-[(T-1)/2]\log(\sigma^2)-\frac{1}{2\sigma^2}\sum_{t=2}^{T}(x_t-\phi x_{t-1})^2\end{aligned} \tag{6.33}$$

对上式分别关于 ϕ, σ^2 求偏微分,并且令其结果为零,得到:

$$\begin{cases}\displaystyle\sum_{t=2}^{T}(x_t-\phi x_{t-1})x_{t-1}=0\\ \displaystyle-\frac{T-1}{\sigma^2}+\frac{1}{\sigma^4}\sum_{t=2}^{T}(x_t-\phi x_{t-1})^2=0\end{cases}$$

这时可以得到显示解:

$$\begin{cases}\hat{\phi}=\displaystyle\sum_{t=2}^{T}x_t x_{t-1}\Big/\sum_{t=2}^{T}x_{t-1}^2\\ \hat{\sigma}^2=[1/(T-1)]\displaystyle\sum_{t=2}^{T}(x_t-\hat{\phi}x_{t-1})^2\end{cases} \tag{6.34}$$

(6.34)式称为参数 $\boldsymbol{\theta}$ 的**条件极大似然估计**。

从上述分析可以看到,可以证明在样本容量 T 足够大时,参数 $\boldsymbol{\theta}$ 的条件极大似然估计和精确极大似然估计有类似的优良的统计性质。与通常的极大似然估计相比,条件极大似然估计还有如下特点:

① 易于计算;

② 样本量 T 足够大,则第一个观测值的影响可以忽略;

③ $|\phi|<1$,则精确极大似然估计和条件极大似然估计具有相同的大样本分布;

④ $|\phi|>1$,条件极大似然估计是一致估计。

6.3.2 AR(p)序列的极大似然估计

考察 AR(p)模型

$$X_t = \phi_1 X_{t-1} + \cdots + \phi_p X_{t-p} + \varepsilon_t$$

其中,假设白噪声 $\varepsilon_t \sim \text{i.i.d.} N(0, \sigma^2)$。设 $x_1, \cdots, x_T$ 是 AR(p)序列的一个样本观测值,样本中的前 p 个$(X_1, \cdots, X_p)$合成一个$(p\times 1)$向量,可以被看作 p 维正态随机向量的一个实现,则

$$(X_1, \cdots, X_p) \sim \mathbf{N}(0, \sigma^2 \mathbf{V}_p) \tag{6.35}$$

其中,$\sigma^2\mathbf{V}_p$ 为$(X_1, \cdots, X_p)$的 $p\times p$ 协方差阵:

$$\sigma^2\mathbf{V}_p = \begin{pmatrix} \mathrm{E}X_1^2 & \mathrm{E}X_1X_2 & \cdots & \mathrm{E}X_1X_p \\ \mathrm{E}X_2X_1 & \mathrm{E}X_2^2 & \cdots & \mathrm{E}X_2X_p \\ \vdots & \vdots & \vdots & \vdots \\ \mathrm{E}X_pX_1 & \mathrm{E}X_pX_2 & \cdots & \mathrm{E}X_p^2 \end{pmatrix}$$

则$(X_1, \cdots, X_p)$的密度函数为:

$$f(x_1, \cdots, x_p; \boldsymbol{\theta}) = (2\pi)^{-p/2} \mid \sigma^{-2}\mathbf{V}_p^{-1} \mid^{1/2} \exp\left[-\frac{1}{2\sigma^2}\boldsymbol{X}'_p\mathbf{V}_p^{-1}\boldsymbol{X}_p\right]$$

其中 $\boldsymbol{X}_p = (X_1, \cdots, X_p)'$, $\boldsymbol{\theta} = (\phi_1, \cdots, \phi_p, \sigma^2)$。

对于余下的样本$(X_{p+1}, \cdots, X_T)$,类似于 AR(1)序列情况,当 $t > p$ 时,样本中第 t 个 X_t 在前 $t-1$ 个已知的条件下,服从 $N\left(\sum_{i=1}^{p}\phi_i x_{t-i}, \sigma^2\right)$。因此$(X_1, \cdots, X_T)$的似然函数为:

$$\begin{aligned} f(x_1, \cdots, x_T; \boldsymbol{\theta}) &= f(x_1, \cdots, x_p; \boldsymbol{\theta}) \cdot \\ &\quad \prod_{t=p+1}^{T} f_{X_t \mid X_{t-1}, \cdots, X_{t-p}}(x_t \mid x_{t-1}, \cdots, x_{t-p}; \boldsymbol{\theta}) \\ &= (2\pi)^{-T/2}(\sigma^2)^{-T/2} \mid \mathbf{V}_p^{-1} \mid^{1/2} \exp\left[-\frac{1}{2\sigma^2}\boldsymbol{X}'_p\mathbf{V}_p^{-1}\boldsymbol{X}_p\right] \cdot \\ &\quad \exp\left[-\frac{1}{2\sigma^2}\sum_{t=p+1}^{T}(x_t - \phi_1 x_{t-1} - \cdots - \phi_p x_{t-p})^2\right] \end{aligned} \tag{6.36}$$

其对数似然函数为：

$$L(\boldsymbol{\theta})=[-T/2]\log(2\pi)+[-T/2]\log(\sigma^2)+\frac{1}{2}\log|\boldsymbol{V}_p^{-1}| \\ -\frac{1}{2\sigma^2}\boldsymbol{X}'_p\boldsymbol{V}_p^{-1}\boldsymbol{X}_p-\frac{1}{2\sigma^2}\sum_{t=p+1}^{T}(x_t-\phi_1x_{t-1}-\cdots-\phi_px_{t-p})^2 \tag{6.37}$$

同样情况，我们也可以讨论参数 $\boldsymbol{\theta}$ 的条件极大似然估计。当假定前 p 个样本观测值 $(x_1, \cdots, x_p)$ 已知时，则对数似然函数可以写为：

$$\begin{aligned} & f_{X_{p+1},\cdots,X_T|X_p,\cdots,X_1}(x_{p+1},\cdots,x_T \mid x_p,\cdots,x_1;\boldsymbol{\theta}) \\ &=\prod_{t=p+1}^{T} f_{X_t|X_{t-1},\cdots,X_{t-p}}(x_t \mid x_{t-1},\cdots,x_{t-p};\boldsymbol{\theta}) \\ &=-\frac{T-p}{2}\log(2\pi)-\frac{T-p}{2}\log(\sigma^2) \\ &\quad -\frac{1}{2\sigma^2}\sum_{t=p+1}^{T}(x_t-\phi_1x_{t-1}-\cdots-\phi_px_{t-p})^2 \end{aligned} \tag{6.38}$$

由上式可以看出，使得(6.38)式达到最大值的 $\phi_1, \cdots, \phi_p$ 即为使得

$$\sum_{t=p+1}^{T}(x_t-\phi_1x_{t-1}-\cdots-\phi_px_{t-p})^2 \tag{6.39}$$

达到最小化的值。因此，求 x_t 关于它 p 个滞后项 $x_{t-1}, \cdots, x_{t-p}$ 回归模型的最小二乘估计就是参数 $\phi_1, \cdots, \phi_p$ 的条件极大似然估计。而关于白噪声方差 σ^2 的条件极大似然估计为：

$$\hat{\sigma}^2=\frac{1}{T-p}\sum_{t=p+1}^{T}(x_t-\hat{\phi}_1x_{t-1}-\cdots-\hat{\phi}_px_{t-p})^2 \tag{6.40}$$

其中，$\hat{\phi}_1, \cdots, \hat{\phi}_p$ 为参数 $\phi_1, \cdots, \phi_p$ 的条件极大似然估计。

同样的，两种极大似然估计具有相同的渐近分布。

6.3.3 ARMA(p, q)序列的极大似然估计

对于 ARMA(p, q)序列，根据前面的讨论，样本 $\boldsymbol{X}=(X_1, \cdots, X_T)'$ 看作来自多元正态分布 $\boldsymbol{N}(0, \sigma^2\boldsymbol{V}_T)$ 的一个样本，样本的似然函数为：

$$f(\boldsymbol{X};\sigma^2\mathbf{V}_T)=(2\pi)^{-T/2}\mid\sigma^{-2}\mathbf{V}_T^{-1}\mid^{1/2}\exp\left[-\frac{1}{2\sigma^2}\boldsymbol{X}'\mathbf{V}_T^{-1}\boldsymbol{X}\right]$$

进而设 $\boldsymbol{\beta}=(\phi_1, \cdots, \phi_p, \theta_1, \cdots, \theta_q)$，$\hat{X}_T=(\hat{X}_1, \cdots, \hat{X}_T)'$，其中，$\hat{X}_j=\mathrm{E}(X_j\mid X_1, \cdots, X_{j-1})$，$j\geqslant 2$。则根据(Brockwell and Davis, 1991)，可以得到：

$$\hat{X}_{k+1}=\begin{cases}\sum_{j=1}^{i}\theta_{k,j}(X_{k+1-j}-\hat{X}_{k+1-j}) & 1\leqslant k<m=\max(p,q)\\ \sum_{j=1}^{p}\phi_j X_{k+1-p}+\sum_{j=1}^{q}\theta_{k,j}(X_{k+1-j}-\hat{X}_{k+1-j}) & k\geqslant m\end{cases}\tag{6.41}$$

$$\mathrm{E}(X_{k+1}-\hat{X}_{k+1})^2=\sigma^2 r_k\tag{6.42}$$

其中 $\theta_{k,j}$，r_k 满足：

$$\begin{cases}v_0=\gamma_0/\sigma^2\\ v_n=\gamma_0-\frac{1}{\sigma^2}\sum_{j=0}^{T-1}\theta_{T,T-1}^2 v_j\\ \theta_{T,T-k}=\sigma^2 v_k^{-1}\left(\gamma_{T-k}-\frac{1}{\sigma^2}\sum_{j=0}^{T-1}\theta_{kk-j}\theta_{T,T-j}v_j\right), k=1, \cdots, T-1\end{cases}\tag{6.43}$$

在(6.41)式、(6.42)式和(6.43)式的基础上，样本的对数似然函数可以写为：

$$L(\boldsymbol{\theta})=-\frac{T}{2}\log(2\pi)-\frac{T}{2}\log(\sigma^2)-\frac{1}{2}\log(r_0\cdots r_{T-1})-\frac{S(\boldsymbol{\beta})}{2\sigma^2}\tag{6.44}$$

其中 $S(\boldsymbol{\beta})=\sum_{j=1}^{T}(X_j-\hat{X}_j)^2/r_{j-1}$。由于 $r_0, \cdots, r_{T-1}$ 与 σ^2 无关，利用

$$\frac{\partial L(\boldsymbol{\theta})}{\partial\sigma^2}=-\frac{T}{2\sigma^2}+\frac{S(\boldsymbol{\beta})}{2\sigma^4}=0$$

得到

$$\sigma^2=T^{-1}S(\boldsymbol{\beta})\tag{6.45}$$

记

$$l(\widetilde{\boldsymbol{\beta}}) \triangleq T^{-1}\sum_{j=1}^{T}\log r_{j-1} - \log(T^{-1}S(\boldsymbol{\beta})) \tag{6.46}$$

通常称其为约化似然函数。可以看出，$l(\boldsymbol{\beta})$ 的最小值点

$$\hat{\boldsymbol{\beta}} = (\hat{\phi}_1, \cdots, \hat{\phi}_p, \hat{\theta}_1, \cdots, \hat{\theta}_q)$$

是参数 $\boldsymbol{\beta}$ 的极大似然估计，而

$$\hat{\sigma}^2 = T^{-1}S(\hat{\boldsymbol{\beta}})$$

是 σ^2 的极大似然估计。关于计算 $l(\boldsymbol{\beta})$ 的最小值点问题，可以利用数值计算方法得到，这里不再赘述。

例 6.8 给出 1950—1998 年北京市城乡居民定期储蓄所占比例序列(%)的拟合模型。

根据该序列自相关和偏自相关图可以初步确定该序列为 AR(1)模型，使用极大似然估计方法，得到模型为：

$$x_t = 25.17 + 0.69x_{t-1} + \varepsilon_t,\ \hat{\sigma}^2 = 2\,178.929$$

根据统计推断理论，当样本容量 T 充分大时，参数 $\boldsymbol{\theta}$ 的极大似然估计 $\hat{\boldsymbol{\theta}}$ 具有良好的统计性质。

定理 6.4 设平稳时间序列 $\{X_t\}$ 是来自 ARMA(p, q)序列，白噪声是独立同分布序列，$\mathrm{E}\varepsilon_t^4 < \infty$，并且模型是因果的和可逆的，其模型为：

$$\Phi(B)X_t = \Theta(B)\varepsilon_t$$

设 $\hat{\boldsymbol{\beta}} = (\hat{\phi}_1, \cdots, \hat{\phi}_p, \hat{\theta}_1, \cdots, \hat{\theta}_q)$ 为参数 $\boldsymbol{\beta} = (\phi_1, \cdots, \phi_p, \theta_1, \cdots, \theta_q)$ 的极大似然估计，则

$$T^{1/2}(\hat{\boldsymbol{\beta}} - \boldsymbol{\beta}) \xrightarrow{L} N(0, V(\boldsymbol{\beta})) \tag{6.47}$$

其中，对于 $p \geqslant 1$，$q \geqslant 1$，

$$V(\boldsymbol{\beta}) = \sigma^2 \begin{bmatrix} \mathrm{E}(U_t U_t') & \mathrm{E}(U_t V_t') \\ \mathrm{E}(V_t U_t') & \mathrm{E}(V_t V_t') \end{bmatrix}^{-1} \tag{6.48}$$

在这里，$\boldsymbol{U}_t = (U_t, \cdots, U_{t+1-p})'$，$\boldsymbol{V}_t = (V_t, \cdots, V_{t+1-q})'$，并且$\{U_t\}$，$\{V_t\}$ 分别满足自回归过程

$$\Phi(B)U_t = \varepsilon_t \tag{6.49}$$

$$\Theta(B)V_t = \varepsilon_t \tag{6.50}$$

如果 $p=0$, $V(\boldsymbol{\beta})=\sigma^2[\mathrm{E}(\boldsymbol{V}_t\boldsymbol{V}_t')]^{-1}$, $q=0$,则 $V(\boldsymbol{\beta})=\sigma^2[\mathrm{E}(\boldsymbol{U}_t\boldsymbol{U}_t')]^{-1}$。

定理 6.4 的证明参见(Brockwell and Davis, 1991),这里略去。

由**定理 6.4**,可以知道极大似然估计 $\hat{\boldsymbol{\beta}}$ 为参数 $\boldsymbol{\beta}$ 的渐近无偏估计,并且具有渐近正态性。因此,我们可以构造参数的置信区间。记 v_{jj} 表示 $V(\boldsymbol{\beta})$ 的第 $j\times j$ 项元素,则

$$T^{1/2}(\hat{\beta}_j-\beta_j)\xrightarrow{L}N(0,\ \sigma^2 v_{jj})$$

在实际问题中,$V(\boldsymbol{\beta})$ 是未知的,往往用 $V(\hat{\boldsymbol{\beta}})$ 代替,相应地用 $\hat{v}_{jj}$ 代替 v_{jj},$\hat{\sigma}$ 代替 σ,由此,可以得到 β_j 的置信水平为 95%的近似置信区间为:

$$(\hat{\beta}_j-1.96\hat{\sigma}\sqrt{\hat{v}_{jj}}\ /\ \sqrt{T},\ \hat{\beta}_j+1.96\hat{\sigma}\sqrt{\hat{v}_{jj}}\ /\ \sqrt{T})$$

为了对**定理 6.4** 有更进一步的理解,我们考虑几种特殊情况的渐近分布。

例 6.9(AR(p)序列) 考虑 AR(p)模型,由(6.48)式有

$$V(\boldsymbol{\beta})=\sigma^2[\mathrm{E}(\boldsymbol{U}_t\boldsymbol{U}_t')]^{-1}$$

其中,$\Phi(B)U_t=\varepsilon_t$,所以 $V(\boldsymbol{\beta})=\sigma^2\boldsymbol{V}_T^{-1}$,且极大似然估计 $\hat{\boldsymbol{\beta}}$ 依分布收敛于多元正态分布

$$N(\boldsymbol{\beta},\ T^{-1}\sigma^2\boldsymbol{V}_T^{-1})$$

当 $p=1$, $p=2$ 时,有:

AR(1)序列:$\hat{\phi}$ 依分布收敛于正态分布 $N(\phi,\ T^{-1}(1-\phi^2))$;

AR(2)序列:$\begin{pmatrix}\hat{\phi}_1\\ \hat{\phi}_2\end{pmatrix}$ 依分布收敛于二元正态分布 $N\left(\begin{pmatrix}\phi_1\\ \phi_2\end{pmatrix},\right.$ $\left.T^{-1}\begin{bmatrix}1-\phi_2^2 & -\phi_1(1+\phi_2)\\ -\phi_1(1+\phi_2) & 1-\phi_2^2\end{bmatrix}\right)$。

例 6.10(MA(q)序列) 考虑 MA(q)模型,由(6.48)式有:

$$V(\boldsymbol{\beta})=\sigma^2[\mathrm{E}(\boldsymbol{V}_t\boldsymbol{V}_t')]^{-1}$$

其中,$\Theta(B)V_t=\varepsilon_t$,于是

$$V(\boldsymbol{\beta})=\sigma^2[\boldsymbol{\Gamma}_p^*]^{-1}$$

Γ_p^* 是自回归模型 $\Theta(B)V_t=\varepsilon_t$ 的自协方差阵 $\mathrm{E}[V_i \cdot V_j]_{j,j=1}^q$。对于 MA(1), MA(2)序列有：

MA(1)序列：$\hat{\theta}$ 依分布收敛于正态分布 $N(\theta, T^{-1}(1-\theta^2))$；

MA(2)序列：$\begin{pmatrix}\hat{\theta}_1\\ \hat{\theta}_2\end{pmatrix}$ 依分布收敛于二元正态分布 $N\left(\begin{pmatrix}\theta_1\\ \theta_2\end{pmatrix},\right.$

$\left.T^{-1}\begin{pmatrix}1-\theta_2^2 & \theta_1(1-\theta_2)\\ \theta_1(1-\theta_2) & 1-\theta_2^2\end{pmatrix}\right)$。

例 6.11(ARMA(1, 1)序列) 考虑 ARMA(1, 1)模型，由(6.48)式有：

$$V(\phi, \theta)=\sigma^2\begin{pmatrix}\mathrm{E}U_t^2 & \mathrm{E}U_tV_t\\ \mathrm{E}U_tV_t & \mathrm{E}V_t^2\end{pmatrix}^{-1}$$

其中，$U_t=\phi\cdot U_{t-1}+\varepsilon_t$，$V_t+\theta\cdot V_{t-1}=\varepsilon_t$。计算得到：

$$V(\phi, \theta)=\begin{pmatrix}(1-\phi^2)^{-1} & (1+\phi\theta)^{-1}\\ (1+\phi\theta)^{-1} & (1-\theta^2)^{-1}\end{pmatrix}^{-1}$$

从而 $\begin{pmatrix}\hat{\phi}\\ \hat{\theta}\end{pmatrix}$ 依分布收敛于二元正态分布：

$$N\left(\begin{pmatrix}\phi\\ \theta\end{pmatrix}, T^{-1}\frac{1+\phi\theta}{(\phi+\theta)^2}\begin{pmatrix}(1-\phi^2)(1+\phi\theta) & -(1-\theta^2)(1-\phi^2)\\ -(1-\theta^2)(1-\phi^2) & (1-\theta^2)(1+\phi\theta)\end{pmatrix}\right)$$

6.4 ARMA(p, q)模型参数的最小二乘估计

最小二乘估计是线性模型中最为常用的估计方法。对于线性模型，它具有优良的统计性质，并且计算简便。在 ARMA(p, q)模型中，如果 $\hat{\phi}_1, \cdots, \hat{\phi}_p, \hat{\theta}_1, \cdots, \hat{\theta}_q$ 为参数 $\phi_1, \cdots, \phi_p, \theta_1, \cdots, \theta_q$ 的估计，白噪声 ε_t 的估计应该定义为：

$$\hat{\varepsilon}_t=x_t-\hat{\phi}_1x_{t-1}-\cdots-\hat{\phi}_px_{t-p}+\hat{\theta}_1\varepsilon_{t-1}+\cdots+\hat{\theta}_q\varepsilon_{t-q} \tag{6.51}$$

如果 $\hat{\phi}_1, \cdots, \hat{\phi}_p, \hat{\theta}_1, \cdots, \hat{\theta}_q$ 是模型参数 $\phi_1, \cdots, \phi_p, \theta_1, \cdots, \theta_q$ 较好的估计，则对于任何的 t，残差(6.51)式的值都不应该很大。因此，合适的估计量 $\hat{\phi}_1, \cdots, \hat{\phi}_p, \hat{\theta}_1, \cdots, \hat{\theta}_q$ 应该使得残差平方和

$$
\begin{aligned}
& S(\hat{\phi}_1, \cdots, \hat{\phi}_p, \hat{\theta}_1, \cdots, \hat{\theta}_q) \\
& = \sum_{t=1}^{T} (x_t - \hat{\phi}_1 x_{t-1} - \cdots - \hat{\phi}_p x_{t-p} + \hat{\theta}_1 \varepsilon_{t-1} + \cdots + \hat{\theta}_q \varepsilon_{t-q})^2
\end{aligned} \tag{6.52}
$$

最小,则(6.52)式定义的 $S(\hat{\phi}_1, \cdots, \hat{\phi}_p, \hat{\theta}_1, \cdots, \hat{\theta}_q)$ 的最小值点 $\hat{\phi}_1, \cdots, \hat{\phi}_p, \hat{\theta}_1, \cdots, \hat{\theta}_q$ 称为 ARMA(p, q)模型参数的最小二乘估计。

实际运用中,常用的是条件最小二乘估计方法,它假定过去未观测到的序列值都为零,即

$$x_t = 0, \ \forall t \leqslant 0$$

若 ARMA(p, q)模型满足可逆性,由上述条件得:

$$\varepsilon_t = \frac{\Phi(B)}{\Theta(B)} x_t = x_t - \sum_{i=1}^{t} \pi_i x_{t-i}$$

则此时的残差平方和为:

$$S(\hat{\phi}_1, \cdots, \hat{\phi}_p, \hat{\theta}_1, \cdots, \hat{\theta}_q) = \sum_{t=1}^{T} \left(x_t - \sum_{i=1}^{t} \pi_i x_{t-i}\right)^2 \tag{6.53}$$

(6.53)式定义的 $S(\hat{\phi}_1, \cdots, \hat{\phi}_p, \hat{\theta}_1, \cdots, \hat{\theta}_q)$ 的最小值点 $\hat{\phi}_1, \cdots, \hat{\phi}_p, \hat{\theta}_1, \cdots, \hat{\theta}_q$ 称为 ARMA(p, q)模型参数的条件最小二乘估计。

同极大似然估计一样,按照通常求极值的方法对(6.52)式和(6.53)式关于参数分别进行求偏微分,并且建立方程,我们仍然无法得到方程的显示解。实际问题中,我们往往利用迭代方法求参数 $\phi_1, \cdots, \phi_p, \theta_1, \cdots, \theta_q$ 的最小二乘估计 $\hat{\phi}_1, \cdots, \hat{\phi}_p, \hat{\theta}_1, \cdots, \hat{\theta}_q$。这时,迭代初值也是利用初估计(矩估计)得到的值。

当样本容量充分大时,最小二乘估计 $\hat{\phi}_1, \cdots, \hat{\phi}_p, \hat{\theta}_1, \cdots, \hat{\theta}_q$ 的统计性质与极大似然估计和矩估计的统计性质类似,如满足渐近正态性、是参数的渐近无偏估计等,这里不再赘述。

6.5 ARMA(p, q)模型的诊断检验

ARMA(p, q)模型的建立是一个反复适应的过程,从模型识别和参数估计开始,在进行了参数估计以后,通过假设检验来检查模型的适应性。一般来说,与回归分析类似,关于模型的诊断检验有两类问题:一类是模型的显著性

检验,另一类是参数的显著性检验。

模型的显著性检验即为检验模型的有效性,而一个模型是否显著有效主要是看它提取的信息是否充分。基本的假定是 $\{\varepsilon_t\}$ 为白噪声,因此,$\{\varepsilon_t\}$ 应该满足 $E\varepsilon_t=0$, $Var(\varepsilon_t)=\sigma^2$。对于任何已经经过模型识别和参数估计得到的模型,$\hat{\varepsilon}_t$ 是未观测的白噪声 ε_t 的估计,所以模型的显著性检验就是基于残差序列 $\{\hat{\varepsilon}_t\}$ 的分析得到的。如果残差序列 $\{\hat{\varepsilon}_t\}$ 是白噪声序列,则这样的模型是有效模型。反之,残差序列 $\{\hat{\varepsilon}_t\}$ 不是白噪声序列,说明这样的模型还不够有效,通常需要选择其他模型重新拟合。

此时,进行具体检验。ARMA(p, q)模型的残差为:

$$\hat{\varepsilon}_t=\hat{\Theta}(B)^{-1}\hat{\Phi}(B)X_t$$

其中,$\hat{\Phi}(B)=1-\hat{\phi}_1B-\cdots-\hat{\phi}_pB^p$, $\hat{\Theta}(B)=1-\hat{\theta}_1B-\cdots-\hat{\theta}_qB^q$。样本残差的自相关系数为:

$$\hat{\rho}_k=\frac{\sum_{t=k+1}^{T}\hat{\varepsilon}_t\hat{\varepsilon}_{t-k}}{\sum_{t=1}^{T}\hat{\varepsilon}_t^2}$$

则模型的显著性检验即为残差序列 $\{\hat{\varepsilon}_t\}$ 的白噪声检验,根据第 2 章的讨论,原假设和备择假设分别为:

$$H_0: \hat{\rho}_1=\hat{\rho}_2=\cdots=\hat{\rho}_m=0,\ \forall m\geqslant 1$$

$$H_1: \text{至少存在某个 } \hat{\rho}_k\neq 0,\ \forall m\geqslant 1,\ k\leqslant m$$

由第 2 章,可以构造检验统计量

$$Q=T\sum_{k=1}^{m}\hat{\rho}_k^2$$

则检验 $\{\hat{\varepsilon}_t\}$ 是否为白噪声样本值的问题可转化为检验统计量 Q 取值的问题。在这里,我们利用 LB(Ljung-Box)检验统计量

$$LB=T(T+2)\sum_{k=1}^{m}\frac{\hat{\rho}_k^2}{T-k}$$

可以证明,$LB=T(T+2)\sum_{k=1}^{m}\frac{\hat{\rho}_k^2}{T-k}\sim\chi^2(m)$, $\forall m\geqslant 1$。因此,对于上述检

验统计量,当 LB 的值较大时,拒绝原假设,说明模型拟合不显著。当 LB 的值较小时,说明模型拟合显著有效,检验的临界值可以查相应的 χ^2 分布获得。

例 6.12　检验 1950—1998 年北京市城乡居民定期储蓄所占比例序列(%)拟合模型的显著性。经过计算,残差序列 $\{\hat{\varepsilon}_t\}$ 的白噪声检验结果参见表 6.1。

表 6.1　检 验 结 果

延迟阶数(m)	LB 检验统计量的值	p 值
6	5.83	0.322 9
12	10.28	0.505 0
18	11.38	0.836 1

从 LB 检验统计量的值或 p 值都可以看到,我们不能拒绝原假设,可以认为这个拟合模型的残差序列是白噪声序列,即说明拟合模型显著有效。

参数的显著性检验就是检验模型的每一个未知参数是否显著为零,其检验的目的就是为了使得模型更为精简。如果模型中某个参数不显著,则说明该参数所对应的那个变量的影响不明显,应该将此变量从拟合模型中删除,最终得到的模型将由一系列非零变量组成。

根据上述的讨论,考虑假设检验问题

$$\mathrm{H}_0: \beta_j = 0 \leftrightarrow \mathrm{H}_1: \beta_j \neq 0,\ \forall 1 < j < m$$

由定理 6.4,可以知道极大似然估计 $\hat{\boldsymbol{\beta}}$ 为参数 $\boldsymbol{\beta}$ 的渐近无偏估计,并且具有渐近正态性。因此,记 $\sigma^2 v_{jj}$ 表示 $V(\boldsymbol{\beta})$ 的第 $j \times j$ 项元素,则 $\hat{\beta}_j$ 渐近分布为 $N(\beta_j,\ T^{-1}\sigma^2 v_{jj})$,一般来说,上式中用 $\hat{v}_{jj}$ 代替 v_{jj},σ^2 最小使用残差平方和估计:

$$\hat{\sigma}^2 = \frac{Q(\hat{\boldsymbol{\beta}})}{T-m} \sim \chi^2(T-m)$$

则检验统计量为:

$$t = \sqrt{T-m}\ \frac{\hat{\beta}_j - \beta_j}{\sqrt{v_{jj} Q(\hat{\boldsymbol{\beta}})}} \sim t(T-m)$$

取检验水平 α,由此可以得到检验的拒绝域为:

$$\{|\ t\ | \geqslant t_{1-\alpha/2}(T-m)\}$$

上述检验方法对通过其他参数估计得到的拟合模型也同样适用。

例 6.13　检验 1950—1998 年北京市城乡居民定期储蓄所占比例序列(%)极大似然估计拟合模型的参数的显著性($\alpha=0.05$)。计算结果参见表 6.2。

表 6.2　计 算 结 果

估计方法	均值的检验		系数的检验		结论
	t 统计量值	p 值	t 统计量值	p 值	
极大似然估计	46.12	<0.000 1	6.72	<0.000 1	显著

6.6 ARMA(p, q)模型的优化

当一个拟合模型经过了模型的适应性检验和参数检验以后,说明在一定的检验水平下,所得到的模型可以比较有效地拟合观测值序列的变化,但是这种有效的模型并不是唯一的,有时针对一个时间序列的观测值可能会得到两个以上比较有效的拟合模型。这时,模型选择的方法就被提出,下面我们将引入信息准则概念,解决模型优化问题。

(1) AIC 准则

通常拟合模型的好坏由似然函数值的大小来衡量的。似然函数值越大,说明模型拟合的程度越好。模型中未知参数个数越多,说明模型中所包含的自变量越多,进而可以说明模型拟合的准确度会越高。但是未知参数个数越多,说明模型中所包含的自变量越多,未知的风险也会越多。而且由于参数个数越多,参数估计的难度就更大,估计精度也会更差。

关于 AIC 准则,最早是在线性模型中提出的。一般情况下,AIC 准则拟合精度和参数个数的加权函数

AIC=−2log(模型的极大似然函数值)+2(模型中参数的个数)

使得 AIC 的值达到最小的模型被认为是最优模型。

关于 ARMA(p, q)模型,其对数似然函数

$$L(\boldsymbol{\theta})=(-T/2)\log(2\pi)-\frac{1}{2}\log(\sigma^2)+\frac{1}{2}\log|\boldsymbol{V}_T^{-1}|-\frac{1}{2\sigma^2}\boldsymbol{X}'\boldsymbol{V}_T^{-1}\boldsymbol{X}$$

$$\propto-\frac{1}{2}\log(\hat{\sigma}^2)$$

此时，中心化的 ARMA(p, q)模型未知参数个数为 $p+q+1$ 个，非中心化的 ARMA(p, q)模型未知参数个数为 $p+q+2$ 个，所以中心化的 ARMA(p, q)模型 AIC 为：

$$\mathrm{AIC} = T\log\hat{\sigma}^2 + 2(p+q+1)$$

非中心化的 ARMA(p, q)模型 AIC 为：

$$\mathrm{AIC} = T\log\hat{\sigma}^2 + 2(p+q+2)$$

(2) SBC 准则

AIC 准则为模型选择提供非常有效的方法，但是，当样本容量 T 很大时，AIC 准则中拟合误差提供的信息要受到样本容量 T 的放大的影响，其值为 $T\log\hat{\sigma}^2$，但是与此同时未知参数个数的权数与样本容量 T 无关，仍为常数 2。因此，当样本容量 T 趋于无穷大时，由 AIC 准则选择的模型不收敛于真实的模型，它通常比真实的模型所含的未知参数个数要多。

赤池弘次在 1976 年改进了 AIC 准则，这避免了在大样本情况下，AIC 准则在选择阶数时收敛性不好的缺点。在 AIC 准则的基础上，提出了 BIC 准则。施瓦茨在 1978 年根据贝叶斯(Bayes)理论也提出了同样的判别准则，称为 SBC 准则，其具体定义为：

$$\mathrm{SBC} = -2\log(\text{模型的极大似然函数值}) + \log(T)(\text{模型中参数的个数})$$

SBC 准则对于 AIC 准则的改进就是将未知参数个数的权数由 2 改为样本容量 T 的对数，即 $\log(T)$。可以证明，SBC 准则是最优模型的真实阶数的相合估计。

类似于 AIC 准则，中心化的 ARMA(p, q)模型 SBC 为：

$$\mathrm{SBC} = T\log\hat{\sigma}^2 + \log(T)(p+q+1)$$

非中心化的 ARMA(p, q)模型 SBC 为：

$$\mathrm{SBC} = T\log\hat{\sigma}^2 + \log(T)(p+q+2)$$

在实际问题中，我们分别计算模型的 AIC 值和 SBC 值，比较其大小，AIC 值或者 SBC 值小的所对应的模型较优一些。在所有通过诊断检验的模型中使得 AIC 值或者 SBC 值达到最小的所对应的模型为相对最优的模型。我们总在尽可能全面的范围内考察有限多个模型的 AIC 值和 SBC 值，选择 AIC 值和 SBC 值达到最小的那个模型作为所选的拟合模型。因此，这样得到的最优模型只是一个相对最优的模型。

例 6.14 给出我国某企业 201 个连续生产数据的拟合模型。根据前面章节中的介绍，我们就这一平稳时间序列可以建立相应的 AR(3)或者 MA(1)模型来拟合该数据，并得到相应的模型形式如下：

AR(3)模型：$X_t = -0.394\,981X_{t-1} - 0.298\,559X_{t-2} - 0.186\,269X_{t-3} + \varepsilon_t, \varepsilon_t \sim WN(0,\ \sigma^2)$

MA(1)模型：$X_t = \varepsilon_t - 0.480\,530\varepsilon_{t-1}, \varepsilon_t \sim WN(0,\ \sigma^2)$

模型估计情况及相应的检验结果均显示，以上这两个模型都能够比较好地拟合原始数据。但是，我们最终应该在这两个模型中选择一个更为优异的。这就用到了上面介绍到的 AIC 准则及 SBC 准则。上面两个模型的相关统计量的值如表 6.3 所示。

表 6.3 AIC 值和 SBC 值

模型形式	AIC 值	SBC 值
AR(3)	4.800 821	4.830 643
MA(1)	4.816 589	4.833 024

根据表 6.3 的描述，在不考虑模型复杂程度的基础上，我们倾向于选择 AR(3)模型来拟合该序列。

习题 6

6.1 假设序列服从 AR(2)过程 $X_t = \phi_1 X_{t-1} + \phi_2 X_{t-2} + \varepsilon_t$，$\{\varepsilon_t\} \sim WN(0,\ \sigma^2)$，其样本自协方差系数 $\hat{\gamma}(0) = 1\ 382.2$，$\hat{\gamma}(1) = 1\ 114.4$，$\hat{\gamma}(2) = 591.73$，$\hat{\gamma}(3) = 96.216$。试着用这些估计值给出 ϕ_1，ϕ_2 和 σ^2 的尤尔-沃克估计，并给出 ϕ_1 和 ϕ_2 的 95%置信区间。

6.2 假定一个 AR(2)过程 $X_t = \phi X_{t-1} + \phi^2 X_{t-2} + \varepsilon_t$，$\{\varepsilon_t\} \sim WN(0,\ \sigma^2)$：

(1) 如果过程是因果的，试确定 ϕ 的取值范围；

(2) 若序列的样本矩估计为 $\hat{\gamma}(0) = 6.06$，$\hat{\rho}(1) = 0.687$。通过解尤尔-沃克方程给出 ϕ 和 σ^2 的估计值。

6.3 对一个时间序列的200个观测值,得出如下样本统计量:样本均值 $\bar{x}_{200}=3.82$,样本方差 $\hat{\gamma}(0)=1.15$,样本自相关系数 $\hat{\rho}(1)=0.427$, $\hat{\rho}(2)=0.475$, $\hat{\rho}(3)=0.169$。

(1) 上述的样本统计量能充分表明 $\{x_t-\mu\}$ 是个白噪声序列吗?

(2) 如果 $\{x_t-\mu\}$ 能表示成一个AR(2)过程:

$$X_t-\mu=\phi_1(X_{t-1}-\mu)+\phi_2(X_{t-2}-\mu)+\varepsilon_t$$

其中,$\{\varepsilon_t\}\sim \text{i.i.d.}(0, \sigma^2)$,试给出 μ, ϕ_1, ϕ_2 和 σ^2 的估计值;

(3) 能得出 $\mu=0$ 的结论吗?

(4) 给出 ϕ_1, ϕ_2 的95%置信区间;

(5) 假定数据来自AR(2)过程,推导出当滞后阶数 $h\geqslant 1$ 时的样本偏自相关函数PACF。

6.4 某时间序列 $\{X_t\}$ 有60个观测值,经过计算,样本自相关系数 $\{\hat{\rho}_k\}$ 和偏自相关系数 $\{\hat{\phi}_{kk}\}$ 的前16个值列于表6.4。

表 6.4 某时间序列样本自相关系数和偏自相关系数

k	$\hat{\rho}_k$	$\hat{\phi}_{kk}$	k	$\hat{\rho}_k$	$\hat{\phi}_{kk}$
1	0.93	0.93	9	−0.16	0.12
2	0.80	−0.41	10	−0.22	−0.14
3	0.65	−0.14	11	−0.25	0.03
4	0.49	−0.11	12	−0.25	0.09
5	0.32	−0.07	13	−0.21	0.19
6	0.16	−0.10	14	−0.12	0.20
7	0.03	0.05	15	−0.01	0.03
8	−0.09	−0.07	16	0.10	−0.11

(1) 画出样本自相关系数 $\{\hat{\rho}_k\}$ 和偏自相关系数 $\{\hat{\phi}_{kk}\}$ 的图形。

(2) 利用该序列识别出一个模型。

(3) 给出模型参数的尤尔-沃克估计及其标准差。

(4) 给定 $\bar{x}=5.90$, $s_x^2=0.089\,11$,求出 μ 和 σ^2 的初估计。

6.5 某时间序列 $\{X_t\}$ 有60个观测值,经过计算,得到序列和其差分序列 $\{\nabla X_t\}$ 的样本自相关系数 $\{\hat{\rho}_k\}$ 和偏自相关系数 $\{\hat{\phi}_{kk}\}$ 的前10个值列于表6.5。

表 6.5 某时间序列样本自相关系数和偏自相关系数

k	x_t		∇x_t		k	x_t		∇x_t	
	$\hat{\rho}_k$	$\hat{\phi}_{kk}$	$\hat{\rho}_k$	$\hat{\phi}_{kk}$		$\hat{\rho}_k$	$\hat{\phi}_{kk}$	$\hat{\rho}_k$	$\hat{\phi}_{kk}$
1	0.95	0.95	0.01	0.01	6	0.72	−0.01	0.00	−0.02
2	0.91	−0.01	0.06	0.06	7	0.68	−0.03	−0.26	−0.26
3	0.87	−0.03	0.13	0.13	8	0.63	−0.02	−0.19	−0.20
4	0.82	−0.02	0.03	0.02	9	0.59	0.01	0.03	0.06
5	0.77	−0.09	−0.04	−0.05	10	0.55	−0.02	−0.09	0.01

$\bar{x}=98.50$，$s_x^2=149.60$，$\bar{\omega}=0.65$，$s_\omega^2=0.733\,5(\omega_t=\nabla x_t)$。

(1) 对于 $\{X_t\}$ 和 $\{\nabla X_t\}$ 画出样本自相关系数 $\{\hat{\rho}_k\}$ 和偏自相关系数 $\{\hat{\phi}_{kk}\}$ 的图形。

(2) 根据表 6.5，对该序列识别出一个模型。

(3) 给出所识别模型的参数的尤尔-沃克估计。

6.6 已知高斯 ARMA 过程的似然函数可以写成：

$$L(\phi,\theta,\sigma^2)=\frac{1}{\sqrt{(2\pi\sigma^2)^n r_0\cdots r_{n-1}}}\exp-\left\{\frac{1}{2\sigma^2}\sum_{j=1}^{n}\frac{(x_j-\hat{x}_j)^2}{r_{j-1}}\right\}。$$

证明：因果 AR(p)过程 $X_t=\phi_1X_{t-1}+\cdots+\phi_pX_{t-p}+\varepsilon_t$，$\{\varepsilon_t\}\sim WN(0,\sigma^2)$。当 $n>p$ 时，前 n 次观测 $\{x_1,\cdots,x_n\}$ 的似然函数可以写成：

$$L(\phi,\sigma^2)=(2\pi\sigma^2)^{-n/2}(\det G_p)^{-1/2}。$$

$$\exp\left\{-\frac{1}{2\sigma^2}[X'_pG_p^{-1}X_p]+\sum_{t=p+1}^{n}(x_t-\phi_1x_{t-1}-\cdots-\phi_px_{t-p})^2\right\}$$

其中，$X_p=(x_1,\cdots,x_p)'$，$G_p=\sigma^{-2}\Gamma_p=\sigma^{-2}E(X_pX'_p)$。

6.7 利用第 4 题的结论推导出零均值因果 AR(2)过程关于 ϕ_1 和 ϕ_2 的最小二乘线性方程，并将之与尤尔-沃克估计进行比较。

6.8 给定因果 AR(1)过程 $X_t=\phi X_{t-1}+\varepsilon_t$，$\{\varepsilon_t\}\sim WN(0,\sigma^2)$ 的两次观测 x_1 和 x_2 且假定 $|x_1|\neq|x_2|$，试给出 ϕ 和 σ^2 的极大似然估计。

EViews 软件介绍(Ⅲ)

我国 1950—2005 年进出口贸易总额年度数据(单位：亿元人民币)时间序

列($\{Y_t\}$)见附录 1.15。

一、平稳时间序列建模及参数估计

根据我们前面的介绍，可以非常明确地认为这一序列非平稳。根据前面章节的介绍，我们通过取对数、对取对数后的序列进行差分的方式将这一序列处理成平稳的时间序列 $\{X_t\}$，该序列时序图如图 6.1 所示。同时，我们可以做出这一平稳序列滞后 24 阶的自相关系数图，如图 6.2 所示。

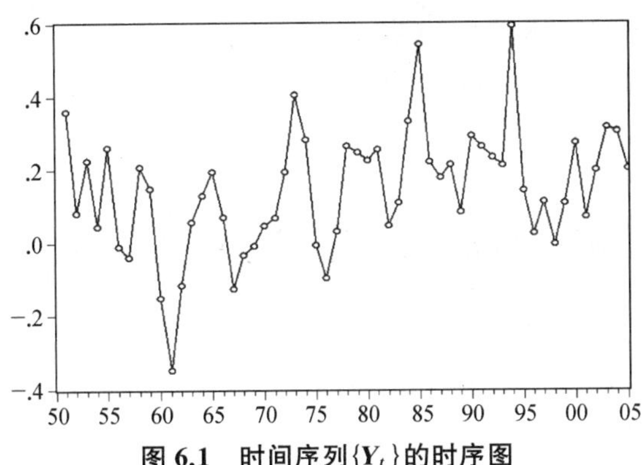

图 6.1　时间序列 $\{Y_t\}$ 的时序图

Sample: 1950 2005
Included observations: 55

Autocorrelation	Partial Correlation		AC	PAC	Q-Stat	Prob
		1	0.438	0.438	11.129	0.001
		2	0.070	-0.151	11.416	0.003
		3	-0.015	0.020	11.430	0.010
		4	0.048	0.074	11.572	0.021
		5	0.110	0.067	12.330	0.031
		6	0.247	0.214	16.233	0.013
		7	0.242	0.067	20.057	0.005
		8	0.137	0.022	21.312	0.006
		9	0.154	0.153	22.938	0.006
		10	0.055	-0.097	23.151	0.010
		11	-0.059	-0.089	23.398	0.016
		12	-0.060	-0.046	23.661	0.023
		13	-0.001	-0.054	23.661	0.034
		14	0.074	0.046	24.076	0.045
		15	0.130	0.036	25.397	0.045
		16	-0.048	-0.204	25.585	0.060
		17	-0.222	-0.117	29.665	0.029
		18	-0.194	-0.036	32.865	0.017
		19	-0.021	0.081	32.905	0.025
		20	0.066	0.064	33.300	0.031
		21	0.073	0.020	33.786	0.038
		22	-0.003	0.003	33.787	0.052
		23	-0.182	-0.132	37.028	0.032
		24	-0.308	-0.199	46.593	0.004

图 6.2　时间序列 $\{Y_t\}$ 滞后 24 阶的自相关系数图

根据图 6.1 及图 6.2，我们判断序列 $\{X_t\}$ 平稳。并根据图 6.2，认为可以分别尝试用 AR(1)，MA(1)，ARMA(1，1)，ARMA(1，2)，ARMA(1，3)等模型进行不断的拟合比较。

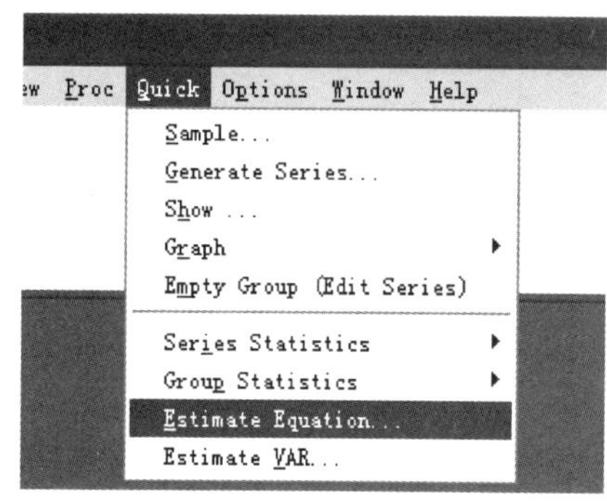

图 6.3 Quick 选项

1. 自回归模型的拟合及参数估计

在 EViews 菜单中点击 Quick 键，并选择 Estimate Equation 选项，如图 6.3 所示。

在弹出的对话框中的空白处，输入我们选择的模型形式"x ar(1)"，也就是 AR(1)模型的形式，如图 6.4 所示。

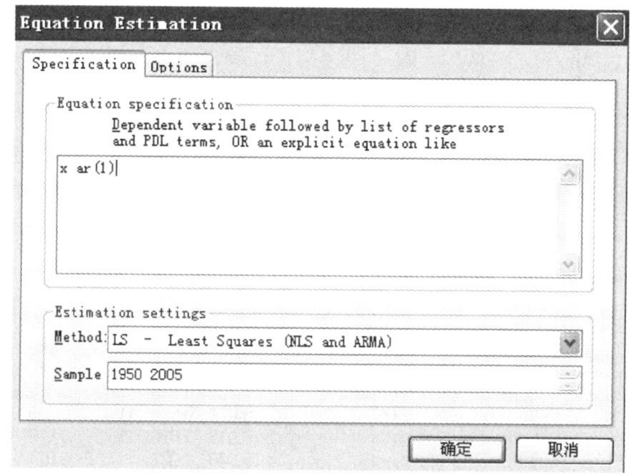

图 6.4 输入选择的模型

接下来，我们点击 Method 选项的下拉框，在下拉菜单中有各种模型参数的估计方法，如图 6.5 所示。在备选项中有最小二乘估计(LS)、两阶段最小二乘估计(TSLS)、普通矩估计(GMM)等。根据前面的理论介绍，我们选择 LS 方法，并点击确认。

我们便得到根据该序列数据得到的 AR(1)模型的估计结果，如图 6.6 所示。在图 6.6 中，我们可以看到这一模型的自回归系数参数估计结果显著不为零，并且其他几个统计量，如 R-squared、Adjusted R-squared 等效果都还不错。在最后一行是基于这一序列数据计算的 AR(1)模型的单位根，很明显，这两个单位根均在单位圆内，从而印证了我们认为 $\{X_t\}$ 平稳的判断。

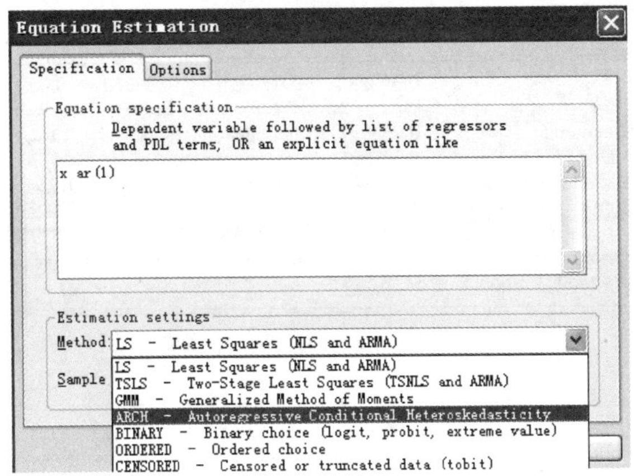

图 6.5 Method 选项

Variable	Coefficient	Std. Error	t-Statistic	Prob.
AR(1)	0.667831	0.099054	6.742082	0.0000
R-squared	0.070530	Mean dependent var	0.140431	
Adjusted R-squared	0.070530	S.D. dependent var	0.166289	
S.E. of regression	0.160318	Akaike info criterion	-0.804969	
Sum squared resid	1.362199	Schwarz criterion	-0.768136	
Log likelihood	22.73417	Durbin-Watson stat	1.927356	
Inverted AR Roots	.67			

图 6.6 AR(1)模型估计结果

根据以上的分析，我们可以写出这一模型形式如下：

$$X_t = 0.667\,831 X_{t-1}, \varepsilon_t \sim WN(0,\ \sigma^2)。$$

2. 移动平均模型的拟合及参数估计

类似上面 AR(1)模型的拟合过程，我们可以初步尝试拟合 MA(1)模型，估计结果如图 6.7 所示。

根据图 6.7 的描述，我们可以认为从总体上来看 MA(1)模型不是很好，只是其中的参数估计情况比较好，显著不为零。这一模型可以有如下表述：

$$X_t = \varepsilon_t + 0.672\,291 \varepsilon_{t-1}, \varepsilon_t \sim WN(0,\ \sigma^2)。$$

3. ARMA 模型的拟合与参数估计

我们根据图 6.2 的描述，还很自然地联想到采用 ARMA 模型来进行模型拟合。首先考虑 ARMA(1, 1)模型，估计结果如图 6.8 所示。

Variable	Coefficient	Std. Error	t-Statistic	Prob.
MA(1)	0.672291	0.086861	7.739872	0.0000
R-squared	-0.067691	Mean dependent var		0.144428
Adjusted R-squared	-0.067691	S.D. dependent var		0.167389
S.E. of regression	0.172961	Akaike info criterion		-0.653485
Sum squared resid	1.615440	Schwarz criterion		-0.616988
Log likelihood	18.97083	Durbin-Watson stat		1.783983
Inverted MA Roots	-.67			

图 6.7 MR(1)模型估计结果

Variable	Coefficient	Std. Error	t-Statistic	Prob.
AR(1)	0.580691	0.154353	3.762103	0.0004
MA(1)	0.154079	0.193600	0.795862	0.4297
R-squared	0.074689	Mean dependent var		0.140431
Adjusted R-squared	0.056895	S.D. dependent var		0.166289
S.E. of regression	0.161490	Akaike info criterion		-0.772417
Sum squared resid	1.356104	Schwarz criterion		-0.698751
Log likelihood	22.85527	Durbin-Watson stat		2.022876
Inverted AR Roots	.58			
Inverted MA Roots	-.15			

图 6.8 ARMA(1,1)模型估计结果

在图 6.8 的描述中,我们可以看到这一模型的情况并不理想。因此,我们需要不断尝试 ARMA(1, 2),ARMA(2, 1)等模型,并不断比较,最终拟合到了 ARMA(1,6)疏系数模型,估计结果如图 6.9 所示:

Sample (adjusted): 1952 2005
Included observations: 54 after adjustments
Convergence achieved after 10 iterations
Backcast: 1946 1951

Variable	Coefficient	Std. Error	t-Statistic	Prob.
AR(1)	0.557897	0.111498	5.003631	0.0000
MA(6)	0.475266	0.122484	3.880241	0.0003
R-squared	0.166190	Mean dependent var		0.140431
Adjusted R-squared	0.150156	S.D. dependent var		0.166289
S.E. of regression	0.153297	Akaike info criterion		-0.876542
Sum squared resid	1.222003	Schwarz criterion		-0.802876
Log likelihood	25.66663	Durbin-Watson stat		1.899705
Inverted AR Roots	.56			
Inverted MA Roots	.77+.44i	.77-.44i	.00-.88i	-.00+.88i
	-.77+.44i	-.77-.44i		

图 6.9 ARMA(1,6)疏系数模型估计结果

最终，我们可以写出该 ARMA 模型形式如下：

$$X_t = 0.557\,897 X_{t-1} + \varepsilon_t + 0.475\,266 \varepsilon_{t-6}, \varepsilon_t \sim WN(0, \sigma^2)。$$

二、模型比较及模型选择

对于模型的比较与选择，往往不是简单地看某一个指标，而是要综合考虑各方面的情况，做出一个综合的判断，选择一个最优的模型。一般考虑如下 5 个因素。

一是 R-squared 和 Adjusted R-squared 这两个指标应该是越大越好。当这两个指标较大时，说明所拟合的模型较好地提取了数据中的信息，是模型优秀的一个重要参考指标。

二是模型拟合中的各参数估计情况是否显著非零。一般来说，也就是图 6.6 和图 6.7 中的 Prob.项是否显著地小于 0.05。

三是 AIC（及 SBC）准则，也就是图 6.6 和图 6.7 等中的 Akaike info criterion 及 Schwarz criterion 项，一般来说，这两项指标应该是越小越好（理论介绍部分见正文）。

四是 DW 值是否接近 2。也就是图 6.6 和图 6.7 等中的 Durbin-Watson stat 项，这一指标代表的是模型拟合后的残差序列是否存在一阶自相关关系。如果残差序列中存在一阶自相关关系，说明模型的拟合效果不是很理想，在残差序列中还有信息没有充分提取。当 DW 值接近 2 时，代表着残差序列不存在自相关关系，模型拟合良好；当 DW 接近 0 时，代表残差序列存在很强的正自相关关系；当 DW 接近 4 时，代表着残差序列存在很强的负自相关关系。

五是需要估计参数的个数。一般来说，需要估计的参数越少越好，比较少的估计可以尽可能地减少估计过程中的偏差。

根据以上判断的准则，结合图 6.6 及图 6.7 等，我们可以认为，ARMA(1, 6)模型总体拟合效果比较理想。因此，我们最终选择 ARMA(1, 6)模型来拟合平稳序列 $\{X_t\}$，对它进行描述。模型形式如下：

$$X_t = 0.557\,897 X_{t-1} + \varepsilon_t + 0.475\,266 \varepsilon_{t-6}, \varepsilon_t \sim WN(0, \sigma^2)。$$

7 平稳时间序列模型预测

根据时间序列过去时刻的观测值，预测此序列在未来某个时刻的取值，称为时间序列的预测。时间序列的预测方法有着广泛的应用背景，在解决经济发展、金融市场动态、气象预报和水文预报等许多领域的预测问题时，都可以利用时间序列预测方法。

设平稳时间序列 $\{X_t\}$ 是一个 ARMA(p, q)过程，即

$$\begin{cases} X_t = \phi_1 X_{t-1} + \cdots + \phi_p X_{t-p} + \varepsilon_t - \theta_1 \varepsilon_{t-1} - \cdots - \theta_q \varepsilon_{t-q}, \\ \varepsilon_t \sim WN(0, \sigma^2), \ \forall s < t, \ \mathrm{E}(X_s \cdot \varepsilon_t) = 0 \end{cases}$$

本章将讨论其预测问题，设当前时刻为 t，已知时刻 t 和以前时刻的观察值 $x_t, x_{t-1}, x_{t-2}, \cdots$，我们将用已知的观察值对时刻 t 后的观察值 $x_{t+l}(l > 0)$ 进行预测，记为 $\hat{x}_t(l)$，称为时间序列 $\{X_t\}$ 的第 l 步预测值。

7.1 最小均方误差预测

考虑预测问题首先要确定衡量预测效果的标准，一个很自然的思想就是预测值 $\hat{x}_t(l)$ 与真值 x_{t+l} 的均方误差达到最小，即设

$$e_t(l) = X_{t+l} - \hat{x}_t(l) \tag{7.1}$$

预测值 $\hat{x}_t(l)$ 与真值 x_{t+l} 的均方误差

$$\mathrm{E}[e_t^2(l)] = \mathrm{E}[X_{t+l} - \hat{x}_t(l)]^2 \tag{7.2}$$

我们的工作就是寻找 $\hat{x}_t(l)$，使(7.2)式达到最小。下面我们证明最小均方误差预测就是 $\mathrm{E}(X_{t+l} \mid X_t, X_{t-1}, \cdots)$。

(1) 条件无偏均方误差最小预测

根据初等概率论知识，我们首先需要证明下列性质。

设随机序列 $X_1, X_2, \cdots$，满足 $\mathrm{E}X_t = \mu$，$\mathrm{E}X_t^2 < \infty$：

性质 1 如果随机变量 $f(X_1, \cdots, X_n)$ 使得 $\mathrm{E}([X_{n+1}-f(X_1, \cdots, X_n)]^2 \mid X_1, \cdots, X_n)$ 达到最小值,则 $f(X_1, \cdots, X_n)=\mathrm{E}[X_{n+1} \mid X_1, \cdots, X_n]$。

性质 2 如果随机变量 $f(X_1, \cdots, X_n)$ 使得 $\mathrm{E}[X_{n+1}-f(X_1, \cdots, X_n)]^2$ 达到最小值,则 $f(X_1, \cdots, X_n)=\mathrm{E}[X_{n+1} \mid X_1, \cdots, X_n]$。

关于性质 1,因为

$$
\begin{aligned}
& \mathrm{E}([X_{n+l}-f(X_1, \cdots, X_n)]^2 \mid X_1, \cdots, X_n) \\
= & \mathrm{E}(\{X_{n+l}-\mathrm{E}[X_{n+l} \mid X_1, \cdots, X_n]+\mathrm{E}[X_{n+l} \mid X_1, \cdots, X_n] \\
& -f(X_1, \cdots, X_n)\}^2 \mid X_1, \cdots, X_n) \\
= & \mathrm{E}(\{X_{n+l}-\mathrm{E}[X_{n+l} \mid X_1, \cdots, X_n]\}^2 \mid X_1, \cdots, X_n) \\
& +\mathrm{E}(\{\mathrm{E}[X_{n+l} \mid X_1, \cdots, X_n]-f(X_1, \cdots, X_n)\}^2 \mid X_1, \cdots, X_n) \\
& +2\mathrm{E}(\{X_{n+l}-\mathrm{E}[X_{n+l} \mid X_1, \cdots, X_n]\} \cdot \{\mathrm{E}[X_{n+l} \mid X_1, \cdots, X_n] \\
& -f(X_1, \cdots, X_n)\} \mid X_1, \cdots, X_n)
\end{aligned}
$$

由于在 $X_1, \cdots, X_n$ 已知的条件下,$\mathrm{E}[X_{n+l} \mid X_1, \cdots, X_n]-f(X_1, \cdots, X_n)$ 可以看作已知的,则

$$
\begin{aligned}
& \mathrm{E}(\{X_{n+l}-\mathrm{E}[X_{n+l} \mid X_1, \cdots, X_n]\} \cdot \{\mathrm{E}[X_{n+l} \mid X_1, \cdots, X_n] \\
& -f(X_1, \cdots, X_n)\} \mid X_1, \cdots, X_n) \\
= & \{\mathrm{E}[X_{n+l} \mid X_1, \cdots, X_n]-f(X_1, \cdots, X_n)\} \cdot \\
& \mathrm{E}(\{X_{n+l}-E[X_{n+l} \mid X_1, \cdots, X_n]\} \mid X_1, \cdots, X_n) \\
= & 0
\end{aligned}
$$

所以

$$
\begin{aligned}
& \mathrm{E}([X_{n+l}-f(X_1, \cdots, X_n)]^2 \mid X_1, \cdots, X_n) \\
= & \mathrm{E}(\{X_{n+l}-E[X_{n+l} \mid X_1, \cdots, X_n]\}^2 \mid X_1, \cdots, X_n) \\
& +\mathrm{E}(\{\mathrm{E}[X_{n+l} \mid X_1, \cdots, X_n]-f(X_1, \cdots, X_n)\}^2 \mid X_1, \cdots, X_n)
\end{aligned}
$$

由于 $\mathrm{E}(\{\mathrm{E}[X_{n+l} \mid X_1, \cdots, X_n]-f(X_1, \cdots, X_n)\}^2 \mid X_1, \cdots, X_n) \geqslant 0$,因此,对于任意的 $f(X_1, \cdots, X_n)$,有

$$
\begin{aligned}
& \mathrm{E}(\{X_{n+l}-\mathrm{E}[X_{n+l} \mid X_1, \cdots, X_n]\}^2 \mid X_1, \cdots, X_n) \\
\leqslant & \mathrm{E}([X_{n+l}-f(X_1, \cdots, X_n)]^2 \mid X_1, \cdots, X_n)
\end{aligned}
$$

所以,对于一切的 $f(X_1, \cdots, X_n)$,$f(X_1, \cdots, X_n)=\mathrm{E}[X_{n+1} \mid X_1, \cdots,$

$X_n]$ 使得 $E([X_{n+1}-f(X_1, \cdots, X_n)]^2 \mid X_1, \cdots, X_n)$ 达到最小值。

关于性质 2,利用

$$\begin{aligned}&E\{E([X_{n+1}-f(X_1, \cdots, X_n)]^2 \mid X_1, \cdots, X_n)\}\\=&E[X_{n+1}-f(X_1, \cdots, X_n)]^2\end{aligned}$$

易得,对于任意的 $f(X_1, \cdots, X_n)$,有

$$E\{X_{n+l}-E[X_{n+l} \mid X_1, \cdots, X_n]\}^2 \leqslant E[X_{n+l}-f(X_1, \cdots, X_n)]^2$$

因为 $\hat{x}_t(l)$ 可以看作当前样本和历史样本 $X_t, X_{t-1}, \cdots$ 的函数,根据上述结论,我们得到,当 $\hat{x}_t(l)=E(X_{t+l} \mid X_t, X_{t-1}, \cdots)$ 时,$E[e_t^2(l)]=E[X_{t+l}-\hat{x}_t(l)]^2$ 达到最小。由此,对于 ARMA 模型,下列等式成立:

① $$E(X_k \mid X_t, X_{t-1}, \cdots)=x_k, (k \leqslant t) \tag{7.3}$$

② $$E(X_{t+l} \mid X_t, X_{t-1}, \cdots)=\hat{x}_t(l), (l>0) \tag{7.4}$$

在 $X_t, X_{t-1}, \cdots$ 已知条件下,求 $\hat{x}_t(l)=E(X_{t+l} \mid X_t, X_{t-1}, \cdots)$,等价于在 $\varepsilon_t, \varepsilon_{t-1}, \cdots$ 已知条件下,求 $\hat{x}_t(l)$,则

③ $$E(\varepsilon_k \mid X_t, X_{t-1}, \cdots)=\varepsilon_k, (k \leqslant t) \tag{7.5}$$

④ $$E(\varepsilon_k \mid X_t, X_{t-1}, \cdots)=0, (k>t) \tag{7.6}$$

(2) ARMA 模型的预测方差和预测区间

如果 ARMA 模型满足因果性,则有

$$\begin{aligned}X_t&=\frac{\Theta(B)}{\Phi(B)}\varepsilon_t=G(B)\varepsilon_t\\&=\sum_{j=0}^{\infty}G_j\varepsilon_{t-j}\end{aligned}$$

其中 $G_j, j=1, 2, \cdots$ 为格林函数。则 $X_{t+l}=\sum_{j=0}^{\infty}G_j\varepsilon_{t+l-j}$,并且

$$\begin{aligned}\hat{x}_t(l)&=E(X_{t+l} \mid X_t, X_{t-1}, \cdots)=E\Big(\sum_{j=0}^{\infty}G_j\varepsilon_{t+l-j} \mid X_t, X_{t-1}, \cdots\Big)\\&=\sum_{j=0}^{\infty}G_j E(\varepsilon_{t+l-j} \mid X_t, X_{t-1}, \cdots)\\&=\sum_{j=0}^{\infty}G_{l+j}\varepsilon_{t-j}\end{aligned} \tag{7.7}$$

所以预测误差为：

$$e_t(l)=X_{t+l}-\hat{x}_t(l)=\sum_{j=0}^{\infty}G_j\varepsilon_{t+l-j}-\sum_{j=0}^{\infty}G_{l+j}\varepsilon_{t-j}$$
$$=G_0\varepsilon_{t+l}+G_1\varepsilon_{t+l-1}+\cdots+G_{l-1}\varepsilon_{t+1} \tag{7.8}$$

$$\mathrm{E}(e_t(l))=0$$

$$\mathrm{E}[e_t^2(l)]=\mathrm{Var}(e_t(l))=\mathrm{E}[X_{t+l}-\hat{x}_t(l)]^2=(G_0^2+G_1^2+\cdots+G_{l-1}^2)\sigma^2$$

$$\begin{aligned}\mathrm{Var}(X_{t+l}\mid X_t,\ X_{t-1},\ \cdots)&=\mathrm{E}([X_{t+l}-\mathrm{E}(X_{t+l})]^2\mid X_t,\ X_{t-1},\ \cdots)\\&=\mathrm{E}[X_{t+l}-\hat{x}_t(l)]^2\\&=\mathrm{Var}(e_t(l))\\&=(G_0^2+G_1^2+\cdots+G_{l-1}^2)\sigma^2\end{aligned} \tag{7.9}$$

由此，我们可以看到在预测方差最小的原则下，$\hat{x}_t(l)$是X_{t+l}当前样本X_t和历史样本X_t，X_{t-1}，… 已知条件下得到的条件最小方差预测值。其预测方差只与预测步长l有关，而与预测起始点t无关。当预测步长l的值越大时，预测值的方差也越大，因此为了预测精度，ARMA 模型的预测步长l不宜过大，也就是说使用 ARMA 模型进行时间序列分析只适合做短期预测。

进而在正态分布假定下，有

$$X_{t+l}\mid X_t,\ X_{t-1},\ \cdots\sim N(\hat{x}_t(l),\ (G_0^2+G_1^2+\cdots+G_{l-1}^2)\sigma^2)$$

由此可以得到X_{t+l}预测值的 95%的置信区间为：

$$(\hat{x}_t(l)-1.96\sqrt{\mathrm{Var}(e_t(l))},\ \hat{x}_t(l)+1.96\sqrt{\mathrm{Var}(e_t(l))})$$

或者

$$\begin{aligned}&(\hat{x}_t(l)-1.96\sigma(G_0^2+G_1^2+\cdots+G_{l-1}^2)^{1/2},\\&\hat{x}_t(l)+1.96\sigma(G_0^2+G_1^2+\cdots+G_{l-1}^2)^{1/2})\end{aligned} \tag{7.10}$$

7.2 对 AR 模型的预测

首先我们考虑 AR(1)模型：

$$X_{t+l}=\phi X_{t+l-1}+\varepsilon_{t+l}$$

根据(7.3)式—(7.6)式,当 $l=1$ 时,即当前时刻为 t 的一步预测为:

$$\begin{aligned}\hat{x}_t(1)&=\mathrm{E}(X_{t+1}\mid X_t,\ X_{t-1},\ \cdots)\\&=\mathrm{E}([\phi X_t+\varepsilon_{t+1}]\mid X_t,\ X_{t-1},\ \cdots)\\&=\phi x_t\end{aligned}$$

当 $l=2$ 时,即当前时刻为 t 的两步预测为:

$$\begin{aligned}\hat{x}_t(2)&=\mathrm{E}(X_{t+2}\mid X_t,\ X_{t-1},\ \cdots)\\&=\mathrm{E}([\phi X_{t+1}+\varepsilon_{t+2}]\mid X_t,\ X_{t-1},\ \cdots)\\&=\phi\hat{x}_t(1)\end{aligned}$$

一般来说,当 $l>1$ 时,当前时刻为 t 的 l 步预测为:

$$\begin{aligned}\hat{x}_t(l)&=\mathrm{E}(X_{t+l}\mid X_t,\ X_{t-1},\ \cdots)\\&=\mathrm{E}([\phi X_{t+l-1}+\varepsilon_{t+l}]\mid X_t,\ X_{t-1},\ \cdots)\\&=\phi\hat{x}_t(l-1)\\&=\phi^l x_t\end{aligned}$$

对于 AR(p)模型:

$$X_{t+l}=\phi_1 X_{t+l-1}+\cdots+\phi_p X_{t+l-p}+\varepsilon_{t+l}$$

当 $l=1$ 时,当前时刻为 t 的一步预测为:

$$\begin{aligned}\hat{x}_t(1)&=\mathrm{E}(X_{t+1}\mid X_t,\ X_{t-1},\ \cdots)\\&=\mathrm{E}([\phi_1 X_t+\cdots+\phi_p X_{t+1-p}+\varepsilon_{t+l}]\mid X_t,\ X_{t-1},\ \cdots)\\&=\phi_1 x_t+\cdots+\phi_p x_{t-(p-1)}\end{aligned}$$

当 $l=2$ 时,当前时刻为 t 的两步预测为:

$$\begin{aligned}\hat{x}_t(2)&=\mathrm{E}(X_{t+2}\mid X_t,\ X_{t-1},\ \cdots)\\&=\mathrm{E}([\phi_1 X_{t+1}+\phi_2 X_t+\cdots+\phi_p X_{t+2-p}+\varepsilon_{t+l}]\mid X_t,\ X_{t-1},\ \cdots)\\&=\phi_1\hat{x}_t(1)+\phi_2 x_t+\cdots+\phi_p x_{t-(p-2)}\end{aligned}$$

一般地,当 $l>p$,当前时刻为 t 的 l 步预测为:

$$\begin{aligned}\hat{x}_t(l)&=\mathrm{E}(X_{t+l}\mid X_t,\ X_{t-1},\ \cdots)\\&=\mathrm{E}([\phi_1 X_{t+l-1}+\cdots+\phi_p X_{t+l-p}+\varepsilon_{t+l}]\mid X_t,\ X_{t-1},\ \cdots)\\&=\phi_1\hat{x}_t(l-1)+\cdots+\phi_p\hat{x}_t(l-p)\end{aligned}\tag{7.11}$$

例 7.1　设平稳时间序列 $\{X_t\}$ 来自 AR(2)模型

$$X_t = 1.1X_{t-1} - 0.3X_{t-2} + \varepsilon_t$$

已知 $x_{54} = 0.8$，$x_{55} = 1.2$，$\sigma^2 = 1.21$，求 $\hat{x}_{55}(1)$ 和 $\hat{x}_{55}(2)$ 以及 95%的置信区间。

$$\begin{aligned}
\hat{x}_{55}(1) &= \mathrm{E}(X_{56} \mid X_{55}, X_{54}, \cdots) \\
&= \mathrm{E}([1.1X_{55} - 0.3X_{54} + \varepsilon_{56}] \mid X_{55}, X_{54}, \cdots) \\
&= 1.1x_{55} - 0.3x_{54} \\
&= 1.1 \times 1.2 - 0.3 \times 0.8 \\
&= 1.08 \\
\hat{x}_{55}(2) &= \mathrm{E}(X_{57} \mid X_{55}, X_{54}, \cdots) \\
&= \mathrm{E}([1.1X_{56} - 0.3X_{55} + \varepsilon_{57}] \mid X_{55}, X_{54}, \cdots) \\
&= 1.1\hat{x}_{55}(1) - 0.3x_{55} \\
&= 1.1 \times 1.08 - 0.3 \times 1.2 \\
&= 0.828
\end{aligned}$$

根据第 3 章，可以计算模型的格林函数为：

$$\begin{aligned}
G_0 &= 1, \\
G_1 &= \phi_1 G_0 = 1.1
\end{aligned}$$

对于 $\hat{x}_{55}(1)$ 的 95%的置信区间，根据(7.10)式，计算

$$1.96\sigma G_0 = 1.96 \times 1.1 \times 1 = 2.156$$

所以 X_{56} 的 95%的置信区间为：

$$(-1.076,\ 3.236)$$

同理，根据(7.10)式，计算

$$1.96\sigma(G_0^2 + G_1^2)^{1/2} = 1.96 \times 1.1 \times 2.1^{1/2} = 3.124$$

所以 X_{57} 的 95%的置信区间为：

$$(-2.296,\ 3.952)$$

例 7.2　已知某商场月销售额来自 AR(2)模型(单位：万元/月)

$$X_t = 10 + 0.6X_{t-1} + 0.3X_{t-2} + \varepsilon_t, \ \varepsilon_t \sim N(0, 36)$$

2006 年第一季度该商场月销售额分别为 101 万元、96 万元和 97.2 万元。求该商场 2006 年第二季度的月销售额的 95%的置信区间。

首先求第二季度的四月、五月、六月的预测值分别为：

$$\begin{aligned}
\hat{x}_3(1) &= \mathrm{E}(X_4 \mid X_3, X_2, X_1) \\
&= \mathrm{E}([10 + 0.6X_3 + 0.3X_2 + \varepsilon_4] \mid X_3, X_2, X_1) \\
&= 10 + 0.6x_3 + 0.3x_2 \\
&= 97.2 \\
\hat{x}_3(2) &= \mathrm{E}(X_5 \mid X_3, X_2, X_1) \\
&= \mathrm{E}([10 + 0.6X_4 + 0.3X_3 + \varepsilon_5] \mid X_3, X_2, X_1) \\
&= 10 + 0.6\hat{x}_3(1) + 0.3x_3 \\
&= 97.432 \\
\hat{x}_3(3) &= \mathrm{E}(X_6 \mid X_3, X_2, X_1) \\
&= \mathrm{E}([10 + 0.6X_5 + 0.3X_4 + \varepsilon_6] \mid X_3, X_2, X_1) \\
&= 10 + 0.6\hat{x}_3(2) + 0.3\hat{x}_3(1) \\
&= 97.595\,2
\end{aligned}$$

根据第 3 章，计算模型的格林函数为：

$$\begin{aligned}
G_0 &= 1, \\
G_1 &= G_0\phi_1 = 0.6 \\
G_2 &= \phi_1 G_1 + \phi_2 G_0 = 0.36 + 0.3 = 0.66
\end{aligned}$$

由(7.10)式计算出：

$$\begin{aligned}
&1.96\sigma G_0 = 1.96 \times 6 \times 1 = 11.76 \\
&1.96\sigma\,(G_0^2 + G_1^2)^{1/2} = 1.96 \times 6 \times 1.36^{1/2} = 13.714\,4 \\
&1.96\sigma\,(G_0^2 + G_1^2 + G_2^2)^{1/2} = 1.96 \times 6 \times 1.795\,6^{1/2} = 15.758\,4
\end{aligned}$$

所以四月、五月、六月的月销售额的 95%的置信区间分别为：

四月：(85.36, 108.88)

五月：(83.72, 111.15)

六月：(81.84, 113.35)

7.3 MA 模型的预测

对于 MA(q)模型 $X_t=\varepsilon_t-\theta_1\varepsilon_{t-1}-\cdots-\theta_q\varepsilon_{t-q}$，我们有

$$X_{t+l}=\varepsilon_{t+l}-\theta_1\varepsilon_{t+l-1}-\cdots-\theta_q\varepsilon_{t+l-q}$$

根据(7.5)式、(7.6)式，当预测步长 $l\leqslant q$ 时，X_{t+l} 可以分解为：

$$\begin{aligned}X_{t+l}&=\varepsilon_{t+l}-\theta_1\varepsilon_{t+l-1}-\cdots-\theta_q\varepsilon_{t+l-q}\\&=(\varepsilon_{t+l}-\theta_1\varepsilon_{t+l-1}-\cdots-\theta_{l-1}\varepsilon_{t+1})+(-\theta_l\varepsilon_t-\cdots-\theta_q\varepsilon_{t+l-q})\end{aligned}$$

则

$$\begin{aligned}\hat{x}_t(l)&=\mathrm{E}(X_{t+l}\mid X_t,\ X_{t-1},\ \cdots)\\&=\mathrm{E}([(\varepsilon_{t+l}-\theta_1\varepsilon_{t+l-1}-\cdots-\theta_{l-1}\varepsilon_{t+1})\\&\quad+(-\theta_l\varepsilon_t-\cdots-\theta_q\varepsilon_{t+l-q})]\mid X_t,\ X_{t-1},\ \cdots)\\&=-\theta_l\varepsilon_t-\cdots-\theta_q\varepsilon_{t+l-q}\end{aligned}\tag{7.12}$$

当预测步长 $l>q$ 时，X_{t+l} 可以分解为：

$$\begin{aligned}\hat{x}_t(l)&=\mathrm{E}(X_{t+l}\mid X_t,\ X_{t-1},\ \cdots)\\&=\mathrm{E}([\varepsilon_{t+l}-\theta_1\varepsilon_{t+l-1}-\cdots-\theta_q\varepsilon_{t+l-q}]\mid X_t,\ X_{t-1},\ \cdots)\\&=0\end{aligned}\tag{7.13}$$

根据(7.12)式、(7.13)式，对于零均值的 MA(q)模型，理论上只能预测 q 步内的序列走势，超过 q 步预测值恒等于零，这是由 MA(q)模型自相关系数 q 步截尾的特性决定的。

MA(q)模型预测方差为：

$$\mathrm{Var}(e_t(l))=\begin{cases}(1+\theta_1^2+\cdots+\theta_{l-1}^2)\sigma^2, & l\leqslant q\\(1+\theta_1^2+\cdots+\theta_q^2)\sigma^2, & l>q\end{cases}\tag{7.14}$$

例 7.3 已知某地区每年常住人口数量近似的服从 MA(3)模型：

$$X_t=100+\varepsilon_t-0.8\varepsilon_{t-1}+0.6\varepsilon_{t-2}-0.2\varepsilon_{t-3},\ \sigma^2=25$$

2002—2004 年的常住人口数量及 1 步预测数量见表 7.1。

表 7.1

年　　份	人口数量(万人)	预测人口数量(万人)
2002	104	110
2003	108	100
2004	105	109

预测未来 5 年该地区常住人口数量的 95%的置信区间。

当前时刻 $t=2004$,首先计算

$$\varepsilon_{2002}=x_{2002}-\hat{x}_{2001}(1)=104-110=-6$$

$$\varepsilon_{2003}=x_{2003}-\hat{x}_{2002}(1)=108-100=8$$

$$\varepsilon_{2004}=x_{2004}-\hat{x}_{2003}(1)=105-109=-4$$

当前时刻 $t=2004$,计算预测值

$$\hat{x}_{2004}(1)=100-0.8\varepsilon_{2004}+0.6\varepsilon_{2003}-0.2\varepsilon_{2002}=109.2$$

$$\hat{x}_{2004}(2)=100+0.6\varepsilon_{2004}-0.2\varepsilon_{2003}=96$$

$$\hat{x}_{2004}(3)=100-0.2\varepsilon_{2004}=100.8$$

$$\hat{x}_{2004}(4)=100$$

$$\hat{x}_{2004}(5)=100$$

根据(7.14)式,计算预测方差

$$\mathrm{Var}(e_{2004}(1))=\sigma^2=25$$

$$\mathrm{Var}(e_{2004}(2))=(1+\theta_1^2)\sigma^2=41$$

$$\mathrm{Var}(e_{2004}(3))=(1+\theta_1^2+\theta_2^2)\sigma^2=50$$

$$\mathrm{Var}(e_{2004}(4))=(1+\theta_1^2+\theta_2^2+\theta_3^2)\sigma^2=51$$

$$\mathrm{Var}(e_{2004}(5))=(1+\theta_1^2+\theta_2^2+\theta_3^2)\sigma^2=51$$

由(7.10)式计算 $\left(\hat{x}_{2004}(l)-1.96\sqrt{\mathrm{Var}(e_{2004}(l))},\ \hat{x}_{2004}(l)+1.96\sqrt{\mathrm{Var}(e_{2004}(l))}\right)$,得到未来 5 年该地区常住人口数量的 95%的置信区间,见表 7.2。

表 7.2

预 测 年 份	95%的置信区间
2005	(99, 119)
2006	(83, 109)
2007	(87, 115)
2008	(86, 114)
2009	(86, 114)

7.4 ARMA 模型的预测

关于 ARMA 模型 $X_t = \phi_1 X_{t-1} + \cdots + \phi_p X_{t-p} + \varepsilon_t - \theta_1 \varepsilon_{t-1} - \cdots - \theta_q \varepsilon_{t-q}$，有

$$
\begin{aligned}
X_{t+l} &= \phi_1 X_{t+l-1} + \cdots + \phi_p X_{t+l-p} + \varepsilon_{t+l} - \theta_1 \varepsilon_{t+l-1} - \cdots - \theta_q \varepsilon_{t+l-q} \\
&= \begin{cases} \phi_1 X_{t+l-1} + \cdots + \phi_p X_{t+l-p} + (\varepsilon_{t+l} - \theta_1 \varepsilon_{t+l-1} - \cdots - \theta_{l-1} \varepsilon_{t+1}) \\ \quad + (-\theta_l \varepsilon_t - \cdots - \theta_q \varepsilon_{t+l-q}), & l \leqslant q \\ \phi_1 X_{t+l-1} + \cdots + \phi_p X_{t+l-p} + \varepsilon_{t+l} - \theta_1 \varepsilon_{t+l-1} - \cdots - \theta_q \varepsilon_{t+l-q}, & l > q \end{cases}
\end{aligned}
$$

$$
\begin{aligned}
\hat{x}_t(l) &= \mathrm{E}(X_{t+l} \mid X_t, X_{t-1}, \cdots) \\
&= \begin{cases} \phi_1 \hat{x}_t(l-1) + \cdots + \phi_p \hat{x}_t(l-p) + (-\theta_l \varepsilon_t - \cdots - \theta_q \varepsilon_{t+l-q}), & l \leqslant q \\ \phi_1 \hat{x}_t(l-1) + \cdots + \phi_p \hat{x}_t(l-p), & l > q \end{cases}
\end{aligned} \tag{7.15}
$$

其中，

$$
\hat{x}_t(k) = \begin{cases} \hat{x}_t(k), & k \geqslant 1 \\ x_{t+k}, & k \leqslant 0 \end{cases}
$$

例 7.4 已知 ARMA(1, 1)模型为

$$
X_t = 0.8 X_{t-1} + \varepsilon_t - 0.6 \varepsilon_{t-1}, \ \sigma^2 = 0.002\,5
$$

且 $x_{100} = 0.3$，$\varepsilon_{100} = 0.01$，预测未来 3 期序列值的 95%的置信区间。

根据(7.15)式，首先计算未来 3 期预测值：

$$
\begin{aligned}
\hat{x}_{100}(1) &= 0.8 x_{100} - 0.6 \varepsilon_{100} = 0.234 \\
\hat{x}_{100}(2) &= 0.8 \hat{x}_{100}(1) = 0.187\,2 \\
\hat{x}_{100}(3) &= 0.8 \hat{x}_{100}(2) = 0.149\,76
\end{aligned}
$$

计算模型的格林函数为：

$$G_0=1$$
$$G_1=G_0\phi_1-\theta_1=0.2$$
$$G_2=\phi_1G_1=0.16$$

由(7.10)式计算预测方差：

$$\operatorname{Var}(e_{100}(1))=G_0^2=0.002\,5$$
$$\operatorname{Var}(e_{100}(2))=\sigma^2(G_0^2+G_1^2)=0.002\,6$$
$$\operatorname{Var}(e_{100}(3))=\sigma^2(G_0^2+G_1^2+G_2^2)=0.002\,664$$

由(7.10)式计算 $(\hat{x}_{100}(l)-1.96\sqrt{\operatorname{Var}(e_{100}(l))},\ \hat{x}_{100}(l)+1.96\sqrt{\operatorname{Var}(e_{100}(l))})$，得到未来 3 期序列值的 95%的置信区间，见表 7.3。

表 7.3 未来 3 期序列值的 95%的置信区间

预测时期	95%的置信区间
101	(0.136, 0.332)
102	(0.087, 0.287)
103	(−0.049, 0.251)

7.5 预测值的适时修正

对于平稳时间序列的预测，实际就是利用已有的当前信息和历史信息 x_t，x_{t-1}，x_{t-2}，… 对于序列未来某个时期 $x_{t+l}(l>0)$ 进行预测。根据(7.9)式，预测的步长值 l 越大，预测精度越差。

随着时间的推移，在原有时间序列观测值 x_t，x_{t-1}，x_{t-2}，… 的基础上，我们会不断获得新的观测值 x_{t+1}，x_{t+2}，…。显然，如果把新的观测值 x_{t+1}，x_{t+2}，… 加入历史数据，就能够提高对 x_{t+l} 的预测精度。所谓预测值的修正，就是研究如何利用新的信息去获得精度更高的预测值。

在已知旧信息 x_t，x_{t-1}，x_{t-2}，… 的基础上，根据(7.7)式，x_{t+l} 的预测值为

$$\hat{x}_t(l)=G_l\varepsilon_t+G_{l+1}\varepsilon_{t-1}+\cdots$$

现在假如获得一个新的信息 x_{t+1}，当前时期为 $t+1$，则在 x_{t+1}，x_t，x_{t-1}，…基础上，x_{t+l} 的预测值为：

$$\begin{aligned}\hat{x}_{t+1}(l-1) &= G_{l-1}\varepsilon_{t+1}+G_l\varepsilon_t+G_{l+1}\varepsilon_{t-1}+\cdots \\ &= G_{l-1}\varepsilon_{t+1}+\hat{x}_t(l)\end{aligned}$$

则当前时期为 $t+1$，预测误差为：

$$e_{t+1}(l-1)=G_0\varepsilon_{t+l}+G_1\varepsilon_{t+l-1}+\cdots+G_{l-2}\varepsilon_{t+2}$$

所以预测方差为：

$$\begin{aligned}\operatorname{Var}[e_{t+1}(l-1)] &= (G_0^2+G_1^2+\cdots+G_{l-2}^2)\sigma^2 \\ &= \operatorname{Var}[e_t(l-1)]\end{aligned}$$

由上式可以看到，一期修正后第 l 步预测方差等于修正前第 $l-1$ 步预测方差，它比修正前的同期预测方差减少了 $G_{l-1}^2\sigma^2$，因此提高了预测精度。

上述分析表明，当我们获得新的信息后，要得到 x_{t+l} 的预测精度更高的预测值并不需要对所有的历史数据进行计算，只需要把新的信息加入而对旧的预测值进行修正即可。

更一般地，假如重新获得 k 个新的 x_{t+1}，…，$x_{t+k}(1\leqslant k\leqslant l)$，则 x_{t+l} 的修正的预测值为

$$\begin{aligned}\hat{x}_{t+k}(l-k) &= G_{l-k}\varepsilon_{t+k}+\cdots+G_{l-1}\varepsilon_{t+1}+G_l\varepsilon_t+G_{l+1}\varepsilon_{t-1}+\cdots \\ &= G_{l-k}\varepsilon_{t+k}+\cdots+G_{l-1}\varepsilon_{t+1}+\hat{x}_t(l)\end{aligned}$$

则当前时期为 $t+k$，预测误差为

$$e_{t+k}(l-k)=G_0\varepsilon_{t+l}+\cdots+G_{l-k-1}\varepsilon_{t+k+1}$$

预测方差为

$$\begin{aligned}\operatorname{Var}[e_{t+k}(l-k)] &= (G_0^2+G_1^2+\cdots+G_{l-k-1}^2)\sigma^2 \\ &= \operatorname{Var}[e_t(l-k)]\end{aligned}$$

承例 7.2　假设一个月后已知四月份的真实销售额为 100 万元，求第二季度后两个月销售额的修正预测值及 95%的置信区间。

因为 $\varepsilon_4=x_4-\hat{x}_3(1)=100-97.12=2.88$，根据上述公式可以计算五月、六月的修正预测值如下：

五月：$\hat{x}_4(1)=G_1\varepsilon_4+\hat{x}_3(2)=99.16$

六月：$\hat{x}_4(2)=G_2\varepsilon_4+\hat{x}_3(3)=99.50$

修正预测方差为

$$\mathrm{Var}[e_4(1)]=\mathrm{Var}[e_3(1)]=G_0^2\sigma^2=36$$

$$\mathrm{Var}[e_4(2)]=\mathrm{Var}[e_3(2)]=(G_0^2+G_1^2)\sigma^2=48.96$$

l 步预测销售额的 95%的置信区间见表 7.4。

表 7.4

预测时期	修正前 95%的置信区间	修正后 95%的置信区间
四月	(85.36, 108.88)	
五月	(83.72, 111.15)	(87.40, 110.92)
六月	(81.84, 113.35)	(85.79, 113.21)

由此可以看到修正后的置信区间的长度比修正前的小，即预测的精度提高了。

习题 7

7.1 对于 AR(1)模型：$X_t-\mu=\phi_1(X_{t-1}-\mu)+\varepsilon_t$，根据 t 个历史观测值数据…，10.1，9.6，已经求出相应的参数估计 $\hat{\mu}=10$，$\hat{\phi}_1=0.3$，$\hat{\sigma}^2=9$，求

(1) x_{t+3} 的 95%的置信区间。

(2) 假定重新获得观测值数据 $x_{t+1}=10.5$，使用更新数据求 x_{t+3} 的 95%的置信区间。

7.2 设 $\{X_t\}$ 为非中心化的平稳 AR(p)序列，即 $\mathrm{E}(X_t)=\mu$，$\{X_t-\mu\}$ 为中心化的平稳 AR(p)序列，给出 $\{X_t\}$ 的预测方法。

7.3 利用模型 $X_t=X_{t-1}+\varepsilon_t-1.1\varepsilon_{t-1}+0.28\varepsilon_{t-2}$ 拟合的序列中的 X_{91}，X_{92}，…，X_{100}，其值由下列观测值给出：

166,172,169,164,168,171,167,168,172

(1) 计算预测值 $\hat{x}_{100}(l)$，$l=1$，…，5，并画出序列值和预测值的图 ($\varepsilon_{90}=0$，$\varepsilon_{91}=0$)。

(2) 利用 $\hat{\sigma}^2=1.103$，计算预测标准差的估计值 $\sqrt{\mathrm{Var}(e_{100}(l))}$，并且计算 95%的置信区间，并将区间加在图中预测值的两侧。

7.4 对于一个经济时间序列已经确定可以使用 ARMA(1, 2)模型

$$X_t = 0.5 + X_{t-1} + \varepsilon_t - \varepsilon_{t-1} + 0.5\varepsilon_{t-2}$$

描述，其中 $\sigma^2 = 0.04$。

(1) 给定 $x_{48} = 130$，$\varepsilon_{47} = -0.3$，$\varepsilon_{48} = 0.2$，计算并画出预测值 $\hat{x}_{48}(l)$，$l = 1, \cdots, 10$。

(2) 计算 95%的置信区间，并将区间加在图中预测值的两侧。

7.5　某城市过去 63 年中每年降雪量数据如表 7.5 所示(行数据)。

表 7.5

126.4	82.4	78.1	51.1	90.9	76.2	104.5	87.4
110.5	25	69.3	53.5	39.8	63.6	46.7	72.9
79.6	83.6	80.7	60.3	79	74.4	49.6	54.7
71.8	49.1	103.9	51.6	82.4	83.6	77.8	79.3
89.6	85.5	58	120.7	110.5	65.4	39.9	40.1
88.7	71.4	83	55.9	89.9	84.8	105.2	113.7
124.7	114.5	115.6	102.4	101.4	89.8	71.5	70.9
98.3	55.5	66.1	78.4	120.5	97	110	

(1) 判断该序列的平稳性与纯随机性；

(2) 如果该序列平稳且非白噪声，选择适当模型拟合该序列的发展；

(3) 利用拟合模型，预测该城市未来 5 年的降雪量。

7.6　某地区连续 74 年的谷物产量(单位：千吨)如表 7.6 所示。

表 7.6

0.97	0.45	1.61	1.26	1.37	1.43	1.32	1.23	0.84	0.89	1.18
1.33	1.21	0.98	0.91	0.61	1.23	0.97	1.10	0.74	0.80	0.81
0.80	0.60	0.59	0.63	0.87	0.36	0.81	0.91	0.77	0.96	0.93
0.95	0.65	0.98	0.70	0.86	1.32	0.88	0.68	0.78	1.25	0.79
1.19	0.69	0.92	0.86	0.86	0.85	0.90	0.54	0.32	1.40	1.14
0.69	0.91	0.68	0.57	0.94	0.35	0.39	0.45	0.99	0.84	0.62
0.85	0.73	0.66	0.76	0.63	0.32	0.17	0.46			

(1) 判断该序列的平稳性与纯随机性；

(2) 选择适当模型拟合该序列的发展；

(3) 利用拟合模型，预测该地区未来 5 年的谷物产量。

EViews 软件介绍(Ⅳ)

(续)我国 1950—2005 年进出口贸易总额年度数据(单位：亿元人民币)时

间序列($\{Y_t\}$)(见附录 1.15)。

根据前一章实例分析的介绍,我们已经把这一序列处理成平稳,并且我们针对平稳序列建立了如下的 ARMA 模型:

$$X_t = 0.557\,897X_{t-1} + \varepsilon_t + 0.475\,266\varepsilon_{t-6}, \varepsilon_t \sim WN(0, \sigma_\varepsilon^2)$$

现在,我们将用这一模型进行相关的预测分析。

首先,在模型的估计结果窗口中点击 Proc 键,并选择 Forecast 选项,如图 7.1 所示。

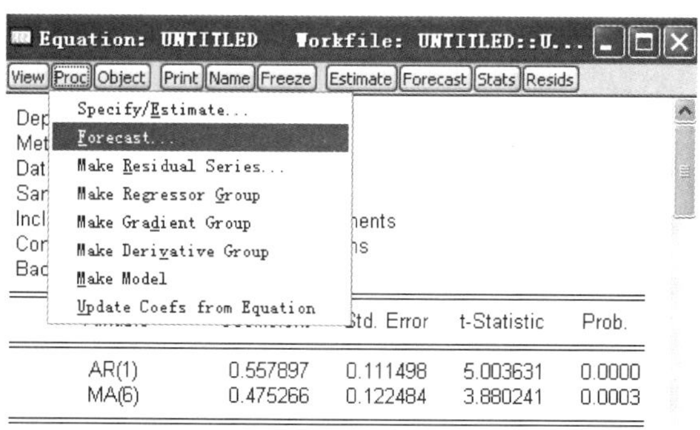

图 7.1 Forecast 选项

在弹出的对话框中做如下选择,如图 7.2 所示。

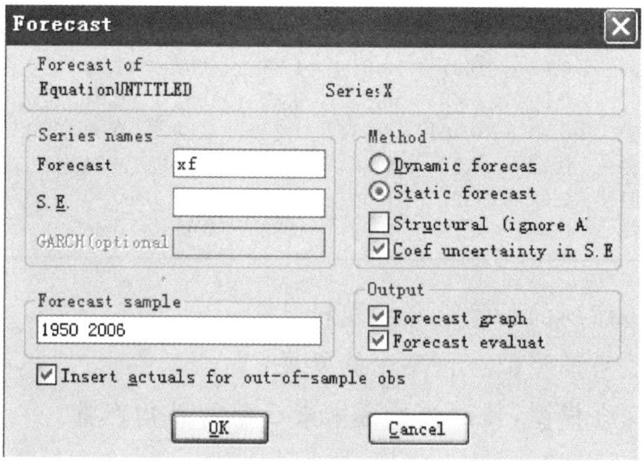

图 7.2 选择 xf

(1) 在 Series names(序列名)选择区的 Forecast(预测变量名)处填写所要预测的变量名,默认的选择是在原序列名后加 f。同时在 S.E.处可以给出预测变量的标准差的名称，这是一个可选项，我们采取默认的选择，不给标准差序列命名，也不需要保存。

(2) 在 Method(方法)选择区可以选择两种预测的方式。

① Dynamic(动态预测)。除了第一个预测值是用原序列的实际值预测外，其后各预测值都是采用递推预测的方法，用动态项(滞后被解释变量)的前期预测值代入预测式来预测下一期的预测值。

② Static(静态预测)。它是指用原序列的实际值来进行预测(只有当真实数据可以获得时才可以使用这种方法)。在这一例子中，我们就是用的这一方法。

(3) 在 Forcast sample(预测范围)选择区，需要设定预测区间，为简单起见，我们仅预测 2006 年的数据，因此，在这一选择区，输入“1950 2006”。

其他的选项以默认的为准，在做好上述选择后，点击“OK”键，得到相应的预测结果，如图 7.3 所示。当在工作文件中点击新序列 xf 时，在该序列的最后给出了 2006 年的预测值，如图 7.4 所示。

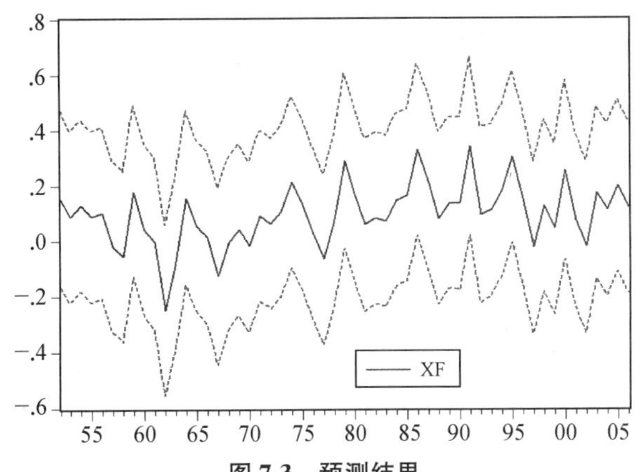

图 7.3　预测结果

1998	1998	0.127340
1999	1999	0.045179
2000	2000	0.255425
2001	2001	0.074836
2002	2002	-0.020522
2003	2003	0.173610
2004	2004	0.113869
2005	2005	0.199220
2006	2006	0.120940

图 7.4　预测值

图中的实线部分为预测值序列图，虚线部分为预测值的 95%上下置信区间。另外还有一部分输出内容如图 7.5 所示。

其中的四个指标的定义如下。

① 误差均方根(Root Mean Squared Error，rms error)。

$$rms\ error = \sqrt{\frac{1}{n}\sum_{t=T+1}^{T+n}(\hat{y}_t - y_t)^2}$$

Forecast: XF	
Actual: X	
Forecast sample: 1950 2006	
Adjusted sample: 1952 2006	
Included observations: 54	
Root Mean Squared Error	0.150432
Mean Absolute Error	0.119438
Mean Abs. Percent Error	208.4360
Theil Inequality Coefficient	0.414817
Bias Proportion	0.086624
Variance Proportion	0.131982
Covariance Proportion	0.781393

图 7.5 另一部分输出内容

② 绝对误差平均(Mean Absolute Error，MAE)。

$$MAE = \frac{1}{n}\sum_{t=T+1}^{T+n} |\hat{y}_t - y_t|$$

③ 相对误差绝对值平均(Mean Absolute Percentage Error，MAPE)。

$$MAPE = 100\,\frac{1}{n}\sum_{t=T+1}^{T+n}\left|\frac{\hat{y}_t - y_t}{y_t}\right|$$

④ 泰尔(Theil)不等系数(Theil Inequality Coefficient，TIC)。

$$TIC = \frac{\sqrt{\frac{1}{n}\sum_{t=T+1}^{T+n}(\hat{y}_t - y_t)^2}}{\sqrt{\frac{1}{n}\sum_{t=T+1}^{T+n}\hat{y}_t^2} + \sqrt{\frac{1}{n}\sum_{t=T+1}^{T+n}y_t^2}}$$

三个比例值的定义如下：

$$\text{偏倚比率(Bias Proportion)} = \frac{\left(\frac{1}{n}\sum_{t=T+1}^{T+n}\hat{y}_t - \bar{y}_t\right)^2}{\frac{1}{n}\sum_{t=T+1}^{T+n}(\hat{y}_t - y_t)}$$

$$\text{方差比率(Variance Proportion)} = \frac{(S_{\hat{y}_t} - S_{y_t})^2}{\frac{1}{n}\sum_{t=T+1}^{T+n}(\hat{y}_t - y_t)}$$

$$协方差比率(\text{Covariance Proportion}) = \frac{2(1-r)S_{\hat{y}_t}S_{y_t}}{\frac{1}{n}\sum_{t=T+1}^{T+n}(\hat{y}_t - y_t)}$$

其中，T 表示样本容量，n 表示样本外预测期数，$\hat{y}_t$ 表示预测值，y_t 表示真值，$\bar{y}_t$ 是y_t 的实际平均值，r 是$\hat{y}_t$ 和y_t 的相关系数，$S_{\hat{y}_t}$，S_{y_t} 分别表示预测值和实际值的偏倚标准差。

8 非平稳和季节时间序列模型分析方法

在第 4 章中，我们介绍了非平稳时间序列模型，但是在前面的讨论中，对于时间序列的特性分析，以及模型的统计分析都集中于平稳时间序列问题上。本章将介绍几个非平稳时间序列的建模方法，并且分析不同的非平稳时间序列模型的动态性质。

8.1 ARIMA 模型的分析方法

8.1.1 ARIMA 模型的结构

具有如下结构的模型称为求和自回归移动平均(Autoregressive Integrated Moving Average)，简记为 ARIMA(p, d, q)模型：

$$\begin{cases}\Phi(B)\nabla^d X_t=\Theta(B)\varepsilon_t \\ E(\varepsilon_t)=0,\ Var(\varepsilon_t)=\sigma^2,\ E(\varepsilon_t\varepsilon_s)=0,\ s\neq t \\ E(X_s\varepsilon_t)=0,\ \forall s<t\end{cases} \tag{8.1}$$

式中：

$\nabla^d=(1-B)^d$；

$\Phi(B)=1-\phi_1 B-\cdots-\phi_p B^p$，为平稳可逆 ARMA($p$, q) 模型的自回归系数多项式；

$\Theta(B)=1-\theta_1 B-\cdots-\theta_q B^q$，为平稳可逆 ARMA($p$, q) 模型的移动平滑系数多项式。

(8.1)式可以简记为：

$$\nabla^d X_t=\frac{\Theta(B)}{\Phi(B)}\varepsilon_t \tag{8.2}$$

式中，$\{\varepsilon_t\}$ 为零均值白噪声序列。

由(8.2)式显而易见，ARIMA 模型的实质就是差分运算与 ARMA 模型的组合。这一关系意义重大，这说明任何非平稳序列只要通过适当阶数的差分运算实现差分后平稳，就可以对差分后序列进行 ARMA 模型拟合了。而 ARMA 模型的分析方法非常成熟，这意味着对差分平稳序列的分析也将是非常简单、非常可靠了。

例如，设 ARIMA(1, 1, 1)模型

$$(1-0.5B)(1-B)X_t=(1+0.3B)\varepsilon_t,\ \varepsilon_t \sim \text{i.i.d.}N(0,\ 1)$$

图 8.1 是给出的 ARIMA(1, 1, 1)模型一个模拟数据，样本容量为 200，可以看出时间趋势是非常明显的。图 8.2 是经过一阶差分得到的数据。经过一阶差分我们看到下降的时间趋势被去掉，新的序列看起来是平稳的。

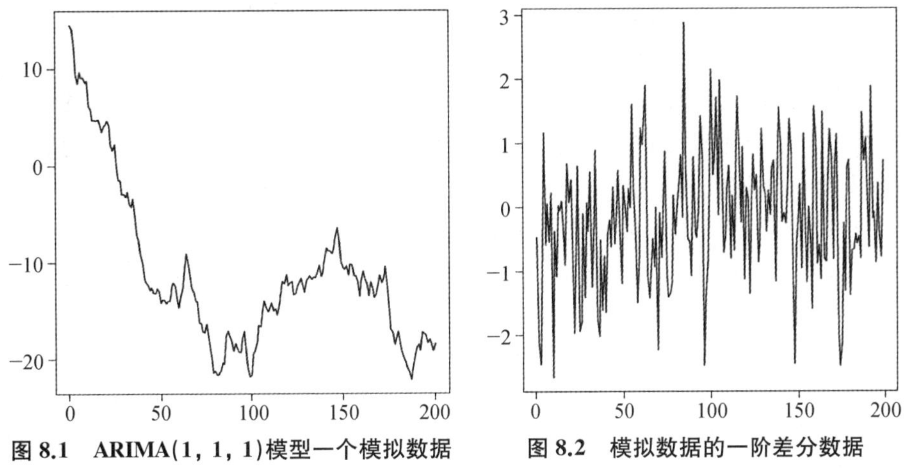

图 8.1 ARIMA(1, 1, 1)模型一个模拟数据　　**图 8.2 模拟数据的一阶差分数据**

求和自回归移动平均模型这个名字的由来是因为 d 阶差分后序列可以表示为：

$$\nabla^d X_t=\sum_{i=0}^{d}(-1)^i C_d^i X_{t-i}$$

式中，$C_d^i=\dfrac{d!}{i!(d-i)!}$，即差分后序列等于原序列的若干序列值的加权和，而对它又可以拟合自回归移动平均(ARMA)模型，所以称它为求和自回归移动平均模型。

特别是，

当 $d=0$ 时，ARIMA(p, d, q)模型实际上就是 ARMA(p, q)模型；

当 $p=0$ 时，ARIMA(0, d, q)模型可以简记为 IMA(d, q)模型；

当 $q=0$ 时，ARIMA(p, d, 0)模型可以简记为 ARI(p, d)模型。

当 $d=1$, $p=q=0$ 时，ARIMA(0, 1, 0)模型为：

$$\begin{cases} X_t = X_{t-1} + \varepsilon_t \\ \mathrm{E}(\varepsilon_t)=0,\ \mathrm{Var}(\varepsilon_t)=\sigma^2,\ \mathrm{E}(\varepsilon_t\varepsilon_s)=0,\ s\neq t \\ \mathrm{E}(X_s\varepsilon_t)=0,\ \forall s<t \end{cases} \tag{8.3}$$

该模型被称为随机游走(Random Walk)模型或醉汉模型。

随机游走模型的产生有一个有趣的典故。它最早于 1905 年 7 月由卡尔·皮尔逊(Karl Pearson)在《自然》杂志上作为一个问题提出：假如有一个醉汉醉得非常严重，完全丧失方向感，把他放在荒郊野外，一段时间之后再去找他，在什么地方找到他的概率最大呢？

考虑到他完全丧失方向感，那么他第 t 步的位置将是他第 $t-1$ 步的位置再加一个完全随机的位移。用数学模型来描述任意时刻这个醉汉可能的位置，即为一个随机游走模型(8.3)。

1905 年 8 月，雷利爵士(Lord Rayleigh)对卡尔·皮尔逊的这个问题做出了解答。他算出这个醉汉离初始点的距离为 r 至 $r+\delta r$ 的概率为：

$$\frac{2}{nl^2}\mathrm{e}^{-r^2/nl^2}r\delta r$$

且当 n 很大时，该醉汉离初始点的距离服从零均值正态分布。这意味着，假如有人想去寻找醉汉，最好是去初始点附近找他，该地点是醉汉未来位置的无偏估计值。

作为一个最简单的 ARIMA 模型，随机游走模型目前广泛应用于计量经济学领域。传统的经济学家普遍认为投机价格的走势类似于随机游走模型，随机游走模型也是有效市场理论(Efficient Market Theory)的核心。

8.1.2 ARIMA 模型的性质

(1) 平稳性

假如 $\{X_t\}$ 服从 ARIMA(p, d, q)模型：

$$\Phi(B)\nabla^d X_t=\Theta(B)\varepsilon_t$$

式中：

$$\nabla^d=(1-B)^d$$
$$\Phi(B)=1-\phi_1 B-\cdots-\phi_p B^p$$
$$\Theta(B)=1-\theta_1 B-\cdots-\theta_q B^q$$

记 $\varphi(B)=\Phi(B)\nabla^d$，$\varphi(B)$ 被称为广义自回归系数多项式。显然 ARIMA 模型的平稳性完全由 $\varphi(B)=0$ 的根的性质决定。

因为 $\{X_t\}d$ 阶差分后平稳，服从 ARMA(p，q)模型，所以不妨设

$$\Phi(B)=\prod_{i=1}^{p}(1-\lambda_i B),\ |\lambda_i|<1;\ i=1,2,\cdots,p$$

则

$$\varphi(B)=\Phi(B)\nabla^d=\left[\prod_{i=1}^{p}(1-\lambda_i B)\right](1-B)^d \tag{8.4}$$

由(8.4)式容易判断，ARIMA(p，d，q)模型的广义自回归系数多项式共有 $p+d$ 个特征根，其中 p 个在单位圆内，d 个在单位圆上。因为有 d 个特征根在单位圆上而非单位圆内，所以当 $d\neq 0$ 时，ARIMA(p，d，q)模型不平稳。

(2) 方差齐性

对于 ARIMA(p，d，q)模型，当 $d\neq 0$ 时，不仅均值非平稳，序列方差也非平稳。以最简单的随机游走模型 ARIMA(0，1，0)为例：

$$\begin{aligned}X_t&=X_{t-1}+\varepsilon_t\\&=X_{t-2}+\varepsilon_t+\varepsilon_{t-1}\\&\ \vdots\\&=X_0+\varepsilon_t+\varepsilon_{t-1}+\cdots+\varepsilon_1\end{aligned}$$

则

$$\mathrm{Var}(X_t)=\mathrm{Var}(X_0+\varepsilon_t+\varepsilon_{t-1}+\cdots+\varepsilon_1)=t\sigma_\varepsilon^2$$

这是一个时间 t 的递增函数，随着时间趋向无穷，序列 $\{X_t\}$ 的方差也趋向无穷。

但1阶差分之后，

$$\nabla X_t = \varepsilon_t$$

差分后序列方差齐性

$$\mathrm{Var}(\nabla X_t) = \sigma^2$$

8.1.3 ARIMA 模型建模

在掌握了 ARMA 模型建模的方法之后，尝试使用 ARIMA 模型对观察序列建模是一件比较简单的事情。它遵循如下的操作流程，如图 8.3 所示：

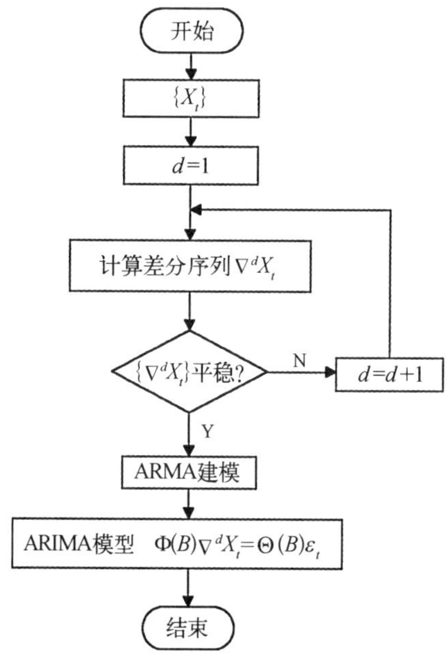

图 8.3 ARIMA 模型建模流程

8.1.4 ARIMA 模型预测

在最小均方误差预测原理下，ARIMA 模型的预测和 ARMA 模型的预测方法非常类似。ARIMA(p, d, q)模型的一般表示方法为：

$$\Phi(B)(1-B)^d X_t = \Theta(B)\varepsilon_t$$

和 ARMA 模型一样，也可以用历史观测值的线性函数表示它：

$$\begin{aligned} X_t &= \varepsilon_t + \Psi_1 \varepsilon_{t-1} + \Psi_2 \varepsilon_{t-2} + \cdots \\ &= \Psi(B) \varepsilon_t \end{aligned}$$

式中，Ψ_1，Ψ_2，$\cdots$ 的值由如下等式确定：

$$\Phi(B)\,(1-B)^d \Psi(B) = \Theta(B)$$

如果把 $\Phi^*(B)$ 记为广义自相关函数，有

$$\Phi^*(B) = \Phi(B)\,(1-B)^d = 1 - \phi_1 B - \phi_2 B^2 + \cdots$$

容易验证 Ψ_1，Ψ_2，$\cdots$ 的值满足如下递推公式：

$$\begin{cases} \Psi_1 = \phi_1 - \theta_1 \\ \Psi_2 = \phi_1 \Psi_1 + \phi_2 - \theta_2 \\ \vdots \\ \Psi_j = \phi_1 \Psi_{j-1} + \cdots + \phi_{p+d} \Psi_{j-p-d} - \theta_j \end{cases}$$

式中，$\Psi_j = \begin{cases} 0,\ j < 1, \\ 1,\ j = 0, \end{cases}$ $\theta_j = 0,\ j > q$。

那么，X_{t+l} 的真实值为：

$$X_{t+l} = (\varepsilon_{t+l} + \Psi_1 \varepsilon_{t+l-1} + \cdots + \Psi_{l-1} \varepsilon_{t+1}) + (\Psi_l \varepsilon_t + \Psi_{l+1} \varepsilon_{t-1} + \cdots)$$

由于 ε_{t+l}，ε_{t+l-1}，$\cdots$，ε_{t-1} 的不可获得性，所以 X_{t+l} 的估计值只能为：

$$\hat{x}_t(l) = \Psi_0^* \varepsilon_t + \Psi_1^* \varepsilon_{t-1} + \Psi_2^* \varepsilon_{t-2} + \cdots$$

真实值与预报值之间的均方误差为：

$$\mathrm{E}\,[X_{t+l} - \hat{x}_t(l)]^2 = (1 + \Psi_1^2 + \cdots + \Psi_{t-1}^2)\sigma^2 + \sum_{j=0}^{\infty} (\Psi_{l+j} - \Psi_j^*)^2 \sigma^2$$

要使均方误差最小，当且仅当：

$$\Psi_j^* = \Psi_{l+j}$$

所以，在均方误差最小的原则下，l 期预报值为：

$$\hat{x}_t(l) = \Psi_l \varepsilon_t + \Psi_{l+1} \varepsilon_{t-1} + \Psi_{l+2} \varepsilon_{t-2} + \cdots$$

l 期预报误差为：

$$e_t(l) = \varepsilon_{t+1} + \Psi_1 \varepsilon_{t+l-1} + \cdots + \Psi_{l-1} \varepsilon_{t+1}$$

真实值等于预报值加上预报误差：

$$\begin{aligned}X_{t+l} &= (\Psi_l \varepsilon_t + \Psi_{l+1} \varepsilon_{t-1} + \Psi_{l+2} \varepsilon_{t-2} + \cdots) \\ &\quad + (\varepsilon_{t+1} + \Psi_1 \varepsilon_{t+l-1} + \cdots + \Psi_{l-1} \varepsilon_{t+1}) \\ &= \hat{x}_t(l) + e_t(l)\end{aligned}$$

l 期预报的方差为：

$$\mathrm{Var}[e_t(l)] = (1 + \Psi_1^2 + \cdots + \Psi_{l-1}^2)\sigma^2$$

例 8.1 对 1950—2005 年我国进出口贸易总额数据(单位：亿元人民币)序列建立 ARIMA 模型(数据见附录 1.15)。

① 对原序列(NX)的分析。

先做出 1950—2005 年我国进出口贸易总额数据(NX)的时序图及自相关图，如图 8.4 和图 8.5 所示。

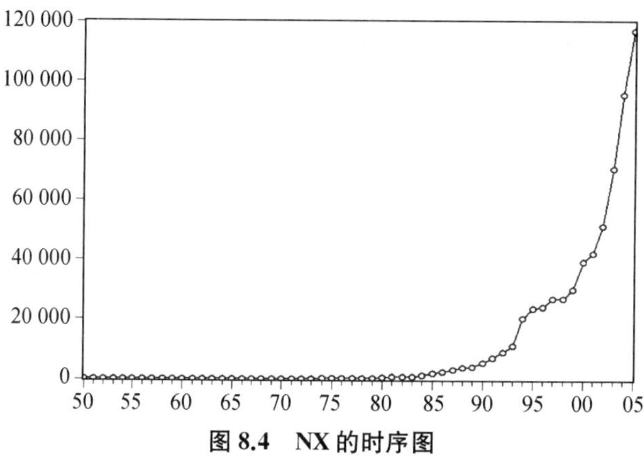

图 8.4 NX 的时序图

再对该序列做单位根检验，原假设：H_0：$|\lambda| \geqslant 1$；备择假设：H_1：$|\lambda| < 1$，检验结果如图 8.4 所示。

根据图 8.6 的检验结果，可以认为这一序列非平稳。

② 对原序列取对数并分析。

由于这一序列有着非常明显的指数趋势，因此我们对它进行取对数的运算，以消除指数趋势的影响，将取对数后的序列命名为 y_t，即 $y_t = \ln(NX)$。

作出序列 $\{y_t\}$ 的时序图与自相关图分别如图 8.7 和图 8.8 所示。

依然对序列 $\{y_t\}$ 做单位根检验，检验结果如图 8.9 所示。

Sample: 1950 2005
Included observations: 56

Autocorrelation	Partial Correlation		AC	PAC	Q-Stat	Prob
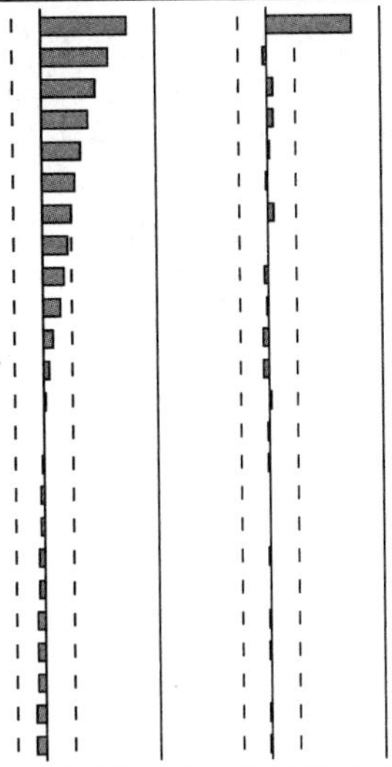		1	0.789	0.789	36.784	0.000
		2	0.608	-0.039	59.043	0.000
		3	0.486	0.046	73.499	0.000
		4	0.410	0.056	84.008	0.000
		5	0.353	0.020	91.941	0.000
		6	0.293	-0.017	97.534	0.000
		7	0.258	0.045	101.95	0.000
		8	0.228	0.003	105.46	0.000
		9	0.188	-0.027	107.90	0.000
		10	0.148	-0.016	109.45	0.000
		11	0.098	-0.052	110.14	0.000
		12	0.048	-0.043	110.32	0.000
		13	0.025	0.021	110.36	0.000
		14	0.004	-0.021	110.36	0.000
		15	-0.013	-0.011	110.37	0.000
		16	-0.026	-0.004	110.43	0.000
		17	-0.036	-0.007	110.54	0.000
		18	-0.047	-0.016	110.72	0.000
		19	-0.056	-0.004	111.00	0.000
		20	-0.065	-0.012	111.38	0.000
		21	-0.074	-0.014	111.89	0.000
		22	-0.080	-0.008	112.49	0.000
		23	-0.085	-0.014	113.20	0.000
		24	-0.090	-0.016	114.01	0.000

图 8.5 NX 的自相关图

		t-Statistic	Prob.*
Augmented Dickey-Fuller test statistic		0.913640	0.9948
Test critical values:	1% level	-3.584743	
	5% level	-2.928142	
	10% level	-2.602225	

*MacKinnon (1996) one-sided p-values.

图 8.6 NX 的检验结果

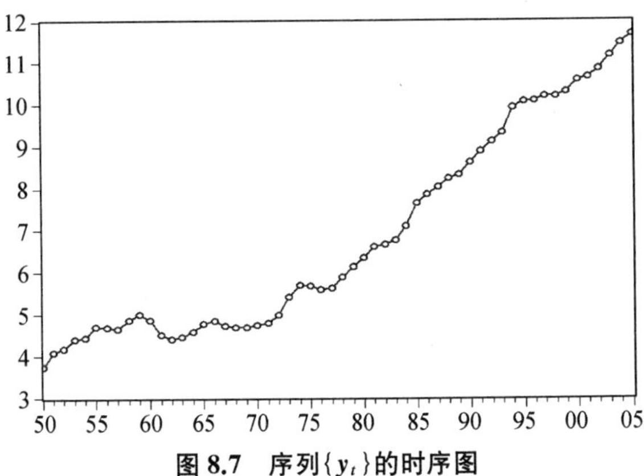

图 8.7 序列$\{y_t\}$的时序图

Sample: 1950 2005
Included observations: 56

Autocorrelation	Partial Correlation		AC	PAC	Q-Stat	Prob
		1	0.945	0.945	52.772	0.000
		2	0.892	-0.018	100.60	0.000
		3	0.840	-0.012	143.82	0.000
		4	0.792	0.008	182.97	0.000
		5	0.744	-0.025	218.21	0.000
		6	0.696	-0.026	249.69	0.000
		7	0.648	-0.028	277.54	0.000
		8	0.598	-0.055	301.70	0.000
		9	0.545	-0.047	322.24	0.000
		10	0.493	-0.039	339.37	0.000
		11	0.436	-0.078	353.06	0.000
		12	0.375	-0.080	363.42	0.000
		13	0.319	0.001	371.08	0.000
		14	0.263	-0.039	376.45	0.000
		15	0.210	-0.030	379.93	0.000
		16	0.159	-0.017	381.97	0.000
		17	0.110	-0.017	382.98	0.000
		18	0.060	-0.054	383.29	0.000
		19	0.011	-0.030	383.30	0.000
		20	-0.038	-0.046	383.43	0.000
		21	-0.086	-0.042	384.11	0.000
		22	-0.128	0.009	385.68	0.000
		23	-0.165	-0.006	388.37	0.000
		24	-0.198	-0.008	392.36	0.000

图 8.8 序列 $\{y_t\}$ 的自相关图

		t-Statistic	Prob.*
Augmented Dickey-Fuller test statistic		1.645973	0.9995
Test critical values:	1% level	-3.560019	
	5% level	-2.917650	
	10% level	-2.596689	

*MacKinnon (1996) one-sided p-values.

图 8.9 序列 $\{y_t\}$ 的检验结果

根据这一检验结果，我们看到这一序列依然没有平稳，结合图 8.7 和图 8.8，我们看到在序列 $\{y_t\}$ 中有着明显的增长趋势，因此我们还需要对其进行差分处理。

③ 对序列 $\{Y_t\}$ 进行差分处理。

我们将序列 $\{Y_t\}$ 进行一阶差分处理，得到一个新序列 $\{X_t\}$，即 $X_t=(1-B)Y_t$。

画出序列 $\{X_t\}$ 的时序图，并进行相应的单位根检验，如图 8.10 和图 8.11 所示。

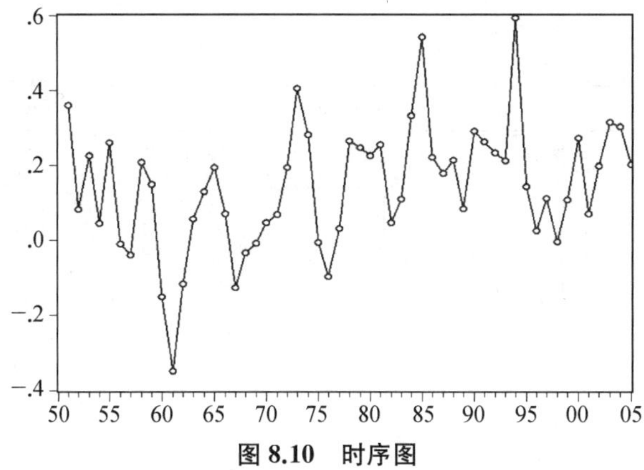

图 8.10　时序图

		t-Statistic	Prob.*
Augmented Dickey-Fuller test statistic		-4.588086	0.0005
Test critical values:	1% level	-3.557472	
	5% level	-2.916566	
	10% level	-2.596116	

*MacKinnon (1996) one-sided p-values.

图 8.11　单位根检验

根据上述结果，可以认为这一序列已经平稳，接下来，可以针对该序列做进一步的建模拟合。

④ 针对平稳序列 $\{X_t\}$ 的建立 ARMA 模型。

首先，画出序列 $\{X_t\}$ 的自相关图。根据图 8.12，我们可以初步判断该序列的偏自相关图一阶截尾，而针对自相关图并不能马上做出判断。

其次，针对序列 $\{X_t\}$ 我们尝试几种不同的模型拟合，比如 ARMA(1, 1)，ARMA(1, 2)，ARMA(1, 3)等。经过不断的尝试，我们最终选择了 ARMA(1, 6)模型，并且该模型中移动平均部分的系数只有 MA(6)的系数是显著的，这样我们就把 1～5 阶的系数全部放弃，最终的估计结果如图 8.13 所示。

通过图 8.11，我们可以看到最终选择的模型的整体检验效果还是良好的。

最后，对拟合模型后的残差序列做纯随机性检验，检验结果如图 8.14 所示。

通过这一检验，我们看到残差序列已经可以认为是一个纯白噪声的序列，说明我们的模型已经将有用信息充分提取了。

Sample: 1950 2005
Included observations: 55

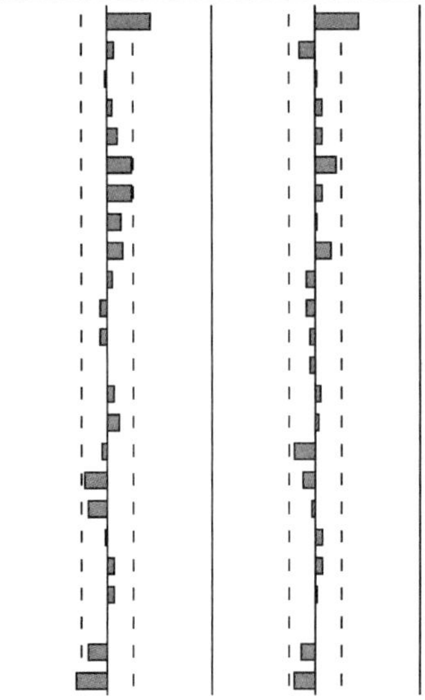

Autocorrelation	Partial Correlation		AC	PAC	Q-Stat	Prob
		1	0.438	0.438	11.129	0.001
		2	0.070	-0.151	11.416	0.003
		3	-0.015	0.020	11.430	0.010
		4	0.048	0.074	11.572	0.021
		5	0.110	0.067	12.330	0.031
		6	0.247	0.214	16.233	0.013
		7	0.242	0.067	20.057	0.005
		8	0.137	0.022	21.312	0.006
		9	0.154	0.153	22.938	0.006
		10	0.055	-0.097	23.151	0.010
		11	-0.059	-0.089	23.398	0.016
		12	-0.060	-0.046	23.661	0.023
		13	-0.001	-0.054	23.661	0.034
		14	0.074	0.046	24.076	0.045
		15	0.130	0.036	25.397	0.045
		16	-0.048	-0.204	25.585	0.060
		17	-0.222	-0.117	29.665	0.029
		18	-0.194	-0.036	32.865	0.017
		19	-0.021	0.081	32.905	0.025
		20	0.066	0.064	33.300	0.031
		21	0.073	0.020	33.786	0.038
		22	-0.003	0.003	33.787	0.052
		23	-0.182	-0.132	37.028	0.032
		24	-0.308	-0.199	46.593	0.004

图 8.12 自相关图

Sample (adjusted): 1952 2005
Included observations: 54 after adjustments
Convergence achieved after 10 iterations
Backcast: 1946 1951

Variable	Coefficient	Std. Error	t-Statistic	Prob.
AR(1)	0.557897	0.111498	5.003631	0.0000
MA(6)	0.475266	0.122484	3.880241	0.0003
R-squared	0.166190	Mean dependent var		0.140431
Adjusted R-squared	0.150156	S.D. dependent var		0.166289
S.E. of regression	0.153297	Akaike info criterion		-0.876542
Sum squared resid	1.222003	Schwarz criterion		-0.802876
Log likelihood	25.66663	Durbin-Watson stat		1.899705
Inverted AR Roots	.56			
Inverted MA Roots	.77+.44i	.77-.44i	.00-.88i	-.00+.88i
	-.77+.44i	-.77-.44i		

图 8.13 估计结果

Sample: 1952 2005
Included observations: 54
Q-statistic probabilities adjusted for 2 ARMA term(s)

Autocorrelation	Partial Correlation		AC	PAC	Q-Stat	Prob
		1	-0.047	-0.047	0.1238	
		2	-0.207	-0.210	2.6248	
		3	-0.087	-0.113	3.0707	0.080
		4	0.018	-0.041	3.0908	0.213
		5	0.041	-0.004	3.1925	0.363
		6	-0.215	-0.241	6.0986	0.192
		7	0.163	0.149	7.8091	0.167
		8	0.042	-0.038	7.9245	0.244
		9	0.118	0.165	8.8615	0.263
		10	0.044	0.093	8.9935	0.343
		11	-0.053	0.049	9.1945	0.420
		12	0.052	0.069	9.3897	0.496
		13	-0.145	-0.060	10.939	0.448
		14	-0.017	-0.040	10.960	0.532
		15	0.135	0.164	12.363	0.498
		16	0.027	-0.017	12.419	0.573
		17	-0.147	-0.156	14.174	0.512
		18	-0.071	-0.062	14.602	0.554
		19	0.115	-0.042	15.749	0.542
		20	0.068	0.037	16.162	0.581
		21	0.006	0.085	16.165	0.646
		22	0.045	0.090	16.358	0.694
		23	-0.009	0.003	16.366	0.749
		24	-0.181	-0.201	19.658	0.604

图 8.14 检验结果

这一模型的整体拟合效果见图 8.15。

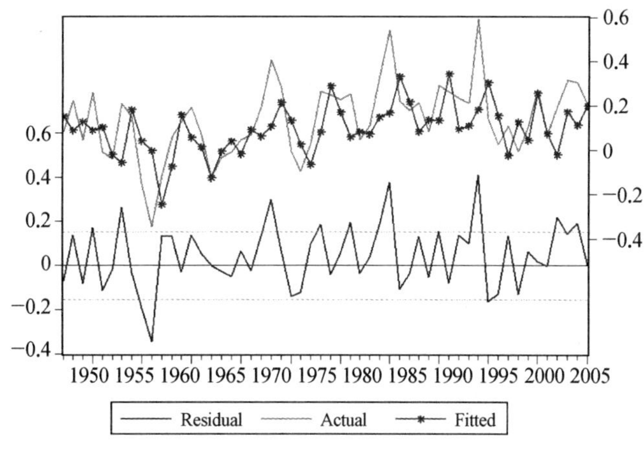

图 8.15 整体拟合效果

综合上述分析过程，实际上我们是针对原序列(NX)即 1950—2005 年我国进出口贸易总额数据序列，建立了一个 ARIMA(1, 1, 6)模型进行拟合。模型结构如下：

$$\begin{cases}(1-B)(\ln NX)_t = 0.557\,897(1-B)(\ln NX)_{t-1} + \varepsilon_t + 0.475\,266\varepsilon_{t-6} \\ \mathrm{E}(\varepsilon_t)=0,\ \mathrm{Var}(\varepsilon_t)=\sigma_\varepsilon^2,\ \mathrm{E}(\varepsilon_s\varepsilon_t)=0,\ s\neq t \\ \mathrm{E}NX_s\varepsilon_t=0,\ \forall s<t\end{cases}$$

8.2 季节时间序列模型的分析方法

8.2.1 季节时间序列的重要特征

(1) 季节时间序列表示

许多商业和经济时间序列都包含季节现象，例如，冰淇淋的销量的季度序列在夏季最高，序列在每年都会重复这一现象，相应的周期为 4。与之类似，美国汽车的月度销售量和销售额数据在每年的 7 月和 8 月也趋于下降，因为每年这时汽车厂家将会推出新的产品；在西方，玩具的销售量在每年 12 月份会增加，主要是因为圣诞节；在中国，每年农历 5 月份糯米的销售量大大增加，这是因为中国人在端午节有吃粽子的习惯。以上三种情况的季节周期都是 12 个月。由上面的例子可以看到，很多的实际问题中，时间序列会显示出周期变化的规律，这种周期性是由于季节变化或其他物理因素所致，我们称这类序列为季节性序列。为了分析方便，单变量的时间序列可以编制成一个二维的表格，其中一维表示周期，另一维表示某个周期的一个观测值，如表 8.1 所示。

表 8.1 单变量时间序列观测数据

周期	周期点					
	1	2	3	4	…	S
1	X_1	X_2	X_3	X_4	…	X_S
2	X_{S+1}	X_{S+2}	X_{S+3}	X_{S+4}	…	X_{2S}
3	X_{2S+1}	X_{2S+2}	X_{2S+3}	X_{2S+4}	…	X_{3S}
4	X_{3S+1}	X_{3S+2}	X_{3S+3}	X_{3S+4}	…	X_{4S}
⋮	⋮	⋮	⋮	⋮	⋮	⋮

例如，1993—2000 年各月中国社会消费品零售总额序列是一个月度资料，其周期 $S=12$，起点为 1993 年 1 月，具体数据见附录。

(2) 季节时间序列的重要特征

季节性时间序列的重要特征表现为周期性。在一个序列中,如果经过 S 个时间间隔后观测点呈现相似性,比如同处于波峰或波谷,我们就说该序列具有以 S 为周期的周期特性。具有周期特性的序列称为季节时间序列,S 为周期的长度,不同的季节时间序列会表现出不同的周期,季度资料的一个周期表现为一年的四个季度,月度资料的周期表现为一年的 12 个月,周资料表现为一周的 7 天或 5 天。

例如,图 8.16 的数据是 1993 年 1 月—2000 年 12 月的中国社会消费品月销售总额。

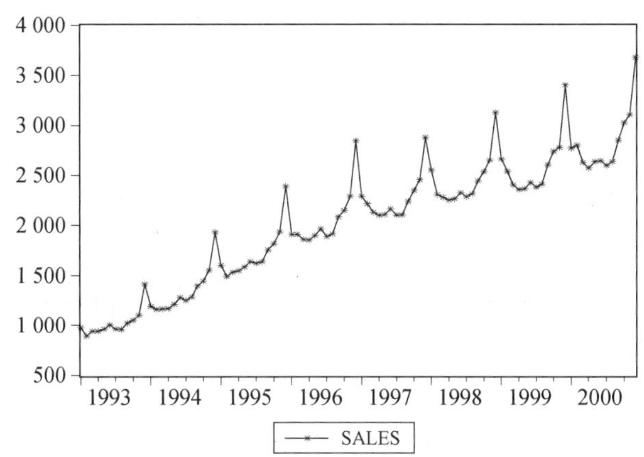

图 8.16　1993 年 1 月—2000 年 12 月的中国社会消费品月销售总额

当然影响一个季节性时间序列的因素除了季节因素外,还存在趋势变动和不规则变动等。我们研究季节性时间序列的目的就是分解影响经济指标变量的季节因素、趋势因素和不规则因素,据以了解它们对经济的影响。

8.2.2　季节时间序列模型

(1) 随机季节模型

季节性随机时间序列时间间隔为周期长度 S 的两个时间点上的随机变量,有较强的相关性,或者说季节性时间序列表现出周期相关,比如对于月度数据,$S=12$,X_t 与 X_{t-12} 有相关关系,于是我们可以利用这种周期相关性在 X_t 与 X_{t-12} 之间进行拟合。

设一个季节性时间序列 $\{X_t\}$ 通过 D 阶的季节差分 $(1-B^S)^D$ 后为一平

稳时间序列 W_t，即 $W_t=(1-B^S)^D X_t$，则一阶自回归季节模型为

$$W_t=\phi_1 W_{t-S}+\varepsilon_t \text{ 或}(1-\phi_1 B^S)W_t=\varepsilon_t \tag{8.5}$$

其中，ε_t 为白噪声序列。将 $W_t=(1-B^S)^D X_t$ 代入式(8.5)，得

$$(1-\phi_1 B^S)(1-B^S)^D X_t=\varepsilon_t \tag{8.6}$$

同样，一个一阶移动平均季节模型为

$$W_t=\varepsilon_t-\theta_1\varepsilon_{t-s} \text{ 或}(1-B^S)^D X_t=(1-\theta_1 B^S)\varepsilon_t \tag{8.7}$$

推而广之，季节性的 SARIMA 为

$$U(B^S)(1-B^S)^D X_t=V(B^S)\varepsilon_t \tag{8.8}$$

其中，

$$U(B^S)=1-\Gamma_1 B^S-\Gamma_2 B^{2S}-\cdots-\Gamma_k B^{kS}$$
$$V(B^S)=1-H_1 B^S-H_2 B^{2S}-\cdots-H_m B^{mS}$$

(2) 乘积季节模型

(8.8)式的季节性 SARIMA 模型中，我们假定 a_t 是白噪声序列，不过实际中 a_t 不一定是白噪声序列。因为(8.8)式的模型中季节差分仅仅消除了时间序列的季节成分，自回归或移动平均仅仅消除了不同周期相同周期点之间具有的相关部分，时间序列还可能存在长期趋势，相同周期的不同周期点之间也有一定的相关性，所以，模型可能有一定的拟合不足，如果假设 a_t 是 ARIMA (p, d, q)模型，则(8.8)式可以改为

$$\Phi(B)U(B^S)\nabla^d\nabla_S^D X_t=\Theta(B)V(B^S)\varepsilon_t \tag{8.9}$$

其中，

$$U(B^S)=1-\Gamma_1 B^S-\Gamma_2 B^{2S}-\cdots-\Gamma_k B^{kS}$$
$$V(B^S)=1-H_1 B^S-H_2 B^{2S}-\cdots-H_m B^{mS}$$
$$\Phi(B)=1-\phi_1 B-\cdots-\phi_p B^p$$
$$\Theta(B)=1-\theta_1 B-\cdots-\theta_q B^q$$
$$\nabla^d=(1-B)^d$$
$$\nabla_S^D=(1-B^S)^D$$

称(8.9)式为乘积季节模型，记为 ARIMA$(k, D, m)\times(p, d, q)$。如果

将模型的 AR 因子和 MA 因子分别展开，可以得到类似 ARIMA($kS+p$, $mS+q$) 的模型，不同的是模型的系数在某些阶为零，故 ARIMA(k, D, m)$\times$(p, d, q) 是疏系数模型或子集模型。

(3) 常见的随机季节模型

在实际问题中，季节性时间序列所含有的成分不同，记忆性长度各异，因而模型形式也是多种多样的。这里以季节周期 $S=12$ 为例，介绍几种常见的季节模型。

【模型 1】

$$(1-B)(1-B^{12})X_t=(1-\theta_1 B)(1-\theta_{12}B^{12})\varepsilon_t \tag{8.10}$$

(8.10)式先对时间序列 X_t 做双重差分，移动平均算子由 $(1-\theta_1 B)$ 和$(1-\theta_{12}B^{12})$ 两个因子构成，该模型是交叉乘积模型 ARIMA(0, 1, 1) $\times$ (0, 1, 1)。实际上该模型是由两个模型组合而成。由于序列存在季节趋势，故先对序列进行季节差分 $\nabla_{12}=(1-B^{12})$，差分后的序列是一阶季节移动平均模型，则

$$(1-B^{12})X_t=(1-\theta_{12}B^{12})u_t \tag{8.11}$$

但(8.11)式仅仅拟合了间隔时间为周期长度点之间的相关关系，序列还存在非季节趋势，相邻时间点上的变量还存在相关关系，所以模型显然拟合不足，u_t 不仅是非白噪声序列而且非平稳，满足

$$(1-B)u_t=(1-\theta_1 B)\varepsilon_t \tag{8.12}$$

(8.12)式拟合了序列滞后期为一期的时间点之间的相关，ε_t 为白噪声序列，将(8.12)式代入(8.11)式，则得到模型 1。

【模型 2】

$$(1-B^{12})X_t=(1-\theta_1 B)(1-\theta_{12}B^{12})\varepsilon_t \tag{8.13}$$

(8.13)式也是由两个模型组合而成，一个是

$$(1-B^{12})X_t=(1-\theta_{12}B^{12})u_t \tag{8.14}$$

它刻画了不同年份同月的资料之间的相关关系，但是又有欠拟合存在，因为 u_t 不是白噪声序列。如果 u_t 满足以下 MA(1)模型，则

$$u_t=(1-\theta_1 B)\varepsilon_t \tag{8.15}$$

将(8.15)式代入(8.14)式,得到模型 2。

8.2.3 季节性检验和季节模型的建立

检验一个时间序列是否具有季节性是十分必要的,如果一个时间序列季节性显著,那么拟合适应的季节时间序列模型是合理的,否则会有欠拟合之嫌。如果不是一个具有显著季节性的时间序列,即使是一个月度数据资料,也不应该拟合季节性时间序列模型。下面我们讨论如何识别一个时间序列的季节性。

(1) 季节性时间序列自相关函数和偏自相关函数的检验

根据博克斯-詹金斯(Box-Jenkins)建模法,自相关函数和偏自相关函数的特征是识别非季节性时间序列的工具。从 7.2 节的讨论已经看到季节性时间序列模型实际上是一种特殊的 ARIMA 模型,不同的是它的系数是稀疏的,即部分系数为零,所以对于乘积季节模型的阶数识别,基本上可以采用博克斯-詹金斯方法,考察序列样本自相关函数和偏自相关函数,从而对季节性进行检验。

① 季节性 MA 模型的自相关函数。

假设某一季节性时间序列适应的模型为

$$X_t=(1-\theta_S B^S)u_t \tag{8.16}$$

$$u_t=(1-\theta_1 B)\varepsilon_t \tag{8.17}$$

ε_t 是白噪声序列。将(8.17)式代入(8.16)式,可得

$$X_t=(1-\theta_S B^S)(1-\theta_1 B)\varepsilon_t$$

整理后,有

$$X_t=\varepsilon_t-\theta_1\varepsilon_{t-1}-\theta_S\varepsilon_{t-s}+\theta_1\theta_s\varepsilon_{t-s-1}$$

这实际上是一个疏系数的 MA($S+1$)模型,除滞后期为 1,S 和 $S+1$ 时的滑动平均参数不为零以外,其余的均为零。根据第 3 章的讨论,不难求出其自相关函数。

例 8.2 假设其时间序列的周期 $S=12$,该序列服从的模型为

$$X_t=\varepsilon_t-\theta_1\varepsilon_{t-1}-\theta_{12}\varepsilon_{t-12}+\theta_1\theta_{12}\varepsilon_{t-13}$$

求其自相关函数。

根据 a_t 是白噪声的性质，容易得到系统的方差为

$$\begin{aligned}\gamma_0 &= \mathrm{Var}(X_t) \\ &= (1+\theta_1^2+\theta_{12}^2+\theta_1^2\theta_{12}^2)\sigma^2 \\ &= (1+\theta_1^2)(1+\theta_{12}^2)\sigma^2\end{aligned}$$

自协方差函数为

$$\begin{aligned}\gamma_s &= \mathrm{cov}(X_t,\ X_{t-s}) \\ &= \mathrm{E}(\varepsilon_t-\theta_1\varepsilon_{t-1}-\theta_{12}\varepsilon_{t-12}+\theta_1\theta_{12}\varepsilon_{t-13})\cdot \\ &\quad (\varepsilon_{t-s}-\theta_1\varepsilon_{t-s-1}-\theta_{12}\varepsilon_{t-s-12}+\theta_1\theta_{12}\varepsilon_{t-s-13})\end{aligned}$$

当 $s=1$ 时，$\gamma_1=\mathrm{cov}(X_t,\ X_{t-1})=(-\theta_1-\theta_1\theta_{12}^2)\sigma^2$，则

$$\rho_1=\frac{(-\theta_1-\theta_1\theta_{12}^2)\sigma^2}{(1+\theta_1^2)(1+\theta_{12}^2)\sigma^2}=-\frac{\theta_1}{1+\theta_1^2}$$

当 $s=2,\ 3,\ \cdots,\ 10$ 时，$\rho_2=\rho_3=\cdots=\rho_{10}=0$。

当 $s=11$ 时，$\gamma_{11}=\mathrm{cov}(X_t,\ X_{t-11})=\theta_1\theta_{12}\sigma^2$，则

$$\rho_{11}=\frac{\theta_1\theta_{12}\sigma^2}{(1+\theta_1^2)(1+\theta_{12}^2)\sigma^2}=\frac{\theta_1\theta_{12}}{(1+\theta_1^2)(1+\theta_{12}^2)}$$

当 $s=12$ 时，$\gamma_{12}=\mathrm{cov}(X_t,\ X_{t-12})=(-\theta_{12}-\theta_1^2\theta_{12})\sigma^2$，则

$$\rho_{12}=\frac{(-\theta_{12}-\theta_1^2\theta_{12})\sigma^2}{(1+\theta_1^2)(1+\theta_{12}^2)\sigma^2}=\frac{-\theta_{12}-\theta_1^2\theta_{12}}{(1+\theta_1^2)(1+\theta_{12}^2)}=-\frac{\theta_{12}}{1+\theta_{12}^2}$$

当 $s=13$ 时，$\gamma_{13}=\mathrm{cov}(X_t,\ X_{t-12})=\theta_1\theta_{12}\sigma^2$

$$\rho_{13}=\frac{\theta_1\theta_{12}\sigma^2}{(1+\theta_1^2)(1+\theta_{12}^2)\sigma^2}=\frac{\theta_1\theta_{12}}{(1+\theta_1^2)(1+\theta_{12}^2)}$$

当 $s>13$ 时，则 $\rho_s=0$。

可见得到样本的自相关函数后，各滑动平均参数的矩法估计式也就不难得到了。

更一般的情形，如果一个时间序列服从模型

$$X_t=\Theta(B)(1-\theta_sB^s-\theta_{2s}B^{2s}-\cdots-\theta_{ms}B^{ms})\varepsilon_t \tag{8.18}$$

其中，$\Theta(B)=1-\theta_1B-\theta_2B^2-\cdots-\theta_qB^q$。整理后可以看出该时间序列模型

是疏系数 MA($ms+q$)，可以求出其自相关函数，从而了解时间序列的统计特征。

② 季节性 AR 模型的偏自相关函数。

假定 X_t 是一个季节时间序列，服从

$$(1-\phi_1 B)(1-\phi_s B^s)X_t=\varepsilon_t$$

展开整理后可以得到

$$(1-\phi_1 B-\phi_s B^s+\phi_1\phi_s B^{s+1})X_t=\varepsilon_t$$

这是一个阶段为 $S+1$ 的疏系数 AR 模型，根据偏自相关函数的定义，该模型的滞后期 1，S 和 $S+1$ 不为零，其他的偏自相关函数可能会显著为零。

更一般的情形，如果一个时间序列服从模型

$$\Phi(B)(1-\phi_s B^s-\phi_{2s}B^{2s}-\cdots-\phi_{ks}B^{ks})X_t=\varepsilon_t \tag{8.19}$$

其中，$\Phi(B)=1-\phi_1 B-\phi_2 B^2-\cdots-\phi_p B^p$，整理后可以看到该时间序列模型是疏系数 AR($kS+p$)模型，求出其偏自相关函数，可以了解时间序列的统计特征。

季节时间序列的样本自相关函数和偏自相关函数既不拖尾也不截尾，也不呈现出线性衰减趋势，如果在滞后期为周期 S 的整倍数时出现峰值，则建立乘积季节模型是适应的，同时 SAR 算子 $U(B^S)$ 和 SMA 算子 $V(B^S)$ 的阶数也可以通过自相关函数和偏自相关函数的表现得到。

关于差分阶数和季节差分阶数的选择是试探性的，可以通过考察样本的自相关函数来确定。一般情况下，如果自相关函数缓慢下降并在滞后期为周期 S 的整倍数时出现峰值，通常说明序列同时有趋势变动和季节变动，应该做 1 阶差分和季节差分。如果差分后的序列所呈现的自相关函数有较好的截尾和拖尾性，则差分阶数是适宜的。

例 8.3 绘制 1993 年 1 月至 2000 年 12 月中国社会消费品零售总额序列的自相关和偏自相关图，如图 8.17 所示。

图 8.17 显示中国社会消费品零售总额月度时间序列的自相关函数缓慢下降，且在滞后期为周期倍数时出现峰值，滞后期为 12 的自相关函数为 0.645，滞后期为 24 的自相关函数为 0.318，说明该时间序列是一个典型的既有趋势又有季节变动的序列。由于该序列不是一个平稳的时间序列，所以我们不能由其偏自相关函数简单建立一个自回归模型，该序列建模必须将序列进行差

Autocorrelation	Partial Correlation		AC	PAC	Q-Stat	Prob
		1	0.901	0.901	80.415	0.000
		2	0.842	0.159	151.37	0.000
		3	0.784	0.014	213.55	0.000
		4	0.730	0.001	268.08	0.000
		5	0.701	0.115	318.89	0.000
		6	0.684	0.107	367.87	0.000
		7	0.652	-0.050	412.83	0.000
		8	0.630	0.030	455.31	0.000
		9	0.629	0.148	498.15	0.000
		10	0.628	0.079	541.30	0.000
		11	0.622	-0.006	584.15	0.000
		12	0.645	0.177	630.75	0.000
		13	0.553	-0.527	665.45	0.000
		14	0.498	-0.002	693.95	0.000
		15	0.445	-0.013	716.97	0.000
		16	0.395	-0.015	735.35	0.000
		17	0.367	0.008	751.42	0.000
		18	0.351	0.010	766.23	0.000
		19	0.319	-0.012	778.66	0.000
		20	0.301	0.037	789.86	0.000
		21	0.300	0.032	801.14	0.000
		22	0.298	0.029	812.43	0.000
		23	0.299	0.080	823.96	0.000
		24	0.318	0.021	837.21	0.000

图 8.17 自相关和偏自相关图

分变化,使其平稳化。

(2) 季节性单位根检验

① 季节单位根检验的辅助回归。在前面章节,我们讨论了趋势模型的单位根检验,检验算子

$$\Phi(B)=1-\phi_1 B-\phi_2 B^2-\cdots-\phi_p B^p$$

是否在模为 1 的根,即检验 $\Phi(B)=1-\phi_1 B-\phi_2 B^2-\cdots-\phi_p B^p$ 是否存在 $(1-B)^d$ 的因子。同样,如果模型需要做季节差分,那么 $\Phi(B)=1-\phi_1 B-\phi_2 B^2-\cdots-\phi_p B^p$ 应该存在 $(1-B^S)^D$ 的因子,这就提出了关于季节单位根的检验问题。如果季节差分算子 $\nabla_S=1-B^S$ 将序列 X_t 变换成一个平稳的时间序列,则称序列 X_t 是季节单整时,即该序列存在季节单位根。实际上,差分 ∇_S 算子通常过滤掉季节时间序列的一个或多个随机趋势。比如,当 $S=4$ 时:

$$\nabla_4=1-B^S=(1-B)(1+B)(1-iB)(1+iB)$$

可见季节时间序列有可能含有 4 个模为 1 的根,它们是 1、-1、i 和 $-$i,通常称为序列在零频率、$\frac{1}{2}$ 频率和 $\frac{1}{4}$ 频率上存在单位根。零频率指序列满

足因子差分$(1-B)$；$\frac{1}{2}$频率指序列满足因子差分$(1+B)$，这时时间序列经过两季回到原值，周期为2，因为$(1+B)X_t=0$，则$X_t=-X_{t-1}$和$X_{t-1}=-X_{t-2}$，将后式代入前式得$X_t=X_{t-2}$；$\frac{1}{4}$频率指因子差分$(1-\mathrm{i}B)$，这时时间序列经过四季回到原值，周期为4，因为$(1-\mathrm{i}B)X_t=0$，则$X_t=\mathrm{i}X_{t-1}$，$X_{t-1}=\mathrm{i}X_{t-2}$，$X_{t-2}=\mathrm{i}X_{t-3}$和$X_{t-3}=\mathrm{i}X_{t-4}$，将前面的四式逐一代入得$X_t=X_{t-4}$。如果真实是零频率的时间序列，做$(1-B^2)$差分，则差分过度。如果真实是一个$\frac{1}{2}$频率的时间序列，做$(1-B^4)$差分，也有过度差分之嫌，所以十分自然，我们会考虑对序列的∇_4季节差分和它的因子差分进行检验。

假设X_t服从的模型如下：

$$\Phi_p(B)X_t=\Phi_{p-4}^*(B)(1-\gamma B^4)X_t=\varepsilon_t \tag{8.20}$$

是否有季节单位根的问题归结到了$(1-\gamma B^4)$，如果$\gamma=1$，则序列存在季节单位根。不妨假设$\Phi_{p-4}^*(B)$中无因子$(1-B)$和$(1-B^4)$，将$(1-\gamma B^4)$分解，得

$$(1-\gamma B^4)=(1-\gamma^{1/4}B)(1+\gamma^{1/4}B)(1-\mathrm{i}\gamma^{1/4}B)(1+\mathrm{i}\gamma^{1/4}B) \tag{8.21}$$

赫尔伯格等(Hylleberg，1990)基于(8.17)式，拓展了迪基、哈泽和富勒的方法，提出了一个简单的检验季节时间序列的季节和非季节单位根的技术。为了了解该检验的过程，我们以周期为$S=4$为例，设

$$\Phi(B)=\Phi_{p-4}^*(B)(1-\alpha_1B)(1+\alpha_2B)(1-\mathrm{i}\alpha_3B)(1+\mathrm{i}\alpha_4B) \tag{8.22}$$

则

$$\Phi_{p-4}^*(B)(1-\alpha_1B)(1+\alpha_2B)(1-\mathrm{i}\alpha_3B)(1+\mathrm{i}\alpha_4B)X_t=\varepsilon_t \tag{8.23}$$

从(8.23)式可以看出：

当$\alpha_1=1$时，序列X_t有一个非季节单位根1；进而当$\alpha_2=1$时，序列X_t有季节单位根-1，该单位根是二季一个周期的情形；再进而当$\alpha_3=\alpha_4=1$时，X_t以一年四季为一个周期。(8.22)式是α_1，α_2，α_3和α_4的函数，为了计算方便起见，不妨假设$\Phi_{p-4}^*(B)$零阶多项式，则

$$\Phi(B)=(1-\alpha_1B)(1+\alpha_2B)(1-\mathrm{i}\alpha_3B)(1+\mathrm{i}\alpha_4B) \tag{8.24}$$

将$\Phi(B)$在$\alpha_1=1$，$\alpha_2=1$，$\alpha_3=1$和$\alpha_4=1$邻近做泰勒展开，由于$\Phi(B)$在$\alpha_1=$

1，$\alpha_2=1$，$\alpha_3=1$ 和 $\alpha_4=1$ 处的值是 $(1-B^4)$，有

$$\begin{aligned}\Phi(B)\approx&(1-B^4)-(1+B+B^2+B^3)B(\alpha_1-1)\\&+(1-B+B^2-B^3)B(\alpha_2-1)\\&-(1-B^2)(1+\mathrm{i}B)\mathrm{i}B(\alpha_3-1)\\&+(1-B^2)(1-\mathrm{i}B)\mathrm{i}B(\alpha_4-1)\end{aligned}\tag{8.25}$$

则

$$\begin{aligned}&[(1-B^4)-(1+B+B^2+B^3)B(\alpha_1-1)\\&+(1-B+B^2-B^3)B(\alpha_2-1)\\&-(1-B^2)(1+\mathrm{i}B)\mathrm{i}B(\alpha_3-1)\\&+(1-B^2)(1-\mathrm{i}B)\mathrm{i}B(\alpha_4-1)]X_t=\varepsilon_t\end{aligned}\tag{8.26}$$

令 $\gamma_i=\alpha_i-1(i=1,2,3,4)$，整理(8.26)式得

$$\begin{aligned}(1-B^4)X_t=&\{\gamma_1(1+B+B^2+B^3)B-\gamma_2(1-B+B^2-B^3)B\\&+(1-B^2)[\gamma_3(\mathrm{i}-B)-\gamma_4(\mathrm{i}+B)]B\}X_t+\varepsilon_t\end{aligned}\tag{8.27}$$

或

$$\begin{aligned}(1-B^4)X_t=&\{\gamma_1(1+B+B^2+B^3)B-\gamma_2(1-B+B^2-B^3)B\\&+(1-B^2)[(\gamma_3+\gamma_4)\mathrm{i}-(\gamma_3-\gamma_4)B]B\}X_t+\varepsilon_t\end{aligned}\tag{8.28}$$

令 $2\gamma_3=\gamma_6-\mathrm{i}\gamma_5$，$2\gamma_4=-\gamma_6-\mathrm{i}\gamma_5$，有 $\gamma_3=\gamma_4=0$ 时，$\gamma_5=\gamma_6=0$ 成立。则(8.28)式化简为：

$$\begin{aligned}(1-B^4)X_t=&\{\gamma_1(1+B+B^2+B^3)B-\gamma_2(1-B+B^2-B^3)B\\&+(1-B^2)[(\gamma_5-\gamma_6)B]B\}X_t+\varepsilon_t\end{aligned}\tag{8.29}$$

或

$$\begin{aligned}(1-B^4)X_t=&\gamma_1(1+B+B^2+B^3)X_{t-1}-\gamma_2(1-B+B^2-B^3)X_{t-1}\\&+\gamma_5(1-B^2)X_{t-1}-\gamma_6(1-B^2)X_{t-2}+\varepsilon_t\end{aligned}\tag{8.30}$$

令

$$\begin{aligned}&X_{1,t-1}=(1+B+B^2+B^3)X_{t-1}=X_{t-1}+X_{t-2}+X_{t-3}+X_{t-4}\\&X_{2,t-1}=-(1-B+B^2-B^3)X_{t-1}=-(X_{t-1}-X_{t-2}+X_{t-3}-X_{t-4})\\&X_{3,t-1}=(1-B^2)X_{t-1}=X_{t-1}-X_{t-3}\\&X_{3,t-2}=-(1-B^2)X_{t-2}=-(X_{t-2}-X_{t-4})\end{aligned}$$

则(8.30)式变换为

$$(1-B^4)X_t=\gamma_1 X_{1,t-1}+\gamma_2 X_{2,t-1}+\gamma_5 X_{3,t-1}+\gamma_6 X_{3,t-2}+\varepsilon_t \quad (8.31)$$

再令

$$\pi_1=\gamma_1,\ \pi_2=\gamma_2,\ \pi_3=\gamma_5,\ \pi_4=\gamma_6$$

则(8.31)式变换为

$$(1-B^4)X_t=\pi_1 X_{1,t-1}+\pi_2 X_{2,t-1}+\pi_3 X_{3,t-1}+\pi_4 X_{3,t-2}+\varepsilon_t \quad (8.32)$$

于是(8.32)式可以作为检验季节性时间序列的季节单位根是否存在的检验式。

假定 X_t 还可以用(8.33)式描述

$$(1-B^4)X_t=\mu_t+\pi_1 X_{1,t-1}+\pi_2 X_{2,t-1}+\pi_3 X_{3,t-1}+\pi_4 X_{3,t-2}+\frac{\Theta(B)}{\Phi(B)}\varepsilon_t \quad (8.33)$$

其中，$\mu_t=\delta_0+\sum_{s=1}^{S-1}\delta_s D_{s,t}+\beta t$，$D_{s,t}$ 为季节虚拟变量，$D_{s,t}$ 在季节 s 时为1，其他为0($s=1,2,\cdots,S$)，δ_t 为虚拟变量的参数，这时检验季节性时间序列是否存在非季节和季节单位根的辅助回归模型就是(8.33)式。

② HEGY 检验步骤。利用辅助回归检验季节单位根的步骤如下：

第一步：产生新变量 $X_{1,t-1}$，$X_{2,t-1}$，$X_{3,t-1}$ 和 $X_{3,t-2}$。

第二步：估计(8.32)式或(8.33)式辅助回归模型。应用最小二乘估计，得到 π_i 的估计值 $\hat{\pi}_i(i=1,2,3,4)$ 和其他参数的估计。

第三步：构造检验的统计量并给出检验结果。

对 H_0：$\pi_1=0$ 进行 t 检验，如果不能拒绝原假设，那么有 $\alpha_1=1$，则存在非季节单位根 1；接下来再对 H_0：$\pi_2=0$ 进行 t 检验，如果不能拒绝原假设，则存在单位根-1，时间序列为两季一个周期。

第四步：对 $\pi_3=\pi_4=0$ 进行 F 检验，如果计算出的统计量 F 的值小于给定的临界值，则接受原假设，说明周期为一年四季，时间序列进行季节差分是适应的。

例 8.4 1993—2000 年的中国社会消费品零售总额季度资料如图 8.18 所示，对该数据序列是否存在季节单位根进行检验。

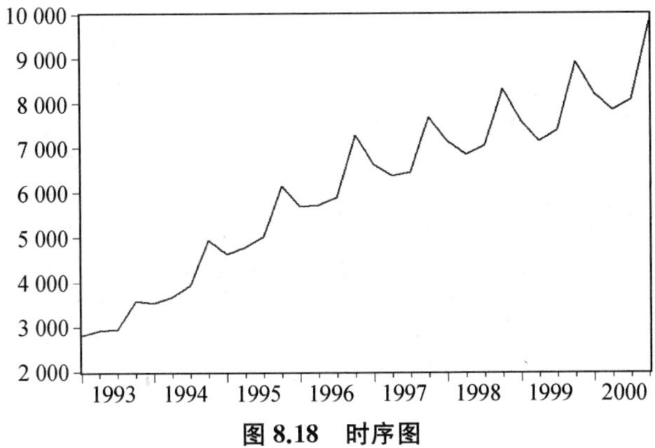

图 8.18 时序图

从图 8.18 中可以看出，1993—2000 年季度中国社会消费品零售总额表现出季节变动，检验序列是否存在季节单位根步骤如下：

① 产生新变量 $X_{1,t-1}$，$X_{2,t-1}$，$X_{3,t-1}$ 和 $X_{3,t-2}$。

② 拟合辅助回归模型。首先拟合辅助回归式

$$(1-B^4)X_t=\pi_1X_{1,t-1}+\pi_2X_{2,t-1}+\pi_3X_{3,t-1}+\pi_4X_{3,t-2}+\varepsilon_t$$

模型的 DW 统计量显示残差存在自相关，说明该检验式有欠拟合，改进拟合辅助回归式为：

$$(1-B^4)X_t=\pi_1X_{1,t-1}+\pi_2X_{2,t-1}+\pi_3X_{3,t-1}+\pi_4X_{3,t-2}+\frac{1}{1-\phi_1B}\varepsilon_t$$

结果如表 8.2 所示。

表 8.2 季节单位根检验的辅助回归模型

变 量 名	参 数 估 计	标 准 差	t 统计量
$X_{1,t-1}$	0.025 9	0.013 1	1.99
$X_{2,t-1}$	0.018 3	0.025 6	0.72
$X_{3,t-1}$	0.000 4	0.033 0	0.01
$X_{3,t-2}$	−0.060 9	0.033 3	−1.83
AR(1)	−0.914 1	0.080 7	−11.33

模型的 $R^2=0.959\ 1$，$DW=1.852\ 6$，残差平方和为 $SSE_1=777\ 018.723$。从结果可以看出检验式是显著的。根据假设检验 H_0：$\pi_1=0$ 和 H_0：$\pi_2=0$ 的 t 统计量的值，我们不能拒绝 $\pi_1=0$ 和 $\pi_2=0$ 的假设，说明序列存在 1 和 −1 的单

位根。

③ 检验 $\pi_3=\pi_4=0$。进一步拟合具有约束条件的模型

$$(1-B^4)X_t=\pi_1 X_{1,t-1}+\pi_2 X_{2,t-1}+\frac{1}{1-\phi_1 B}\varepsilon_t$$

结果如表 8.3 所示。

表 8.3 季节单位根检验的辅助回归模型

变量名	参数估计	标准差	t 统计量	p 值
$X_{1,t-1}$	0.025 3	0.015 2	1.67	0.107 1
$X_{2,t-1}$	0.017 4	0.026 1	0.67	0.510 1
AR(1)	−0.927 5	0.083 4	−11.13	<0.000 1

模型的 $R^2=0.953\,2$，$DW=1.883\,2$，残差平方和为 $SSE_0=889\,756.357$。结合两个模型的残差平方和，构造 H_0：$\pi_3=\pi_4=0$ 的检验统计量为

$$F=\frac{(SSE_0-SSE_1)/2}{SSE_1/23}=\frac{(889\,756.357-777\,018.723)/2}{777\,018.723/23}=1.668\,5$$

将 $F=1.668\,5$ 与 F 检验的临界值相比较，不能拒绝 H_0：$\pi_3=\pi_4=0$，说明序列存在 i 和 −i 的根。综上所述，该序列做差分 $(1-B^4)$ 是适宜的，或者说该序列在 0 频率、$\frac{1}{2}$频率和$\frac{1}{4}$频率上存在单位根。

习题 8

8.1 假定 $\{X_t\}$ 是一个 ARIMA(p,d,q)过程，满足如下差分方程：

$$\phi(B)(1-B)^d X_t=\theta(B)\varepsilon_t,\ \{\varepsilon_t\}\sim WN(0,\sigma^2)$$

试证明：对过程 $w_t=X_t+A_0+A_1t++A_{d-1}t^{d-1}$，$A_0,\cdots,A_{d-1}$ 是任意随机变量，上述差分方程仍然成立。

8.2 令 $\{X_t\}$ 是一个 ARIMA(2, 1, 0)过程且满足：

$$(1-0.8B+0.25B^2)\nabla X_t=\varepsilon_t,\ \{\varepsilon_t\}\sim WN(0,1)$$

(1) 当 $h>0$ 时，确定预测函数 $g(h)=P_n x_{n+h}$，

(2) 假定 n 很大，试计算 $\sigma_n^2(h)$，$h=1,\cdots,5$。

8.3　获得 100 个 ARIMA(0，1，1)序列观测值 x_1，…，x_{100}。

(1) 已知 $\theta_1=0.3$，$x_{100}=50$，$\hat{x}_{100}(1)=51$，求 $\hat{x}_{100}(2)$ 的值。

(2) 假定获得新值 $x_{101}=52$，求 $\hat{x}_{101}(1)$ 的值。

8.4　对于模型 $(1-\phi B)(1-B^4)X_t=(1-\theta_4 B^4)\varepsilon_t$，$W_t=(1-B^4)X_t$ 的自相关系数有什么特征?

8.5　1867—1938 年英国(英格兰和威尔士)的绵羊数量如表 8.4 所示。

表 8.4　绵 羊 数 量

2 203	2 360	2 254	2 165	2 024	2 078	2 214	2 292	2 207	2 119	2 119	2 137
2 132	1 955	1 785	1 747	1 818	1 909	1 958	1 892	1 919	1 853	1 868	1 991
2 111	2 119	1 991	1 859	1 856	1 924	1 892	1 916	1 968	1 928	1 898	1 850
1 841	1 824	1 823	1 843	1 880	1 968	2 029	1 996	1 933	1 805	1 713	1 726
1 752	1 794	1 717	1 648	1 512	1 338	1 383	1 344	1 384	1 484	1 597	1 686
1 707	1 640	1 611	1 632	1 775	1 850	1 809	1 653	1 648	1 665	1 627	1 791

(1) 确定该序列的平稳性；

(2) 选择适当的模型，拟合该序列；

(3) 利用拟合模型预测 1867—1938 年英国的绵羊数量。

EViews 软件介绍(Ⅴ)

X-12-ARIMA 方法最早由美国普查局芬德莱(Findley)等人在 20 世纪 90 年代左右提出，现已成为对重要时间序列进行深入处理和分析的工具，也是处理最常用经济类指标的工具，在美国和加拿大被广泛使用。其在欧洲统计界也得到推荐，并在包括欧洲中央银行在内的欧洲内外的许多中央银行、统计部门和其他经济机构被广泛应用。

X-12-ARIMA 方法提供了四个方面的改进和提高：① 可选择季节、交易日及假日进行调整，包括调整用户定义的回归自变量估计结果，选择辅助季节和趋势过滤器，以及选择季节、趋势和不规则因素的分解形式；② 对各种选项条件下调整的质量和稳定性做出新诊断；③ 对具有 ARIMA 误差及可选择稳健估计系数的线性回归模型，进行广泛的时间序列建模和模型选择能力分析；④ 提供一个新的易于分批处理大量时间序列能力的用户界面。

X-12-ARIMA 方法现已广泛应用于世界各国的中央银行、统计部门和其他经济机构，并且已成为对重要时间序列进行深入处理和分析的工具。

案例：通过1993—2000年中国社会消费品零售总额月度序列的时序图(见图8.16)，我们可以观察到该序列有着很强的季节特征。通过该序列的自相关函数图(见图8.17)及单位根检验结果(见图8.19)，可以进一步判断该序列非平稳，并且有着很强的季节特征。

Null Hypothesis: SALES has a unit root
Exogenous: None
Lag Length: 14 (Automatic based on SIC, MAXLAG=24)

		t-Statistic	Prob.*
Augmented Dickey-Fuller test statistic		0.416131	0.8009
Test critical values:	1% level	-2.593824	
	5% level	-1.944862	
	10% level	-1.614145	

*MacKinnon (1996) one-sided p-values.

图 8.19　单位根检验结果

接下来，我们用X12季节调整方法对该序列进行季节调整。

第一种方法：X12季节调整方法中把交易日/假日调整放在X11阶段。

在工作文件中点击原序列SALES，将该序列激活。在序列界面下，点击Proc键，选中Seasonal Adjustment/Census X12功能，如图8.20所示，则会弹出对话框，如图8.21所示。

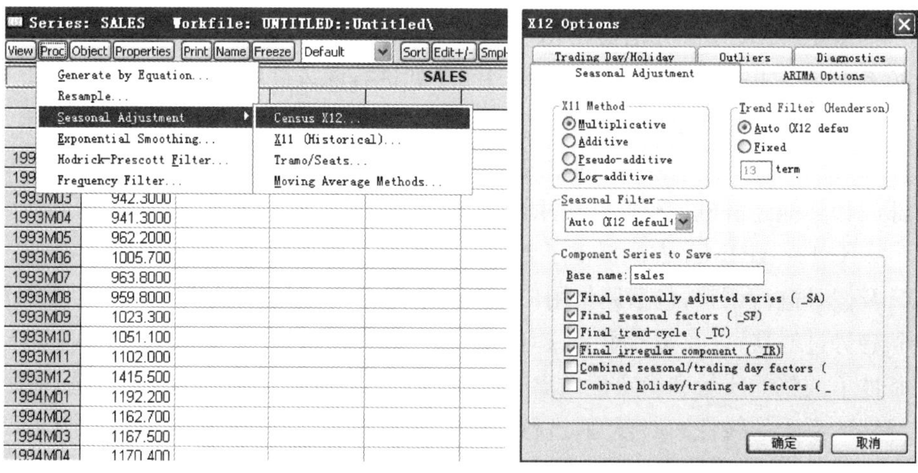

图 8.20　选择功能　　**图 8.21　弹出对话框**

① 首先显示的是Seasonal Adjustment(季节调整)模块(见图8.19)，该模

块共有 5 个选项区。

在 X11 Method(X11 方法)选项区选 Multiplicative(乘法模型)。

在 Seasonal Filter(季节滤子)选项区选 Auto(自动)。

在 Trend Filter(趋势滤子)选项区选 Auto(自动)。

在 Component Series to Save(保存分量)选项区选季节调整序列(_SA)、季节因子序列(_SF)、趋势循环序列(_TC)、不规则序列(_IR)四个分量(通过在小方格内勾选保存在工作文件里)。

② 激活 ARIMA Options 模块(见图 8.22)。在 Data Transformation(变换数据)选项区选 None;在 ARIMA Spec(ARIMA 设定)选项区选 No ARIMA;Regressors(回归变量)选项区不选;ARIMA Estimation Sample 选项区保持空白。这些选项意味着不使用 regARIMA 运算模块。

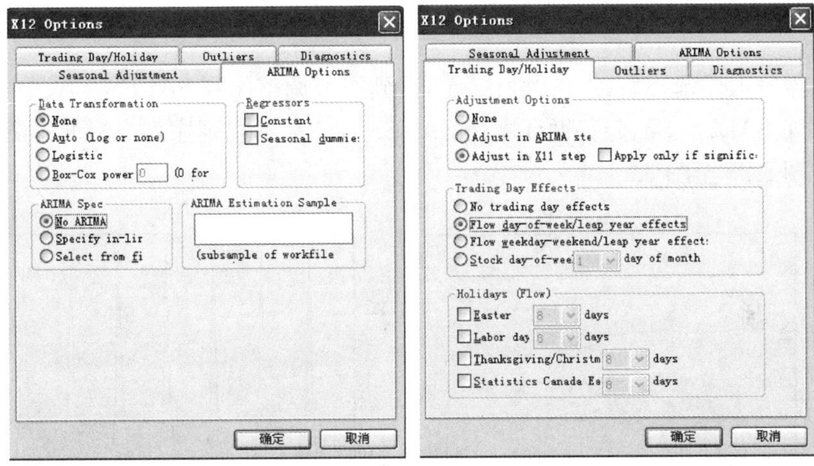

图 8.22 激活 ARIMA Options 模块　　**图 8.23 激活 Trading Day/Holiday 模块**

③ 激活 Trading Day/Holiday 模块(见图 8.23),共有三个选项区。在 Adjustment Options(调整方法)选项区选 Adjust in X11 step(在 X11 模块做季节调整);在 Trading Day Effects(交易日效应)选项区选 Flow day-of-week(交易日效应);Holiday(假日)选项区保持空白。这些选项意味着,在 X11 阶段进行季节调整,但只考虑交易日效应,不考虑假日效应(因为假日效应中的复活节、感恩节、圣诞节等因素不适用于中国经济)。

④ 激活 Diagnostics(诊断)模块,和 Outliers(离群值)模块(见图 8.24),不做选择,维持默认状态。

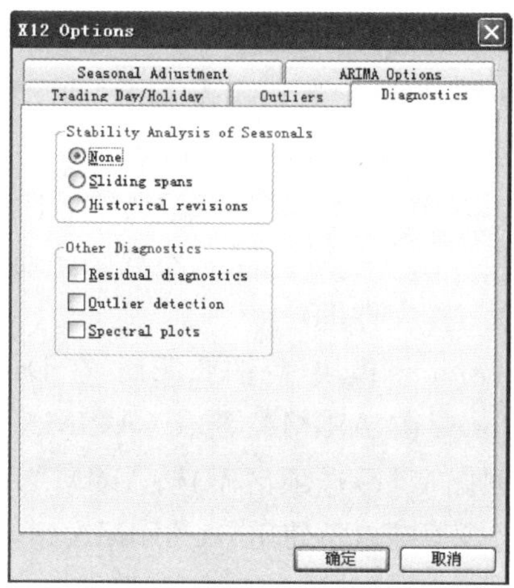

图 8.24　激活诊断和离群值模块

做完上述选择后，点击“确认”键，得到季节调整序列 SALES_SA、季节因子序列 SALES_SF、趋势循环序列 SALES_TC 和不规则序列 SALES_IR，分别见图 8.25 至图 8.28。

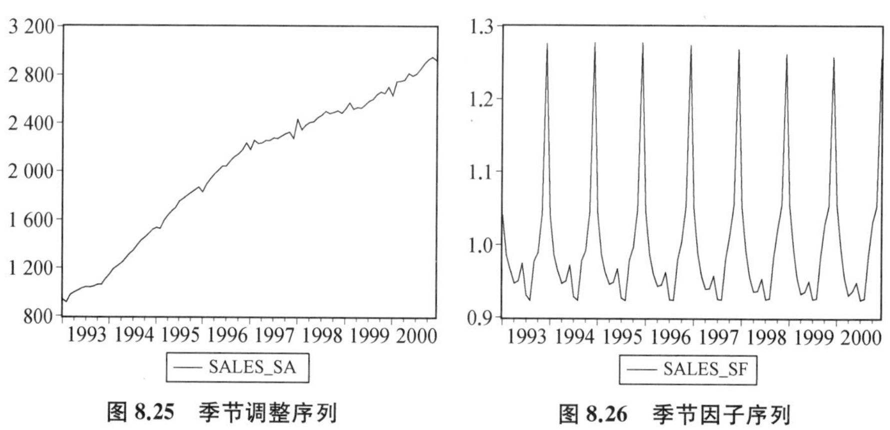

图 8.25　季节调整序列　　**图 8.26　季节因子序列**

将经过季节调整后的序列与原序列绘制在一张图中，如图 8.29 所示。从该图中可以看出，经过季节调整的序列消除了大部分季节波动的因素。

第二种方法：在 regARIMA 阶段进行交易日/假日调整。

① 激活 ARIMA Options 模块(见图 8.30)。在 Data Transformation(变换数据)选项区选 Auto(自动)；在 ARIMA Spec(ARIMA 设定)选项区选

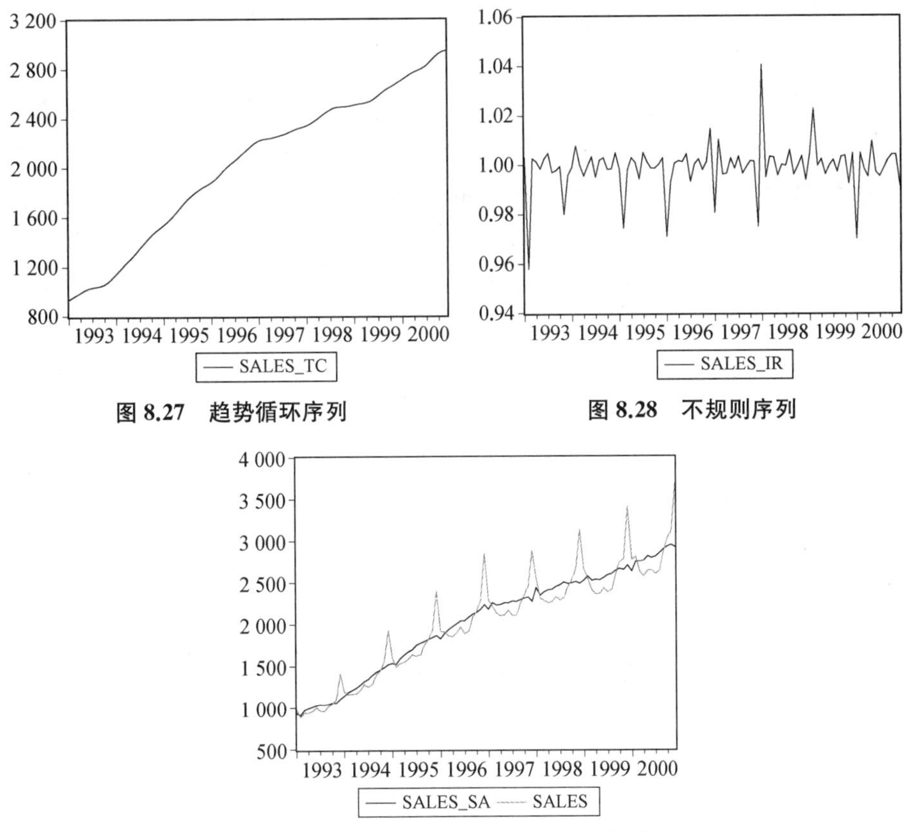

图 8.27　趋势循环序列

图 8.28　不规则序列

图 8.29　合并季节调整序列和原序列

X12 Options
Trading Day/Holiday　Outliers　Diagnostics
Seasonal Adjustment　ARIMA Options
Data Transformation
None
Auto (Log or none)
Logistic
Box-Cox power: 0 (0 for
Regressors
Constant
Seasonal dummie:
ARIMA Spec
No ARIMA
Specify in-lir
Select from fi
ARIMA Estimation Sample
(subsample of workfile
In-line Specification
(0 1 1)(0 1 1)
确定　取消

图 8.30　激活 ARIMA Options 模块

X12 Options
Trading Day/Holiday　Outliers　Diagnostics
Seasonal Adjustment　ARIMA Options
X11 Method
Multiplicative
Additive
Pseudo-additive
Log-additive
Trend Filter (Henderson)
Auto (X12 defau
Fixed
13 term
Seasonal Filter
Auto (X12 default
Component Series to Save
Base name: sales2
Final seasonally adjusted series (_SA)
Final seasonal factors (_SF)
Final trend-cycle (_TC)
Final irregular component (_IR)
Combined seasonal/trading day factors (
Combined holiday/trading day factors (_
确定　取消

图 8.31　激活季节调整模块

Specify in-line(指定);在 Regressors(回归变量)选项区选 Constant(常数项);ARIMA Estimation Sample 选项区保持空白。

② 激活 Seasonal Adjustment(季节调整)模块(见图 8.31)。在 X11 Method(X11 方法)选项区选 Multiplicative(乘法模型);在 Seasonal Filter(季节滤子)选项区选 Auto(自动);在 Trend Filter(趋势滤子)选项区选 Auto(自动);在 Component Series to Save(保存分量)选项区定 Base name(基础变量名)为 SALES2,选季节调整序列(_SA)、季节因子序列(_SF)、趋势循环序列(_TC)、不规则序列(_IR)四个分量(通过在小方格内勾选保存在工作文件里)。

③ 激活 Trading Day/Holiday 模块(见图 8.32)。在 Adjustment Options(调整方法)选项区选 Adjust in ARIMA step(在 ARIMA 模块做季节调整);在 Trading Day Effects(交易日效应)选项区选 Flow day-of-week(交易日效应);Holiday(假日)选项区保持空白。这些选项意味着,在 ARIMA 阶段进行季节调整,但只考虑交易日效应,不考虑假日效应(因为假日效应中的复活节、感恩节、圣诞节等因素不适用于中国经济)。

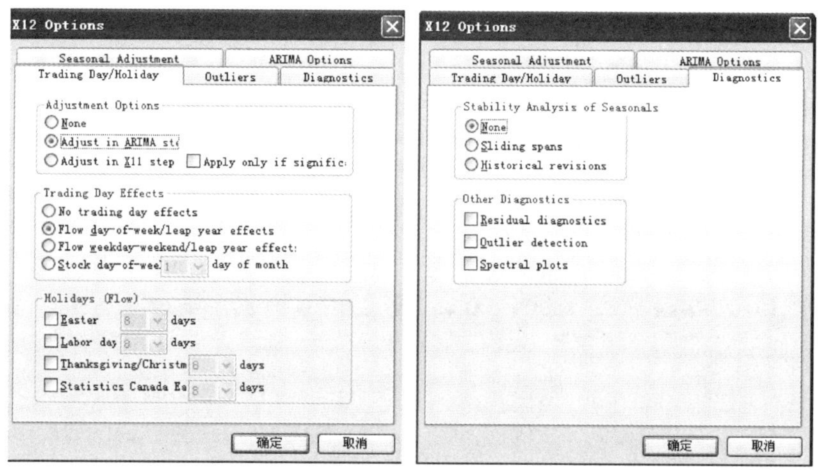

图 8.32 激活交易日/假日模块 **图 8.33 激活诊断和离群值模块**

④ 激活 Diagnostics(诊断)模块和 Outliers(离群值)模块(见图 8.33),不做选择,维持默认状态。

做完上述选择后,点击"确认"键,得到季节调整序列 SALES2_SA,季节因子序列 SALES2_SF,趋势循环序列 SALES2_TC 和不规则序列 SALES2_IR,分别见图 8.34 至图 8.37。

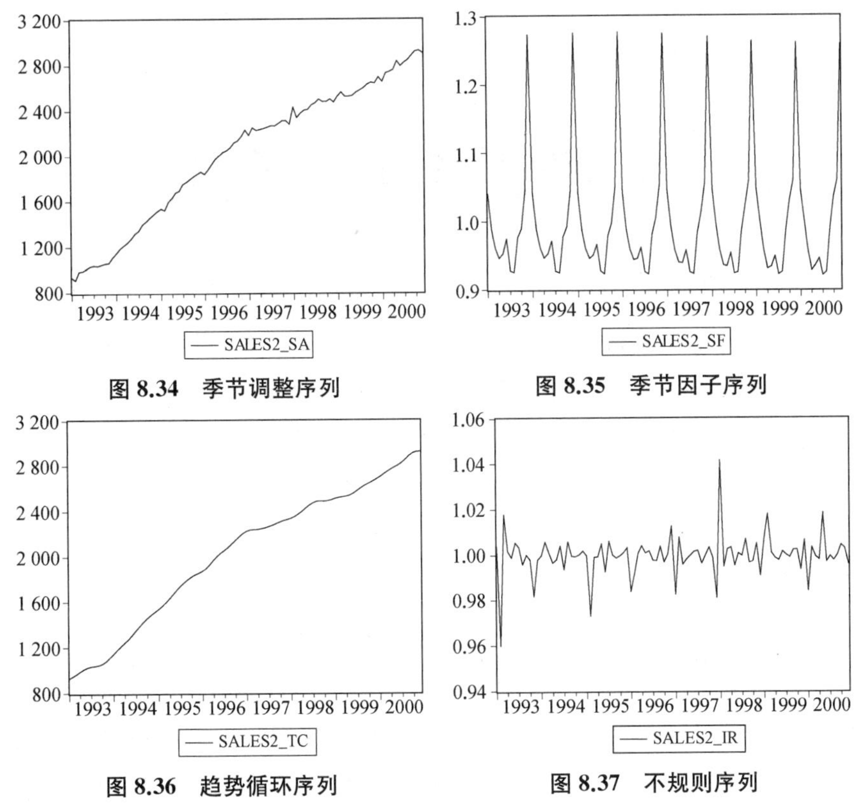

图 8.34　季节调整序列

图 8.35　季节因子序列

图 8.36　趋势循环序列

图 8.37　不规则序列

将经过季节调整后的序列与原序列绘制在一张图中，如图 8.38 所示。从该图中可以看出，经过季节调整的序列消除了大部分季节波动的因素。

将不同调整方法得到的调整序列绘制在一张图中（见图 8.39），可以看到这两种方法得到的调整序列的差别不大。

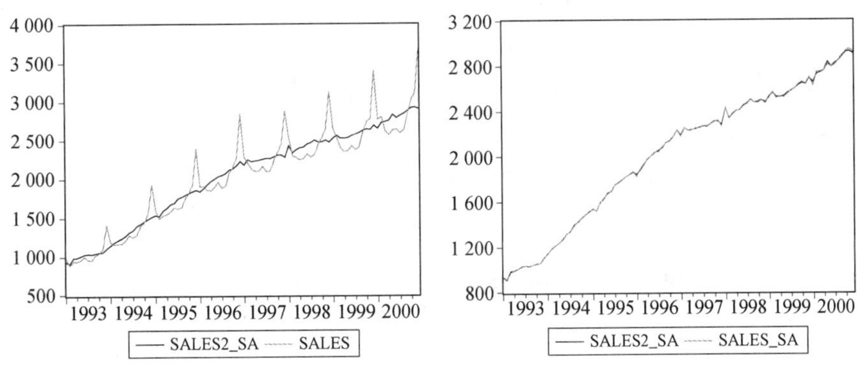

图 8.38　合并季节调整序列和原序列

图 8.39　不同调整方法得到的序列

9 非线性时间序列模型

在前八章所讨论的问题中，大多数假设序列结构是线性的。可是在实际应用中，我们常常会遇到理论上和数据分析上都不属于线性的情况。这时我们需要选择特定的非线性时间序列模型，拟合数据和与之有关的诊断方法以检验拟合效果。与前面所讨论的线性时间序列建模相比，非线性时间序列分析所包含的内容更加丰富。

在非线性时间序列分析中，选择合适的非线性模型是首要的工作。最一般的非线性模型有如下形式：

$$X_t = f(X_{t-1}, \cdots, X_{t-p}; \varepsilon_t, \cdots, \varepsilon_{t-q}), t = 1, 2, \cdots \tag{9.1}$$

其中，$f(\cdot)$为满足某些解析条件的非线性函数，$\{\varepsilon_t\}$为白噪声序列。对于一般模型(9.1)，我们的研究将无从下手，而近些年来提出的一些特殊的非线性模型在实际问题中有较好的应用，以下我们将概述一些有关模型，更加详细的讨论将在后面进行。

① 非线性自回归模型。其一般形式为

$$X_t = \varphi(X_{t-1}, X_{t-2}, \cdots, X_{t-p}) + \varepsilon_t \tag{9.2}$$

其中，$\varphi(\cdot)$是 p 元函数，一般约定函数 $\varphi(\cdot)$ 的类型已知，而参数由数据估出。对于此类问题，除了参数估计问题之外，主要讨论函数 $\varphi(\cdot)$和$\{\varepsilon_t\}$的分布在满足什么条件，才能使得序列$\{X_t\}$具有平稳性和遍历性，同时研究序列$\{X_t\}$的统计性质。

② 门限自回归模型(Threshold Autoregressive Model)。此模型是汤嘉豪(H. Tong)1978 年提出的，比较常用的形式为

$$X_t = \begin{cases} \alpha_{10} + \alpha_{11} X_{t-1} + \cdots + \alpha_{1p} X_{t-p} + \varepsilon_{1t}, & X_{t-d} < c \\ \alpha_{20} + \alpha_{21} X_{t-1} + \cdots + \alpha_{2q} X_{t-q} + \varepsilon_{2t}, & X_{t-d} \geqslant c \end{cases} \tag{9.3}$$

其中，$\{\varepsilon_{1t}\}$和$\{\varepsilon_{2t}\}$为相互独立的 i.i.d.序列，详细的讨论将在后面章节进行。

③ 带条件异方差模型。其一般形式为:

$$x_t = \varphi(x_{t-1}, x_{t-2}, \cdots, x_{t-p}) + S(x_{t-1}, x_{t-2}, \cdots, x_{t-q})\varepsilon_t \tag{9.4}$$

其中,$\varphi(\cdot)$是 p 元函数, $S(\cdot)$是 q 元函数,它们也有参数与非参数的区分,显然(9.4)式不是可加噪声模型。

本章将讨论非线性时间序列的一些常用模型,给出它们的统计性质,也讨论实际问题中非线性时间序列的建模和预测问题。

9.1 参数非线性时间序列模型

首先讨论参数自回归模型,这是一类较为常用的模型。一般的参数型自回归模型为

$$X_t = \varphi(X_{t-1}, \cdots, X_{t-p}; \vartheta) + \varepsilon_t \tag{9.5}$$

其中, $\vartheta = (\theta_1, \cdots, \theta_s) \in \Theta$ 是未知参数,其维数 s 可与模型(9.5)的自回归阶数 p 不同, $\{\varepsilon_t\}$ 是白噪声序列。

一般我们假定 φ 为有限参数型,如果 φ 为 $X_{t-1}, \cdots, X_{t-p}$ 的线性函数,则模型就是前面讨论过的 AR(p)模型。当 φ 为不同的函数时,模型(9.5)就可以表现为不同的非线性自回归模型。以下介绍几个实际中应用较为广泛的非线性自回归模型,包括 SETAR(Self-exciting Threshold Autoregressive Model)模型较为详细的统计分析,因为此模型的提出者(Tong and Lim, 1980)认为此模型是一个非常实用的模型,可以解决很多线性模型不能解决的问题。[①]

(1) SETAR 模型

当分割为

$$R_j = \{(X_1, \cdots, X_p)': r_j \leqslant X_d < r_{j+1}, j = 1, \cdots, l\}$$

其中, $l \leqslant d \leqslant p$ 为某个整数,称此模型为 SETAR,其形式为

$$X_t = \sum_{j=1}^{l} \sum_{k=1}^{p_j} \phi_{jk} X_{t-k} I(r_j \leqslant X_{t-d} \leqslant r_{j+1}) + \varepsilon_t \tag{9.6}$$

① 他们在 1980 年的文中有一句著名的话:“SETAR model is general enough to capture certain features, such as limit cycles, amplitude frequencies, and jump phenomena, which cannot be captured by a linear model”。

其中

$$-\infty=r_1<r_2<\cdots<r_l<r_{l+1}=\infty$$

整数 d 称为滞后参数，r_2，…，r_l 称为门限参数，模型(9.6)记为 SETAR(l；p_1，…，p_l) 模型。

SETAR(l；p_1，…，p_l)模型的回归函数有跳跃变化，这种特征恰好刻画了自然界的突变现象。例如在经济领域，许多指标受到多种因素的影响，使某些观测序列呈跳跃变化，在水文、气象等领域中也有诸多类似的现象。SETAR(l；p_1，…，p_l)模型的参数估计，当滞后参数 d 和门限参数 r_2，…，r_l 已知时，可以使用通常的最小二乘估计方法得到。

最简单的 SETAR(2；1，1)模型可表示成：

$$X_t=\begin{cases}\phi_1X_{t-1}+\varepsilon_{1t} & X_{t-1}\leqslant 0\\ \phi_2X_{t-1}+\varepsilon_{2t} & X_{t-1}>0\end{cases}$$

其中，ϕ_1 和 ϕ_2 表示自回归持续程度的大小。当 $X_{t-1}>0$ 时为 ϕ_1，$X_{t-1}\leqslant 0$ 时为 ϕ_2，此时滞后参数 $d=1$ 和门限参数 $r=0$ 为已知且模型的参数估计可以使用普通最小二乘估计方法得到。在门限的一边，序列 $\{X_t\}$ 遵循一种自回归过程，持续程度为 ϕ_1，而在另一边则演变成持续程度为 ϕ_2 的不同自回归过程。可以看出，在每种状态下，序列 $\{X_t\}$ 都是线性的，但状态转换却意味着整个序列 $\{X_t\}$ 是非线性的。为什么出现这种情况呢？扰动项 $\{\varepsilon_{1t}\}$ 和 $\{\varepsilon_{2t}\}$ 的冲击可以解释这一现象。当 $X_{t-1}\leqslant 0$ 时，序列的后续值将以速率 ϕ_1 衰减趋于零。可是，一个负 ε_{1t} 可能会引起 X_t 下降到门限以下的范围内。在负状态下，过程的行为由 $X_t=\phi_2X_{t-2}+\varepsilon_{2t}$ 控制。可以推断，$\{\varepsilon_{1t}\}$ 的方差越大，就越可能是一个从正状态到负状态的转换。为了进一步认识门限自回归模型，考虑一个简单的 SETAR(2；1，1)模型：

$$X_t=\begin{cases}-0.7X_{t-1}+\varepsilon_t, & X_{t-1}>r\\ 0.7X_{t-2}+\varepsilon_t, & X_{t-1}\leqslant r\end{cases},\ \varepsilon_t\sim N(0,\ 0.5^2) \tag{9.7}$$

r 分别取 $-\infty$，-1，-0.5，0 四个数值，我们对每个模型分别产生样本长度是 500 的序列。图 9.1 显示了四个样本序列的散点图。当 $\mathrm{r}=-\infty$ 时，TAR 模型退化成线性 AR(1)过程。其他三种情况，散点图显示了明显的非线性特征。

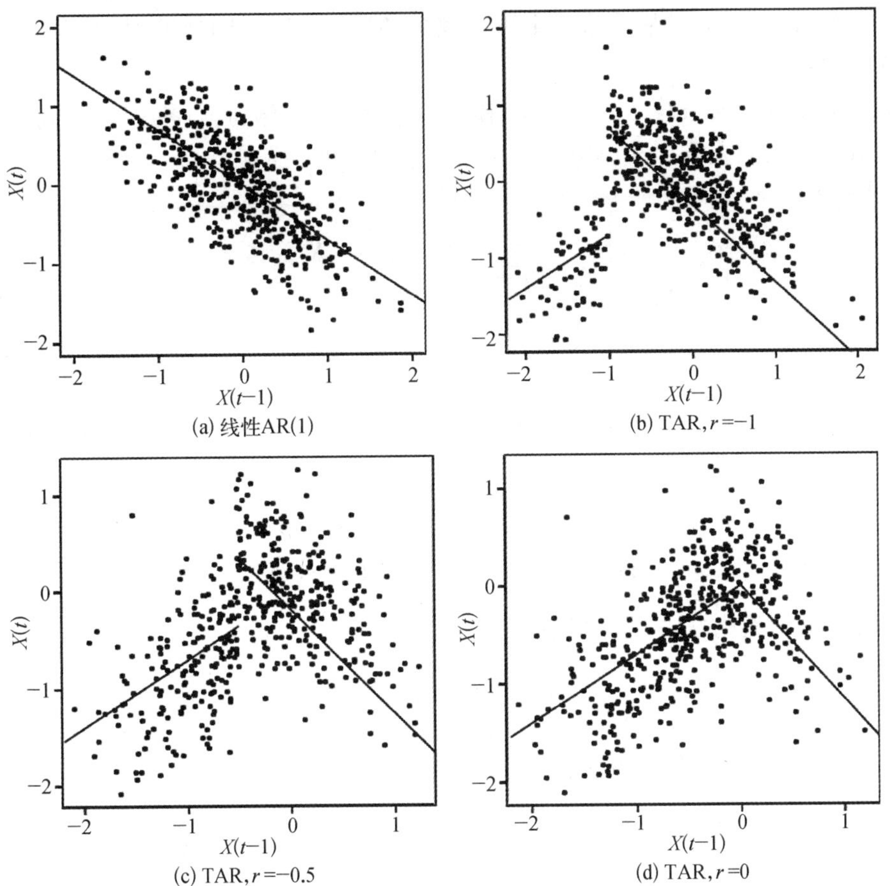

图 9.1 产生于模型(9.7)的样本散点图,实线是真实的回归函数

例 9.1 为便于理解门限已知 SETAR(2; 1, 1)模型的建模过程,假设一个序列的前 7 个观测值如下:

t	1	2	3	4	5	6	7
x_t	0.5	0.3	−0.2	0.0	−0.5	0.4	0.6
x_{t-1}	NA	0.5	0.3	−0.2	0.0	−0.5	0.4

如果我们知道门限值为 0,则可以按照 x_{t-1} 的值和 0 的大小关系,把观测值排序为两组,两个状态应该为:

x_t	0.3	−0.2	0.6
x_{t-1}	0.5	0.3	0.4

和

x_t	0.0	−0.5	0.4
x_{t-1}	−0.2	0.0	−0.5

对于每种状态,可以估计这两个可分离的 AR(1)过程,同样道理,可以估计 AR(2)模型。

对于 SETAR(l; p_1, …, p_l)模型的假设检验问题,我们考虑模型的简单形式 SETAR(2; p, p),并且 r, p 和 d 已知。此时模型为:

$$X_t = \begin{cases} a_{00} + \sum_{i=1}^{p} a_{i0} X_{t-i} + \varepsilon_t & X_{t-d} \leqslant r \\ a_{01} + \sum_{i=1}^{p} a_{i1} X_{t-i} + \varepsilon_t & X_{t-d} > r \end{cases} \tag{9.8}$$

假设 $\varepsilon_t \sim \text{i.i.d.} N(0, \sigma^2)$, 并且当 $s < t$ 时,ε_t 与 X_s 相互独立,我们将讨论假设检验问题

$$\begin{aligned} &\text{H}_0: a_{i0} = a_{i1},\ i = 0, 1, \cdots, p \\ &\text{H}_1: a_{i0} \neq a_{i1},\ i = 0, 1, \cdots, p \end{aligned} \tag{9.9}$$

利用广义似然比方法,其检验统计量为:

$$LR = \left\{ \frac{\hat{\sigma}^2(NL, r)}{\hat{\sigma}^2} \right\}^{(\frac{1}{2})(n-p+1)} \tag{9.10}$$

其中,$\hat{\sigma}^2(NL, r)$ 和 $\hat{\sigma}^2$ 分别是 σ^2 在备择假设和原假设为真的条件下的极大似然估计。当原假设 H_0 为真时,检验统计量(9.10)有如下渐近性质:

$$-2\log(LR) \xrightarrow{L} \chi^2(p+1) \tag{9.11}$$

当门限参数 r 未知时,检验统计量可写为:

$$LR' = \left\{ \frac{\hat{\sigma}^2(NL, \hat{r})}{\hat{\sigma}^2} \right\}^{(\frac{1}{2})(n-p+1)} \tag{9.12}$$

其中,$\hat{r}$ 是门限参数 r 的最小二乘估计。

关于 SETAR(l; p_1, …, p_l)模型的预测,我们以 SETAR(2; 1, 1)模型给出预测方法, 假设 SETAR(2; 1, 1)模型表示成:

$$X_t = \begin{cases} a_0 + a_1 X_{t-1} + \varepsilon_t & X_{t-1} \leqslant r \\ b_0 + b_1 X_{t-1} + \varepsilon_t & X_{t-1} > r \end{cases}$$

其中, $\varepsilon_t \sim \text{i.i.d.} N(0, \sigma^2)$。 其一步向前预测为:

$$\hat{X}_t(1) = \mathrm{E}(X_{t+1} \mid X_t = x_t) = \begin{cases} a_0 + a_1 x_t & x_t \leqslant r \\ b_0 + b_1 x_t & x_t > r \end{cases} \tag{9.13}$$

给定 X_t 的条件下，X_{t+1} 的条件分布函数为：

$$f_{X_{t+1}|X_t}(X_{t+1} \mid X_t = x_t) = \begin{cases} N(a_0 + a_1 x_t, \sigma^2), & x_t \leqslant r \\ N(b_0 + b_1 x_t, \sigma^2), & x_t > r \end{cases}$$

则二步向前预测为：

$$\begin{aligned} \hat{X}_t(2) &= \mathrm{E}(X_{t+2} \mid X_t = x_t) \\ &= [a_0 + a_1 \mathrm{E}(X_{t+1} \mid X_t = x_t)] P(X_{t+1} \leqslant r \mid X_t = x_t) \\ &\quad + [b_0 + b_1 \mathrm{E}(X_{t+1} \mid X_t = x_t)] P(X_{t+1} > r \mid X_t = x_t) \\ &= [a_0 + a_1 \hat{X}_t(1)] p_1 + [b_0 + b_1 \hat{X}_t(1)](1 - p_1) \end{aligned} \tag{9.14}$$

其中，$p_1 = P(X_{t+1} \leqslant r \mid X_t = x_t) = \Phi((r - \hat{X}_t(1))/\hat{\sigma}(1))$，在这里 $\Phi(\cdot)$ 为标准正态分布的分布函数，$\hat{\sigma}(1) = \sqrt{\mathrm{Var}(X_{t+1} \mid X_t = x_t)}$。

一般来说，我们得到模型的 m 步向前预测：

$$\hat{X}_t(m) = [a_0 + a_1 \hat{X}_t(m-1)] p_{m-1} + [b_0 + b_1 \hat{X}_t(m-1)](1 - p_{m-1}) \tag{9.15}$$

其中，$p_{m-1} = P(X_{t+m-1} \leqslant r \mid X_t = x_t) = \Phi((r - \hat{X}_t(m-1))/\hat{\sigma}(m-1))$，而预测误差的方差为：

$$\begin{aligned} \hat{\sigma}(m) &= \mathrm{E}(X_{t+m}^2 \mid X_t = x_t) - \hat{X}_t^2(m) \\ &= [a_0^2 + a_1^2 \mathrm{E}(X_{t+m-1}^2 \mid X_t = x_t) + 2a_0 a_1 \hat{X}_t^2(m-1) + \sigma^2] p_{m-1} \\ &= [b_0^2 + b_1^2 \mathrm{E}(X_{t+m-1}^2 \mid X_t = x_t) \\ &\quad + 2b_0 b_1 \hat{X}_t^2(m-1) + \sigma^2](1 - p_{m-1}) - \hat{X}_t^2(m) \end{aligned}$$

其中，$\mathrm{E}(X_{t+m-1}^2 \mid X_t = x_t) = \hat{\sigma}^2(m-1) - \hat{X}_t^2(m-1)(m > 1)$。

(2) 拟线性自回归模型

拟线性自回归模型为：

$$X_t = \varphi_0 + \varphi_1 f_1(X_{t-1}, \cdots, X_{t-p}) + \cdots + \varphi_s f_s(X_{t-1}, \cdots, X_{t-p}) + \varepsilon_t \tag{9.16}$$

其中，$f_i(i = 1, \cdots, s)$ 是 s 个已知的 R^p 到 R^1 的可测函数，$\{\varepsilon_t\}$ 是白噪声，

$\varphi_i(i=1, \cdots, s)$。

由于模型(9.16)中的 $f_i(i=1, \cdots, s)$ 可以是非线性函数，所以此模型属于非线性自回归模型。线性自回归模型

$$X_t=\varphi_0+\varphi_1 X_{1t}+\cdots+\varphi_s X_{st}+\varepsilon_t$$

是模型(9.16)的特殊情况。所以用于线性自回归模型的统计方法，如最小二乘法也适用于模型(9.16)。

(3) 指数自回归模型

指数自回归模型为

$$X_t=\varphi_{00}+\sum_{k=1}^{p}\{\varphi_{0k}+\phi_{1k}e^{-\gamma X_{t-1}^2}\}X_{t-k}+\varepsilon_t \tag{9.17}$$

其中，$\{\varepsilon_t\}$ 是白噪声序列，φ_{00}，φ_{0k}，$\phi_{1k}(k=1, \cdots, p)$ 和 $\gamma>0$ 为未知参数，正整数 p 为模型的阶数，模型(9.17)记为 EAR(p)。

当 $\gamma>0$ 为指定数值时，则模型(9.17)具有拟线性自回归模型(9.16)的形式，如 $\gamma=p=1$ 时，模型为：

$$X_t=\varphi_{00}+\varphi_{01}X_{t-1}+\phi_{11}X_{t-1}e^{-X_{t-1}^2}+\varepsilon_t$$

相当于模型(9.16)中的 $s=2$，且

$$f_1(X_{t-1})=X_{t-1},\ f_2(X_{t-1})=X_{t-1}e^{-X_{t-1}^2}。$$

(4) 双线性模型

(9.2)式的一阶泰勒展开就得到(9.1)式的线性模型，这个泰勒展开的二阶项可以进一步地逼近原函数，基于此，就产生了由线性推广到非线性的双线性模型。双线性模型由格兰杰和安德森(Granger and Anderson, 1978)提出，并得到进一步研究和发展，苏巴·拉奥和贾布尔(Subba Rao and Gabr, 1984)讨论了这个模型的一些性质和应用，刘和布罗克韦尔(Liu and Brockwell, 1988)推广到一般的双线性模型。双线性模型可以定义为：

$$X_t=\sum_{j=1}^{p}\phi_j X_{t-j}+\sum_{k=0}^{q}\theta_k\varepsilon_{t-k}+\sum_{i=1}^{Q}\sum_{l=1}^{P}\beta_{il}X_{t-l}\varepsilon_{t-i} \tag{9.18}$$

其中，p，q，Q 和 P 是非负整数，$\{\varepsilon_t\}$ 是白噪声序列。从而可以看出，当所有的 β_{il} 都为零时，(9.18)式所表示的模型就是一个典型的 ARMA(p, q)模型，可以认为双线性模型就是在 ARMA 模型基础上添加了表现非线性特征的

X_{t-l} 和 ε_{t-i} 乘积交叉项。同时，从另外一个角度考虑，双线性模型还可以写成具有随机参数的模型的形式，考虑如下简单双线性模型

$$\begin{aligned} X_t &= \phi_1 X_{t-1} + \beta_{11} X_{t-1}\varepsilon_{t-1} + \varepsilon_t \\ &= (\phi_1 + \beta_{11}\varepsilon_{t-1}) X_{t-1} + \varepsilon_t \end{aligned} \tag{9.19}$$

我们可以把(9.19)式看作一个自回归系数是 $\phi_1 + \beta_{11}\varepsilon_{t-1}$ 的 AR(1)模型，只不过这个自回归系数比较特殊，某种意义上说，自回归系数是期望等于 ϕ_1 的随机变量，如果 β_{11} 大于零，则自回归系数随 ε_{t-1} 的增大而变大，这样，正的冲击就比负的冲击更持久。

模型(9.18)有两种特殊形式

$$X_t = \sum_{j=1}^{p} \phi_j X_{t-j} + \sum_{i=1}^{Q}\sum_{l=1}^{P} \beta_{il} X_{t-l}\varepsilon_{t-i} + \varepsilon_t \tag{9.20}$$

和

$$X_t = \sum_{k=1}^{q} \theta_k \varepsilon_{t-k} + \sum_{i=1}^{Q}\sum_{l=1}^{P} \beta_{il} X_{t-l}\varepsilon_{t-i} + \varepsilon_t \tag{9.21}$$

9.1.2 非参数时间序列模型

非参数自回归模型的一般形式为

$$X_t = \varphi(X_{t-1}, \cdots, X_{t-p}) + \varepsilon_t \tag{9.22}$$

其中，φ 是 R^p 到 R^1 的可测函数，$\{\varepsilon_t\}$ 是白噪声序列，模型(9.22)有如下两种特殊形式。

(1) 可加非线性自回归模型

可加非线性自回归模型为

$$X_t = c + f_1(X_{t-1}) + \cdots + f_p(X_{t-p}) + \varepsilon_t \tag{9.23}$$

其中，c 为常数，$f_i(i=1, \cdots, p)$ 为 p 个一元非参数型的未知函数，$\{\varepsilon_t\}$ 是白噪声序列，模型记为 ANLAR(p)，p 为模型的阶数。

(2) 函数系数自回归模型

函数系数自回归模型为

$$X_t = c + f_1(X_{t-d})X_{t-1} + \cdots + f_p(X_{t-d})X_{t-p} + \varepsilon_t \tag{9.24}$$

其中,c 为常数,$f_i(i=1, \cdots, p)$ 为 p 个一元非参数型的未知函数,$0 < d \leqslant p$ 为整数,称为滞后参数,$\{\varepsilon_t\}$ 是白噪声序列,模型记为 FCAR(p),p 为模型的阶数。

假定(9.24)式中的函数 $f_i(\cdot)$ 连续且二阶可微,如果 $f_i(X_{t-d}) = a_i + b_i \exp(-c_i X_{t-d}^2)$,则(9.24)式就变成一个指数自回归模型;如果 $f_i(X_{t-1}) = \phi_i^{(1)} I(X_{t-d} \leqslant c) + \phi_i^{(2)} I(X_{t-d} > c)$,其中 $I(\cdot)$ 是个普通示性函数,则(9.24)式就变成一个门限自回归模型。

9.2 条件异方差模型

我们来看上证指数(代码:980001)2007 年 1 月 4 日—2008 年 11 月 25 日的日收盘价组成的对数收益率,即 $r_t = \ln p_t - \ln p_{t-1}$,$p_t$ 表示上证指数在时刻 t 的收盘价,共有 462 个日收盘价,相应有 461 个日收益率,根据日收益率数据作散点图,如图 9.2 所示:

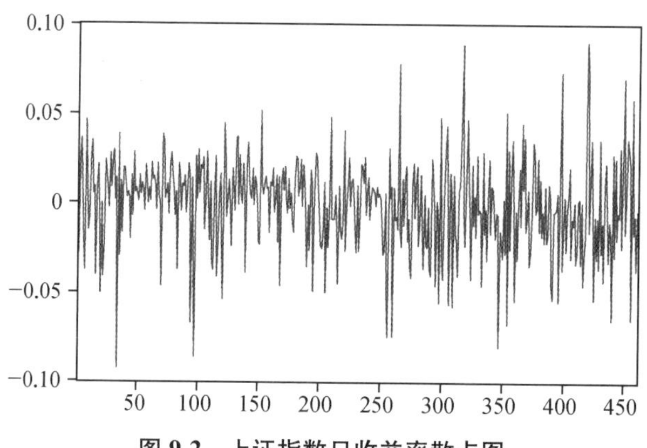

图 9.2 上证指数日收益率散点图

从散点图中可以看到日收益率序列的波动具有一定的特征:① 日收益率的方差随时间变化,而且有时变化很激烈;② 按时间观察,表现出"波动集聚"(volatility clustering)特征,即方差在一定时段中比较小,而在另一时段中比较大;③ 日收益率的分布表现出"高峰厚尾"(leptokurtosis and fat-tail)特征,即均值附近与尾区的概率值比正态分布大,而其余区域的概率比正态分布小。

通过基本统计量图 9.3 可以看出上证指数日收益率序列的峰度为 4.072，和正态分布相比，显示出高峰特征；偏度为－0.232 3，说明上证指数日收益率的分布是有偏的，向左偏斜，即低于均值的日收益率出现的概率大于高于均值的日收益率出现的概率。那么，我们如何解释这些现象和特征呢？

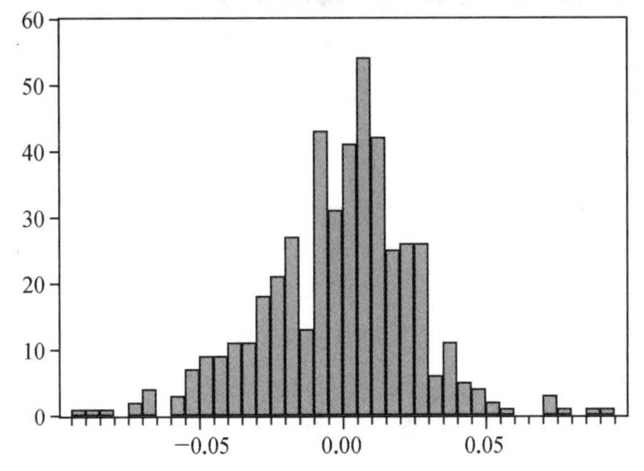

Series:RT
Sample 1 461
Observations 461

Mean	−0.000 788
Median	0.002 594
Maximum	0.090 343
Minimum	−0.092 562
Std. Dev.	0.026 182
Skewness	−0.232 335
Kurtosis	4.072 124
Jarque-Bera	26.226 45
Probability	0.000 002

图 9.3 日收益率直方图和基本统计量

早在 20 世纪 60 年代，曼德布罗特(Mandelbrot，1963)就观察到许多金融随机变量的分布具有厚尾特性且方差是不断变化的；并且发现幅度较大的变化相对集中在某些时段，幅度较小的变化相对集中在另一些时段里。梅涅斯(MeNees，1979)通过对金融市场的数据研究表明，金融市场证券价格波动的不确定性在不同的预测期间会有所改变，较大或较小的预测误差会聚集出现。见图 9.4 和图 9.5。

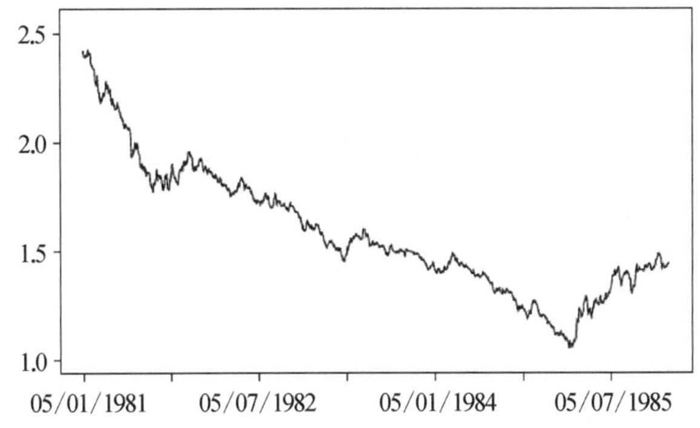

图 9.4 1981 年 1 月 5 日—1985 年 12 月 31 日美元/英镑汇率数据

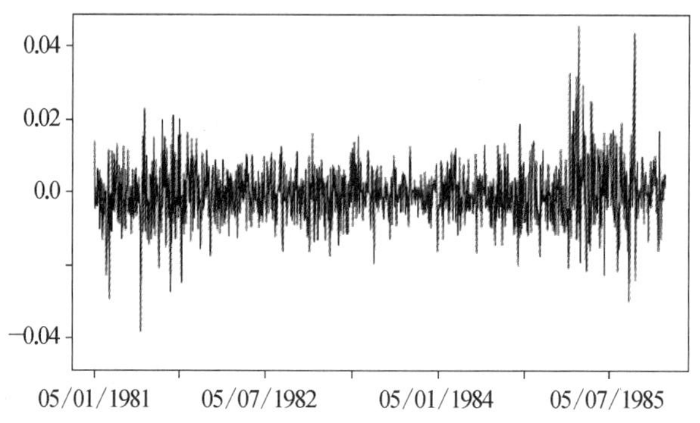

图 9.5　1981 年 1 月 5 日—1985 年 12 月 31 日美元/英镑汇率收益率数据

通过观察 1981 年 1 月 5 日—1985 年 12 月 31 日美元/英镑汇率收益率数据，我们可以明显地看到，汇率的收益率波动的不确定性在不同的预测期间会有所改变，较大或较小的预测误差会聚集出现。贝拉(Bera，1992)用美元对英镑的月汇率，美国联邦政府的三个月期限的短期债券利率以及纽约股票交易所的月综合指数增长率，进一步验证了曼德布罗特的相关结论。这些研究表明传统的计量模型已不能客观和准确地描述金融市场上价格和收益的时变特性，于是许多研究开始尝试用一些二阶甚至更高阶矩随时变的模型来定量地描述类似经济和金融行为。随着对金融市场的深入研究，相继提出了 ARCH 模型和它的一系列拓展形式。

9.2.1　ARCH 模型

最早反映方差时变特性等特点的模型是由恩格尔(Engle，1982)提出的 ARCH(Autoregressive Conditional Heteroskedasticity)模型，他利用 ARCH 模型来刻画英国通货膨胀率中存在的条件异方差性。

(1) ARCH 模型的定义

ARCH 模型最基本的特征在于它对一个基本线性回归模型误差项的假定上，假设观测数据的条件方差呈现自相关。恩格尔认为条件方差是外生变量、滞后的内生变量、时间、参数和前期(扰动)残差的函数。他提出的ARCH(q)模型定义如下：

$$y_t = \boldsymbol{x}_t'\boldsymbol{\beta} + \varepsilon_t,\ t = 1,\ 2,\ \cdots,\ T \tag{9.25}$$

若随机过程 $\{\varepsilon_t\}$ 的平方 ε_t^2 服从 AR(q) 过程，即

$$\varepsilon_t^2 = \alpha_0 + \alpha_1 \varepsilon_{t-1}^2 + \alpha_2 \varepsilon_{t-2}^2 + \cdots + \alpha_q \varepsilon_{t-q}^2 + \eta_t \tag{9.26}$$

其中，$\{\eta_t\}$ 独立同分布，且有 $E(\eta_t)=0$，$D(\eta_t)=\lambda^2$；$\alpha_0>0$，$\alpha_i \geqslant 0(i=1, 2, \cdots, q)$，则称$\{\varepsilon_t\}$ 服从 q 阶的 ARCH 过程，记作 $\varepsilon_t \sim \text{ARCH}(q)$。

由于随机变量 ε_t^2 的非负性，给定变量 $\varepsilon_{t-1}^2, \cdots, \varepsilon_{t-q}^2$ 的值，白噪声过程 $\{\eta_t\}$ 的分布是受约束的，它应满足

$$\eta_t \geqslant -\alpha_0, \ t=1, 2, \cdots, T$$

为确保 $\{\varepsilon_t^2\}$ 为一稳定过程，假设(9.26)式的特征方程

$$1-\alpha_1 z-\alpha_2 z^2-\cdots-\alpha_q z^q=0$$

的所有的根都在单位圆外。若限制性条件 $\alpha_0>0$，$\alpha_i \geqslant 0(i=1, 2, \cdots, q)$ 成立，上述条件等价于

$$\alpha_1+\alpha_2+\cdots+\alpha_q<1 \tag{9.27}$$

这样，若 $\varepsilon_t \sim \text{ARCH}(q)$，则 ε_t 的无条件方差

$$\sigma^2=E(\varepsilon_t^2)=\alpha_0/(1-\alpha_1-\cdots-\alpha_q)=\text{常数} \tag{9.28}$$

为进一步研究 ARCH(q)过程的性质，可将 $\varepsilon_t \sim \text{ARCH}(q)$ 表示为

$$\varepsilon_t=\sigma_t \nu_t \tag{9.29}$$

$$\sigma_t^2=\alpha_0+\sum_{i=1}^{q} \alpha_i \varepsilon_{t-i}^2=\alpha_0+\alpha(B) \varepsilon_t^2 \tag{9.30}$$

其中，$\alpha_0>0$，$\alpha_i \geqslant 0$，$i=1, 2, \cdots, q$ 是常数，并假设 $\{\nu_t\}$ 独立同分布，$E(\nu_t)=0$，$D(\nu_t)=1$。$\alpha(B)$ 为滞后算子多项式且 $\alpha(B)=\alpha_1 B+\alpha_2 B^2+\cdots+\alpha_q B^q$，$\sigma_t^2$ 为条件方差。显然，在任何时刻 t，ε_t 的条件期望为

$$E(\varepsilon_t \mid \varepsilon_{t-1}, \cdots)=\sigma_t E(\nu_t)=0$$

条件方差为

$$E(\varepsilon_t^2 \mid \varepsilon_{t-1}, \cdots)=\sigma_t^2 E(\nu_t^2)=\sigma_t^2$$

即 $\varepsilon_t \mid I_{t-1} \sim N(0, \sigma_t^2)$，其中，$I_{t-1}$ 表示前 $t-1$ 期的信息集。

从上述讨论可以看出，ARCH(q)模型的误差项 ε_t 在前 $t-1$ 期的信息集 I_{t-1} 给定的条件下，服从数学期望为 0、方差为 σ_t^2 的正态分布，而 σ_t^2 又是前 q

个误差平方的线性函数，通过 $\varepsilon_{t-i}(i=1, 2, \cdots, q)$ 的变化影响条件方差的大小，变化越大，σ_t^2 的值也越大，于是序列的波动程度就越大。而且过去的波动干扰对市场未来的波动的影响具有减缓作用，会使波动持续一段时间。因为 ε_t 的条件方差 σ_t^2 由 $\varepsilon_{t-1}^2, \cdots, \varepsilon_{t-q}^2$ 所决定，当 $\varepsilon_{t-i}(i=1, 2, \cdots, q)$ 的值很大时，ε_t 的方差 σ_t^2 一定很大。q 的值决定了随机变量某一跳跃的持续影响时间，q 值越大，影响时间越长。因此，ARCH(q)模型较为贴切地刻画了金融市场的变化状况，描述金融市场的变化特征。

对于 ARCH(1)模型高阶矩情况，恩格尔(1982)证明了其存在性定理。

定理 9.1 对于 ARCH(1)模型，$\mathrm{E}(\varepsilon_t^{2r})$存在的充要条件是

$$\alpha_1^r \prod_{j=1}^{r}(2j-1) < 1$$

恩格尔(1982)同时也证明了更高阶 ARCH(q)模型的二阶平稳性定理。

定理 9.2 ARCH(q)二阶平稳的充要条件是相应的特征方程的所有根都在单位圆内，此时平稳序列 $\{\varepsilon_t\}$ 的无条件方差为：

$$\mathrm{E}(\varepsilon_t^2) = \alpha_0 \Big/ \left(1 - \sum_{j=1}^{q} \alpha_j\right)$$

(2) ARCH 模型的极大似然估计

一般 ARCH(q)模型表达为

$$y_t = \boldsymbol{x}_t'\boldsymbol{\beta} + \varepsilon_t, \ t = 1, 2, \cdots, T \tag{9.31}$$

$$\varepsilon_t = \sigma_t \nu_t, \ \nu_t \sim N(0, 1)$$

$$\sigma_t^2 = \alpha_0 + \sum_{i=1}^{q} \alpha_i \varepsilon_{t-i}^2 = \alpha_0 + \alpha_1 \varepsilon_{t-1}^2 + \alpha_2 \varepsilon_{t-2}^2 + \cdots + \alpha_q \varepsilon_{t-q}^2 \tag{9.32}$$

将 y_t 和 $\boldsymbol{x}_t$ 以及他们的滞后值列在向量 $\boldsymbol{Y}_t$ 中，即 $\boldsymbol{Y}_t = [y_t, y_{t-1}, \cdots, \boldsymbol{x}_t', \boldsymbol{x}_{t-1}' \cdots]$，给定 $\boldsymbol{x}_t$ 和 $\boldsymbol{Y}_{t-1}$ 的值，随机变量 y_t 服从正态分布，并有条件密度函数：

$$f(y_t \mid \boldsymbol{x}_t, \boldsymbol{Y}_{t-1}; \theta) = \frac{1}{\sqrt{2\pi\sigma_t^2}} \exp\left\{-\frac{(y_t - \boldsymbol{x}_t'\boldsymbol{\beta})^2}{2\sigma_t^2}\right\} \tag{9.33}$$

其中 $\sigma_t^2 = \alpha_0 + \sum_{i=1}^{q} \alpha_i (y_{t-i} - \boldsymbol{x}_{t-i}'\boldsymbol{\beta})^2 = [\boldsymbol{z}_t(\boldsymbol{\beta})]'\boldsymbol{\delta}$, $\boldsymbol{z}_t(\boldsymbol{\beta}) = [1, (y_{t-1} - \boldsymbol{x}_{t-1}'\boldsymbol{\beta})^2, \cdots, (y_{t-q} - \boldsymbol{x}_{t-q}'\boldsymbol{\beta})^2]'$, $\boldsymbol{\delta} = [\alpha_0, \alpha_1, \cdots, \alpha_q]'$, $\boldsymbol{\theta} = [\boldsymbol{\beta}, \boldsymbol{\delta}]'$

则回归模型(9.31)的对数似然函数为

$$\begin{aligned}L(\boldsymbol{\theta})&=\sum_{t=1}^{T}\log f(y_t\mid \boldsymbol{x}_t,\boldsymbol{Y}_{t-1};\boldsymbol{\theta})\\&=-\frac{T}{2}\log(2\pi)-\frac{1}{2}\sum_{t=1}^{T}\log\sigma_t^2-\frac{1}{2}\sum_{t=1}^{T}(y_t-\boldsymbol{x}'_t\boldsymbol{\beta})^2/\sigma_t^2\\&=-\frac{T}{2}\log(2\pi)+\sum_{t=1}^{T}l_t(\boldsymbol{\theta})\end{aligned}$$

其中，$l_t(\boldsymbol{\theta})=-\frac{1}{2}\log\sigma_t^2-\frac{1}{2}(y_t-\boldsymbol{x}'_t\boldsymbol{\beta})^2/\sigma_t^2$。参数 $\boldsymbol{\theta}$ 的极大似然估计 $\hat{\boldsymbol{\theta}}$ 使 $L(\boldsymbol{\theta})$ 在 $\boldsymbol{\theta}=\hat{\boldsymbol{\theta}}$ 处达到极大值。求 $L(\boldsymbol{\theta})$ 关于 $\boldsymbol{\theta}$ 的一阶偏导数

$$\frac{\partial L(\boldsymbol{\theta})}{\partial\boldsymbol{\theta}}=\sum_{t=1}^{T}\frac{\partial l_t(\boldsymbol{\theta})}{\partial\boldsymbol{\theta}}$$

其中，$\frac{\partial l_t(\boldsymbol{\theta})}{\partial\boldsymbol{\theta}}=-\frac{1}{2}\frac{\partial\log\sigma_t^2}{\partial\boldsymbol{\theta}}-\frac{1}{2}\left\{\frac{1}{\sigma_t^2}\frac{\partial(y_t-\boldsymbol{x}'_t\boldsymbol{\beta})^2}{\partial\boldsymbol{\theta}}-\frac{(y_t-\boldsymbol{x}'_t\boldsymbol{\beta})^2}{(\sigma_t^2)^2}\frac{\partial\sigma_t^2}{\partial\boldsymbol{\theta}}\right\}$

$$\frac{\partial(y_t-\boldsymbol{x}'_t\boldsymbol{\beta})^2}{\partial\boldsymbol{\theta}}=\begin{bmatrix}\dfrac{\partial(y_t-\boldsymbol{x}'_t\boldsymbol{\beta})^2}{\partial\boldsymbol{\beta}}\\\dfrac{\partial(y_t-\boldsymbol{x}'_t\boldsymbol{\beta})^2}{\partial\boldsymbol{\delta}}\end{bmatrix}=\begin{bmatrix}-2\boldsymbol{x}_t\varepsilon_t\\\boldsymbol{0}\end{bmatrix}$$

$$\begin{aligned}\frac{\partial\sigma_t^2}{\partial\boldsymbol{\theta}}&=\frac{\partial\left(\alpha_0+\sum_{i=1}^{q}\alpha_i\varepsilon_{t-i}^2\right)}{\partial\boldsymbol{\theta}}\\&=\frac{\partial\alpha_0}{\partial\boldsymbol{\theta}}+\sum_{i=1}^{q}\frac{\partial\alpha_i}{\partial\boldsymbol{\theta}}\cdot\varepsilon_{t-i}^2+\sum_{i=1}^{q}\alpha_i\frac{\partial\varepsilon_{t-i}}{\partial\boldsymbol{\theta}}\\&=\begin{bmatrix}\boldsymbol{0}\\1\\0\\\vdots\\0\end{bmatrix}+\begin{bmatrix}\boldsymbol{0}\\0\\\varepsilon_{t-1}^2\\0\\\vdots\\0\end{bmatrix}+\cdots+\begin{bmatrix}\boldsymbol{0}\\0\\\vdots\\0\\\varepsilon_{t-q}^2\end{bmatrix}+\sum_{i=1}^{q}\begin{bmatrix}-2\varepsilon_{t-i}^2\boldsymbol{x}_{t-i}\\0\\0\\\vdots\\0\end{bmatrix}\end{aligned}$$

$$
= \begin{bmatrix} -2\sum_{i=1}^{q} \alpha_i \varepsilon_{t-i} \boldsymbol{x}_{t-i} \\ \boldsymbol{z}_t(\boldsymbol{\beta}) \end{bmatrix}
$$

因此,对数似然函数 $L(\boldsymbol{\theta})$ 关于参数 $\boldsymbol{\theta}$ 的一阶偏导数为

$$
\frac{\partial L(\boldsymbol{\theta})}{\partial \boldsymbol{\theta}} = \sum_{t=1}^{T} \frac{\partial l_t(\boldsymbol{\theta})}{\partial \boldsymbol{\theta}} = \begin{bmatrix} \dfrac{\partial l_t(\boldsymbol{\theta})}{\partial \boldsymbol{\beta}} \\ \dfrac{\partial l_t(\boldsymbol{\theta})}{\partial \boldsymbol{\delta}} \end{bmatrix}
$$

$$
= \frac{1}{2} \sum_{t=1}^{T} \left\{ \left\{ \frac{\varepsilon_t^2}{2(\sigma_t^2)^2} - \frac{1}{2\sigma_t^2} \right\} \begin{bmatrix} 2\sum_{i=1}^{q} \alpha_i \varepsilon_{t-i} \boldsymbol{x}_{t-i} \\ \boldsymbol{z}_t(\boldsymbol{\beta}) \end{bmatrix} + \begin{bmatrix} \boldsymbol{x}_t \varepsilon_t / \sigma_t^2 \\ \boldsymbol{0} \end{bmatrix} \right\}
$$

参数向量 $\boldsymbol{\theta}$ 的极大似然估计 $\hat{\boldsymbol{\theta}}$ 为方程

$$
\frac{\partial L(\boldsymbol{\theta})}{\partial \boldsymbol{\theta}} = \boldsymbol{0}
$$

的解,使得 $L(\boldsymbol{\theta})$ 在 $\boldsymbol{\theta} = \hat{\boldsymbol{\theta}}$ 时取极大值。这一最优化问题可由数值算法解决,如恩格尔(1982)提出的迭代算法。

金融时间序列的无条件分布往往具有比正态分布更厚的尾部,在 ARCH(q)过程 $\varepsilon_t = \sigma_t \nu_t$ 中随机干扰 ν_t 可以有非正态的无条件分布。假设随机变量 ν_t 服从 t 分布,此时对数似然函数为

$$
\begin{aligned}
L(\boldsymbol{\theta}) &= \sum_{t=1}^{T} \log f(y_t \mid \boldsymbol{x}_t, \boldsymbol{Y}_{t-1}; \boldsymbol{\theta}) \\
&= T \cdot \log\left\{ \frac{\Gamma[(k+1)/2]}{\sqrt{\pi} \cdot \Gamma(k/2)} (k-2)^{-\frac{1}{2}} \right\} - \frac{1}{2} \sum_{t=1}^{T} \log \sigma_t^2 \\
&\quad - \frac{k+1}{2} \sum_{t=1}^{T} \log\left[1 + \frac{(y_t - \boldsymbol{x}_t' \boldsymbol{\beta})^2}{\sigma_t^2 (k-2)} \right]
\end{aligned}
$$

其中 $\Gamma(\cdot)$为 Γ 函数,k 为 t 分布的自由度。需要估计的参数为 k、β 和 δ,它们的极大似然估计也可由恩格尔提出的迭代算法计算。

(3) ARCH 模型的假设检验

如果回归模型 $y_t = \boldsymbol{x}_t' \boldsymbol{\beta} + \varepsilon_t$ 中的随机干扰 ε_t 服从 ARCH(q)过程,那么单

独对 β 作最小二乘估计是不合理的。在进行计算之前,一般先对 ε_t 是否服从 ARCH 过程作假设检验,即 ARCH 效应检验。

随机误差 ε_t 是否服从 ARCH(q)过程,也就是在方程 $\sigma_t^2=\alpha_0+\sum_{i=1}^{q}\alpha_i\varepsilon_{t-i}^2$ 中,所有回归系数 $\alpha_1,\alpha_2,\cdots,\alpha_q$ 是否同时为零。若所有系数同时为零的概率较大,则 ε_t 不存在 ARCH 效应。如果方程中的参数 $\alpha_1=\alpha_2=\cdots=\alpha_q=0$,则随机误差 ε_t 不服从 ARCH(q)过程,此时 $\sigma_t^2=\alpha_0$ 为一个常数,因此 ε_t 为一独立的白噪声过程,这时对 $y_t=\boldsymbol{x}_t'\boldsymbol{\beta}+\varepsilon_t$ 中的 $\boldsymbol{\beta}$ 作最小二乘估计不仅计算简单而且是最优的估计。但只要方程(9.32)中的参数 $\alpha_1,\cdots,\alpha_q$ 至少有一个不为零,则有 ε_t 服从 ARCH 过程。上述问题即为假设检验问题,其原假设和备择假设分别为

$$\mathrm{H}_0: \alpha_1=\alpha_2=\cdots=\alpha_q=0,\ \mathrm{H}_1: \exists\alpha_i\neq 0\quad 1\leqslant i\leqslant q$$

对此检验问题,引入拉格朗日乘数法(LM)。LM 检验需计算对数似然函数 $L(\boldsymbol{\theta})$ 对参数 $\boldsymbol{\delta}$ 的一阶和二阶偏导数,根据恩格尔的计算,它们分别为

$$\frac{\partial L(\boldsymbol{\theta})}{\partial\boldsymbol{\delta}}=\frac{1}{2}\sum_{t=1}^{T}\left\{\frac{\varepsilon_t^2}{\sigma_t^2}-1\right\}\frac{\partial\log\sigma_t^2}{\partial\boldsymbol{\delta}}-\sum_{t=1}^{T}\frac{1}{2\sigma_t^2}\frac{\partial\varepsilon_t^2}{\partial\boldsymbol{\delta}}$$

$$\frac{\partial^2 L(\boldsymbol{\theta})}{\partial\boldsymbol{\delta}\partial\boldsymbol{\delta}'}=-\frac{1}{2}\sum_{t=1}^{T}\frac{\varepsilon_t^2}{\sigma_t^2}\cdot\frac{\partial\log\sigma_t^2}{\partial\boldsymbol{\delta}}\cdot\frac{\partial\log\sigma_t^2}{\partial\boldsymbol{\delta}'}$$

信息矩阵 $\boldsymbol{I}_\delta=-\frac{1}{T}\mathrm{E}\left\{\frac{\partial^2 L(\boldsymbol{\theta})}{\partial\boldsymbol{\delta}\partial\boldsymbol{\delta}'}\middle|\boldsymbol{x}_t,\boldsymbol{Y}_{t-1}\right\}$ 的一致估计为

$$\hat{\boldsymbol{I}}_\delta=\frac{1}{2T}\sum_{t=1}^{T}\frac{\boldsymbol{z}_t(\boldsymbol{\theta})\boldsymbol{z}_t(\boldsymbol{\theta})'}{(\sigma_t^2)^2}$$

当原假设 H_0 成立时,$\sigma_0^2=\hat{\alpha}_0=\frac{1}{T}\sum_{t=1}^{T}e_t^2$,$\varepsilon_t^0=e_t$,$\boldsymbol{z}_t^0(\hat{\boldsymbol{\beta}})=(1,e_{t-1}^2,\cdots,e_{t-q}^2)'$,其中,$e_t$ 为 y_t 对 $\boldsymbol{x}_t$ 做回归的估计残差。

此时上述检验问题的检验统计量为

$$\begin{aligned}\xi&=T\cdot\left(\frac{\partial L(\hat{\boldsymbol{\theta}})}{\partial\boldsymbol{\theta}}\right)'\hat{\boldsymbol{I}}_\delta^{-1}\left(\frac{\partial L(\hat{\boldsymbol{\theta}})}{\partial\boldsymbol{\theta}}\right)\\&=\frac{1}{2}\left\{\sum_{t=1}^{T}\left[\frac{e_t^2}{\sigma_0^2}-1\right]\boldsymbol{z}_t^0(\hat{\boldsymbol{\beta}})\right\}'\cdot\left\{\sum_{t=1}^{T}\boldsymbol{z}_t^0(\hat{\boldsymbol{\beta}})\boldsymbol{z}_t^0(\hat{\boldsymbol{\beta}})'\right\}^{-1}\cdot\left\{\sum_{t=1}^{T}\left[\frac{e_t^2}{\sigma_0^2}-1\right]\boldsymbol{z}_t^0(\hat{\boldsymbol{\beta}})\right\}\end{aligned}$$

在 H_0 成立时，统计量 ξ 有 $\chi^2(q)$ 极限分布。上述检验统计量可以写为矩阵形式，定义：

$$\boldsymbol{Z}^0=(\boldsymbol{z}_1^0(\hat{\boldsymbol{\beta}}),\ \cdots,\ \boldsymbol{z}_T^0(\hat{\boldsymbol{\beta}}))'$$

$$\boldsymbol{f}^0=\left(\frac{e_1^2}{\sigma_0^2}-1,\ \cdots,\ \frac{e_T^2}{\sigma_0^2}-1\right)'$$

上述检验统计量 ξ 写成矩阵形式：

$$\xi=\frac{1}{2}\boldsymbol{f}^{0\prime}\boldsymbol{Z}^0(\boldsymbol{Z}^{0\prime}\boldsymbol{Z}^0)^{-1}\boldsymbol{Z}^{0\prime}\boldsymbol{f}^0$$

在原假设成立且 T 充分大时，ξ 渐近等价于

$$\xi^*=T\cdot\frac{\boldsymbol{f}^{0\prime}\boldsymbol{Z}^0(\boldsymbol{Z}^{0\prime}\boldsymbol{Z}^0)^{-1}\boldsymbol{Z}^{0\prime}\boldsymbol{f}^0}{\boldsymbol{f}^{0\prime}\boldsymbol{f}^0}=TR^2$$

其中，R^2 为向量 $\boldsymbol{f}^0$ 对矩阵 $\boldsymbol{Z}^0$ 作回归所得的拟合优度。

(4) ARCH 模型的特点

ARCH 模型一经提出，就由于它突破了传统时间序列模型中误差项方差恒定的假定并更好地与金融实际相结合，在很长时间里成为经济计量学研究条件方差的重要手段，模型本身体现出很多优越性。

① 从模型的条件方差表达式(9.30)可以看出，条件方差 σ_t^2 表达成过去扰动项的回归函数形式，这种形式恰能反映金融市场波动集聚性特点，即较大幅度的波动后面紧接着较大幅度波动，较小幅度的波动后面紧接着较小幅度的波动；

② ARCH 模型的随机误差项 ε_t 服从宽尾的无条件分布，这恰好能描述金融市场上资产收益率变量是宽尾分布的特征，且 ARCH 模型具有不相关性，它较好地说明过去的收益率不影响未来的收益率，与市场有效性的假设相吻合；

③ 利用 ARCH 模型可以更精确地估计参数，提高预测精度。当存在 ARCH 效应时，直接用最小二乘估计参数则会产生偏差，使用 ARCH 模型则可在一定程度上避免这种偏差，提高参数估计的精确度，同时提高预测精度；

④ ARCH 模型的特征改善了计量经济模型的预测能力，经济时间序列中比较明显的变化是可以预测的，并且说明这种变化来自某一特定类型的非线性依赖性，而不是方差的外生结构变化；

⑤ ARCH 模型中随机误差 ε_t 是条件分布，可以在经济预测和决策中引入贝叶斯方法进行估计和风险决策。

但模型也存在一些缺陷。

① ARCH(q)模型在实际应用中为得到更好的拟合效果常需要很大的阶数 q，这不仅增大了计算量还会带来像解释变量多重共线性等问题；

② ARCH(q)中将条件方差 σ_t^2 设定为 $\varepsilon_{t-i}^2(i=1, 2, \cdots, q)$ 的线性函数，而现实中线性情况只是特例，是对非线性情况的近似，对不同问题，这种近似程度是不同的；

③ 在 ARCH(q)模型中，σ_t^2 被认为是扰动 ε_t 的偶函数，这是一种不太合理的结论。因为 σ_t^2 的大小不仅仅取决于 ε_{t-i} 的绝对值，而且受其正负符号的影响；

④ ARCH(q)中，ν_t 被设定为正态分布，但越来越多的研究表明，在一些金融序列中这种正态性假定并不符合实际情况。

例 9.2　恩格尔利用 ARCH 模型来刻画 1958 年第二季度到 1977 年第二季度期间英国通货膨胀率中存在的条件异方差性。用 p_t 表示英国消费者物价指数的对数，用 w_t 表示名义工资率指数的对数，于是通货膨胀率为 $\pi_t = p_t - p_{t-1}$，实际工资为 $r_t = w_t - p_t$。恩格尔进行了一些试验后，最终建立了如下模型(模型(9.34)中各参数的 t 检验统计量值分别是 4.5、3.2、3.7、-3.5 和 4.1)：

$$\pi_t = 0.025\,7 + 0.334\pi_{t-1} + 0.408\pi_{t-4} - 0.404\pi_{t-5} + 0.055\,9r_{t-1} + \varepsilon_t \tag{9.34}$$

$$\mathrm{Var}(\varepsilon_t) = \sigma^2 = 0.000\,089$$

这个模型的实质是，前一期的实际工资的增长造成当期通货膨胀的增长，通货膨胀率在 $t-4$ 和 $t-5$ 期的滞后值是用来反映季节因素的。可以看出所有系数的 t 检验统计量绝对值都大于 3，且一系列的诊断性检验都没有显示出序列相关性，方差估计量为常数 0.000 089。在检验 ARCH 误差时，ARCH(1)误差的拉格朗日乘数检验(LM)并不显著，而对 ARCH(4)误差过程的检验得出的 $TR^2=15.2$，而 $\chi_{0.01}^2(4)=13.28$，因此恩格尔得出存在 ARCH 误差的结论。给出如下误差权重递减的 ARCH(4)过程：

$$\sigma_t^2 = \alpha_0 + \alpha_1(0.4\varepsilon_{t-1}^2 + 0.3\varepsilon_{t-2}^2 + 0.2\varepsilon_{t-3}^2 + 0.1\varepsilon_{t-4}^2) \tag{9.35}$$

为了保证非负性和平稳性，恩格尔选择含有两个参数的方差函数，给定这组特殊的递减权重，要满足这两个约束条件，其充分必要条件是 $\alpha_0>0$ 且 $0<\alpha_1<1$。为了估计具有完全效率的这两个模型，恩格尔对这两个模型的最大似然估计为：

$$\pi_t=0.032\,8+0.162\pi_{t-1}+0.264\pi_{t-4}-0.325\pi_{t-5}+0.070\,7r_{t-1}+\varepsilon_t \tag{9.36}$$

$$\sigma_t^2=1.4\times10^{-5}+0.955(0.4\varepsilon_{t-1}^2+0.3\varepsilon_{t-2}^2+0.2\varepsilon_{t-3}^2+0.1\varepsilon_{t-4}^2)$$

σ_t^2 的估计值是 1 步预测误差方差，在通常的显著性水平上，所有系数（除了通货膨胀率自身的滞后量）都显著。对于一个已知的实际工资值，(9.36)式的点估计暗示通货膨胀率是一个收敛过程。通过序列 $\{\sigma_t^2\}$ 的计算值，恩格尔发现，随着经济从“可预测的 20 世纪 60 年代”转变到“混沌的 20 世纪 70 年代”，通货膨胀预测的标准离差翻了两倍多，而 0.955 的点估计意味着较长的持续性。

9.2.2 GARCH 模型

由于 ARCH 模型在实际应用中的不足，波勒斯勒夫（Bollerslev，1986）将模型进一步延伸至一般 ARCH（Generalized ARCH，GARCH）模型。GARCH 模型比 ARCH 模型需要更小的滞后阶数，并与 ARMA 模型有类似的结构。

(1) GARCH 模型的定义

假设在 ARCH(q)过程 $\varepsilon_t=\sigma_t\nu_t$ 中，$\nu_t\sim$ i.i.d.$N(0,1)$，$t=1,2,\cdots,T$。令 ARCH 过程的阶数 $q\to\infty$，条件方差 σ_t^2 可表示为

$$\sigma_t^2=\omega+\pi(B)\varepsilon_t^2$$

其中，$\pi(B)$ 为无穷阶滞后多项式：

$$\pi(B)=\sum_{j=1}^{\infty}\pi_jB^j=\frac{\alpha(B)}{1-\beta(B)}=\frac{\alpha_1B+\alpha_2B^2+\cdots+\alpha_qB^q}{1-\beta_1B-\beta_2B^2-\cdots-\beta_pB^p}$$

其中，滞后多项式 $1-\beta(B)$ 的特征方程的根都在单位圆外，则可利用上式将 σ_t^2 改写成

$$\sigma_t^2=\alpha_0+\alpha(B)\varepsilon_t^2+\beta(B)\sigma_t^2=\alpha_0+\sum_{i=1}^{q}\alpha_i\varepsilon_{t-i}^2+\sum_{i=1}^{p}\beta_i\sigma_{t-i}^2$$

其中，$\alpha_0=(1-\beta_1-\beta_2-\cdots-\beta_p)\times\omega$，则由上式定义的 ARCH 过程 $\varepsilon_t=\sigma_t\nu_t$ 称为 GARCH 过程，记为 $\varepsilon_t\sim \mathrm{GARCH}(p,q)$。

GARCH(p, q)模型的一般形式为

$$\varepsilon_t=\sigma_t\nu_t \tag{9.37}$$

$$\sigma_t^2=\alpha_0+\alpha(B)\varepsilon_t^2+\beta(B)\sigma_t^2=\alpha_0+\sum_{i=1}^{q}\alpha_i\varepsilon_{t-i}^2+\sum_{i=1}^{p}\beta_i\sigma_{t-i}^2 \tag{9.38}$$

其中，$p\geqslant 0$，$q\geqslant 0$，$\alpha_0>0$，$\alpha_i\geqslant 0(i=1,2,\cdots,q)$，$\beta_i\geqslant 0(i=1,2,\cdots,p)$；$\beta(B)$ 为滞后算子多项式且 $\beta(B)=\beta_1B+\beta_2B^2+\cdots+\beta_pB^p$。当 $p=0$ 时 $\varepsilon_t\sim \mathrm{ARCH}(q)$，可以看出 GARCH($p$, q)模型具有 ARCH(q)模型的特点，能够模拟价格波动的集聚性现象，两者的区别在于 GARCH(p, q)模型的条件方差不仅是滞后扰动平方的线性函数，而且是滞后条件方差的线性函数；当 $p=q=0$ 时，ε_t 退化为白噪声过程。

GARCH(p, q)还可以写成另一种等价形式：

$$\begin{aligned}\varepsilon_t^2&=\alpha_0+\sum_{i=1}^{q}\alpha_i\varepsilon_{t-i}^2+\sum_{j=1}^{p}\beta_j\varepsilon_{t-j}^2-\sum_{j=1}^{p}\beta_jz_{t-j}+z_t\\&=\alpha_0+(\alpha(B)+\beta(B))\varepsilon_t^2+z_t-\beta(B)z_t\end{aligned} \tag{9.39}$$

其中，$z_t=\varepsilon_t^2-\sigma_t^2=(\nu_t^2-1)\sigma_t^2$，$\nu_t\sim \mathrm{i.i.d.}N(0,1)$，$\{z_t\}$ 序列不相关。这样可以把 GARCH 过程看作关于 $\{\varepsilon_t^2\}$ 的 ARMA(m, p)过程，其中，$m=\max(p,q)$。

关于 GARCH 过程的平稳性问题，波勒斯勒夫(1986)证明了下列性质。

定理 9.3 设时间序列 $\varepsilon_t\sim \mathrm{GARCH}(p,q)$，则时间序列 ε_t 平稳的充要条件为：

$$\sum_{i=1}^{q}\alpha_i+\sum_{i=1}^{p}\beta_i<1$$

进而有 $\mathrm{E}(\varepsilon_t)=0$，$D(\varepsilon_t)=\alpha_0\Big/\left(1-\sum_{i=1}^{q}\alpha_i-\sum_{i=1}^{p}\beta_i\right)$ 和 $\mathrm{cov}(\varepsilon_t,\varepsilon_s)=0(t\neq s)$。

上述平稳 GARCH(p, q)模型有以下性质(因为 ARCH(q)模型是 GARCH(p, q)的特例，ARCH(q)模型也具有类似性质)：

① $\{\varepsilon_t\}$ 是一个白噪声，并且在给定 ε_{t-1}，$\varepsilon_{t-2}\cdots$ 的条件下有

$$\mathrm{E}(\varepsilon_t\mid\varepsilon_{t-1},\varepsilon_{t-2},\cdots)=0$$

$$D(\varepsilon_t \mid \varepsilon_{t-1}, \varepsilon_{t-2}, \cdots) = \mathrm{E}(\varepsilon_t^2 \mid \varepsilon_{t-1}, \varepsilon_{t-2}, \cdots) = \sigma_t^2;$$

② $\{\varepsilon_t^2\}$ 是一个 ARMA(m, p)过程,其中 $m=\max(p, q)$;

③ $\{\varepsilon_t\}$ 具有宽尾分布,即 $\kappa_\varepsilon > \kappa$,其中 κ_ε 和 κ 分别为 ε_t 和白噪声 ν_t 的峰度。

GARCH(1,1)过程是最简单的 GARCH 过程,其条件方差可表达成

$$\sigma_t^2 = \alpha_0 + \alpha\varepsilon_{t-1}^2 + \beta\sigma_{t-1}^2 (\alpha_0 > 0, \alpha \geqslant 0, \beta \geqslant 0)$$

GARCH(1,1)平稳的充要条件是 $\alpha + \beta < 1$。如果取 $z_t = \varepsilon_t^2 - \sigma_t^2$ 则有

$$\varepsilon_t^2 = \alpha_0 + (\alpha + \beta)\varepsilon_{t-1}^2 + z_t - \beta z_{t-1},$$

说明 $\{\varepsilon_t^2\}$ 服从 ARMA(1, 1)过程。

波勒斯勒夫(1986)同样给出了 GARCH(1, 1)过程 $2m$ 阶矩存在的充要条件。

定理 9.4 上述平稳 GARCH(1, 1)过程具有 $2m$ 阶矩的充要条件为

$$\mu(\alpha, \beta, m) = \sum_{j=0}^{m} C_m^j d_j \alpha^{m-j} \beta^j < 1$$

其中,m 为正整数;$d_0 = 1$, $d_j = \prod_{i=1}^{j}(2i-1)(j=1, 2, \cdots, m)$;$\varepsilon_t$ 的 $2m$ 阶矩满足迭代公式:

$$\mathrm{E}(\varepsilon_t^{2m}) = d_m \Big[\sum_{i=0}^{m} d_i^{-1} \mathrm{E}(\varepsilon_t^{2i}) \alpha_0^{m-i} C_m^{m-i} \mu(\alpha, \beta, i)\Big] \times [1 - \mu(\alpha, \beta, i)]^{-1}$$

(2) GARCH 模型的极大似然估计

考虑如下 GARCH(p, q)模型:

$$y_t = \boldsymbol{x}_t' \boldsymbol{\beta}^* + \varepsilon_t, \ t = 1, 2, \cdots, T$$

$$\varepsilon_t = \sigma_t \nu_t, \ \nu_t \sim N(0, 1)$$

$$\sigma_t^2 = \alpha_0 + \alpha(B)\varepsilon_t^2 + \beta(B)\sigma_t^2 = \alpha_0 + \sum_{i=1}^{q} \alpha_i \varepsilon_{t-i}^2 + \sum_{i=1}^{p} \beta_i \sigma_{t-i}^2$$

令 $\boldsymbol{z}_t = (1, \varepsilon_{t-1}^2, \cdots, \varepsilon_{t-q}^2, \sigma_{t-1}^2, \cdots, \sigma_{t-p}^2)'$, $\boldsymbol{\delta} = (\alpha_0, \alpha_1, \cdots, \alpha_q, \beta_1, \beta_2, \cdots, \beta_p)'$ 和 $\boldsymbol{\theta} = [\boldsymbol{\beta}^{*\prime}, \boldsymbol{\delta}']'$,则 GARCH($p$, q)模型的对数似然函数为

$$L(\boldsymbol{\theta}) = \sum_{t=1}^{T} l_t(\boldsymbol{\theta}) = -\frac{T}{2}\log(2\pi) - \frac{1}{2}\sum_{t=1}^{T}\log\sigma_t^2 - \frac{1}{2}\sum_{t=1}^{T}\varepsilon_t^2(\sigma_t^2)^{-1}$$

对 $L(\boldsymbol{\theta})$ 关于 $\boldsymbol{\beta}^*$ 和 $\boldsymbol{\delta}$ 分别求一阶偏导数,类似于 ARCH(q)模型的计算有如下结果:

① $$\frac{\partial L(\boldsymbol{\theta})}{\partial \boldsymbol{\beta}^*} = \frac{1}{2}\sum_{t=1}^{T}\left\{\frac{\varepsilon_t^2}{\sigma_t^2}-1\right\}\sigma_t^2\frac{\partial \sigma_t^2}{\partial \boldsymbol{\beta}^*} + \sum_{t=1}^{T}\varepsilon_t \boldsymbol{x}'_t(\sigma_t^2)^{-1}$$

$$\frac{\partial^2 L(\boldsymbol{\theta})}{\partial \boldsymbol{\beta}^* \partial \boldsymbol{\beta}^{*\prime}} = -\sum_{t=1}^{T}(\sigma_t^2)^{-1}\boldsymbol{x}_t\boldsymbol{x}'_t - \frac{1}{2}(\sigma_t^2)^{-2}\sum_{t=1}^{T}\frac{\partial \sigma_t^2}{\partial \boldsymbol{\beta}^*}\frac{\partial \sigma_t^2}{\partial \boldsymbol{\beta}^{*\prime}}\left(\frac{\varepsilon_t^2}{\sigma_t^2}\right)$$

$$-2\sum_{t=1}^{T}(\sigma_t^2)^{-2}\varepsilon_t\boldsymbol{x}_t\frac{\partial \sigma_t^2}{\partial \boldsymbol{\beta}^*} + \sum_{t=1}^{T}\left(\frac{\varepsilon_t^2}{\sigma_t^2}-1\right)\frac{\partial}{\partial \boldsymbol{\beta}^{*\prime}}\left[\frac{1}{2}(\sigma_t^2)^{-1}\frac{\partial \sigma_t^2}{\partial \boldsymbol{\beta}^*}\right]$$

其中

$$\frac{\partial \sigma_t^2}{\partial \boldsymbol{\beta}^*} = -2\sum_{j=1}^{q}\alpha_j\boldsymbol{x}_{t-j}\varepsilon_{t-j} + \sum_{j=1}^{p}\boldsymbol{\beta}_j\frac{\partial \sigma_{t-j}^2}{\partial \boldsymbol{\beta}^*}$$

② $$\frac{\partial L(\boldsymbol{\theta})}{\partial \boldsymbol{\delta}} = \frac{1}{2}\sum_{t=1}^{T}\left(\frac{\varepsilon_t^2}{\sigma_t^2}-1\right)(\sigma_t^2)^{-1}\frac{\partial \sigma_t^2}{\partial \boldsymbol{\delta}}$$

$$\frac{\partial^2 L(\boldsymbol{\theta})}{\partial \boldsymbol{\delta}\partial \boldsymbol{\delta}'} = \sum_{t=1}^{T}\left(\frac{\varepsilon_t^2}{\sigma_t^2}-1\right)\frac{\partial}{\partial \boldsymbol{\delta}'}\left[\frac{1}{2}(\sigma_t^2)^{-1}\frac{\partial \sigma_t^2}{\partial \boldsymbol{\delta}}\right] - \frac{1}{2}\sum_{t=1}^{T}(\sigma_t^2)^{-2}\frac{\partial \sigma_t^2}{\partial \boldsymbol{\delta}}\frac{\partial \sigma_t^2}{\partial \boldsymbol{\delta}'}\frac{\varepsilon_t^2}{\sigma_t^2}$$

其中

$$\frac{\partial \sigma_t^2}{\partial \boldsymbol{\delta}} = \boldsymbol{z}_t(\boldsymbol{\beta}) + \sum_{j=1}^{p}\boldsymbol{\beta}_j\frac{\partial \sigma_{t-j}^2}{\partial \boldsymbol{\delta}}$$

则方程

$$\begin{cases}\dfrac{\partial L(\theta)}{\partial \boldsymbol{\beta}^*} = \boldsymbol{0}\\[2ex]\dfrac{\partial L(\boldsymbol{\theta})}{\partial \boldsymbol{\delta}} = \boldsymbol{0}\end{cases}$$

的解 $\hat{\boldsymbol{\theta}}$ 即为参数 $\boldsymbol{\theta}$ 的极大似然估计。可以参见 BHHH 算法(Berndt, B. Hall, R. E. Hall and Hausman, 1974)得到近似解。

(3) GARCH 模型的假设检验

对于一般 GARCH(p, q)模型:

$$y_t = \boldsymbol{x}'_t\boldsymbol{\beta}^* + \varepsilon_t,\ t = 1,\ 2,\ \cdots,\ T$$
$$\varepsilon_t = \sigma_t\nu_t,\ \nu_t \sim \text{i.i.d.}N(0,\ 1)$$

$$\sigma_t^2=\alpha_0+\sum_{i=1}^{q}\alpha_i\varepsilon_{t-i}^2+\sum_{i=1}^{p}\beta_i\sigma_{t-i}^2=\boldsymbol{z}_t'\boldsymbol{\delta}$$

可以对参数 $\boldsymbol{\delta}=[\boldsymbol{\delta}_1',\ \boldsymbol{\delta}_2']'$ 做假设检验，原假设 H_0 是 ARCH 过程，备择假设 H_1 是 GARCH 过程，即

$$H_0:\beta_1=\cdots=\beta_p=0,\ H_1:\exists\beta_j>0\quad 1\leqslant j\leqslant p$$

对数似然函数 $L(\boldsymbol{\theta})$ 关于 $\boldsymbol{\delta}$ 的一阶和二阶偏导数分别为

$$\frac{\partial L(\boldsymbol{\theta})}{\partial\boldsymbol{\delta}}=\frac{1}{2}\sum_{t=1}^{T}\left(\frac{\varepsilon_t^2}{\sigma_t^2}-1\right)(\sigma_t^2)^{-1}\frac{\partial\sigma_t^2}{\partial\boldsymbol{\delta}}$$

$$\frac{\partial^2 L(\boldsymbol{\theta})}{\partial\boldsymbol{\delta}\partial\boldsymbol{\delta}'}=\sum_{t=1}^{T}\left(\frac{\varepsilon_t^2}{\sigma_t^2}-1\right)\frac{\partial}{\partial\boldsymbol{\delta}'}\left[\frac{1}{2}(\sigma_t^2)^{-1}\frac{\partial\sigma_t^2}{\partial\boldsymbol{\delta}}\right]-\frac{1}{2}\sum_{t=1}^{T}(\sigma_t^2)^{-2}\frac{\partial\sigma_t^2}{\partial\boldsymbol{\delta}}\frac{\partial\sigma_t^2}{\partial\boldsymbol{\delta}'}\frac{\varepsilon_t^2}{\sigma_t^2}$$

由此引入统计量

$$\xi=\frac{1}{2}\boldsymbol{f}^{0\prime}\boldsymbol{Z}^0(\boldsymbol{Z}^{0\prime}\boldsymbol{Z}^0)^{-1}\boldsymbol{Z}^{0\prime}\boldsymbol{f}^0$$

其中向量 $\boldsymbol{f}^0$ 和矩阵 $\boldsymbol{Z}^0$ 分别为

$$\boldsymbol{f}^0=\left[\frac{e_1^2}{\sigma_1^2}-1,\ \cdots,\ \frac{e_T^2}{\sigma_T^2}-1\right]'$$

$$\boldsymbol{Z}^0=\left[\sigma_1^2\ \frac{\partial\sigma_1^2}{\partial\delta},\ \cdots,\ \sigma_T^2\ \frac{\partial\sigma_T^2}{\partial\delta}\right]'$$

向量 $\boldsymbol{f}^0$ 和矩阵 $\boldsymbol{Z}^0$ 都取值于 $\beta_1=\cdots=\beta_p=0$。当原假设 H_0 成立时，T 充分大，检验统计量 ξ 渐近地服从自由度为 p 的 χ^2 分布，p 为向量 $\boldsymbol{\delta}_2$ 的维数。统计量 ξ 的值可由辅助回归得到，计算回归

$$\boldsymbol{f}^0=\boldsymbol{Z}^0\pi+V$$

的拟合优度 R^2，则 ξ 等价于

$$\xi^*=TR^2$$

(4) GARCH 模型的特点

GARCH(p, q)模型的条件方差不仅是滞后扰动平方的线性函数，而且是滞后条件方差的线性函数，因此这类模型具有很强的概括能力，模型有如下

特点。

① ARCH(q)模型是 GARCH(p, q)的特例，由于 ARCH 模型能够模拟波动的集聚现象，GARCH(p, q)模型也能做到这点。当 $\sum_{i=1}^{q}\alpha_i+\sum_{i=1}^{p}\beta_i<1$ 时，外界冲击对条件方差的影响逐渐衰竭；当 $\sum_{i=1}^{q}\alpha_i+\sum_{i=1}^{p}\beta_i=1$ 时，外界冲击会对条件方差产生持久影响。

② GARCH(p, q)模型等价于 ARCH(∞)模型，这远远减少了待估参数的个数，实证研究表明，GARCH(1, 1)模型是一个简单且有效的模型。

③ 在 GARCH 模型中，残差的符号对波动没有影响，即条件方差 σ_t^2 取决于 $\varepsilon_{t-i}(i=1, 2, \cdots, q)$ 的大小而与符号无关，条件方差对正、负价格变化的反应是对称的、等价的。但通过国内外金融序列的研究表明，坏消息出现导致价格向下的波动幅度比好消息出现导致价格向上的波动幅度要大，即会存在杠杆效应，GARCH 模型无法解释这种现象。

④ 在 GARCH 模型中，为了保证 σ_t^2 非负，对参数 $\alpha_i(i=1, 2, \cdots, q)$、$\beta_j(j=1, 2, \cdots, p)$ 所做的非负限制也是一种局限；另外一个缺陷是 GARCH 模型很难判断引起条件方差波动源的持续性。

⑤ 实证研究中通常使用的 GARCH(1, 1)模型所描述的过程 ε_t 在一定条件下分布的峰度大于正态分布的峰度 3，但其峰度的大小依赖于参数 α 和 β 的大小，当 α 接近于 0 时，ε_t 的峰度接近于正态分布的峰度，而金融数据的峰度往往要大很多，在这个方面，GARCH(1, 1)模型不能给予充分说明，所以很多时候用 t 分布代替正态分布的假定，得到 GARCH(1, 1)$-t$ 模型。

例 9.3 波勒斯勒夫(1986)对美国通货膨胀的估计提出了一个有趣的比较，即比较一个标准自回归时间序列模型(该模型方差假定恒定)、一个包含 ARCH 误差的模型和一个包含 GARCH 误差的模型，他注意到 ARCH 过程可以用于对许多不同的经济现象进行建模，但也指出：虽然大部分具有共性，但是，其应用是在条件方差式中引入任意一个线性衰减的滞后结构，以将长期记忆(特别是那些在实践中发现的)纳入考虑范围内。因为估计一个完全自由的滞后分布通常会违反非负的约束条件。波勒斯勒夫用 1948 年第二季度到 1983 年第四季度期间的季度数据，把美国 GNP 平减指数的对数变换作为测算的通货膨胀率 π_t，然后估计出了回归方程，方程(9.40 中各参数的 t 检验统计量值分别是 3，6.65，1.99，2.58 和-2.6：

$$\pi_t = 0.240 + 0.552\pi_{t-1} + 0.177\pi_{t-2} + 0.232\pi_{t-3} - 0.209\pi_{t-4} + \varepsilon_t \quad (9.40)$$

$$\mathrm{Var}(\varepsilon_t) = \sigma^2 = 0.282$$

(9.40)式似乎具有众多时间序列模型的所有特征，在通常的显著性水平上，其所有系数都显著，且模型平稳。波勒斯勒夫指出，在 0.05 显著性水平上，ACF 和 PACF 没有出现任何显著的系数。但是，正如典型的 ARCH 误差，残差平方 ε_t^2 的 ACF 和 PACF 显著相关。对 ARCH(1)、ARCH(4)和 ARCH(8)的误差进行的拉格朗日乘数检验都高度显著。

接下来，波勒斯勒夫估计了有约束条件的 ARCH(8)模型，这个模型最早由恩格尔和克拉格(Kraft)在 1983 年提出，通过和(9.40)式比较，他发现

$$\pi_t = 0.138 + 0.423\pi_{t-1} + 0.222\pi_{t-2} + 0.377\pi_{t-3} - 0.175\pi_{t-4} + \varepsilon_t \quad (9.41)$$

$$\sigma_t^2 = 0.058 + 0.802\sum_{i=1}^{8}[(9-i)/36]\varepsilon_{t-i}^2$$

其中，(9.41)式中各参数的 t 检验统计量值分别是 2.34, 5.22, 2.06, 4.83 和－1.68，条件方差方程中两个系数的 t 检验统计量值分别是 19.3 和 3.03。可以看出，(9.40)式和(9.41)式的自回归系数是相似的，但是方差的模型差异很大。(9.40)式假设方差为常数，而(9.41)式假设方差 σ_t^2 是前 8 个季度方差的加权平均值并呈几何倍数衰减。因此，这两个模型对通货膨胀率的预测应该是相似的，但预测的置信区间不同。(9.40)式的置信区间是恒定的，区间大小不变，(9.41)式的置信区间在通货膨胀波动时期变大，平稳时期变小。

为了检验条件方差中 1 阶 GARCH 项的存在，估计下式：

$$\sigma_t^2 = \alpha_0 + \alpha_1\sum_{i=1}^{8}[(9-i)/36]\varepsilon_{t-i}^2 + \beta_1\sigma_{t-1}^2$$

如果 $\beta_1 = 0$，则意味着不存在一阶移动自回归项。波勒斯勒夫运用了更为简单的 LM 检验。该检验包括构造式(9.41)的条件方差的残差，第二步用一个常数和 σ_{t-1}^2 对这些残差作回归，得出 $TR^2 = 4.57$，在 0.05 显著性水平上，无法拒绝存在 1 阶 GARCH 过程的假设，于是估计出 GARCH(1, 1)模型(方程(9.42)中各参数的 t 检验统计量值分别是 2.35, 5.35, 2.08, 4.53 和－1.58)：

$$\pi_t = 0.141 + 0.433\pi_{t-1} + 0.229\pi_{t-2} + 0.349\pi_{t-3} - 0.162\pi_{t-4} + \varepsilon_t \quad (9.42)$$

$$\sigma_t^2 = 0.007 + 0.135\varepsilon_{t-1}^2 + 0.829\sigma_{t-1}^2$$

其中，条件方差方程中各参数的 t 检验统计量值分别是 1.17，1.93 和 12.19。诊断性检验显示，残差平方值的 ACF 和 PACF 都没有任何大于 $2T^{-0.5}$ 的系数，在 0.05 的显著性水平上，对 ε_t^2 其他滞后值的存在以及 σ_{t-2}^2 的存在进行的 LM 检验都不显著。

例 9.4　考虑在上海证券交易所挂牌的贵州茅台股票(600519)收盘价，样本数据选取具有代表性的 2014 年 1 月 3 日—2018 年 10 月 29 日的股票收盘价数据，如图 9.6 所示。

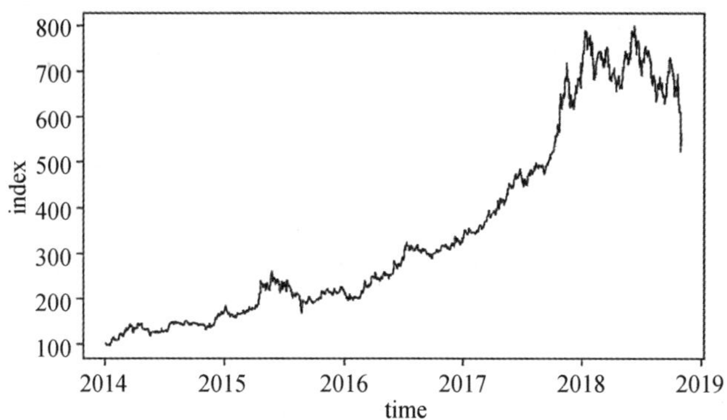

图 9.6　2014 年 1 月 3 日—2018 年 10 月 29 日股票(600519)收盘价数据

上图可以看出贵州茅台股票收盘价是逐渐上涨的，且 2016 年至 2018 年增长趋势明显，虽然收盘价偶尔有下降，但总体趋势不受影响，且股票收盘价时间序列具有明显的随机游走趋势，序列不平稳。对此，我们对数据进行平稳化，即

$$\log \sigma_t^2 = \omega + \sum_{i=1}^{q}\left(\alpha_i \left|\frac{\varepsilon_{t-i}}{\sigma_{t-i}}\right| + \varphi_i \frac{\varepsilon_{t-i}}{\sigma_{t-i}}\right) + \sum_{j=1}^{p}\beta_j \log \sigma_{t-j}^2$$

9.2.3　模型推广形式

(1) EGARCH 模型

杠杆效应说明当前的收益信息和未来期望条件方差之间的负相关关系。纳尔逊(Nelson，1991)对此进行研究提出了 EGARCH 模型，EGARCH 模型的条件方差可为

$$\log \sigma_t^2 = \omega + \sum_{i=1}^{q}\left(\alpha_i \left|\frac{\varepsilon_{t-i}}{\sigma_{t-i}}\right| + \varphi_i \frac{\varepsilon_{t-i}}{\sigma_{t-i}}\right) + \sum_{j=1}^{p}\beta_j \log \sigma_{t-j}^2$$

模型中方差采用了自然对数形式，意味着 σ_t^2 非负且杠杆效应是指数型的。若 $\varphi \neq 0$，说明信息作用不对称；若 $\varphi < 0$，预示了当前收益率和未来条件方差之间的负相关关系。

EGARCH 模型克服了 GARCH 模型的 3 个缺陷。

① 在方程右边，$\alpha_i \left|\dfrac{\varepsilon_{t-i}}{\sigma_{t-i}}\right|$ 反映了 ε_{t-i} 的大小变化对条件方差 σ_t^2 的影响，而 $\varphi_i \dfrac{\varepsilon_{t-i}}{\sigma_{t-i}}$ 反映出 $\log \sigma_t^2$ 与 ε_{t-i} 符号有关。当 $\alpha_i = 0$，$\varphi_i < 0$ 时，若 $\varepsilon_{t-i} > 0$ 则 $\varphi_i \dfrac{\varepsilon_{t-i}}{\sigma_{t-i}} < 0$，也就是说当收益比预期增加时，$\log \sigma_t^2$ 减小，这弥补了 GARCH 模型的不足。

② 条件方差 σ_t^2 由指数形式表示，不论 α_i 和 β_j 如何取值，σ_t^2 都是非负的，克服了 GARCH 模型中对参数的非负限制。

③ EGARCH 模型中的条件方差函数是 ε_{t-i} 的一次函数，可以较好地判断波动源的持续性。

(2) TARCH 模型

对股票市场的研究发现，股价上涨和下跌的幅度相同时，股票下跌过程往往伴随着更剧烈的波动，为解释这种现象，扎科安(Zakoian, 1990)提出了一种非对称模型 TARCH 模型，其条件方差为

$$\sigma_t^2 = \omega + \sum_{i=1}^{q} \alpha_i \varepsilon_{t-i}^2 + \varphi \varepsilon_{t-1}^2 d_{t-1} + \sum_{j=1}^{p} \beta_j \sigma_{t-j}^2$$

其中 $d_t = \begin{cases} 1, & \varepsilon_t < 0 \\ 0, & \varepsilon_t \geqslant 0 \end{cases}$。这时，由于引进 d_t，股价上涨信息($\varepsilon_t > 0$)和下跌信息($\varepsilon_t < 0$)对条件方差的作用效果不同。上涨时 $\varphi \varepsilon_{t-1}^2 d_{t-1} = 0$，其影响可用系数 α_1 代表，下跌时为 $\alpha_1 + \varphi$。同样，若 $\varphi \neq 0$ 则说明信息作用是非对称的，当 $\varphi > 0$ 时认为存在杠杆效应。

(3) (G)ARCH-M 模型

收益和波动率关系的非对称性归因于波动率的反馈效应，这一特征由(G)ARCH 均值模型(Engle, Lilien and Robin, 1987)描述，它是(G)ARCH 模型考虑到条件方差是随时间改变的风险度量这一重要用途，而将风险和收益紧密联系在一起的。一种简单的投资心理是，当风险越大时，期望得到的收益也越大，反之亦然。

在这个模型中，条件均值显性地依赖于过程的条件方差 σ_t^2 或标准差 σ_t 即可表示成 $y_t = x_t'\beta + \delta\sigma_t + \varepsilon_t$，这个模型很好地拟合了股票收益率波动的非对称性，一些学者(Bekaert and Wu, 2000; Campbell and Hentschel, 1992)曾做过相关的实证研究。

(4) IGARCH 模型

另外一个重要的实证结果表明：大多数日或周收益率通常呈现出很强的波动持续性，这体现在 GARCH 模型中 α 参数和 β 参数的和非常接近于 1。在这种情况下，条件方差函数具有单位根和单整性，于是人们把符合这种特征的 GARCH 模型称为单整 GARCH(IGARCH)模型。

当 GARCH 模型的估计参数有

$$\sum_{i=1}^{q}\alpha_i + \sum_{i=1}^{p}\beta_i = 1$$

时，就称作单整 GARCH 模型，记为 IGARCH 模型。如果取 $z_t = \varepsilon_t^2 - \sigma_t^2$，$\varepsilon_t^2$，可以写作：

$$\phi(B)(1-B)\varepsilon_t^2 = \alpha_0 + (1-\beta(B))z_t$$

其中，$\phi(B)(1-B) = 1-\alpha(B)-\beta(B)$ 为 $m-1$ 阶滞后算子多项式，这是因为自回归多项式 $1-\alpha(B)-\beta(B)$ 有一个单位根。这时，任何对条件方差 σ_t^2 的影响都将持续下去，即 σ_t^2 具有“持续记忆”，而无条件方差为无穷大。因此，IGARCH 模型描述了条件方差波动的持续性质。

恩格尔和波勒斯勒夫(1986)直接使用了这个条件，即 $\sum_{i=1}^{q}\alpha_i + \sum_{i=1}^{p}\beta_i = 1$。然而，条件方差单位根的强加使用夸大了真实的动态相依性，其他几种替代性的方法如长记忆、分整 ARCH 模型得到了广泛的应用(如 Baillie, Bollerslev and Mikkelsen, 1996; Bollerslev and Mikkelsen, 1996; Ding, Granger and Engle, 1993; Robinson, 1991, 2001 等)。

习题 9

9.1 假设序列 $\{\varepsilon_t\}$ 是 ARCH(q)过程：$\varepsilon_t^2 = (\tilde{\omega} + \alpha_1\varepsilon_{t-1}^2 + \cdots + \alpha_q\varepsilon_{t-q}^2)^{1/2}\nu_t$，试计算条件期望 $\mathrm{E}_{t-1}\varepsilon_t^2$。

9.2 假定 r_1, …, r_n 是来自服从如下 AR(1)-GARCH(1, 1)过程的收益率序列的观测值, $r_t=\mu+\phi_1 r_{t-1}+\varepsilon_t$, $\varepsilon_t=\sigma_t\nu_t$, $\nu_t\sim N(0, 1)$, $\sigma_t^2=\bar{\omega}+\alpha\varepsilon_{t-1}^2+\beta\sigma_{t-1}^2$。导出这组数据的条件对数似然函数。

9.3 在上题中,若 ν_t 服从自由度为 v 的学生-t 分布,导出数据的条件对数似然函数。

9.4 考虑如下 ARCH-M 模型: $X_t=\mu_t+\varepsilon_t$, $\mathrm{E}_{t-1}y_t=\mu_t$, $\mu_t=\beta+\delta h_t$, $h_t=\bar{\omega}+\sum_{i=1}^{q}\alpha_i\varepsilon_{t-i}^2$, $\{\varepsilon_t\}$ 是一个白噪声干扰项,为简单起见,令 $\mathrm{E}\varepsilon_t^2=\mathrm{E}\varepsilon_{t-1}^2=\cdots=1$。

(1) 求无条件均值 $\mathrm{E}x_t$, δ 的变化如何影响均值?

(2) 证明: 当 $h_t=\bar{\omega}+\alpha_1\varepsilon_{t-1}^2$ 时, x_t 的无条件方差不取决于 β, δ, $\bar{\omega}$。

9.5 令 $x_0=0$,令 $\{\varepsilon_t\}$ 序列的前 5 个观测值为(1, −1, −2, 1, 1),绘制下列序列图:

模型 1: $X_t=0.5X_{t-1}+\varepsilon_t$

模型 2: $X_t=\varepsilon_t-\varepsilon_{t-1}^2$

模型 3: $X_t=0.5X_{t-1}+\varepsilon_t-\varepsilon_{t-1}^2$

(1) 分别计算上述每个模型中 $\{X_t\}$ 的样本均值和方差;

(2) ARMA-M 表达式如何影响序列 $\{X_t\}$ 的行为,模型 3 中的自回归项有何影响?

9.6 考虑 ARCH(2)过程: $\mathrm{E}_{t-1}\varepsilon_t^2=\sigma_t^2=\alpha_0+\alpha_1\varepsilon_{t-1}^2+\alpha_2\varepsilon_{t-2}^2$。

(1) 假设残差来自过程 $X_t=a_0+a_1X_{t-1}+\varepsilon_t$,根据参数 a_1, α_0, α_1, α_2 计算 $\{X_t\}$ 的条件方差和无条件方差;

(2) 假设 $\{X_t\}$ 为 ARMA-M 过程, x_t 与其自身的条件方差正相关。为简单起见,令 $X_t=\alpha_0+\alpha_1\varepsilon_{t-1}^2+\alpha_2\varepsilon_{t-2}^2+\varepsilon_t$,已知 $\varepsilon_1=1$, $\varepsilon_2=\varepsilon_3=\cdots=0$,计算 X_1, X_2, X_3, X_4;

(3) 用问题(2)解释下列结果: 一个学生将 $\{X_t\}$ 估计成一个 MA(2)过程,发现残差为白噪声;第二个学生将相同的序列估计为 ARMA-M 过程 $X_t=\alpha_0+\alpha_1\varepsilon_{t-1}^2+\alpha_2\varepsilon_{t-2}^2+\varepsilon_t$。为什么两种估计都是合理的?我们怎样确定哪个模型更优?

(4) 一般而言,解释为什么 ARMA-M 模型看似移动平均过程?

EViews 软件介绍(Ⅵ)

一、案例：上证指数日收益率的波动性研究

(一) 描述性统计

先导入数据，建立工作文件。打开 EViews 软件，选择“File”菜单中的“New Workfile”选项，出现“Workfile Create”对话框，在“Workfile structure type”框中选择“unstructured or undated”，在“data range”输入 583，单击“OK”，见图 9.6。选择“File”菜单中的“Import—Read Text-Lotus-Excel”选项，找到要导入的名为 book1.xls 的 Excel 文档完成数据导入。

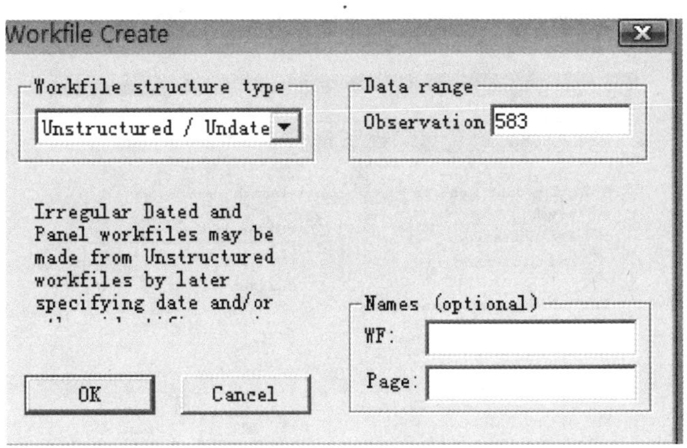

图 9.6　导入数据

再观察日收益率的描述性统计量。双击选取“rt”数据序列，在新出现的窗口中点击“View”—“Descriptive Statistics”—“Histogram and Stats”，则可得上证指数日收益率 r_t 的描述性统计量，如图 9.7 所示。

我们可以发现：样本期内上证指数日收益率均值为 0.022 7%，标准差为 2.405%，偏度为−0.324 552，峰度为 4.64，高于正态分布的峰度值 3，说明收益率 r_t 具有尖峰和厚尾特征。JB 正态性检验也证实了这点，统计量为 75.51，说明收益率 r_t 显著异于正态分布。

(二) 平稳性检验

再次双击选取 r_t 序列，点击“View”—“Unit Root Test”，出现如图 9.8 所

示对话框：

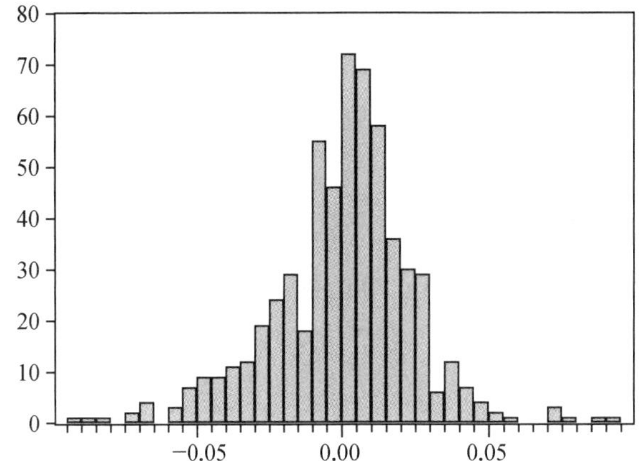

Series: RT
Sample 1 583
Observations 583

Mean	0.000 227
Median	0.002 827
Maximum	0.090 343
Minimum	−0.092 562
Std. Dev.	0.024 054
Skewness	−0.324 552
Kurtosis	4.639 302
Jarque-Bera	75.514 25
Probability	0.000 000

图 9.7　上证指数日收益率的描述性统计量

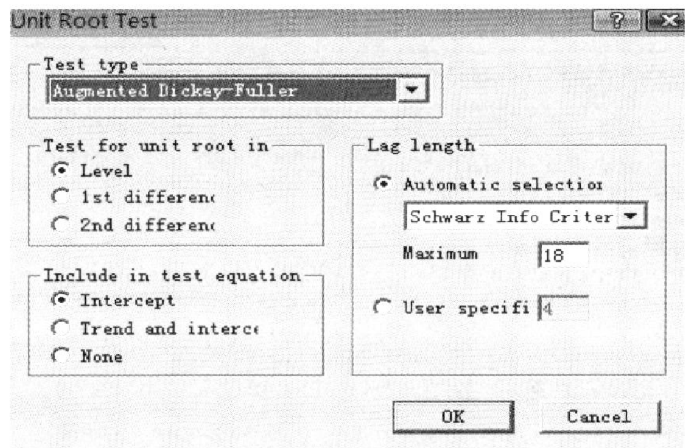

图 9.8　单位根检验图

对该序列进行 ADF 单位根检验，根据 AIC 准则自动选择滞后阶数，选择带截距项而无趋势项的模型进行 ADF 检验，得到如图 9.9 所示结果。

在 0.01 的显著水平下，上证指数日收益率拒绝存在一个单位根的原假设，说明上证指数日收益率序列是平稳的。这个结果与国外学者对发达成熟市场波动性的研究一致：佩根(Pagan，1996)和波勒斯勒夫(1994)指出：金融资产的价格一般是非平稳的，经常有一个单位根(随机游走)，而收益率序列通常是平稳的。

通过样本自相关函数(ACF)和偏自相关函数(PACF)图 9.10 可以看出，滞后 20 阶的自相关函数和偏自相关函数至少在 95%置信水平下认为与 0 无

Augmented Dickey-Fuller Unit Root Test on RT			
Null Hypothesis: RT has a unit root			
Exogenous: Constant			
Lag Length: 3 (Automatic based on AIC, MAXLAG=18)			
		t-Statistic	Prob.*
Augmented Dickey-Fuller test statistic		-10.42197	0.0000
Test critical values:	1% level	-3.441415	
	5% level	-2.866313	
	10% level	-2.569371	

*MacKinnon (1996) one-sided p-values.

图 9.9 收益率序列 ADF 检验结果图

Autocorrelation	Partial Correlation		AC	PAC	Q-Stat	Prob
		1	-0.013	-0.013	0.1035	0.748
		2	-0.029	-0.029	0.6040	0.739
		3	0.055	0.054	2.3891	0.496
		4	0.111	0.112	9.6414	0.047
		5	-0.009	-0.002	9.6858	0.085
		6	-0.069	-0.067	12.462	0.052
		7	0.045	0.030	13.635	0.058
		8	-0.034	-0.049	14.330	0.074
		9	-0.022	-0.014	14.628	0.102
		10	-0.005	0.003	14.645	0.146
		11	0.121	0.119	23.442	0.015
		12	0.033	0.046	24.106	0.020
		13	0.059	0.076	26.154	0.016
		14	0.033	0.018	26.816	0.020
		15	0.118	0.096	35.188	0.002
		16	-0.048	-0.062	36.552	0.002
		17	0.014	0.015	36.667	0.004
		18	0.059	0.037	38.769	0.003
		19	-0.024	-0.022	39.116	0.004
		20	-0.078	-0.065	42.835	0.002

图 9.10 收益率序列的自相关偏自相关检验图

显著差异，杨-博克斯(Ljung-Box)统计量显示 Q(20)＝42.835(在显著性水平 $\alpha=0.01$ 时的临界值为 37.566)，所以接受直到第 20 阶自相关函数全部为 0 的原假设，说明日收益率序列本身的自相关性很弱，但是日收益率平方却表现出很强的自相关性，见图 9.11。

通过伴随概率可以看出，在显著性水平 0.05 下，显著拒绝直到第 20 阶不存在自相关的原假设，而这种高度自相关性正好反应了收益率大(小)的波动跟随着大(小)的波动的集聚效应，即显示出了收益率波动的集聚性特性。由平方收益率的自相关函数和偏自相关函数显著不为 0 和杨-博克斯统计量判

Autocorrelation	Partial Correlation		AC	PAC	Q-Stat	Prob
		1	0.106	0.106	6.6391	0.010
		2	0.001	-0.011	6.6395	0.036
		3	0.080	0.082	10.411	0.015
		4	0.089	0.073	15.128	0.004
		5	0.062	0.048	17.395	0.004
		6	0.068	0.054	20.151	0.003
		7	0.064	0.042	22.548	0.002
		8	0.075	0.054	25.895	0.001
		9	0.013	-0.015	25.993	0.002
		10	0.074	0.060	29.233	0.001
		11	0.032	-0.003	29.831	0.002
		12	0.009	-0.009	29.876	0.003
		13	0.034	0.016	30.579	0.004
		14	0.065	0.041	33.083	0.003
		15	0.017	-0.005	33.261	0.004
		16	-0.007	-0.021	33.293	0.007
		17	-0.017	-0.032	33.468	0.010
		18	0.059	0.046	35.599	0.008
		19	0.025	0.007	35.963	0.011
		20	0.041	0.036	36.996	0.012

图 9.11　收益率平方的自相关偏自相关检验图

断出日收益率序列可能存在 ARCH 效应，有必要对其进行 ARCH 效应检验。

（三）ARCH 效应检验

由上面分析可知，日收益率序列本身有很弱的自相关性，因此可把日收益率成

$$r_t = \mu + \varepsilon_t$$

其中，μ 为常数项，ε_t 为误差项。

现在检验序列 $\{\varepsilon_t\}$ 是否存在 ARCH 效应，最常用的方法就是 LM 检验。首先对日收益率序列关于均值回归，过程如下：在命令栏里输入 ls rt c，回车后就得到回归方程，然后就可以对残差进行检验了。

在出现的“Equation”窗口中点击“View”—“Residual Test”—“ARCH LM Test”，选择 6 阶滞后，得到如图 9.12 所示结果：

ARCH Test:			
F-statistic	2.702501	Probability	0.013517
Obs*R-squared	15.96012	Probability	0.013970

图 9.12　日收益率残差的 ARCH-LM 检验

LM统计量为15.96，显著性水平 $\alpha=0.05$ 的临界值为12.592，且相伴概率为0.013 5，小于显著性水平 $\alpha=0.05$，因此拒绝原假设 H_0，认为 $\{\varepsilon_t\}$ 存在高阶ARCH效应，因此可对误差项 ε_t 进一步建模分析。

（四）GARCH族模型建模

(1) GARCH(1, 1)模型估计结果。点击“Quick”—“Estimate Equation”，在出现的窗口中“Method”选项选择“ARCH”，可以得到如图9.13所示的对话框。

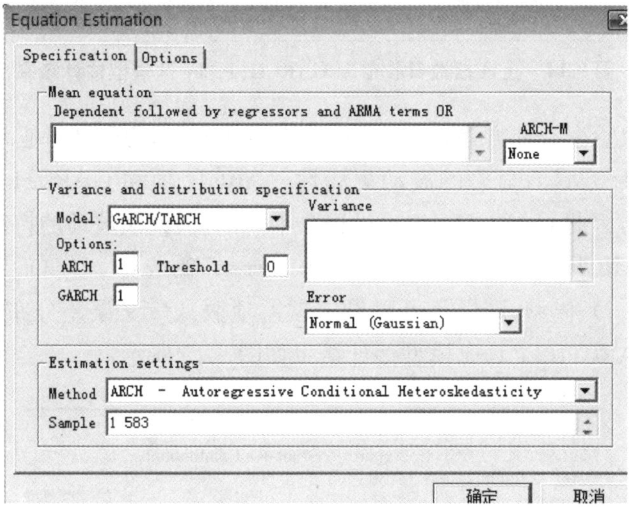

图9.13　方程设定窗口

在这个对话框中要求用户输入建立GARCH类模型相关的参数：“Mean Equation”栏需要填入均值方程的形式；“ARCH-M”栏需要选择均值方程的ARCH-M形式，包括什么都不采用、方差、标准差和对数方差四种形式；“Variance and distribution specification”栏需要选择哪种模型，有GARCH/TARCH，EGARCH，PARCH和COMPONENT ARCH几种选项，“options”中需选择滞后阶数，“Variance Regressors”栏需要填入结构方差的形式，由于EViews默认条件方差方程中包含常数项，因此在此栏中不必要填入“C”，“Error”项是残差的分布形式，有正态分布，t 分布和广义误差分布等。我们现在要用GARCH(1, 1)模型建模，需要在“Mean Equation”栏输入均值方差“rt c”，“Error”项选择正态分布，这样我们就得到GARCH(1,1)-N模型如图9.14结果：

	Coefficient	Std. Error	z-Statistic	Prob.
C	0.001350	0.000791	1.705229	0.0882
		Variance Equation		
C	2.14E-06	1.33E-06	1.608923	0.1076
RESID(-1)^2	0.036802	0.009217	3.992753	0.0001
GARCH(-1)	0.963612	0.008861	108.7431	0.0000
R-squared	-0.002183	Mean dependent var		0.000227
Adjusted R-squared	-0.007376	S.D. dependent var		0.024054
S.E. of regression	0.024142	Akaike info criterion		-4.733400
Sum squared resid	0.337470	Schwarz criterion		-4.703430
Log likelihood	1383.786	Durbin-Watson stat		2.022254

图 9.14　上证指数日收益率 GARCH(1, 1)-N 模型估计结果

可见，收益率条件方差方程中 ARCH 项和 GARCH 项都是高度显著的，表明收益率序列具有显著的波动集簇性。ARCH 项和 GARCH 项系数之和为 0.999<1，因此 GARCH(1, 1)过程是平稳的，但说明波动的持续性很高。

(2) GARCH-t(1, 1)估计结果。"Error"项选择 t 分布，我们就得到 GARCH(1, 1)-模型，同样还可以设定误差项服从广义误差分布等得到相应的模型。GARCH(1, 1)-t 模型估计结果如图 9.15 所示：

Dependent Variable: RT
Method: ML - ARCH (Marquardt) - Student's t distribution
Date: 12/03/08 Time: 09:38
Sample: 1 583
Included observations: 583
Convergence not achieved after 500 iterations
Variance backcast: ON
GARCH = C(2) + C(3)*RESID(-1)^2 + C(4)*GARCH(-1)

	Coefficient	Std. Error	z-Statistic	Prob.
C	0.002641	0.000761	3.473247	0.0005
		Variance Equation		
C	4.03E-06	3.18E-06	1.264678	0.2060
RESID(-1)^2	0.070439	0.023198	3.036390	0.0024
GARCH(-1)	0.932472	0.019752	47.20879	0.0000
T-DIST. DOF	4.912993	1.267274	3.876821	0.0001
R-squared	-0.010096	Mean dependent var		0.000227
Adjusted R-squared	-0.017086	S.D. dependent var		0.024054
S.E. of regression	0.024258	Akaike info criterion		-4.782385
Sum squared resid	0.340135	Schwarz criterion		-4.744922
Log likelihood	1399.065	Durbin-Watson stat		2.006412

图 9.15　GARCH(1, 1)-t 模型参数估计结果

当误差是宽尾的 t 分布时，得到的结论和正态分布是一致的，扰动的持续性相当高，几乎接近于1。

(3) GARCH－M 估计结果。和前面的步骤类似，唯一的区别是在“ARCH-M”栏中选择条件均值的具体形式，在这里我们认为条件标准差对收益率有影响，在图 9.16 中的“ARCH－M”栏中选择“std. Dev”，其他选择同 GARCH(1, 1)-N，模型估计结果见图 9.17：

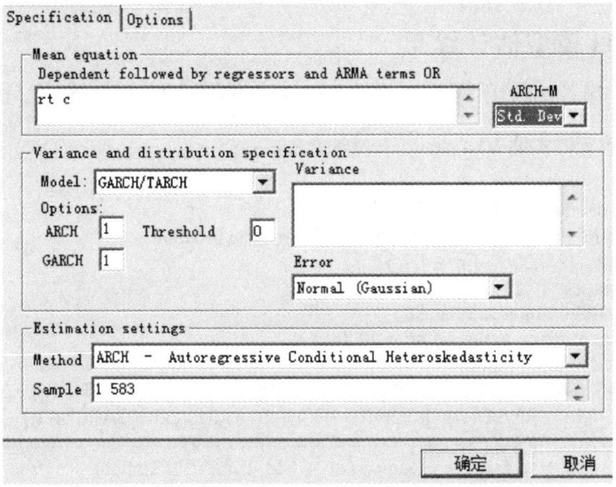

Specification | Options

Mean equation
Dependent followed by regressors and ARMA terms OR
rt c
ARCH-M: Std. Dev

Variance and distribution specification
Model: GARCH/TARCH
Options:
ARCH 1 Threshold 0
GARCH 1
Variance
Error: Normal (Gaussian)

Estimation settings
Method: ARCH - Autoregressive Conditional Heteroskedasticity
Sample: 1 583

确定 取消

图 9.16 GARCH-M-N 模型选择窗口

Dependent Variable: RT
Method: ML - ARCH (Marquardt) - Normal distribution
Date: 12/03/08 Time: 09:47
Sample: 1 583
Included observations: 583
Convergence achieved after 19 iterations
Variance backcast: OFF
GARCH = C(3) + C(4)*RESID(-1)^2 + C(5)*GARCH(-1)

	Coefficient	Std. Error	z-Statistic	Prob.
@SQRT(GARCH)	-0.192203	0.122857	-1.564439	0.1177
C	0.005277	0.002588	2.039424	0.0414
Variance Equation				
C	3.23E-06	2.51E-06	1.287024	0.1981
RESID(-1)^2	0.079155	0.012820	6.174543	0.0000
GARCH(-1)	0.923092	0.011428	80.77678	0.0000

R-squared	0.002655	Mean dependent var	0.000227
Adjusted R-squared	-0.004247	S.D. dependent var	0.024054
S.E. of regression	0.024105	Akaike info criterion	-4.717000
Sum squared resid	0.335841	Schwarz criterion	-4.679537
Log likelihood	1380.005	F-statistic	0.384719
Durbin-Watson stat	2.040255	Prob(F-statistic)	0.819625

图 9.17 GARCH-M-N 模型参数估计结果

从模型参数估计结果可以看出，条件标准差对均值的回复并不显著，可以认为这一时段的上证指数日收益率不存在显著的均值回复现象，参数估计结果显示持续性很高，且 ARCH 和 GARCH 都是高度显著的，而常数项不显著，从 DW 统计量可以看出，模型残差不存在一阶自相关。同样道理，对误差项的分布可以采用其他假定分布形式，得到相应的模型，这里不再赘述。

二、股市收益波动非对称性的研究

（一）EARCH 模型估计结果

在图 7-8 的“model”下拉列表中选择“EGARCH”，即可得到 rt 的 EARCH-N 模型估计结果，如图 9.18 所示：

Dependent Variable: RT
Method: ML - ARCH (Marquardt) - Normal distribution
Date: 12/03/08 Time: 09:57
Sample: 1 583
Included observations: 583
Convergence achieved after 28 iterations
Variance backcast: ON
LOG(GARCH) = C(2) + C(3)*ABS(RESID(-1)/@SQRT(GARCH(-1))) + C(4)*RESID(-1)/@SQRT(GARCH(-1)) + C(5)*LOG(GARCH(-1))

	Coefficient	Std. Error	z-Statistic	Prob.
C	0.000898	0.000848	1.058601	0.2898
Variance Equation				
C(2)	-0.344917	0.079009	-4.365551	0.0000
C(3)	0.152848	0.031862	4.797167	0.0000
C(4)	-0.049875	0.016260	-3.067347	0.0022
C(5)	0.969341	0.009633	100.6296	0.0000

R-squared	-0.000780	Mean dependent var	0.000227
Adjusted R-squared	-0.007706	S.D. dependent var	0.024054
S.E. of regression	0.024146	Akaike info criterion	-4.737789
Sum squared resid	0.336998	Schwarz criterion	-4.700326
Log likelihood	1386.065	Durbin-Watson stat	2.025089

图 9.18　上证指数日收益率 EARCHT(1, 1)-N 模型估计结果

参数估计结果看出，条件方差方程的各参数估计结果都是高度显著的，说明上证指数日收益率显示出高度的非对称性，且 C(4)的系数是负值，说明对利空消息的反应更敏感，存在杠杆效应。

（二）TARCH 模型估计结果

依据构造 EGARCH 模型的方式，得到 TARCH(1, 1)-N 的估计结果见图 9.19：

Dependent Variable: RT
Method: ML - ARCH (Marquardt) - Normal distribution
Date: 12/03/08 Time: 10:14
Sample: 1 583
Included observations: 583
Convergence not achieved after 500 iterations
Variance backcast: ON
@SQRT(GARCH)^C(6) = C(2) + C(3)*(ABS(RESID(-1)) - C(4)*RESID(-1))^C(6) + C(5)*@SQRT(GARCH(-1))^C(6)

	Coefficient	Std. Error	z-Statistic	Prob.
C	0.000999	0.000882	1.133589	0.2570
Variance Equation				
C(2)	0.000191	0.000384	0.496858	0.6193
C(3)	0.074076	0.018810	3.938153	0.0001
C(4)	0.285688	0.139303	2.050840	0.0403
C(5)	0.921966	0.016132	57.15206	0.0000
C(6)	1.249500	0.450382	2.774309	0.0055

R-squared	-0.001034	Mean dependent var	0.000227
Adjusted R-squared	-0.009708	S.D. dependent var	0.024054
S.E. of regression	0.024170	Akaike info criterion	-4.730717
Sum squared resid	0.337083	Schwarz criterion	-4.685762
Log likelihood	1385.004	Durbin-Watson stat	2.024576

图 9.19 TARCH(1, 1)-N 模型参数估计结果

参数估计结果显示，和 EGARCH 模型估计结果相同，TARCH 也显示上证指数日收益率存在明显的杠杆效应。

我们运用 GARCH 族模型，对上证指数日收益率的波动性、波动的非对称性，做了全面的分析。通过分析，基本可以得出了以下结论。

第一，上证指数日收益率本身不存在相关性，而收益率的平方存在高度自相关性，且存在明显的 GARCH 效应；

第二，上证指数日收益率不存在 GARCH-M 效应，即条件标准差或方差对均值几乎没有显著影响；

第三，上证指数日收益率存在明显的杠杆效应，反映了在我国股票市场上坏消息引起的波动要大于好消息引起的波动。

10　多元时间序列分析

前面章节介绍的都是一元时间序列的理论和建模方法。在实际经济运行过程中，一个经济变量会受很多其他变量的影响。比如研究中国城镇居民月人均生活费支出时，生活费支出会受到家庭可支配收入的影响，如果把可支配收入考虑进来，就能更精确地反应生活费支出的变化，这样，我们就同时考虑了可支配收入和生活费支出两个序列。当同时研究的时间序列个数超过两个时，我们就称为多元时间序列分析。多元时间序列包含多个一元时间序列作为其分量，早在 1976 年，博克斯和詹金斯(Box and Jenkins)就把一元时间序列拓展到二元情形，他们以天然气的输入速率作为输入变量来研究 CO_2 的输出浓度，类似于把天然气的输入速率作为解释变量，以 CO_2 的输出浓度作为被解释变量来进行回归分析。

多元时间序列的发展初期，对各个分量时间序列的平稳性要求相当严格，要求输入时间序列和被研究时间序列都平稳，但这在很多场合下很难做到。随着分析技术的发展，1987 年恩格尔和格兰杰提出了协整(cointegration)的概念，对平稳这个条件做了历史性的放宽。他们不再要求每个序列都平稳，只要求某个线性组合平稳，也就是要求其回归残差序列平稳。协整理论的提出极大地推动了多元时间序列的发展。本章将沿着多元时间序列分析的演进历程，简要介绍多元时间序列建模的理论和方法。首先介绍博克斯和詹金斯的平稳多元时间序列的建模方法，其次介绍序列的平稳性检验方法和非平稳序列之间的协整关系检验以及在协整关系基础上形成的误差修正模型。

10.1　多元平稳时间序列建模

10.1.1　多元平稳时间序列建模介绍

1976 年，博克斯和詹金斯采用带输入变量的 ARIMA 模型为平稳多元序列建模。该建模的构造思想是：假设输出变量序列(因变量序列) $\{Y_t\}$ 和输入变量序列(自变量序列) $\{X_{1t}\}$，$\{X_{2t}\}$，…，$\{X_{kt}\}$ 均平稳，首先构建输出序列和输入序列的回归模型：

$$Y_t = \mu + \sum_{k=1}^{k} \frac{\Theta_i(B)}{\Phi_i(B)} B^{l_i} X_{it} + \varepsilon_t$$

其中，$\Phi_i(B)$ 为第 i 个输入变量的自回归系数多项式；$\Theta_i(B)$ 为第 i 个输入变量移动平均系数多项式；l_i 为第 i 个输入变量的滞后阶数；$\{\varepsilon_t\}$ 为回归残差序列。因为 $\{Y_t\}$ 和 $\{X_{1t}\}$，$\{X_{2t}\}$，…，$\{X_{kt}\}$ 均平稳，平均序列的线性组合仍然是平稳的，所以残差序列 $\{\varepsilon_t\}$ 为平稳序列且有：

$$\varepsilon_t = Y_t - \left(\mu + \sum_{k=1}^{k} \frac{\Theta_i(B)}{\Phi_i(B)} B^{l_i} X_{it}\right)$$

如果有必要，使用 ARMA 模型继续提取残差序列 $\{\varepsilon_t\}$ 中的相关信息，最终得到的模型形为：

$$\begin{cases} Y_t = \mu + \sum_{k=1}^{k} \frac{\Theta_i(B)}{\Phi_i(B)} B^{l_i} X_{it} + \varepsilon_t \\ \varepsilon_t = \frac{\Theta(B)}{\Phi(B)} a_t \end{cases} \tag{10.1}$$

(10.1)式被称为动态回归模型，简记为 ARIMAX。(10.1)式中，$\Phi(B)$ 为残差序列自回归系数多项式，$\Theta(B)$ 为残差序列移动平均系数多项式，a_t 为零均值白噪声序列。

例 10.1　在天然气炉中，输入的是天然气，输出的是 CO_2，CO_2 的输出浓度与天然气的输入速率有关。现在以中心化后的天然气输入速率为输入序列，建立 CO_2 的输出百分浓度模型。

时序图直观显示输入序列和输出序列均平稳，如图 10.1 和图 10.2 所示。

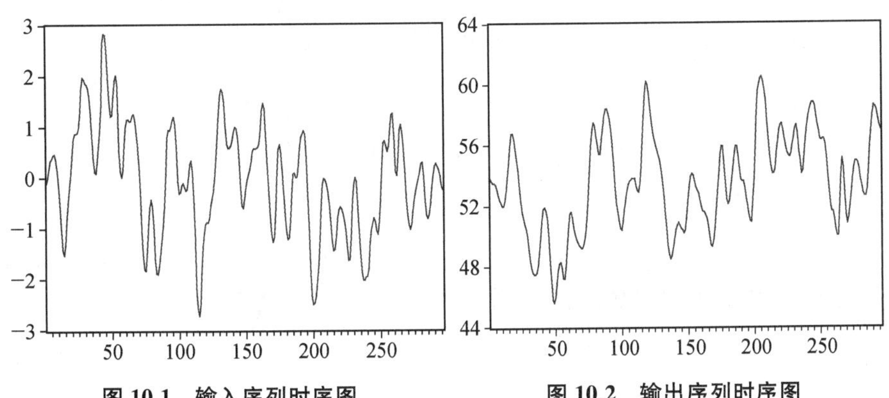

图 10.1　输入序列时序图　　**图 10.2　输出序列时序图**

不考虑输入序列和输出序列之间的关系，将它们分别作为一元时间序列进行分析，从图 10.3 和 10.4 的样本相关图可以判断输入序列基本服从 AR(3) 过程，输出序列服从 AR(4)过程，参数估计结果见图 10.5 和图 10.6：

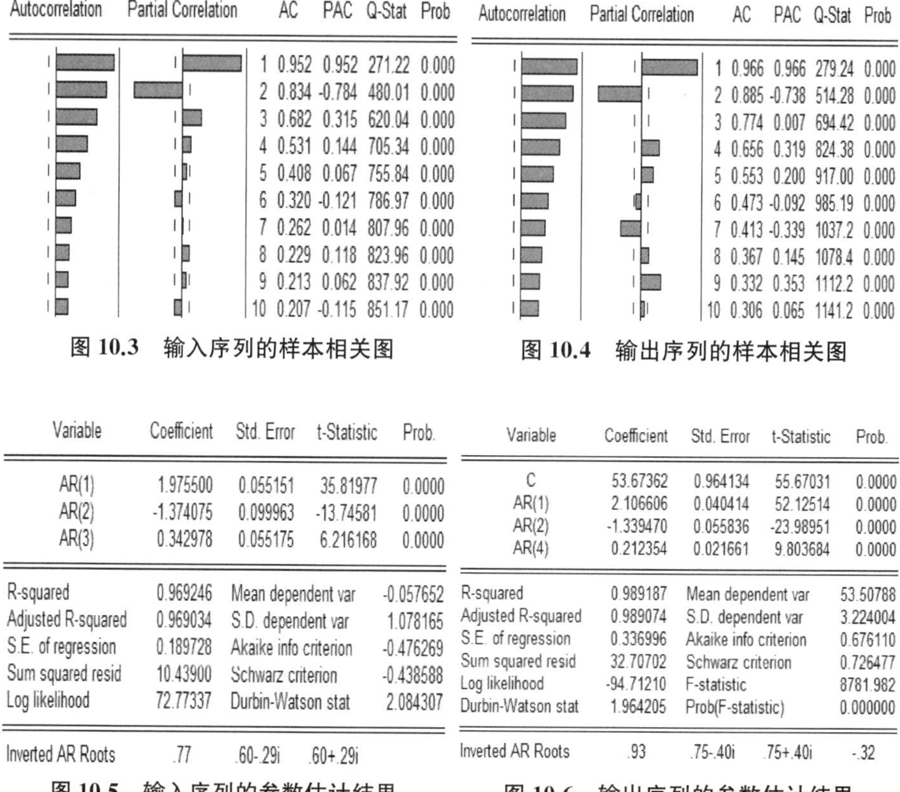

Autocorrelation	Partial Correlation		AC	PAC	Q-Stat	Prob
		1	0.952	0.952	271.22	0.000
		2	0.834	-0.784	480.01	0.000
		3	0.682	0.315	620.04	0.000
		4	0.531	0.144	705.34	0.000
		5	0.408	0.067	755.84	0.000
		6	0.320	-0.121	786.97	0.000
		7	0.262	0.014	807.96	0.000
		8	0.229	0.118	823.96	0.000
		9	0.213	0.062	837.92	0.000
		10	0.207	-0.115	851.17	0.000

图 10.3 输入序列的样本相关图

Autocorrelation	Partial Correlation		AC	PAC	Q-Stat	Prob
		1	0.966	0.966	279.24	0.000
		2	0.885	-0.738	514.28	0.000
		3	0.774	0.007	694.42	0.000
		4	0.656	0.319	824.38	0.000
		5	0.553	0.200	917.00	0.000
		6	0.473	-0.092	985.19	0.000
		7	0.413	-0.339	1037.2	0.000
		8	0.367	0.145	1078.4	0.000
		9	0.332	0.353	1112.2	0.000
		10	0.306	0.065	1141.2	0.000

图 10.4 输出序列的样本相关图

Variable	Coefficient	Std. Error	t-Statistic	Prob.
AR(1)	1.975500	0.055151	35.81977	0.0000
AR(2)	-1.374075	0.099963	-13.74581	0.0000
AR(3)	0.342978	0.055175	6.216168	0.0000
R-squared	0.969246	Mean dependent var	-0.057652	
Adjusted R-squared	0.969034	S.D. dependent var	1.078165	
S.E. of regression	0.189728	Akaike info criterion	-0.476269	
Sum squared resid	10.43900	Schwarz criterion	-0.438588	
Log likelihood	72.77337	Durbin-Watson stat	2.084307	
Inverted AR Roots	.77	.60-.29i	.60+.29i	

图 10.5 输入序列的参数估计结果

Variable	Coefficient	Std. Error	t-Statistic	Prob.
C	53.67362	0.964134	55.67031	0.0000
AR(1)	2.106606	0.040414	52.12514	0.0000
AR(2)	-1.339470	0.055836	-23.98951	0.0000
AR(4)	0.212354	0.021661	9.803684	0.0000
R-squared	0.989187	Mean dependent var	53.50788	
Adjusted R-squared	0.989074	S.D. dependent var	3.224004	
S.E. of regression	0.336996	Akaike info criterion	0.676110	
Sum squared resid	32.70702	Schwarz criterion	0.726477	
Log likelihood	-94.71210	F-statistic	8781.982	
Durbin-Watson stat	1.964205	Prob(F-statistic)	0.000000	
Inverted AR Roots	.93	.75-.40i	.75+.40i	-.32

图 10.6 输出序列的参数估计结果

根据参数估计结果，我们可以写出天然气输入速率序列 X_t 模型：

$$X_t = 1.975\,5X_{t-1} - 1.374\,0X_{t-2} + 0.342\,9X_{t-3} + \varepsilon_t$$

CO_2的输出浓度序列 Y_t 为 AR(1，2，4)疏系数模型：

$$Y_t = 53.673\,6 + 2.106\,6Y_{t-1} - 1.339\,4Y_{t-2} + 0.212\,3Y_{t-4} + \varepsilon_t$$

考虑到输出 CO_2浓度和输入天然气速率之间的密切关系，将输入天然气速率作为自变量考虑进输出序列的模型中，进一步研究二者之间的关系。可以通过协相关图 10.7 来分析和确定回归模型的结构。其中滞后 k 期协方差函数定义为：

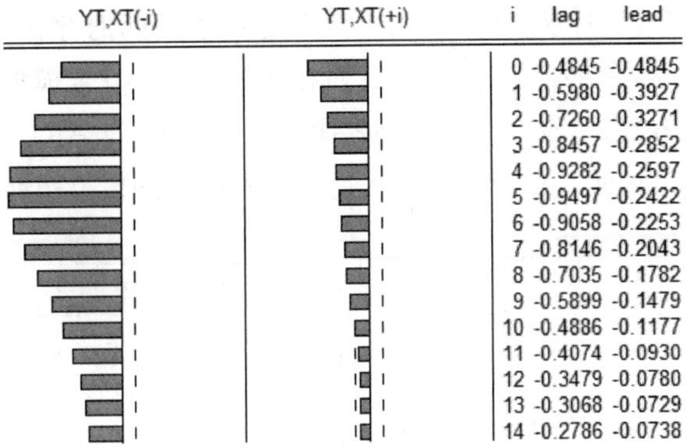

i	lag	lead
0	-0.4845	-0.4845
1	-0.5980	-0.3927
2	-0.7260	-0.3271
3	-0.8457	-0.2852
4	-0.9282	-0.2597
5	-0.9497	-0.2422
6	-0.9058	-0.2253
7	-0.8146	-0.2043
8	-0.7035	-0.1782
9	-0.5899	-0.1479
10	-0.4886	-0.1177
11	-0.4074	-0.0930
12	-0.3479	-0.0780
13	-0.3068	-0.0729
14	-0.2786	-0.0738

YT,XT(-i)　YT,XT(+i)

图 10.7　输入序列 x_t 和输出序列 y_t 的协相关图

$$\mathrm{Cov}_k = \mathrm{E}[(Y_t - \mathrm{E}Y_t)][(X_{t-k} - \mathrm{E}X_{t-k})]$$

滞后 k 期协相关系数为：

$$C\rho_k = \frac{\mathrm{Cov}(Y_t,\ X_{t-k})}{\mathrm{Var}(Y_t)\mathrm{Var}(X_{t-k})}$$

从协相关图可以看出，输出序列 Y_t 和输入序列 X_t 的滞后项有显著的相关关系，且滞后阶数比较多，考虑采用 ARMA 模型结构，以减少待估参数的个数。通过反复尝试，得出以下回归模型：

Variable	Coefficient	Std. Error	t-Statistic	Prob.
C	3.672870	0.862110	4.260328	0.0000
YT(-1)	1.445595	0.033032	43.76357	0.0000
YT(-2)	-0.514342	0.025834	-19.90951	0.0000
XT(-3)	-0.509377	0.025975	-19.61015	0.0000
XT(-6)	0.300255	0.044404	6.761861	0.0000

R-squared	0.994317	Mean dependent var	53.50966
Adjusted R-squared	0.994237	S.D. dependent var	3.235044
S.E. of regression	0.245576	Akaike info criterion	0.046673
Sum squared resid	17.18771	Schwarz criterion	0.109947
Log likelihood	-1.767645	F-statistic	12466.66
Durbin-Watson stat	1.746717	Prob(F-statistic)	0.000000

图 10.8　回归模型参数估计结果

从参数估计结果可以把模型表示为：

$$Y_t = 3.672\,9 + 1.445\,6Y_{t-1} - 0.514\,3Y_{t-2} - 0.509\,3X_{t-3} + 0.300\,2X_{t-6} + \varepsilon_t \tag{10.2}$$

再考虑回归残差序列 $\{\varepsilon_t\}$ 的性质，从残差序列的时序图 10.9 和相关图 10.10 可以看出，残差平稳且不存在序列相关性，说明拟合模型有效。且此模型的 AIC＝0.046 673，SC＝0.109 947 均小于输出序列 AR(1，2，4)模型的 AIC＝0.676 110 和 SC＝0.726 477，因此带输入序列的模型更有效。

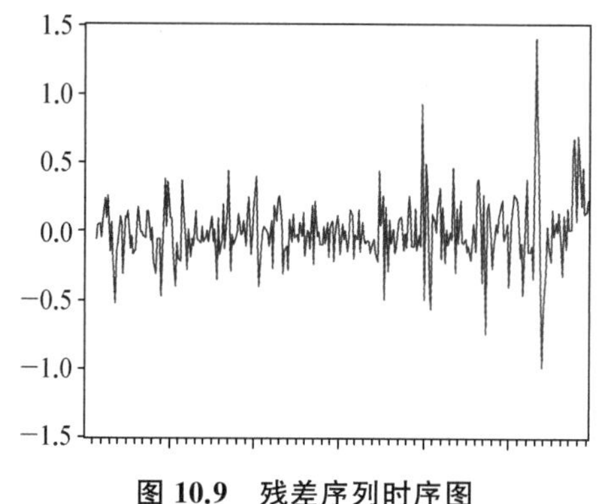

图 10.9　残差序列时序图

Autocorrelation	Partial Correlation		AC	PAC	Q-Stat	Prob
		1	0.123	0.123	4.4361	0.035
		2	0.061	0.047	5.5336	0.063
		3	-0.118	-0.133	9.6169	0.022
		4	-0.134	-0.111	14.954	0.005
		5	-0.146	-0.107	21.280	0.001
		6	0.036	0.068	21.677	0.001
		7	-0.005	-0.029	21.685	0.003
		8	-0.000	-0.049	21.685	0.006
		9	-0.087	-0.105	23.957	0.004
		10	0.066	0.088	25.282	0.005
		11	0.050	0.058	26.055	0.006
		12	0.117	0.069	30.204	0.003
		13	0.005	-0.040	30.211	0.004

图 10.10　残差序列相关图

该模型拟合效果图如图 10.11 所示：

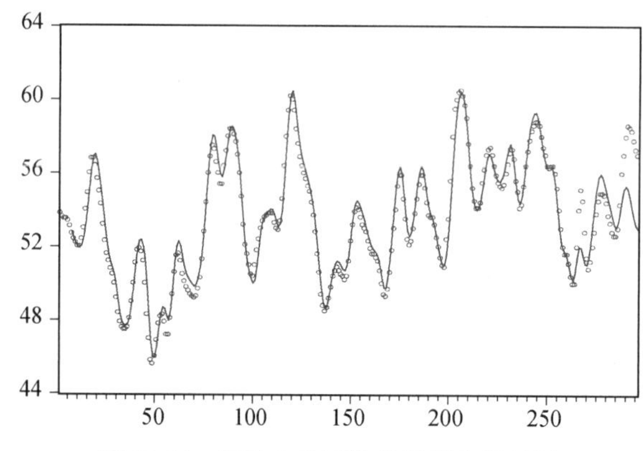

图 10.11　带输入序列的模型拟合效果图

图 10.11 中，圆圈表示 CO_2 的输出浓度序列观察值；曲线为带天然气输入速率序列的拟合值，可以看出带输入序列模型拟合效果很好。

10.1.2　向量自回归模型 VAR(p)介绍

一般情况下，设 $x_t = \begin{pmatrix} y_t \\ z_t \end{pmatrix}$ 为二维时间序列，类似一维时间序列 $\{x_t\}$，考

虑二维时间序列一阶自回归模型 VAR(1)，即二维的一阶向量自回归模型

$$\begin{pmatrix} y_t \\ z_t \end{pmatrix} = \begin{pmatrix} \phi_{y0} \\ \phi_{z0} \end{pmatrix} + \begin{pmatrix} \phi_{yy} & \phi_{yz} \\ \phi_{zy} & \phi_{zz} \end{pmatrix} \begin{pmatrix} y_{t-1} \\ z_{t-1} \end{pmatrix} + \begin{pmatrix} v_t \\ u_t \end{pmatrix} \tag{10.3}$$

其中，$\Phi_0 = \begin{pmatrix} \phi_{y0} \\ \phi_{z0} \end{pmatrix}$，$\Phi_1 = \begin{pmatrix} \phi_{yy} & \phi_{yz} \\ \phi_{zy} & \phi_{zz} \end{pmatrix}$ 为二维时间序列一阶自回归模型 VAR(1) 的系数向量和系数矩阵，$e_t = \begin{pmatrix} v_t \\ u_t \end{pmatrix}$ 为二维时间序列的白噪声，满足 $\mathrm{E}(e_t)=0$，$\mathrm{E}(e_t e_t^T) = \begin{pmatrix} \sigma_{vv}^2 & \sigma_{vu} \\ \sigma_{uv} & \sigma_{uu}^2 \end{pmatrix}$，$\mathrm{E}(e_t e_{t-j}^T)=0\ (j \neq 0)$。也可以得到一维时间序列 $\{x_t\}$ 一阶自回归模型 AR(1)一样的形式

$$x_t = \Phi_0 + \Phi_1 x_{t-1} + e_t$$

上述模型也可以等价表示为

$$\begin{aligned} y_t &= \phi_{y0} + \phi_{yy} y_{t-1} + \phi_{yz} z_{t-1} + v_t \\ z_t &= \phi_{z0} + \phi_{zy} y_{t-1} + \phi_{zz} z_{t-1} + u_t \end{aligned} \tag{10.4}$$

当 $\phi_{yz}=0$，但是 $\phi_{yy} \neq 0$ 时

$$\begin{aligned} y_t &= \phi_{y0} + \phi_{yy} y_{t-1} + v_t \\ z_t &= \phi_{z0} + \phi_{zy} y_{t-1} + \phi_{zz} z_{t-1} + u_t \end{aligned} \tag{10.5}$$

这时 y_t 不依赖于 z_t 的滞后项，但 z_t 依赖 y_t 的滞后项。这样 z_{t+1} 依赖 y_t，即对于预测 z_t 有用；而 y_{t+1} 不依赖于 z_t，z_t 对于预测 y_t 没有用。从因果性来说，y_t 是 z_t 的原因，但是，z_t 是 y_t 的不原因。如果 $\begin{pmatrix} v_t \\ u_t \end{pmatrix}$ 的协差阵Σ不是对角阵，这时 y_t 与 z_t 有当期的相关关系，也称 y_t 与 z_t 有当期的格兰杰因果关系。当 $\phi_{yz}=0$，但是 $\phi_{yy} \neq 0$，不妨设 ϕ_{y0}，$\phi_{z0}=0$，对于

$$\begin{aligned} y_t &= \phi_{yy} y_{t-1} + v_t \\ z_t &= \phi_{zy} y_{t-1} + \phi_{zz} z_{t-1} + u_t \end{aligned} \tag{10.6}$$

设 β 是非零参数，计算

$$y_t + \beta z_t = (\phi_{yy} + \beta \phi_{yz}) y_{t-1} + \phi_{zz} z_{t-1} + v_t + \beta u_t$$

与(10.6)式中的第二式结合，得

$$\begin{pmatrix}1 & \beta \\ 0 & 1\end{pmatrix}\begin{pmatrix}y_t \\ z_t\end{pmatrix}=\begin{pmatrix}\phi_{yy}+\beta\phi_{yz} & \beta\phi_{zz} \\ \phi_{zy} & \phi_{zz}\end{pmatrix}\begin{pmatrix}y_{t-1} \\ z_{t-1}\end{pmatrix}+\begin{pmatrix}v_t^* \\ u_t^*\end{pmatrix}$$

其中，$v_t^*=v_t+\beta u_t$，$u_t^*=u_t$。上述模型仍为 VAR(1)。

我们考虑有关传递函数模型的相关性问题，假设

$$u_t=\rho v_t+\varepsilon_t$$

其中，$\rho=\dfrac{\operatorname{cov}(v_t,\ u_t)}{\operatorname{Var}(v_t)}$，$v_t$ 与ε_t 无关。将 u_t 代入 $z_t=\phi_{z0}+\phi_{zy}y_{t-1}+\phi_{zz}z_{t-1}+u_t$，由于 $v_t=-\phi_{y0}+(1-\phi_{yy}B)y_t$ 得

$$(1-\phi_{zz}B)z_t=\phi_{z0}-\rho\phi_{y0}+(\rho+(\phi_{zy}-\rho\phi_{yy})B)y_t+\varepsilon_t$$

进而

$$z_t=\frac{\phi_{z0}-\rho\phi_{y0}}{1-\phi_{zz}}+\frac{\rho+(\phi_{zy}-\rho\phi_{yy})B}{1-\phi_{zz}B}y_t+\frac{\varepsilon_t}{1-\phi_{zz}B}$$

是一个传递函数模型，y_t 不依赖于ε_t。

类似于一维时间序列 AR(1)的平稳性讨论，我们也可以讨论 VAR(1)的平稳性条件。假定时间序列在 $t=r$，其中 r 是固定时间点。由迭代公式

$$\begin{aligned}x_t=\begin{pmatrix}y_t \\ z_t\end{pmatrix}&=\Phi_1x_{t-1}+e_t=\Phi_1(\Phi_1x_{t-2}+e_{t-1})+e_t=\Phi_1^2x_{t-2}+\Phi_1e_{t-1}+e_t \\ &=\Phi_1^3x_{t-3}+\Phi_1^2e_{t-2}+\Phi_1e_{t-1}+e_t=\Phi_1^{t-r}x_r+\sum_{i=0}^{t-1}\Phi_1^ie_{t-i}\end{aligned}\tag{10.7}$$

对于 x_t 独立于x_r，当$r\to-\infty$ 时，需要 Φ_1^{t-r} 趋于 0。若$(\lambda_1,\ \lambda_2)$是 Φ_1 的特征根，那么$(\lambda_1^n,\ \lambda_2^n)$是 Φ_1^n 的特征根。$\Phi_1^{t-r}\to0$ 的条件是 Φ_1 的特征根 $(\lambda_1,\ \lambda_2)$ 满足 $r\to-\infty$ 时，$\lambda_j^{t-r}\to0$，即 Φ_1 的特征根$(\lambda_1,\ \lambda_2)$的绝对值必须小于 1。由此，我们得到了 VAR(1)的平稳性条件。

若考虑矩阵形式的 VAR(1)模型，若 $x_t=\Phi_0+\Phi_1x_{t-1}+e_t$ 平稳，关于两边求期望

$$\mu-\Phi_0+\Phi_1\mu$$

其中，$\mathrm{E}(x_t)=\mu$，因此

$$\mu=(I_2-\Phi_1)^{-1}\Phi_0。$$

令 $\tilde{x}_t=x_t-\mu$，则 VAR(1)模型可以写为下列中心化模型

$$\tilde{x}_t=\Phi_1\tilde{x}_{t-1}+e_t$$

我们得到了与 AR(1)类似的结果。

经过计算，$\tilde{x}_t$ 的协差阵为

$$\Gamma_0=\mathrm{E}(\tilde{x}_t\tilde{x}_t^T)=\mathrm{E}(\Phi_1\tilde{x}_t\tilde{x}_t^T\Phi_1^T)+\mathrm{E}(e_te_t^T)=\Phi_1\Gamma_0\Phi_1^T+\Sigma \tag{10.8}$$

$$vce(\Gamma_0)=(\Phi_1\otimes\Phi_1)vce(\Gamma_0)+vce(\Sigma) \tag{10.9}$$

其中 $\otimes$ 是两个矩阵的克罗内克(Kronecker)乘积。在 Φ_1，Σ 已知时，我们可以得到

$$vce(\Gamma_0)=(I_{22}-\Phi_1\otimes\Phi_1)^{-1}vce(\Sigma) \tag{10.10}$$

对于正整数 ℓ，计算

$$\mathrm{E}(\tilde{x}_t\tilde{x}_{t-\ell}^T)=\Phi_1\mathrm{E}(\tilde{x}_{t-1}\tilde{x}_{t-\ell}^T)+\mathrm{E}(e_t) \tag{10.11}$$

满足

$$\Gamma_\ell=\Phi_1\Gamma_{\ell-1} \tag{10.12}$$

即为二维 VAR(1)的尤尔-沃克方程。上述结果与 AR(1)自协方差性质类似。

例 10.2 设 VAR(1)模型：

$$\begin{pmatrix}y_t\\z_t\end{pmatrix}=\begin{pmatrix}0.6&-0.3\\-0.3&0.6\end{pmatrix}\begin{pmatrix}y_{t-1}\\z_{t-1}\end{pmatrix}+\begin{pmatrix}v_t\\u_t\end{pmatrix}$$

其中，$e_t=\begin{pmatrix}v_t\\u_t\end{pmatrix}$ 为二维时间序列的白噪声，满足 $\mathrm{E}(e_t)=0$，$\mathrm{E}(e_te_t^T)=\begin{pmatrix}1.00&0.70\\0.70&1.49\end{pmatrix}$。

解： 利用延迟算子表示上述 VAR(1)模型为 $|I_2-\Phi_1B|x_t=e_t$，关于 VAR(1)模型的平稳性，需要计算 $|I_2-\Phi_1z|=0$ 的根，即求解如下方程

$$\begin{vmatrix}1-0.6z&0.3z\\0.3z&1-0.6z\end{vmatrix}=0$$

得 $z_1=\frac{10}{9}$，$z_2=\frac{10}{3}$。所以根都在单位圆外，因此 VAR(1)模型是平稳的，则

$$\begin{pmatrix} y_t \\ z_t \end{pmatrix} = e_t + \begin{pmatrix} 0.6 & -0.3 \\ -0.3 & 0.6 \end{pmatrix} e_{t-1} + \begin{pmatrix} 0.45 & -0.36 \\ -0.36 & 0.45 \end{pmatrix} e_{t-2}$$

$$+\begin{pmatrix} 0.378 & -0.351 \\ -0.351 & 0.378 \end{pmatrix} e_{t-3} + \cdots$$

根据(10.8)式，

$$\Gamma_0 = \Phi_1 \Gamma_0 \Phi_1^T + \Sigma = \begin{pmatrix} 0.6 & -0.3 \\ -0.3 & 0.6 \end{pmatrix} \Gamma_0 \begin{pmatrix} 0.6 & -0.3 \\ -0.3 & 0.6 \end{pmatrix} + \begin{pmatrix} 1.00 & 0.70 \\ 0.70 & 1.49 \end{pmatrix}$$

设 $\Gamma_0 = \begin{pmatrix} \gamma_{11} & \gamma_{12} \\ \gamma_{12} & \gamma_{22} \end{pmatrix}$，则 γ_{11}，γ_{12}，γ_{22} 满足

$$0.64\gamma_{11} + 0.36\gamma_{12} - 0.9\gamma_{22} = 1.00$$
$$0.18\gamma_{11} + 0.55\gamma_{12} + 0.18\gamma_{22} = 0.70$$
$$-0.09\gamma_{11} + 0.36\gamma_{12} + 0.64\gamma_{22} = 1.49$$

解得 $\gamma_{11}=2.17$，$\gamma_{12}=-0.37$，$\gamma_{22}=2.84$。因此，y_t 和 z_t 之间的同期相关系数为-0.15。

由(10.12)式，对于正整数 ℓ，

$$\Gamma_\ell = \begin{pmatrix} 0.6 & -0.3 \\ -0.3 & 0.6 \end{pmatrix} \Gamma_{\ell-1}$$

对于二维时间序列，我们考虑 VAR(2)模型：

$$x_t = \Phi_0 + \Phi_1 x_{t-1} + \Phi_2 x_{t-2} + e_t \tag{10.13}$$

其中，Φ_0，Φ_1，Φ_2 分别为二维时间序列二阶向量自回归模型 VAR(2)的 2×1 系数向量和 2×2 系数矩阵，$e_t=\begin{pmatrix} v_t \\ u_t \end{pmatrix}$ 为二维时间序列的白噪声，满足 $\mathrm{E}(e_t)=0$，$\mathrm{E}(e_t e_t^T)=\begin{pmatrix} \sigma_{vv}^2 & \sigma_{vu} \\ \sigma_{uv} & \sigma_{uu}^2 \end{pmatrix}$，$\mathrm{E}(e_t e_{t-j}^T)=0\ (j\neq 0)$。

我们可以讨论 VAR(2)的平稳性条件。首先，可将上面 VAR(2)模型化为 VAR(1)模型，设 $X_t=(x_t^T\ x_{t-1}^T)^T$，因为

$$\begin{pmatrix} x_t \\ x_{t-1} \end{pmatrix} = \begin{pmatrix} \Phi_0 \\ 0 \end{pmatrix} + \begin{pmatrix} \Phi_1 & \Phi_2 \\ I_2 & 0 \end{pmatrix} \begin{pmatrix} x_{t-1} \\ x_{t-2} \end{pmatrix} + \begin{pmatrix} e_t \\ 0 \end{pmatrix}$$

运用 X_t 表示有

$$X_t = \begin{pmatrix} \Phi_0 \\ 0 \end{pmatrix} + \begin{pmatrix} \Phi_1 & \Phi_2 \\ I_2 & 0 \end{pmatrix} X_{t-1} + \begin{pmatrix} e_t \\ 0 \end{pmatrix} \tag{10.14}$$

由此,VAR(2)模型平稳充分必要条件为 $\left| I_4 - \begin{pmatrix} \Phi_1 & \Phi_2 \\ I_2 & 0 \end{pmatrix} B \right| = 0$ 的所有根的都在单位圆外。

与之类似,若 VAR(2)模型 $x_t = \Phi_0 + \Phi_1 x_{t-1} + \Phi_2 x_{t-2} + e_t$ 平稳,关于两边求期望

$$\mu = \Phi_0 + \Phi_1 \mu + \Phi_2 \mu$$

因此,有 $(I_2 - \Phi_1 - \Phi_2)\mu = \Phi_0$,可以得到 $\mu = (I_2 - \Phi_1 - \Phi_2)^{-1}\Phi_0$。令 $\tilde{x}_t = x_t - \mu$,我们可以得到中心化的 VAR(2)模型

$$\tilde{x}_t = \Phi_1 \tilde{x}_{t-1} + \Phi_2 \tilde{x}_{t-2} + e_t$$

进而根据多元时间序列的平稳性,因为 $\mathrm{E}(\tilde{x}_t e'_t) = \mathrm{E}(e_t e'_t) = \Sigma$,所以

$$\Gamma_0 = \mathrm{E}(\tilde{x}_t \tilde{x}'_t) = \Phi_1 \mathrm{E}(\tilde{x}_{t-1} \tilde{x}'_t) + \Phi_2 \mathrm{E}(\tilde{x}_{t-2} \tilde{x}'_t) + \mathrm{E}(e_t \tilde{x}'_t)$$

即 $\Gamma_0 = \Phi_1 \Gamma_1 + \Phi_2 \Gamma_2 + \Sigma$,对于正整数 ℓ,计算

$$\Gamma_\ell = \mathrm{E}(\tilde{x}_t \tilde{x}'_{t-\ell}) = \Phi_1 \mathrm{E}(\tilde{x}_{t-1} \tilde{x}'_{t-\ell}) + \Phi_2 \mathrm{E}(\tilde{x}_{t-2} \tilde{x}'_{t-\ell}) + \mathrm{E}(e_t \tilde{x}'_{t-\ell})$$

即

$$\Gamma_\ell = \Phi_1 \Gamma_{\ell-1} + \Phi_2 \Gamma_{\ell-2}。 \tag{10.15}$$

得到二维 VAR(2)的尤尔-沃克方程。类似一维的情形,分别取 $\ell = 1, 2$,有

$$(\Gamma_1 \quad \Gamma_2) = (\Phi_1 \quad \Phi_2) \begin{pmatrix} \Gamma_0 & \Gamma_1 \\ \Gamma_1 & \Gamma_0 \end{pmatrix}$$

解得

$$(\Phi_1 \quad \Phi_2) = (\Gamma_1 \quad \Gamma_2) \begin{pmatrix} \Gamma_0 & \Gamma_1 \\ \Gamma_1 & \Gamma_0 \end{pmatrix}^{-1}$$

根据上述矩阵方程，我们可以得到 Φ_1，Φ_2 的估计。

更一般地，我们可以考虑 k 维 VAR(p)模型

$$x_t = \Phi_0 + \Phi_1 x_{t-1} + \cdots + \Phi_p x_{t-p} + e_t \tag{10.16}$$

其中 Φ_0，Φ_1，…，Φ_p 分别为 k 维 p 阶向量自回归模型 VAR(p)的 $k \times 1$ 系数向量和 $k \times k$ 系数矩阵，e_t 为 k 维白噪声序列，满足 $\mathrm{E}(e_t)=0$，$\mathrm{E}(e_t e_t')=\Sigma$，$k \times k$，$\mathrm{E}(e_t e_{t-j}')=0\ (j \neq 0)$。

与上述的 VAR(2)类似，我们首先将 VAR(p)转换成 VAR(1)模型，设 $X_t = (x_t^T \quad x_{t-1}^T \cdots,\ x_{t-p+1}^T)^T$，则

$$\begin{pmatrix} x_t \\ x_{t-1} \\ x_{t-2} \\ \vdots \\ x_{t-p+1} \end{pmatrix} = \begin{pmatrix} \Phi_0 \\ 0 \\ 0 \\ \vdots \\ 0 \end{pmatrix} + \begin{pmatrix} \Phi_1 & \Phi_2 & \cdots & \Phi_{p-1} & \Phi_p \\ I_k & 0 & \cdots & 0 & 0 \\ 0 & I_k & \cdots & 0 & 0 \\ \vdots & \vdots & \vdots & \vdots & \vdots \\ 0 & 0 & 0 & I_k & 0 \end{pmatrix} \begin{pmatrix} x_{t-1} \\ x_{t-2} \\ x_{t-3} \\ \vdots \\ x_{t-p} \end{pmatrix} + \begin{pmatrix} e_t \\ 0 \\ 0 \\ \vdots \\ 0 \end{pmatrix} \tag{10.17}$$

则有

$$X_t = \widetilde{\Phi}_0 + \Phi X_{t-1} + \widetilde{e}_t$$

其中，$\widetilde{\Phi}_0 = \begin{pmatrix} \Phi_0 \\ 0 \\ 0 \\ \vdots \\ 0 \end{pmatrix}$，$\Phi = \begin{pmatrix} \Phi_1 & \Phi_2 & \cdots & \Phi_{p-1} & \Phi_p \\ I_k & 0 & \cdots & 0 & 0 \\ 0 & I_k & \cdots & 0 & 0 \\ \vdots & \vdots & \vdots & \vdots & \vdots \\ 0 & 0 & 0 & I_k & 0 \end{pmatrix}$，$\widetilde{e}_t = \begin{pmatrix} e_t \\ 0 \\ 0 \\ \vdots \\ 0 \end{pmatrix}$，即转化为 VAR(1)模型。因此，我们可以得到 k 维 VAR(p)模型的平稳条件充要条件是 $|I_{kp} - \Phi B| = 0$ 的所有根都在单位圆外。

当 k 维 VAR(p)模型平稳时，同样可以计算均值向量和自协方差阵，

$$\mathrm{E}(x_t) = \mu = \Phi_0 + \Phi_1 \mu + \cdots + \Phi_p \mu$$

$$(I_k - \Phi_1 - \cdots - \Phi_p)\mu = \Phi_0$$

因此有 $\mu = (I_k - \Phi_1 - \cdots - \Phi_p)^{-1}\Phi_0$。类似于前面的推导，对于正整数 ℓ，有

$$\Gamma_\ell - \Phi_1 \Gamma_{\ell-1} - \cdots - \Phi_p \Gamma_{\ell-p} = \begin{cases} \Sigma, & \ell = 0 \\ 0 & \ell \geqslant 1 \end{cases} \tag{10.18}$$

这是 k 维 VAR(p)模型的多元尤尔-沃克方程。取 $\ell=1, 2, \cdots, p$，有

$$(\Gamma_1 \quad \Gamma_2 \quad \cdots \quad \Gamma_p)=(\Phi_1 \quad \Phi_2 \quad \cdots \quad \Phi_p)\begin{pmatrix} \Gamma_0 & \Gamma_1 & \cdots & \Gamma_{p-1} \\ \Gamma_1^T & \Gamma_0 & \cdots & \Gamma_{p-2} \\ \vdots & \vdots & \vdots & \vdots \\ \Gamma_{p-1}^T & \Gamma_{p-2}^T & \cdots & \Gamma_0 \end{pmatrix} \tag{10.19}$$

我们得到了与 AR(p)类似的结果。

有关 k 维 VAR(p)模型的参数估计问题，考虑 k 维时间序列样本 $\{x_t\}_{t=1}^T$ 是平稳序列的一个样本，其中 $\mathrm{E}(x_t)=\mu$，$\mathrm{E}[(x_t-\mu)(x_{t-j}-\mu)']=\Gamma_J$。类似于一维情况，$\mu$，$\Gamma_j$ 的估计为

$$\bar{x}_T=\frac{1}{T}\sum_{t=1}^{T}x_t \tag{10.20}$$

$$\hat{\Gamma}_j=\frac{1}{T-j}\sum_{t=j+1}^{T}(x_t-\bar{x}_T)(x_{t-j}-\bar{x}_T)' \tag{10.21}$$

关于 k 维 VAR(p)模型参数估计问题，我们考虑下列 VAR(p)模型

$$x_t=\Phi_0+\Phi_1 x_{t-1}+\cdots+\Phi_p x_{t-p}+e_t$$

其中，对于时间 t，x_t 为 k 维随机向量，$e_t \sim N(0, \Omega)$。假设有样本 $\{x_{-p+1}, \cdots, x_0, x_1, \cdots, x_T\}$，记

$$y_t=\begin{pmatrix} 1 \\ x_1 \\ \vdots \\ x_{t-p} \end{pmatrix}, \ \Pi=\begin{pmatrix} \Phi_0' \\ \Phi_1' \\ \vdots \\ \Phi_T' \end{pmatrix}$$

这时 y_t 为$(kp+1)\times 1$ 向量，Π 为$k\times(kp+1)$ 矩阵，则上述模型可以表示为

$$x_t=\Pi' y_t+e_t$$

可以将上述模型看作线性模型，关于参数 Π，Ω 的对数似然函数为

$$\mathcal{L}(\Pi, \Omega)=C+\frac{T}{2}\log|\Omega|-\frac{1}{2}\sum_{t=1}^{T}(x_t-\Pi' y_t)'\Omega^{-1}(x_t-\Pi' y_t)$$

其中，C 是常数。可以得出参数 Π，Ω 的最大似然估计为

$$\hat{\Pi}=(X'X)^{-1}X'Y,\ \hat{\Omega}=E'E/T$$

这里 X 是线性模型相应的设计矩阵，$E=Y-X\hat{\Pi}$。有关 VAR(p)模型的其他问题这里不再赘述，相应的内容参见《现代时间序列分析导论》(中国人民大学出版社 2015 年版)。

10.2 虚假回归

当输出变量序列 $\{Y_t\}$ 和输入变量序列(即自变量序列) $\{X_{1t}\}$，$\{X_{2t}\}$，…，$\{X_{kt}\}$ 都平稳时，可以依据博克斯和詹金斯的理论和方法构建以输入变量为自变量的 ARIMAX 回归模型来拟合相应序列的变化，即可把输出变量序列表示成：

$$y_t=\mu+\sum_{k=1}^{k}\frac{\Theta(B)}{\Phi(B)}B^{l_i}x_{it}+\frac{\Theta(B)}{\Phi(B)}a_t$$

但当平稳性条件不满足时，我们就不能大胆地构造 ARIMAX 模型，因为这时容易产生虚假回归的问题。

为了正确理解虚假回归的含义，我们考虑最简单的一元线性动态回归模型：

$$y_t=\beta_0+\beta_1x_t+v_t \tag{10.22}$$

为了检验模型的显著性，我们要对拟合模型的回归系数进行显著性检验：

$$\mathrm{H}_0: \beta_1=0 \leftrightarrow \mathrm{H}_1: \beta_1\neq 0$$

假定因变量输出序列 $\{y_t\}$ 和自变量输入序列 $\{x_t\}$ 相互独立，那就说明输出序列和输入序列之间没有显著的线性相关关系，理论上，检验结果应该不拒绝 $\beta_1=0$ 的原假设。如果假设检验结果支持 β_1 显著非零的备择假设，那么我们就会得到输出序列和输入序列之间具有显著线性相关性的错误结论，并接受一个本不应该成立的回归模型(10.3)，也就犯了第Ⅰ类错误(弃真错误)；此时，这个回归模型就是虚假回归的结果。

由于样本的随机性，弃真错误始终都会存在，我们用事先设定的显著性水平 α 来控制犯第Ⅰ类错误的概率 P_r(拒绝 H_0 | H_0 为真)$=\alpha$。

可以分两种情况来说明此检验：$H_0: \beta_1 = 0 \leftrightarrow H_1: \beta_1 \neq 0$。

① 当输出序列和输入序列都平稳时，通常采用 t 统计量进行回归系数显著性检验：

$$t = \frac{\beta_1}{\sigma_\beta}$$

该统计量服从自由度为 $T-2$（T 为时间序列长度）的 t 分布。当 $|t| \geqslant t_{\alpha/2}(T-2)$ 时，可以将弃真错误发生的概率准确地控制在显著性水平 α 以内，即 $P\{|t| \geqslant t_{\alpha/2}(T-2) \mid H_0\} \leqslant \alpha$。

② 当输出序列和输入序列不平稳时，随机模拟的结果显示，检验统计量 β_1/σ_β 将不再服从 t 分布，这时统计量 β_1/σ_β 的样本分布的方差远远大于 t 分布的方差，如果仍然采用 t 分布的临界值进行检验，拒绝原假设的概率就会大大增加，此时 $P\{|t| \geqslant t_{\alpha/2}(T-2) \mid H_0\} \gg \alpha$。这将导致我们无法控制弃真错误，非常容易接受回归模型显著成立的备择假设，这种现象就称为虚假回归。

10.3 单位根检验

由于虚假回归问题的存在，在进行动态回归模型拟合时，必须先检验各序列的平稳性。只有当各序列都平稳时，才可以大胆地使用 ARIMAX 模型拟合多元序列之间的动态回归关系。

在第 2 章我们介绍过序列平稳性的相关图检验法，由于图检验具有很强的主观性，为了客观起见，人们开始研究各种序列平稳性的统计检验方法，其中应用最广的是单位根检验。

10.3.1 DF 检验

(1) DF 统计量

考虑 1 阶自回归序列：

$$X_t = \varphi X_{t-1} + \varepsilon_t, \ \varepsilon_t \overset{\text{i.i.d.}}{\sim} N(0, \sigma_\varepsilon^2) \tag{10.23}$$

该序列的特征方程可写为 $\lambda - \varphi = 0$，于是特征根为 $\lambda = \varphi$。当特征根在单位圆内即 $|\varphi| < 1$ 时，该序列平稳；否则序列非平稳。自然想到，可以通过检验特征根是在单位圆内还是在单位圆上（外）来检验序列的平稳性，这种检验就称

为单位根检验。

单位根检验的原假设和备择假设分别为：H_0：$|\varphi|\geqslant 1$；H_1：$|\varphi|<1$。

相应的检验统计量为 t 统计量：

$$t(\varphi)=\frac{\hat{\varphi}-\varphi}{S(\hat{\varphi})} \tag{10.24}$$

其中，$\hat{\varphi}$ 是参数 φ 的最小二乘估计，$S(\hat{\varphi})=\sqrt{S_T^2\Big/\sum_{t=1}^{T}X_{t-1}^2}$，$S_T^2=\sum_{t=1}^{T}\hat{\varepsilon}_t^2\Big/(T-1)$，$\hat{\varepsilon}_t=X_t-\hat{\varphi}X_{t-1}$。

当 $\varphi=0$ 时，统计量 $t(\hat{\varphi})=\dfrac{\hat{\varphi}}{S(\hat{\varphi})}\sim t(T-1)$ 的极限分布为标准正态分布；当 $|\varphi|<1$ 时，统计量 $t(\hat{\varphi})=\dfrac{\hat{\varphi}-\varphi}{S(\hat{\varphi})}$ 渐近服从标准正态分布。根据中心极限定理，当 $T\rightarrow\infty$ 时，$\sqrt{T}(\hat{\varphi}_T-\varphi)\rightarrow N(0,\sigma^2(1-\varphi^2))$。但当 $|\varphi|=1$，$t(\hat{\varphi})$ 的渐近分布将不再为正态分布。当 $|\varphi|=1$ 时，变量非平稳，上述极限分布发生退化（方差为零）。以模型(10.22)为例，给定 $\varphi=1$，则有

$$\hat{\varphi}=\left(\sum_{t=1}^{T}X_tX_{t-1}\Big/\sum_{t=1}^{T}X_{t-1}^2\right)$$

假设已知 $X_0=0$，则有

$$\hat{\varphi}=\frac{\sum_{t=1}^{T}(X_{t-1}+\varepsilon_t)X_{t-1}}{\sum_{t=1}^{T}X_{t-1}^2}=\frac{\sum_{t=1}^{T}X_{t-1}^2}{\sum_{t=1}^{T}X_{t-1}^2}+\frac{\sum_{t=1}^{T}\varepsilon_tX_{t-1}}{\sum_{t=1}^{T}X_{t-1}^2}=1+\frac{\sum_{t=1}^{T}\varepsilon_tX_{t-1}}{\sum_{t=1}^{T}X_{t-1}^2}$$

所以，有

$$\hat{\varphi}-1=\frac{\sum_{t=1}^{T}\varepsilon_tX_{t-1}}{\sum_{t=1}^{T}X_{t-1}^2}$$

又因为

$$T^{-2}\sum_{t=1}^{T}X_{t-1}^2\Rightarrow\sigma^2\int_0^1(W(i))^2\mathrm{d}i$$

$$且\sum_{t=1}^{T}X_t^2=\sum_{t=1}^{T}(X_{t-1}+\varepsilon_t)^2=\sum_{t=1}^{T}X_{t-1}^2+\sum_{t=1}^{T}\varepsilon_t^2+2\sum_{t=1}^{T}X_{t-1}\varepsilon_t$$

式中，$W(i)$ 是自由度为 i 的维纳过程(Weiner process)。维纳过程具有如下性质：

① $W(1)\sim N(0,\ 1)$；

② $\sigma W(i)\sim N(0,\ \sigma^2 i)$；

③ $[W(i)]^2/i\sim X^2(1)$。

所以，可得

$$\sum_{t=1}^{T}X_{t-1}\varepsilon_t=\frac{1}{2}\left(\sum_{t=1}^{T}X_t^2-\sum_{t=1}^{T}X_{t-1}^2-\sum_{t=1}^{T}\varepsilon_t^2\right)=\frac{1}{2}\left(X_T^2-\sum_{t=1}^{T}\varepsilon_t^2\right)$$

综上可得，当 $T\to\infty$ 时，

$$p\lim(\hat{\varphi})=p\lim\left(1+\frac{\sum_{t=1}^{T}\varepsilon_t X_{t-1}\Big/T^2}{\sum_{t=1}^{T}X_{t-1}^2\Big/T^2}\right)\to 1$$

由此得出 $\hat{\varphi}$ 是 $\varphi=1$ 的一致估计量。

迪基(Dickey)和富勒(Fuller)对 $|\varphi|=1$ 时 $t(\hat{\varphi})$ 这个检验统计量的样本分布进行了研究。为了区分传统的 t 分布检验统计量，记该检验统计量为 DF (Dickey-Fuller)检验统计量 $DF=\dfrac{\hat{\varphi}-1}{S(\hat{\varphi})}$，当 $T\to\infty$ 时，其极限分布为：

$$\frac{(1/2)(W(1)^2-1)}{\left(\int_0^1 W(r)^2\mathrm{d}r\right)^{1/2}}$$

同理，如果模型形为

$$X_t=\varphi_0+\varphi X_{t-1}+\varepsilon_t \tag{10.25}$$

此时 $DF=t(\hat{\varphi})$ 统计量的极限分布也是维纳(Wiener)过程的函数。可以证明，当 $T\to\infty$ 时，(10.25)式的 DF 统计量的极限分布是

$$DF=\frac{\hat{\varphi}-1}{s(\hat{\varphi})}\Rightarrow\frac{(1/2)(W(1)^2-1)-W(1)\int_0^1 W(r)\mathrm{d}r}{\left(\int_0^1 W(r)^2\mathrm{d}r-\left[\int_0^1 W(r)\mathrm{d}r\right]^2\right)^{1/2}}$$

如果有如下模型形式

$$X_t = \varphi_0 + at + \varphi X_{t-1} + \varepsilon_t \tag{10.26}$$

则可以证明，当 $T\to\infty$ 时，(10.26)式的 DF 统计量的极限分布是

$$DF = \frac{\hat{\varphi}-1}{\sqrt{\hat{\mathrm{Var}}(\hat{\varphi})}} \Rightarrow \frac{\sqrt{12}F_2}{\sqrt{|\boldsymbol{A}|}}$$

其中

$$F_2 = \left\{\frac{1}{6}W(1)\int_0^1 W(r)\mathrm{d}r - \frac{1}{2}W(1)\int_0^1 rW(r)\mathrm{d}r + \frac{1}{24}(W(1)^2-1) + \int_0^1 W(r)\mathrm{d}r\int_0^1 rW(r)\mathrm{d}r - \frac{1}{2}\left[\int_0^1 W(r)\mathrm{d}r\right]^2\right\}$$

$$|\boldsymbol{A}| = \begin{vmatrix} 1 & \int_0^1 W(r)\mathrm{d}r & 1/2 \\ \int_0^1 W(r)\mathrm{d}r & \int_0^1 W(r)^2\mathrm{d}r & \int_0^1 rW(r)\mathrm{d}r \\ 1/2 & \int_0^1 rW(r)\mathrm{d}r & 1/3 \end{vmatrix}$$

推导见汉密尔顿的《时间序列分析》(17.4.54)式。

随机模拟的结果显示 DF 检验统计量的极限分布为对称种形分布，和正态分布的形状非常相似，但均值略有偏移。DF 检验为左侧单边检验，取显著性水平为 α，记 DF_α 为 DF 检验的 α 分位点，则当 $DF \leqslant DF_\alpha$ 时，拒绝原假设，认为序列 x_t 显著平稳；当 $DF > DF_\alpha$ 时，不拒绝原假设，认为序列 x_t 显著非平稳。

1979 年，迪基和富勒使用蒙特卡洛模拟方法算出了 DF 统计量的百分位表，为 DF 检验扫清了最后的技术难题，使 DF 检验称为最常用的单位根检验。

(2) DF 检验的等价表达

在(10.23)式等号两边同时减去 x_{t-1}，得到如下等式：

$$X_t - X_{t-1} = (\varphi-1)X_{t-1} + \varepsilon_t \tag{10.27}$$

记 $\rho = |\varphi| - 1$，则(10.27)式等价于 $\nabla x_t = \rho x_{t-1} + \varepsilon_t$。则 DF 检验可以通过对参数 ρ 的检验等价进行：

$$\mathrm{H}_0: \rho = 0 \leftrightarrow \mathrm{H}_1: \rho < 0$$

相应的 DF 检验统计量为：

$$DF = \frac{\hat{\rho}}{S(\hat{\rho})}$$

其中，$S(\hat{\rho})$ 为参数 ρ 的样本标准差。

(3) DF 检验的三种类型

DF 检验可以用于(10.23)式、(10.25)式和(10.26)式三种序列的单位根检验。

第一种类型如(10.23)式，是无常数均值、无趋势的 1 阶自回归过程，变成另一种形式为：

$$\nabla X_t = \rho X_{t-1} + \varepsilon_t,\ \varepsilon_t \overset{\text{i.i.d.}}{\sim} N(0,\ \sigma_\varepsilon^2) \tag{10.28}$$

第二种类型如(10.25)式，是有常数均值、无趋势的 1 阶自回归过程，表示成：

$$\nabla X_t = \varphi_0 + \rho X_{t-1} + \varepsilon_t,\ \varepsilon_t \overset{\text{i.i.d.}}{\sim} N(0,\ \sigma_\varepsilon^2) \tag{10.29}$$

第三种类型如(10.26)式，是既有常数均值又有线性趋势的 1 阶自回归过程，即

$$\nabla X_t = \varphi_0 + at + \rho X_{t-1} + \varepsilon_t,\ \varepsilon_t \overset{\text{i.i.d.}}{\sim} N(0,\ \sigma_\varepsilon^2) \tag{10.30}$$

例 10.3　对某国 1960 年到 1993 年 GNP 平减指数的季度时间序列共 136 个观测值进行 DF 单位根检验。

① 直观判断。GNP 平减指数的季度时间序列绘制时序图如图 10.12 所示，显示序列显著非平稳。

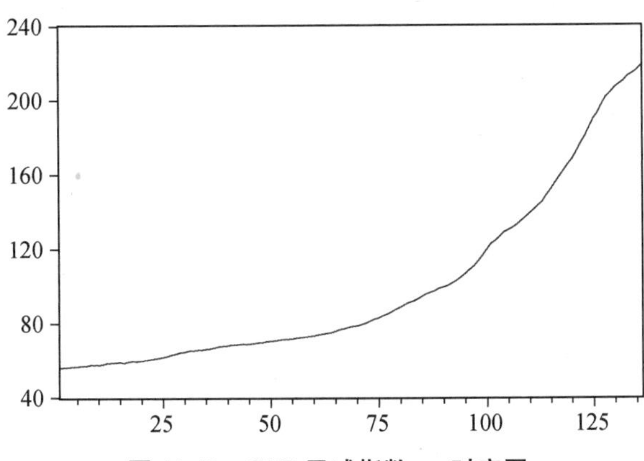

图 10.12　GNP 平减指数 p_t 时序图

② 对某国 1960 年到 1993 年 GNP 平减指数的季度时间序列进行 DF 检验。因为平减指数序列 p_t 有明显的上升趋势，应采用(10.30)式作为检验方程，模型检验结果见图 10.13：

Null Hypothesis: PT has a unit root
Exogenous: Constant, Linear Trend
Lag Length: 1 (Fixed)

		t-Statistic	Prob.*
Augmented Dickey-Fuller test statistic		1.094983	0.9999
Test critical values:	1% level	-4.027959	
	5% level	-3.443704	
	10% level	-3.146604	

*MacKinnon (1996) one-sided p-values.

图 10.13 序列 p_t 的 DF 检验结果

从图 10.13 可以看出，DF 统计量值为 1.09，相应的伴随概率为 0.999 9，不能拒绝原假设，说明序列存在单位根，即序列非平稳，这和通过时序图得到的直观判断完全一致。但从 DF 检验所得到的辅助方程估计与检验结果(图 10.14)可以看出，AIC 和 SC 值都较大，表明对序列 p_t 采用 DF 检验并不合适，因此有必要引入其他的单位根检验方法。

Variable	Coefficient	Std. Error	t-Statistic	Prob.
PT(-1)	0.013942	0.002886	4.830308	0.0000
C	-0.884243	0.138652	-6.377419	0.0000
@TREND(1)	0.010460	0.003338	3.133857	0.0021

R-squared	0.709391	Mean dependent var	1.201259
Adjusted R-squared	0.704988	S.D. dependent var	1.205096
S.E. of regression	0.654548	Akaike info criterion	2.012227
Sum squared resid	56.55313	Schwarz criterion	2.076789
Log likelihood	-132.8253	F-statistic	161.1095
Durbin-Watson stat	0.639592	Prob(F-statistic)	0.000000

图 10.14 DF 检验的辅助方程估计与检验结果

10.3.2 ADF 检验

DF 检验只适用于 1 阶自回归过程的平稳性检验，但是实际上绝大多数时间序列不会是一个简单的 AR(1)过程。为了使 DF 检验能适用于 AR(p)过程的平稳性检验，对 DF 检验进行了一定的修正，得到增广 DF 检验(Augmented Dickey-Fuller)，简记为 ADF 检验。

(1) ADF 检验的原理

对任意一个 AR(p)过程

$$X_t = \varphi_1 X_{t-1} + \cdots + \varphi_p X_{t-p} + \varepsilon_t \tag{10.31}$$

其特征方程为 $\lambda^p - \varphi_1\lambda^{p-1} - \cdots - \varphi_p = 0$。如果该方程所有的特征根都在单位圆内，即 $|\lambda_i| < 1$, $i = 1, 2, \cdots, p$，则序列 $\{x_t\}$ 平稳。如果有一个特征根存在且为 1，不妨设 $\lambda_1 = 1$，则序列 $\{x_t\}$ 非平稳，此时自回归系数之和恰好等于 1：

$$\begin{aligned} \lambda^p - \varphi_1\lambda^{p-1} - \cdots - \varphi_p = 0 &\overset{\lambda=1}{\Rightarrow} 1 - \varphi_1 - \cdots - \varphi_p = 0 \\ &\Rightarrow \varphi_1 + \varphi_2 + \cdots + \varphi_p = 1 \end{aligned}$$

因而，对于 AR(p)过程我们可以通过检验自回归系数之和是否等于 1 来考察该序列的平稳性。

同 DF 检验类似，我们对(10.31)式进行等价变换：

$$\begin{aligned} X_t - X_{t-1} &= \varphi_1 X_{t-1} + \cdots + \varphi_p X_{t-p} - X_{t-1} + \varepsilon_t \\ &= (\varphi_2 + \cdots + \varphi_p) X_{t-1} + \varphi_1 X_{t-1} - X_{t-1} - (\varphi_2 + \cdots + \varphi_p) X_{t-1} \\ &\quad + \varphi_2 X_{t-2} + (\varphi_3 + \cdots + \varphi_p) X_{t-2} - (\varphi_3 + \cdots + \varphi_p) X_{t-2} \\ &\quad + \varphi_3 X_{t-3} + (\varphi_4 + \cdots + \varphi_p) X_{t-3} - (\varphi_4 + \cdots + \varphi_p) X_{t-3} \\ &\quad + \cdots - \varphi_p X_{t-p+1} + \varphi_p X_{t-p} + \varepsilon_t \end{aligned}$$

整理可得

$$\begin{aligned} \nabla X_t = &(\varphi_1 + \cdots + \varphi_p - 1) X_{t-1} - (\varphi_2 + \cdots + \varphi_p) \nabla X_{t-1} \\ &- \cdots - \varphi_p \nabla X_{t-p+1} + \varepsilon_t \end{aligned} \tag{10.32}$$

若分别记 $\varphi_1 + \cdots + \varphi_p - 1 = \rho$ 和 $-(\varphi_{j+1} + \cdots + \varphi_p) = \beta_j$, $j = 1, 2, \cdots, p-1$，则(10.32)式可简记为

$$\nabla X_t = \rho X_{t-1} + \beta_1 \nabla X_{t-1} + \cdots + \beta_{p-1} \nabla X_{t-p+1} + \varepsilon_t$$

若序列 $\{X_t\}$ 平稳，则有 $\varphi_1 + \cdots + \varphi_p < 1$，等价于 $\rho < 0$；若序列 $\{X_t\}$ 非平稳，则至少存在一个单位根，有 $\varphi_1 + \cdots + \varphi_p = 1$ 成立，等价于 $\rho = 0$，于是 AR(p)过程单位根检验的假设可表示成：

$$H_0: \rho = 0 \leftrightarrow H_1: \rho < 0$$

构造 ADF 检验统计量：

$$\mathrm{ADF} = \frac{\hat{\rho}}{S(\hat{\rho})}$$

其中，$S(\hat{\rho})$ 为参数 ρ 的样本标准差。

通过蒙特卡洛方法，可以得到 ADF 检验统计量的临界值表。显然 DF 检验是 ADF 检验在自相关阶数为 1 时的一个特例，所以它们统称为 ADF 检验。

(2) ADF 检验的三种类型

和 DF 检验一样，ADF 检验也可以用于如下三种类型的单位根检验。

第一种类型，无常数均值、无趋势的 p 阶自回归过程：

$$\nabla X_t = \rho x_{t-1} + \beta_1 \nabla X_{t-1} + \cdots + \beta_{p-1} \nabla X_{t-p+1} + \varepsilon_t,\ \varepsilon_t \overset{\text{i.i.d.}}{\sim} N(0, \sigma_\varepsilon^2) \tag{10.33}$$

第二种类型，有常数均值、无趋势的 p 阶自回归过程：

$$\nabla X_t = \varphi_0 + \rho X_{t-1} + \beta_1 \nabla X_{t-1} + \cdots + \beta_{p-1} \nabla X_{t-p+1} + \varepsilon_t,\ \varepsilon_t \overset{\text{i.i.d.}}{\sim} N(0, \sigma_\varepsilon^2) \tag{10.34}$$

第三种类型，既有常数均值又有趋势的 p 阶自回归过程：

$$\begin{aligned}\nabla X_t = \varphi_0 + at + \rho X_{t-1} + \beta_1 \nabla X_{t-1} + \cdots \\ + \beta_{p-1} \nabla X_{t-p+1} + \varepsilon_t,\ \varepsilon_t \overset{\text{i.i.d.}}{\sim} N(0, \sigma_\varepsilon^2)\end{aligned} \tag{10.35}$$

承例 10.3　对某国 1960 年到 1993 年 GNP 平减指数的季度时间序列进行 ADF 检验，我们已经知道，对此序列进行 DF 检验并不合适，说明自回归的滞后阶数大于 1。ADF 检验结果见图 10.15，可以看出平减指数序列 p_t 存在显著的单位根，再次说明 p_t 不平稳。

对 p_t 序列进行一阶差分得 ∇p_t 序列，对其进行 ADF 检验，发现仍然不平稳，于是进行二次差分得 $\nabla^2 p_t$ 序列，时序图见图 10.16，直观上看是平稳的，现对 ADF 检验的三种类型分别进行检验，结果见表 10.1，从检验 ADF 统计量值和伴随概率看出，$\nabla^2 p_t$ 序列显著平稳，不再存在单位根，这也和时序图的直观观察是一致的。

Augmented Dickey-Fuller Unit Root Test on PT

Null Hypothesis: PT has a unit root
Exogenous: Constant, Linear Trend
Lag Length: 4 (Automatic based on SIC, MAXLAG=12)

		t-Statistic	Prob.*
Augmented Dickey-Fuller test statistic		-0.108322	0.9943
Test critical values:	1% level	-4.029595	
	5% level	-3.444487	
	10% level	-3.147063	

*MacKinnon (1996) one-sided p-values.

图 10.15　序列 p_t 的 ADF 检验结果

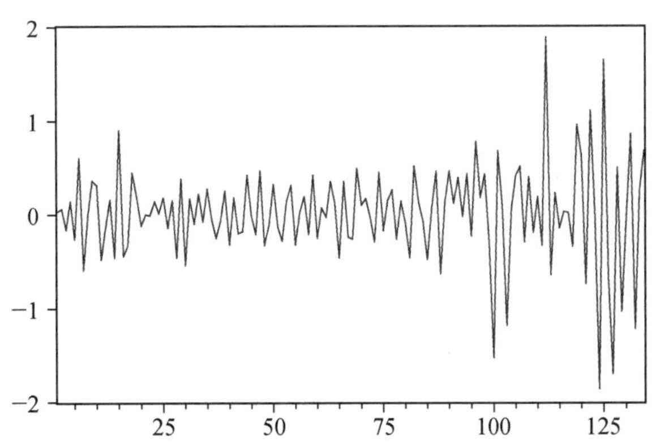

图 10.16　GNP 平减指数二次差分序列 $\nabla^2 p_t$ 时序图

表 10.1　$\nabla^2 p_t$ 序列 ADF 检验结果

类　型	滞后阶数	ADF 统计量值	p-value
类型 1	1	−13.32	0.000 0
	2	−6.68	0.000 0
	3	−5.71	0.000 0
类型 2	1	−13.30	0.000 0
	2	−6.69	0.000 0
	3	−5.72	0.000 0
类型 3	1	−13.25	0.000 0
	2	−6.66	0.000 0
	3	−5.70	0.000 0

10.3.3 PP 检验

使用 ADF 检验有一个基本假定：

$$\mathrm{Var}(\varepsilon_t) = \sigma^2$$

这导致 ADF 检验主要适用于方差齐性场合，它对于异方差序列的平稳性检验效果不佳。

针对序列可能存在高阶相关的情况和可能的异方差情形，菲利普斯和佩荣（Phillips and Perron）于 1988 年对 ADF 检验进行了非参数修正，提出了 PP 检验统计量。该检验统计量既可适用于异方差场合的平稳性检验，又服从相应的 ADF 检验统计量的极限分布。

使用 PP 检验，残差序列 $\{\varepsilon_t\}$ 需要满足如下三个条件：① 均值恒为零即 $E(\varepsilon_t)=0$；② 方差及至少一个高阶矩存在即 $\sup_t \mathrm{E}(|\varepsilon_t|^2) < \infty$，且对于某个 $\beta > 2$，$\sup_t \mathrm{E}(|\varepsilon_t|^\beta) < \infty$。由于没有假定 $\mathrm{E}(|\varepsilon_t|^2)$ 是常数，所以这个条件实际上意味着允许异方差性存在；③ 非退化极限分布存在即 $\sigma_S^2 = \lim\limits_{T\to\infty} \mathrm{E}(T^{-1}S_T^2)$ 存在且为正值，其中 T 为序列长度且 $S_T = \sum\limits_{t=1}^{T} \varepsilon_t$。

我们以 1 阶自回归模型 $x_t = \varphi x_{t-1} + \varepsilon_t$ 为例介绍 PP 检验的构造原理。假设 $\hat{\varphi}$ 是 φ 的最小二乘估计值（OLS），那么 $\hat{\varphi}$ 的方差通常可以定义为：

$$\sigma^2 = \lim_{T\to\infty} T^{-1} \sum_{t=1}^{T} \mathrm{E}(\varepsilon_t^2)$$

当 $\{\varepsilon_t\}$ 为白噪声序列时，有

$$\sigma^2 = \sigma_S^2 \tag{10.36}$$

其中，$\sigma_S^2 = \lim\limits_{T\to\infty} \mathrm{E}(T^{-1}S_T^2)$，$S_T = \sum\limits_{t=1}^{T} \varepsilon_t$。

如果 $\{\varepsilon_t\}$ 不满足白噪声条件，那么方差等式（10.36）将不再成立。为了直观说明这个问题，不妨假设 $\{\varepsilon_t\}$ 服从 MA(1) 过程，即 $\varepsilon_t = \nu_t - \theta_1 \nu_{t-1}$，$\nu_t \overset{\text{i.i.d.}}{\sim} N(0, \sigma_\nu^2)$，那么 $\sigma^2 = \mathrm{E}(\varepsilon_t^2) = (1+\theta_1^2)\sigma_\nu^2$ 而

$$\sigma_S^2 = \mathrm{E}(\varepsilon_1^2) + 2\sum_{j=2}^{\infty} \mathrm{E}(\varepsilon_1 \varepsilon_j) = (1+\theta_1^2 - 2\theta_1)\sigma_\nu^2 = (1-\theta_1)^2 \sigma_\nu^2$$

显然 $\sigma^2 \neq \sigma_S^2$。

菲利普斯和佩荣正是利用这种不等性，利用 σ^2 和 σ_S^2 的估计值对 ADF 检验的 ADF 统计量进行了非参数修正，修正后的统计量如下：

$$Z(ADF) = ADF(\hat{\sigma}^2/\hat{\sigma}_{Sl}^2) - \frac{1}{2}(\hat{\sigma}_{Sl}^2 - \hat{\sigma}^2)T\sqrt{\hat{\sigma}_{Sl}^2 \sum_{t=2}^{T}(x_{t-1} - \bar{x}_{T-1})^2}$$

其中：

① $\hat{\sigma}^2$ 是 σ^2 的样本估计值，即 $\hat{\sigma}^2 = T^{-1}\sum_{t=1}^{T}\hat{\varepsilon}_t^2$；

② 假设可以估计 $\{\varepsilon_t\}$ 显著自相关的滞后阶数为 l，$\hat{\sigma}_{Sl}^2$ 是 σ_S^2 的样本估计值：

$$\hat{\sigma}_{Sl}^2 = T^{-1}\sum_{t=1}^{l}\hat{\varepsilon}_t^2 + 2T^{-1}\sum_{j=1}^{t}\tilde{\omega}_j(l)\sum_{t=j+1}^{T}\hat{\varepsilon}_t\hat{\varepsilon}_{t-j}$$

其中，$\tilde{\omega}_j(l) = 1 - \frac{1}{l+1}$，这个权重确保了 $\hat{\sigma}_{Sl}^2$ 为正值；

③ $\bar{X}_{T-1} = \frac{1}{T-1}\sum_{t=1}^{T-1}X_t$

在单位根检验原假设 H_0：$\varphi = 1$ 成立即序列 $\{X_t\}$ 不平稳时，修正后的 Z(ADF) 统计量和 ADF 统计量具有相同的极限分布。这就意味着对于异方差序列只需要在原来 ADF 统计量的基础上进行一定的修正，构造出 Z(ADF) 统计量。Z(ADF) 统计量不仅考虑到自相关误差所产生的影响，还可以继续使用 ADF 统计量的临界值表进行检验，而不需要拟合新的临界值表。

例 10.3 续 对某国 1960 年到 1993 年 GNP 平减指数的季度时间序列进行 PP 检验。仍然采用带常数项和趋势的检验方程，检验结果如图 10.17 所

Null Hypothesis: PT has a unit root
Exogenous: Constant, Linear Trend
Bandwidth: 8 (Newey-West using Bartlett kernel)

		Adj. t-Stat	Prob.*
Phillips-Perron test statistic		2.033628	1.0000
Test critical values:	1% level	-4.027463	
	5% level	-3.443450	
	10% level	-3.146455	

*MacKinnon (1996) one-sided p-values.

图 10.17 GNP 平减指数序列 PP 检验图

示，可以看出，和 DF 检验、ADF 检验结果一致，原序列显著存在一个单位根，即原序列显著不平稳。

同时，为了考虑异方差的影响，对二次差分 $\nabla^2 p_t$ 序列进行 PP 检验，对模型的三种形式分别检验，检验结果见表 10.2，可以发现和 ADF 检验的结果完全一致，序列 $\nabla^2 p_t$ 不再存在单位根，严格平稳。

表 10.2　$\nabla^2 p_t$ 序列 PP 检验结果

类　型	PP 统计量值	p-value
类型 1	−17.09	0.000 0
类型 2	−17.52	0.000 0
类型 3	−17.45	0.000 0

10.4　协整

10.4.1　单整与协整

(1) 单整(integration)的概念

在单位根检验的过程中，如果检验结果显著拒绝原假设，即说明序列 $\{X_t\}$ 显著平稳，不存在单位根，这时称序列 $\{X_t\}$ 为零阶单整序列，简记为 $X_t \sim I(0)$。假如原假设不能被显著拒绝，说明序列 $\{X_t\}$ 为非平稳序列，则存在单位根。这时可以考虑对该序列进行适当阶数的差分，以消除单位根实现平稳。

如果原序列 1 阶差分后平稳，说明原序列存在一个单位根，这时称原序列为 1 阶单整序列，简记为 $X_t \sim I(1)$；如果原序列至少需要进行 d 阶差分才能实现平稳，说明原序列存在 d 个单位根，这时称原序列为 d 阶单整序列，简记 $X_t \sim I(d)$。

在例 10.2 中，使用 ADF 检验和 PP 检验发现，经过 2 阶差分后的序列 $\nabla^2 p_t$ 显著平稳，即 $\nabla^2 p_t \sim I(0)$，同时说明 $p_t \sim I(2)$。

(2) 单整序列的性质

单整衡量的是单个序列的平稳性，它具有如下重要性质：

① 若 $X_t \sim I(0)$，对于任意非零实数 a 与 b，有 $a + bX_t \sim I(0)$；

② 若 $X_t \sim I(d)$，对于任意非零实数 a 与 b，有 $a + bX_t \sim I(d)$；

③ 若 $X_t \sim I(0)$，$Y_t \sim I(0)$，对于任意非零实数 a 与 b，有 $Z_t = aX_t + bY_t \sim I(0)$；

④ 若 $X_t \sim I(d)$，$Y_t \sim I(c)$，X_t，Y_t 互不相关，对于任意非零实数 a 与 b，有 $Z_t = aX_t + bY_t \sim I(k)$，$k \leqslant \max[d, c]$。

(3) 协整(cointegration)的概念

协整理论是恩格尔和格兰杰在 1987 年首先提出来的。在此之前，人们为了避免出现虚假回归，往往只采用平稳时间序列来建立回归模型，或者先将非平稳时间序列转化为平稳时间序列，然后再作回归。有了协整理论，几个同阶单整的时间序列之间可能存在一种长期的稳定关系，其线性组合可能降低单整阶数。在经济领域中，许多情况下通过经济理论我们可以知道某两个变量应该是协整的，利用协整理论可以给出一个确切的判断，通过协整检验可以对经济理论的正确性进行检验。

下面我们可以给出协整关系的精确定义：

设随机向量 X_t 中所含分量均为 d 阶单整，记为 $X_t \sim I(d)$。如果存在一个非零向量 $\boldsymbol{\beta}$，使得随机向量 $Y_t = \boldsymbol{\beta} X_t \sim I(d-b)$，$b > 0$，则称随机向量 X_t 具有 d，b 阶协整关系，记为 $X_t \sim CI(d, b)$，向量 $\boldsymbol{\beta}$ 被称为协整向量。

特别地，Y_t 和 X_t 为随机变量，并且 Y_t，$X_t \sim I(1)$，当 $\varepsilon_t = Y_t - (\beta_0 + \beta_1 X_t) \sim I(0)$，即 Y_t 和 X_t 的线性组合与 $I(0)$ 变量有相同的统计性质，则称 Y_t 和 X_t 是协整的，(β_0, β_1) 称为协整系数。更一般地，如果一些 $I(1)$ 变量的线性组合是 $I(0)$，那么我们就称这些变量是协整的。

关于协整的概念，给出以下说明：首先，协整回归的所有变量必须是同阶单整的，协整关系的这个前提并非意味着所有同阶单整的变量都是协整的，比如假定 Y_t，$X_t \sim I(1)$，Y_t 和 X_t 的线性组合仍为 $I(1)$，则此时 Y_t 和 X_t 虽然满足同阶单整，但不是协整的。其次，在两变量的协整方程中，协整向量 (β_0, β_1) 是唯一的，然而，若系统中含有 k 个变量，则可能有 $k-1$ 个协整关系。

10.4.2　协整检验

多元非平稳序列之间能否建立动态回归模型，关键在于它们之间是否具有协整关系。所以要对多元非平稳序列建模必须先进行协整检验。常用的协整检验有两种：恩格尔-格兰杰两步协整检验法和约翰森(Johansen)协整检验法。这两种方法的主要差别在于恩格尔-格兰杰两步协整检验法即两步法采用的是一元方程技术，而约翰森协整检验法采用的是多元方程技术，因此约翰森协整检验法在假设和应用上所受的限制较少。

(1) 恩格尔-格兰杰两步协整检验法

恩格尔-格兰杰两步检验法(EG 检验)是对零假设为两个 $I(1)$ 变量有无协整关系进行检验。他们通过回归用普通最小二乘法估计变量之间的回归系数,然后检验回归残差的平稳性,如果残差平稳,则这两个变量具有协整关系,否则不具有协整关系;即如果有充分理由拒绝存在单位根的零假设就说明残差平稳,进而变量具有协整关系。因此,EG 检验的假设可表示为:

H_0:二元非平稳序列之间不存在协整关系。

H_1:二元非平稳序列之间存在协整关系。

由于协整关系主要是通过考察回归残差的平稳性确定,所以上述假设等价于:

H_0:回归残差序列 $\{\varepsilon_t\}$ 非平稳。

H_1:回归残差序列 $\{\varepsilon_t\}$ 平稳。

设两个变量 y_t 和 x_t 都是 $I(1)$ 序列,考虑下列长期动态回归模型

$$y_t = \beta_0 + \beta_1 x_t + \varepsilon_t \tag{10.37}$$

我们用最小二乘法给出上述模型的参数估计,然后利用麦金农(MacKinnon)给出的 ADF 单位根检验统计量,检验在上述估计下得到的回归方程的残差 $\{e_t\}$ 是否平稳(如果 y_t 和 x_t 不是协整的,则它们的任意线性组合都是非平稳的,因此残差 $\{e_t\}$ 将是非平稳的)。也就是说,检验 y_t 和 x_t 是否存在协整关系就是检验残差 $\{e_t\}$ 是否平稳。更一般地,我们有以下检验步骤:

① 用 ADF 检验各变量的单整阶数。协整回归要求所有的变量都是一阶单整的,因此,高阶单整变量需要进行差分,以获得 $I(1)$ 序列;

② 用 OLS 法估计长期动态回归方程,然后用 AD 检验残差估计值的平稳性。

(2) 约翰森协整检验法

当长期动态模型中的变量个数超过两个时,协整关系就可能不止一种。此时若采用 EG 检验就无法找到两个以上的协整向量。约翰森和尤塞柳斯提出了一种在 VAR(向量自回归)系统下用极大似然估计来检验多变量之间协整关系的方法,通常称为约翰森协整检验。具体做法如下。

设一个 VAR 模型:

$$\boldsymbol{Y}_t = \boldsymbol{B}_1 \boldsymbol{Y}_{t-1} + \boldsymbol{B}_2 \boldsymbol{Y}_{t-2} + \cdots + \boldsymbol{B}_p \boldsymbol{Y}_{t-p} + \boldsymbol{U}_t \tag{10.38}$$

其中，$\boldsymbol{Y}_t$ 为 m 维随机向量，$\boldsymbol{B}_i(i=1, 2, \cdots, p)$ 是 $m\times m$ 阶参数矩阵，$\boldsymbol{U}_t \sim IID(0, \boldsymbol{\Sigma})$。我们可将 (10.38)式变形为

$$\nabla \boldsymbol{Y}_t=\sum_{i=1}^{p}\Phi_i \nabla \boldsymbol{Y}_{t-i}+\Phi \boldsymbol{Y}_{t-p}+\boldsymbol{U}_t \tag{10.39}$$

上述式子称为向量误差修正模型(VECM)，即一次差分的VAR模型加上误差修正项 $\Phi\boldsymbol{Y}_{t-p}$，设置误差修正项的主要目的是将系统中因差分而丧失的长期信息引导回来。在这里 $\Phi_i=-(I-\boldsymbol{B}_1-\cdots-\boldsymbol{B}_i)$，$\Phi=-(I-\boldsymbol{B}_1-\cdots-\boldsymbol{B}_p)$。参数矩阵 Φ_i 和 Φ 分别是对 $\boldsymbol{Y}_t$ 变化的短期和长期调整，$m\times m$ 阶矩阵 Φ 的秩记为 r，则存在三种情况：

① $r=m$ 即 Φ 是满秩的，表示 $\boldsymbol{Y}_t$ 向量中各变量皆为平稳序列；

② $r=0$ 表示 Φ 为空矩阵，$\boldsymbol{Y}_t$ 向量中各变量无协整关系；

③ $0<r\leqslant m-1$，在这种情况下，Φ 矩阵可以分解为两个 $m\times r$ 阶(满列秩)矩阵 $\boldsymbol{\alpha}$ 和 $\boldsymbol{\beta}$ 的积，即 $\Phi=\boldsymbol{\alpha\beta}'$。其中，$\boldsymbol{\alpha}$ 表示对非均衡调整的速度，$\boldsymbol{\beta}$ 为长期系数矩阵(或称协整向量矩阵)，即 $\boldsymbol{\beta}'$ 的每一行 $\boldsymbol{\beta}'_i$ 是一个协整向量，秩 r 是系统中协整向量的个数。尽管 $\boldsymbol{\alpha}$ 和 $\boldsymbol{\beta}$ 本身不是唯一的，但 $\boldsymbol{\beta}$ 唯一地定义一个协整空间。因此，可以对 $\boldsymbol{\alpha}$ 和 $\boldsymbol{\beta}$ 进行适当的正规化。

这样，协整向量的个数就是矩阵 Φ 的秩的个数 r，因此可以通过考察矩阵 Φ 的显著非零特征根的个数得到。若矩阵 Φ 的秩为 r，说明矩阵 Φ 有 r 个非零特征根，按大小排列为 $\lambda_1, \lambda_2, \cdots, \lambda_r$。协整关系的个数可通过下面两个统计量来计算：

$$\lambda_{trace}=-T\sum_{i=r+1}^{m}\log(1-\lambda_i) \tag{10.40}$$

$$\lambda_{\max}=-T\log(1-\lambda_{r+1}) \tag{10.41}$$

其中 λ_i 是(10.39)式中矩阵 Φ 按大小排列的第 i 个特征根，T 为观测期总数。

(10.40)式称为迹检验：

H_0：$r<m$ 即至多有 r 个协整关系 $\leftrightarrow H_1$：$r=m$ 即有 m 个协整关系(满秩)

(10.41)式称为最大特征根检验：

$$H_0: r=q,\ q=1, 2, \cdots, m \leftrightarrow H_1: r\leqslant q+1$$

可以看出，上述两个检验都不是独立的检验，而是对应于 r 的不同取值的一系

列检验。原假设都隐含着 $\lambda_{r+1}=\lambda_{r+2}=\cdots=\lambda_m=0$，表示此系统中存在 $m-r$ 个单位根，最初先设原假设有 m 个单位根，即 $r=0$，若拒绝原假设 H_0，表示 $\lambda_1>0$，有一个协整关系；再继续检验有 $(m-1)$ 个单位根，若拒绝原假设 H_0，表示有两个协整关系；依次检验直至无法拒绝 H_0 为止。约翰森和尤塞柳斯(Johansen and Juselius)在蒙特卡罗模拟方法的基础上，给出了两个统计量的临界值，目前大多数计量经济软件都可直接给出检验结果。

承例 10.3 我们以 1992 年 1 月到 1998 年 12 月经居民消费价格指数调整的中国城镇居民月人均生活费支出对数序列 $\{\ln y_t\}$ 和可支配收入对数序列 $\{\ln x_t\}$ 为例来说明如何进行 EG 检验。

对两个序列做时序图见图 10.18，从时序图看出，两个序列有大致相同的增长和变化趋势，说明二者可能存在协整关系，利用 EG 两步法进行检验。

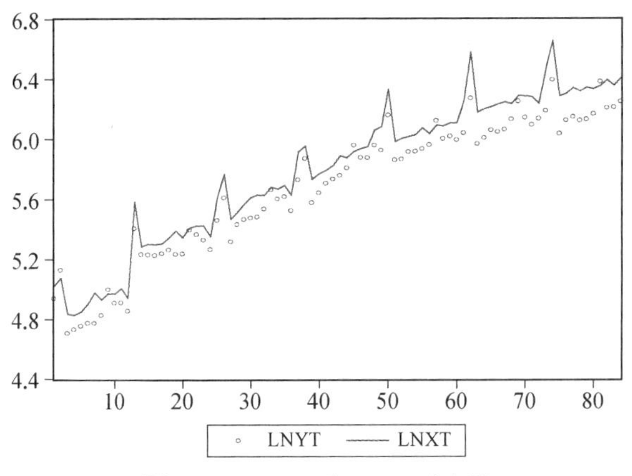

图 10.18 $\ln x_t$ 和 $\ln y_t$ 时序图

第一步：用 ADF 检验分别对序列 $\ln x_t$ 和 $\ln y_t$ 进行单整检验，序列 $\ln x_t$ 和 $\ln y_t$ 都有明显的上升趋势，采用带常数项和趋势的模型进行检验，检验结果见图 10.19 和图 10.20。从图上看出，在显著性水平 $\alpha=0.05$ 下都显著接受原序列存在一个单位根的原假设，说明两个序列都不平稳。于是对其一阶差分序列采用带常数项的模型进行 ADF 检验，检验结果见图 10.21 和图 10.23，得出两个一阶差分序列在 $\alpha=0.05$ 下都显著拒绝存在单位根的原假设的结论，说明 $\nabla\ln x_t$ 和 $\nabla\ln y_t$ 序列在 $\alpha=0.05$ 下显著平稳，即 $\nabla\ln x_t\sim I(0)$，$\nabla\ln y_t\sim I(0)$，也就是 $\ln x_t\sim I(1)$，$\ln y_t\sim I(1)$，这样就满足了 EG 检验的前提条件。

		t-Statistic	Prob.*
Augmented Dickey-Fuller test statistic		-2.225161	0.4685
Test critical values:	1% level	-4.090602	
	5% level	-3.473447	
	10% level	-3.163967	

图 10.19 序列 $\ln x_t$ 的 ADF 检验结果

		t-Statistic	Prob.*
Augmented Dickey-Fuller test statistic		-1.929256	0.6290
Test critical values:	1% level	-4.090602	
	5% level	-3.473447	
	10% level	-3.163967	

图 10.20 序列 $\ln y_t$ 的 ADF 检验结果

		t-Statistic	Prob.*
Augmented Dickey-Fuller test statistic		-7.488753	0.0000
Test critical values:	1% level	-3.524233	
	5% level	-2.902358	
	10% level	-2.588587	

图 10.21 序列 $\nabla \ln x_t$ 的 ADF 检验结果

		t-Statistic	Prob.*
Augmented Dickey-Fuller test statistic		-5.889930	0.0000
Test critical values:	1% level	-3.524233	
	5% level	-2.902358	
	10% level	-2.588587	

图 10.22 序列 $\nabla \ln y_t$ 的 ADF 检验结果

第二步：用变量 $\ln y_t$ 对 $\ln x_t$ 进行普通最小二乘回归，得回归模型如下：

$$\ln y_t = 0.2530 + 0.9355 \ln x_t + \varepsilon_t$$

回归后，残差序列 $\{e_t\}$ 时序图见图 10.23。直观上看，残差序列是平稳的，现在对其进行 ADF 检验，由于协整回归中已含有截距项，则残差检验模型中无需再用截距项，即用不含常数项和截距项的模型来进行检验。检验结果见图 10.24，检验结果表明残差不存在单位根，即残差平稳。又因为 $\ln x_t$ 和 $\ln y_t$ 都是 1 阶单整序列，所以二者具有协整关系。

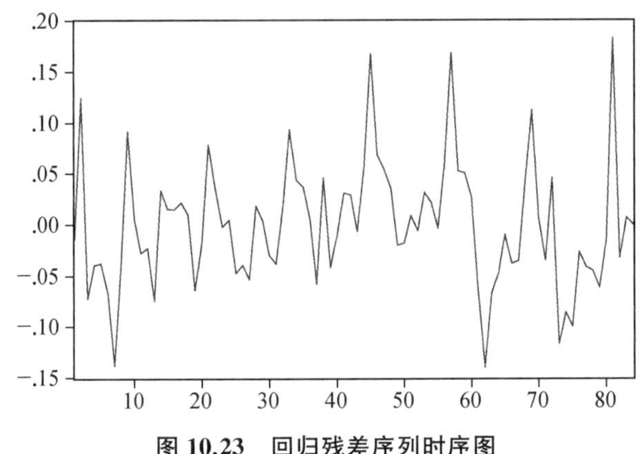

图 10.23 回归残差序列时序图

		t-Statistic	Prob.*
Augmented Dickey-Fuller test statistic		-6.437864	0.0000
Test critical values:	1% level	-2.593121	
	5% level	-1.944762	
	10% level	-1.614204	

图 10.24 残差序列的 ADF 检验结果

上述分析说明，尽管中国城镇居民月人均生活费支出对数序列 $\{\ln y_t\}$ 和可支配收入对数序列 $\{\ln x_t\}$ 都是非平稳序列，但是由于它们之间具有协整关系，所以可以建立动态回归模型准确地拟合它们之间长期互动关系。

10.5 误差修正模型

某些经济变量之间可能存在长期稳定的均衡关系，但是，在短期这种稳定关系也许会出现某种失衡，为了弥补这些缺陷，把短期行为和长期值相联系，并对失衡部分做出纠正，误差修正模型便应运而生。误差修正模型(Error Correction Model)简称为 ECM，它的主要形式是由戴维森(Davidson)、亨德利(Hendry)、谢尔巴(Srba)和亚萨卡(Yeo)于 1978 年提出的，也称为 DHSY 模型。它常常作为协整回归模型的补充模型出现。序列之间的长期均衡关系由协整模型度量，而 ECM 模型则解释序列的短期波动关系。

(1) 误差修正模型

为便于理解，我们通过一个具体的模型来介绍它的结构。假设两变量 Y_t

和 X_t 的长期均衡关系为：

$$Y_t = \beta_0 + \beta_1 X_t + \varepsilon_t \tag{10.42}$$

由于现实经济中 x_t 与 y_t 很少处在均衡点上，因此实际观测到的只是 X_t 与 Y_t 之间的短期或非均衡的关系，假设具有如下(1，1)阶分布滞后形式：

$$Y_t = \beta_0 + \beta_1 X_t + \beta_2 X_{t-1} + \beta_3 Y_{t-1} + \varepsilon_t \tag{10.43}$$

该模型显示出 Y_t 不仅与 X_t 有关，还与 X_t 的滞后项 X_{t-1} 和 Y_t 本身的滞后项 Y_{t-1} 有关，由于变量可能是非平稳的，因此不能直接运用 OLS 直接进行参数估计。对(10.42)式适当变形得

$$\begin{aligned}\nabla Y_t &= \beta_0 + \beta_1 \nabla X_t + (\beta_1 + \beta_2) X_{t-1} - (1 - \beta_3) Y_{t-1} + \varepsilon_t \\ &= \beta_1 \nabla X_t - (1 - \beta_3)\left(Y_{t-1} - \frac{\beta_0}{1-\beta_3} - \frac{\beta_1 + \beta_2}{1-\beta_3} X_{t-1}\right) + \varepsilon_t\end{aligned}$$

或记作

$$\nabla Y_t = \beta_1 \nabla X_t - \lambda(Y_{t-1} - \alpha_0 - \alpha_1 X_{t-1}) + \varepsilon_t \tag{10.44}$$

其中，$\lambda = 1 - \beta_3$，$\alpha_0 = \dfrac{\beta_0}{1-\beta_3}$，$\alpha_1 = \dfrac{\beta_1 + \beta_2}{1-\beta_3}$。如果我们将(10.44)式括号中的项和(10.42)式对照起来，可以看出(10.44)式括号中的项正是(10.42)式的前一期的非均衡误差项。(10.44)式表明，Y_t 的变化 ∇Y_t 取决于 X_t 的变化 ∇X_t 以及前一时期的非均衡程度。因此，Y_t 的值已对前期的非均衡程度做出了修正。(10.44)式成为一阶误差修正模型(First-order Error Correction Model)，通常写成：

$$\nabla Y_t = \beta_1 \nabla X_t - \lambda ECM_{t-1} + \varepsilon_t \tag{10.45}$$

式中，ECM_{t-1} 表示误差修正项，$-\lambda$ 称为误差修正系数，表示误差修正项对当期波动的修正力度。由分布滞后模型(10.43)知，在一般情况下 $|\beta_3| < 1$，由关系式 $\lambda = 1 - \beta_3$ 得 $\lambda > 0$，则 $-\lambda < 0$，即误差修正机制是一个负反馈机制。可以据此分析 ECM_{t-1} 的修正作用：

① 若 Y_{t-1} 大于其长期均衡解 $\beta_0 + \beta_1 X_{t-1}$，则 ECM_{t-1} 为正，$-\lambda ECM_{t-1}$ 为负，使得 ∇Y_t 减少；

② 若 Y_{t-1} 小于其长期均衡解 $\beta_0 + \beta_1 X_{t-1}$，则 ECM_{t-1} 为负，$-\lambda ECM_{t-1}$ 为正，使得 ∇Y_t 增大。

以上节例题的应用背景对误差修正模型的负反馈机制进行直观进行解释，当 $ECM_{t-1}<0$ 时，等价于 $Y_{t-1}<\hat{\beta}_0+\hat{\beta}_1 X_{t-1}$，即上期居民月人均生活费真实支出比估计支出小，这种误差反馈回来，导致下期支出增加，即 $\nabla Y_t>0$；反之，$ECM_{t-1}>0$，等价于 $Y_{t-1}>\hat{\beta}_0+\hat{\beta}_1 X_{t-1}$，即上期城镇居民月人均生活费真实支出比估计支出大，这种误差反馈回来，会导致下期支出适当降低，即 $\nabla Y_t<0$。

在实际经济分析中，我们通常以变量的对数形式出现，因为变量对数的差分近似等于该变量的变化率，而经济变量的变化率通常是平稳序列，因而可以用经典回归方法解决。在长期均衡模型(10.42)中，β_1 可视为 Y_t 关于 X_t 的长期弹性，而在短期均衡模型(10.43)中的 β_1 可视为 Y_t 关于 X_t 的短期弹性。

(2) 误差修正模型的建立

① 格兰杰表述定理。

通过误差修正模型的构造原理可知其有许多明显的优点，如：

- 一阶差分项的使用消除了变量可能存在的趋势因素，从而避免了虚假回归问题；
- 一阶差分项的使用也消除了模型可能存在的多重共线性问题；
- 误差修正项的引入保证了变量本身水平值的信息没有被忽视；
- 由于误差修正项本身的平稳性，使得该模型可以用经典的回归方法进行估计，尤其是模型中差分项可以使用通常的 t 检验与 F 检验来进行选取等。

自然，一个重要的问题就产生了：是不是任何变量间的关系都可以通过误差修正模型来表述和反应？就此问题，恩格尔与格兰杰于 1987 年提出了著名的格兰杰表述定理(Granger Representation Theorem)：

如果变量 y_t 与 x_t 是协整的，则它们之间的短期均衡关系总能由一个误差修正模型表述：

$$\nabla Y_t = lagged(\nabla Y,\ \nabla X) - \lambda\, ECM_{t-1} + \varepsilon_t$$

其中，ECM_{t-1} 是非均衡误差项或者说是长期均衡偏差项，λ 是短期调整参数，同时，式中没有明确指出 y 与 x 的滞后阶数，因此可以有多个。对于(1, 1)阶分布滞后形式：

$$Y_t = \beta_0 + \beta_1 X_t + \beta_2 X_{t-1} + \beta_3 Y_{t-1} + \varepsilon_t$$

如果 $Y_t \sim I(1)$，$X_t \sim I(1)$，则有 $\nabla Y_t \sim I(0)$，$\nabla X_t \sim I(0)$，于是对于

(10.44)式

$$\nabla Y_t = \beta_1 \nabla X_t - \lambda(Y_{t-1} - \alpha_0 - \alpha_1 X_{t-1}) + \varepsilon_t$$

只有 X_t 与 Y_t 协整,才能保证残差部分平稳。因此,在建立误差修正模型前,需要先对变量进行协整分析,以发现变量之间的长期均衡关系,在这个关系的基础上计算误差修正项,然后以这个误差修正项作为一个解释变量,连同其他反映短期波动的解释变量构建短期模型即误差修正模型。

② E-G 两步法建立误差修正模型。

由协整与误差修正模型的关系,可以得到误差修正模型建立的 E-G 两步法:

第一步,先检验两个变量的单整阶数,如果都是 1 阶单整, 紧接着进行回归(OLS 法),检验变量间的协整关系,估计协整向量(长期均衡关系参数);

第二步,若协整性存在,则以第一步求得的残差作为非均衡误差项加入误差修正模型,并用 OLS 法估计相应参数。

需要注意的是: 在进行变量间的协整检验时,如有必要可在协整回归式中加入趋势项,这时,对残差项的平稳性检验就无须再设趋势项。另外,第二步中变量差分滞后项的多少,可以残差项序列是否存在自相关性来判断,如果存在自相关,则应加入变量差分的滞后项。

承例 10.3 对 1992 年 1 月到 1998 年 12 月经居民消费价格指数调整的中国城镇居民月人均生活费支出对数序列 $\{\ln y_t\}$ 和可支配收入对数序列 $\{\ln x_t\}$ 构建 ECM 模型。

在上一节中,我们已经通过 EG 检验证明经居民消费价格指数调整的中国城镇居民月人均生活费支出对数序列 $\{\ln y_t\}$ 和可支配收入对数序列 $\{\ln x_t\}$ 具有协整关系,即

$$\ln y_t = 0.2530 + 0.9355 \ln x_t + \varepsilon_t$$

这个协整回归模型揭示了二者之间的长期均衡关系,为了研究城镇居民月人均生活费支出的短期波动特征,我们利用差分序列 $\{\nabla \ln y_t\}$ 关于 $\{\nabla \ln x_t\}$ 和前期误差序列 $\{ECM_{t-1}\}$ 进行 OLS 回归,构建如下 ECM 模型:

$$\nabla \ln y_t = \beta_0 \nabla \ln x_t + \beta_1 ECM_{t-1} + \varepsilon_1$$

其中,

$$ECM_{t-1} = \ln y_{t-1} - 0.253\,0 - 0.935\,5\ln x_{t-1}$$

参数估计结果见图 10.25：

Variable	Coefficient	Std. Error	t-Statistic	Prob.
DLNXT	0.885726	0.045338	19.53614	0.0000
E(-1)	-0.661664	0.104488	-6.332433	0.0000
R-squared	0.830877	Mean dependent var	0.015766	
Adjusted R-squared	0.828789	S.D. dependent var	0.141091	
S.E. of regression	0.058380	Akaike info criterion	-2.819886	
Sum squared resid	0.276066	Schwarz criterion	-2.761601	
Log likelihood	119.0253	Durbin-Watson stat	1.930849	

图 10.25 误差修正模型参数估计和相应的统计量

ECM 模型可表示为：

$$\nabla \ln y_t = 0.885\,7 \nabla \ln x_t - 0.661\,7ECM_{t-1} + \varepsilon_t$$
$$ECM_{t-1} = \ln y_{t-1} - 0.253\,0 - 0.935\,5\ln x_{t-1}$$

参数检验结果显示城镇居民可支配收入当期波动对人均生活费支出的当期波动有显著影响，上期误差对当期波动的也有显著影响；同时，从回归系数的绝对值大小可以看出可支配收入的当期波动对人均生活费支出的当期波动调整幅度很大，每增加 1 元的可支配收入便会增加 0.885 7 元的人均生活费支出，上期误差对当期人均生活费支出的当期波动调整幅度也相当大，单位调整比例为－0.661 7。

习题 10

10.1 某地区过去 38 年谷物产量序列见表 1：

表 1 行 数 据

24.5	33.7	27.9	27.5	21.7	31.9	36.8	29.9	30.2	32.0	34.0
19.4	36.0	30.2	32.4	36.4	36.9	31.5	30.5	32.3	34.9	30.1
36.9	26.8	30.5	33.3	29.7	35.0	29.9	35.2	38.3	35.2	35.5
36.7	26.8	38.0	31.7	32.6						

这些年该地区的降雨量序列见表 2：

表2 行数据

9.6	12.9	9.9	8.7	6.8	12.5	13.0	10.1	10.1	10.1	10.8
7.8	16.2	14.1	10.6	10.0	11.5	13.6	12.1	12.0	9.3	7.7
11.0	6.9	9.5	16.5	9.3	9.4	8.7	9.5	11.6	12.1	8.0
10.7	13.9	11.3	11.6	10.4						

(1) 使用单位根检验，分别考察这两个模型的平稳性；

(2) 选择合适模型，分别拟合这两个序列的发展；

(3) 确定这两个序列之间是否存在协整关系；

(4) 如果这两个序列之间存在协整关系，请建立适当的模型拟合谷物产量序列的发展。

10.2 在一定浓度的溶液中(CC=0.5)，考察草履虫和某种草履虫掠食动物之间的动态数量变化，相关数据见表3：

表3 列数据

时间 day	被掠食者 Ind/ml	掠食者 Ind/ml	时间 day	被掠食者 Ind/ml	掠食者 Ind/ml	时间 day	被掠食者 Ind/ml	掠食者 Ind/ml
0.00	15.65	5.76	12.00	27.46	65.40	24.00	121.70	17.82
0.50	53.57	9.05	12.50	41.46	51.35	24.50	185.20	26.04
1.00	73.34	17.26	13.00	44.73	28.24	25.00	175.30	65.61
1.50	93.93	41.97	13.50	88.42	23.27	25.50	139.00	76.30
2.00	115.40	55.97	14.00	105.70	38.09	26.00	77.11	96.07
2.50	76.57	74.91	14.50	155.20	14.97	26.50	57.29	68.84
3.00	32.83	62.52	15.00	205.50	24.84	27.00	54.79	54.79
3.50	23.74	27.04	15.50	312.70	49.56	27.50	75.38	35.80
4.00	56.70	18.77	16.00	213.70	75.93	28.00	87.73	32.48
4.50	86.37	31.11	16.50	163.40	104.00	28.50	136.40	24.21
5.00	121.00	58.31	17.00	85.78	106.40	29.00	290.60	35.73
5.50	71.48	73.13	17.50	48.64	100.60	29.50	345.80	55.50
6.00	55.78	63.21	18.00	44.49	84.08	30.00	271.60	93.41
6.50	31.84	52.46	18.50	63.44	45.30	30.50	156.10	117.30
7.00	26.87	40.07	19.00	71.66	35.37	31.00	71.10	95.02
7.50	53.24	27.67	19.50	127.70	35.35	31.50	43.86	85.92
8.00	65.59	26.00	20.00	206.90	41.10	32.00	30.64	82.60
8.50	81.23	24.32	20.50	309.90	52.62	32.50	35.56	66.08
9.00	143.90	21.00	21.00	156.50	120.20	33.00	52.03	63.58
9.50	237.90	33.35	21.50	63.30	112.80	33.50	37.99	37.99
10.00	276.60	64.67	22.00	77.29	92.14	34.00	62.71	25.60
10.50	222.20	94.34	22.50	45.11	65.72	34.50	103.90	23.10
11.00	137.20	103.40	23.00	57.45	33.54	35.00	187.20	37.09
11.50	46.45	82.74	23.50	69.80	21.14			

(1) 考虑这两个生物之间的动态数量关系，检验它们之间是否具有协整关系；

(2) 选择合适的模型拟合这两个生物之间的动态互动关系，并预测未来一周这两个生物的浓度。

10.3 搜集中国城市居民的平均收入序列和中国农村居民的平均收入序列，考察这两个序列各自具有怎样的特征，它们之间是否具有协整关系？

EViews 软件介绍(Ⅶ)

案例 1 分析 1992 年 1 月到 1998 年 12 月经居民消费价格指数调整的中国城镇居民月人均生活费支出序列 $\{y_t\}$ 和可支配收入对数序列 $\{x_t\}$(单位：元)。

1. 对原序列做出相应时序图

在 EViews 菜单中选择“Quick”键，并选择“Graph”中的“Line graph”，如图 10.26 所示。

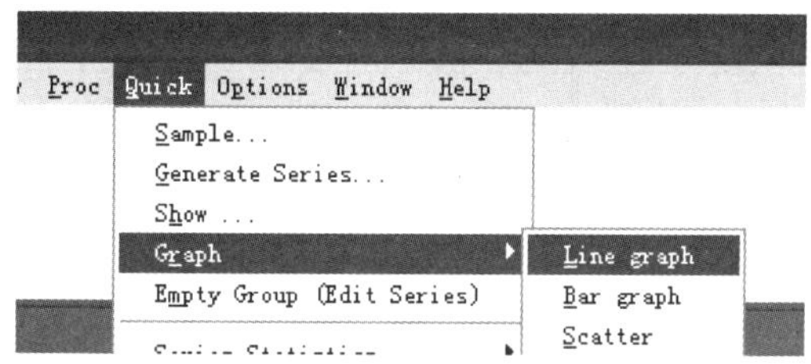

图 10.26 选择 Line graph

在弹出的对话框中输入要做图的对象序列：x y，并点击“OK”键，如图 10.27 所示。

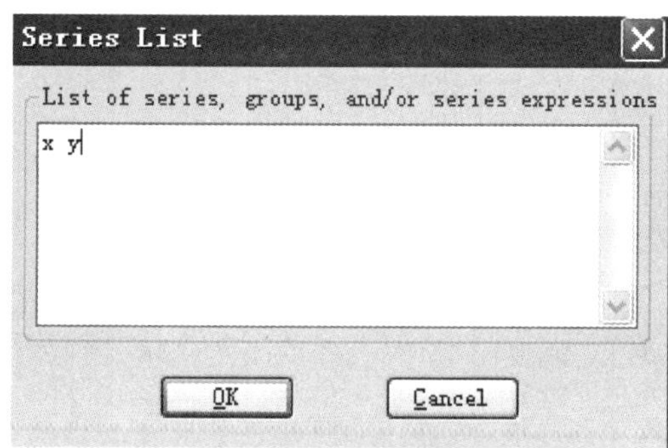

图 10.27 输入对象序列

输出的序列图如图 10.28 所示：

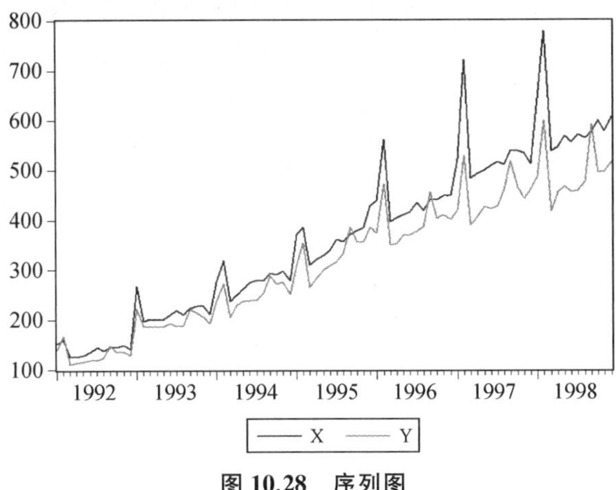

图 10.28 序列图

2. 对原序列取对数，针对取对数后的序列进行 EG 检验

通常的检验步骤如下：

(1) 用 ADF 检验各变量的单整阶数。协整回归要求所有的解释变量都是一阶单整的，因此，高阶单整变量需要进行差分，以获得 $I(1)$ 序列。

(2) 用 OLS 法估计长期动态回归方程，然后用 ADF 统计量检验残差估计值的平稳性。

在 EViews 的对话框中输入“series lnx=log(x)”“series lny=log(y)”并点击“回车”键，如图 10.29 所示，则会生成相应的经过取对数运算的序列“lnx”“lny”。

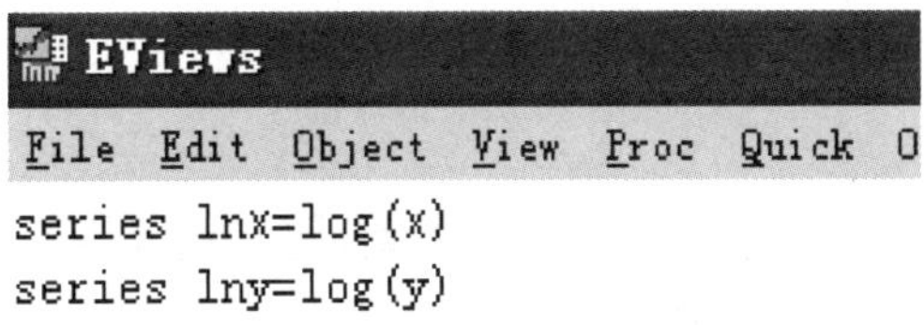

图 10.29 生成序列“lnx”“lny”

在 EViews 菜单中选择“Quick”键，并选择“Graph”中的“Line graph”。在弹出的对话框中输入要做图的对象序列：lnx lny，并点击“OK”键，如图 10.30 所示。

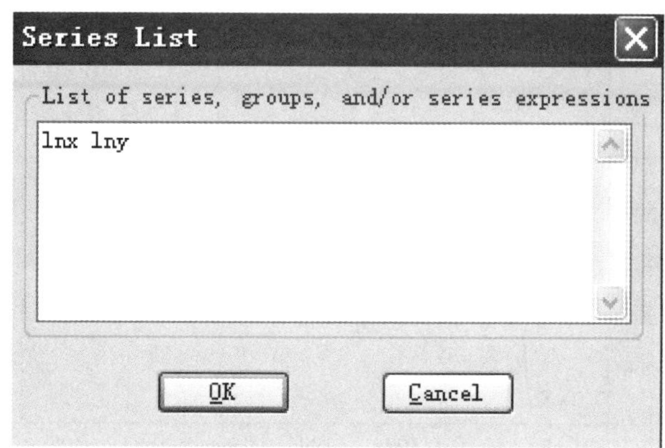

图 10.30 输入对象序列

做出序列 lnx　lny 的时序图，如图 10.31 所示。

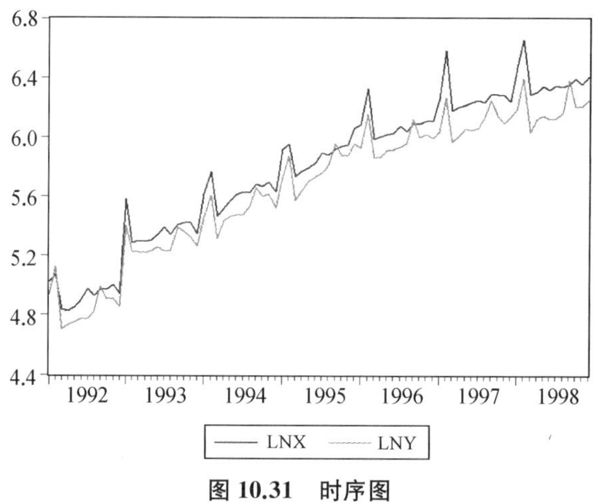

图 10.31 时序图

接下来，双击工作文件中的这两个序列，将它们置于激活状态下，在相应的序列界面下进行单位根检验，如图 10.32 所示。

首先对 lnx 原序列进行单位根检验，选中图 10.32 中的命令后，在对话框中会有以下几个选项，如图 10.33 所示。

由于在 lnx 时序图中有很明显的趋势影响，所以在“Include in test equation”中选包含“Trend and interce”的选项，如图 10.33，点击“OK”，得到检验结果如图 10.34 所示。

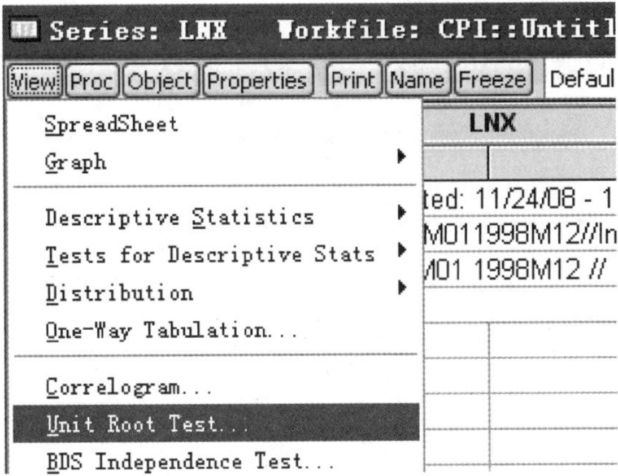

图 10.32　单位根检验

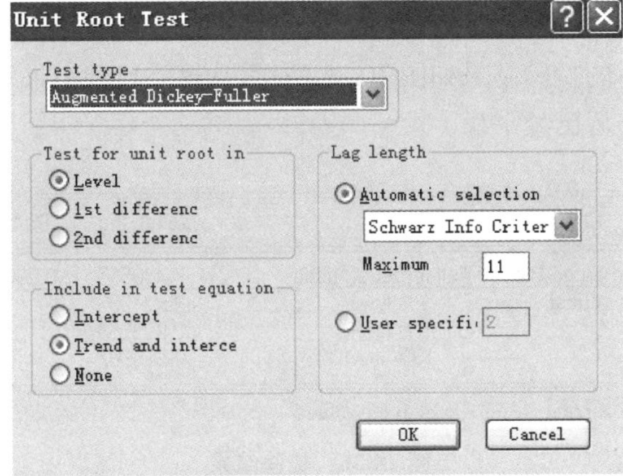

图 10.33　对话框中的选项

		t-Statistic	Prob.*
Augmented Dickey-Fuller test statistic		-2.225161	0.4685
Test critical values:	1% level	-4.090602	
	5% level	-3.473447	
	10% level	-3.163967	

*MacKinnon (1996) one-sided p-values.

图 10.34　检验结果

图 10.34 显示 lnx 序列不平稳，接下来对 lnx 序列的一阶差分序列进行单位根检验，由于在一阶差分序列里，可以认为已经消除了趋势影响，因此在检验方程中要选择“Intercept”，如图 10.35 所示。

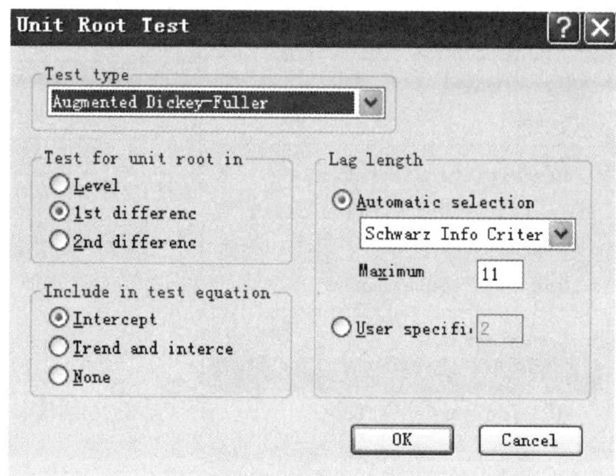

图 10.35　选择 Intercept

点击确认后的检验结果如图 10.36 所示，从这一检验结果可以看出 lnx 序列经过一阶差分后已经平稳。

		t-Statistic	Prob.*
Augmented Dickey-Fuller test statistic		-7.488753	0.0000
Test critical values:	1% level	-3.524233	
	5% level	-2.902358	
	10% level	-2.588587	

*MacKinnon (1996) one-sided p-values.

图 10.36　检验结果

对 lny 序列进行同 lnx 序列一样的处理方式，等到相应的一阶差分前和一级差分后的检验结果分别如图 10.37 和图 10.38 所示。从这两个图中，我们也可以看到，对于 lny 序列，也是一阶差分前非平稳，一阶差分后平稳。

		t-Statistic	Prob.*
Augmented Dickey-Fuller test statistic		-1.929256	0.6290
Test critical values:	1% level	-4.090602	
	5% level	-3.473447	
	10% level	-3.163967	

*MacKinnon (1996) one-sided p-values.

图 10.37　一阶差分前的检验结果

		t-Statistic	Prob.*
Augmented Dickey-Fuller test statistic		-5.889930	0.0000
Test critical values:	1% level	-3.524233	
	5% level	-2.902358	
	10% level	-2.588587	

*MacKinnon (1996) one-sided p-values.

图 10.38 一阶差分后的检验结果

下面,我们要将用变量 $\ln y_t$ 对 $\ln x_t$ 进行普通最小二乘回归,得到相应的估计结果如图 10.39 所示。

Sample: 1992M01 1998M12
Included observations: 84

Variable	Coefficient	Std. Error	t-Statistic	Prob.
C	0.253035	0.080924	3.126813	0.0024
LNX	0.935452	0.013922	67.19337	0.0000

R-squared	0.982162	Mean dependent var	5.671627
Adjusted R-squared	0.981945	S.D. dependent var	0.460775
S.E. of regression	0.061915	Akaike info criterion	-2.702598
Sum squared resid	0.314341	Schwarz criterion	-2.644721
Log likelihood	115.5091	F-statistic	4514.949
Durbin-Watson stat	1.341769	Prob(F-statistic)	0.000000

图 10.39 估计结果

可以写出相应的回归模型如下:

$$\ln y_t = 0.253\,0 + 0.935\,5 \ln x_t + \varepsilon_t$$

从图 10.40 中可以看到这一回归模型还是显著的。

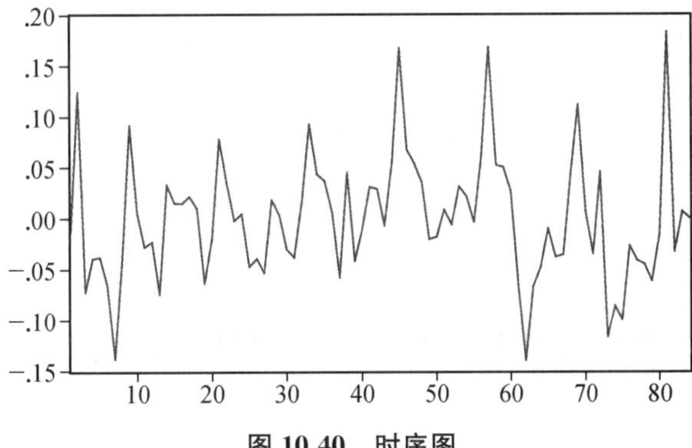

图 10.40 时序图

拟合回归模型后,残差序列 $\{e_t\}$ 时序图见图 10.40,直观上看,残差序列是平稳的。

现在对这一残差序列进行 ADF 检验,由于协整回归中已含有截距项,则残差检验模型中无须再用截距项,即用不含常数项和截距项的模型来进行检验,如图 10.41 所示。

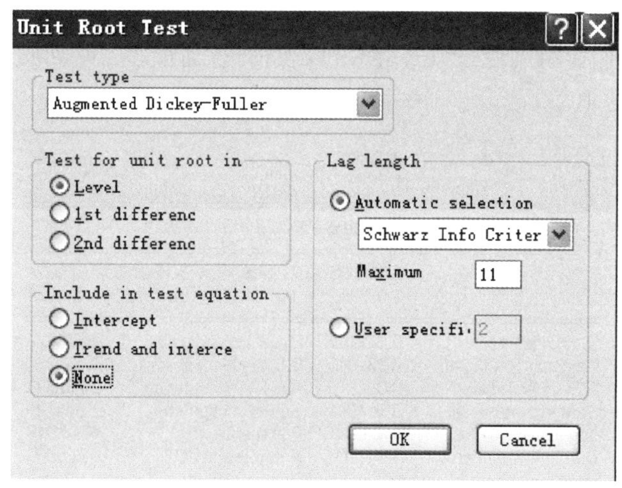

图 10.41 ADF 检验

检验结果见图 10.42,表明残差不存在单位根,即残差平稳。又因为 $\ln x_t$ 和 $\ln y_t$ 都是 1 阶单整序列,所以二者具有协整关系。

		t-Statistic	Prob.*
Augmented Dickey-Fuller test statistic		-6.437864	0.0000
Test critical values:	1% level	-2.593121	
	5% level	-1.944762	
	10% level	-1.614204	

图 10.42 检验结果

案例 2 分析 1978 年到 2002 年中国农村居民对数生活费支出序列 $\{\ln y_t\}$ 和对数人均纯收入 $\{\ln x_t\}$ 序列之间的关系。内容包括:

(1) 对两个对数序列分别进行 ADF 平稳性检验;

(2) 进行二者之间的协整关系检验;

(3) 若存在协整关系,建立误差纠正模型 ECM。

1. 对两个数据序列分别进行平稳性检验

(1) 做时序图看二者的平稳性。

首先按前面介绍的方法导入数据，在 workfile 中按住 ctrl 选择要检验的二变量，右击，选择 open—as group，此时它们可以作为一个数据组被打开。

点击“View”—“graph”—“line”，对两个序列做时序图见图 10.43，两个序列都呈上升趋势，显然不平稳，但二者有大致相同的增长和变化趋势，说明二者可能存在协整关系。若要证实二者有协整关系，必须先看二者的单整阶数，如果都是一阶单整，则可能存在协整关系，若单整地阶数不相同，则需采取差分的方式，将它们变成一阶单整序列。

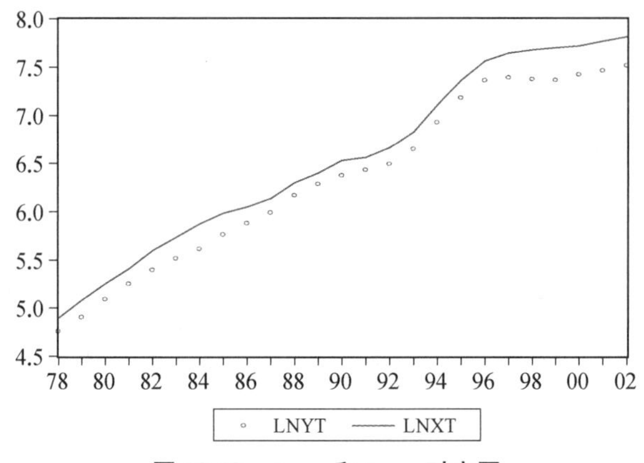

图 10.43 $\ln x_t$ 和 $\ln y_t$ 时序图

(2) 用 ADF 检验分别对序列 $\ln x_t$ 和 $\ln y_t$ 进行单整检验。

双击每个序列，对其进行 ADF 单位根检验，有两种方法。

方法一：“view”—“unit root test”；

方法二：点击菜单中的“quick”—“series statistic”—“unit root test”。

序列 $\ln x_t$ 和 $\ln y_t$ 都有明显的上升趋势，采用带常数项和趋势项的模型进行检验，见图 10.44，对对数序列的原水平进行带趋势项和常数项的 ADF 检验，采用 SC 准则自动选择滞后阶数，检验结果见图 10.45 和 10.46，在 0.05 的显著性水平下，都接受存在一个单位根的原假设，说明这两个序列都不平稳。

于是尝试对其一阶差分序列采用带常数项的模型进行 ADF 检验，首先点击主菜单 Quick/Generate series，出现图 10.47 的对话框，在方程设定栏里分别输入 dlnxt=lnxt−lnxt(−1)和 dlnyt=lnyt−lnyt(−1)，产生 $\ln x_t$ 和 $\ln y_t$

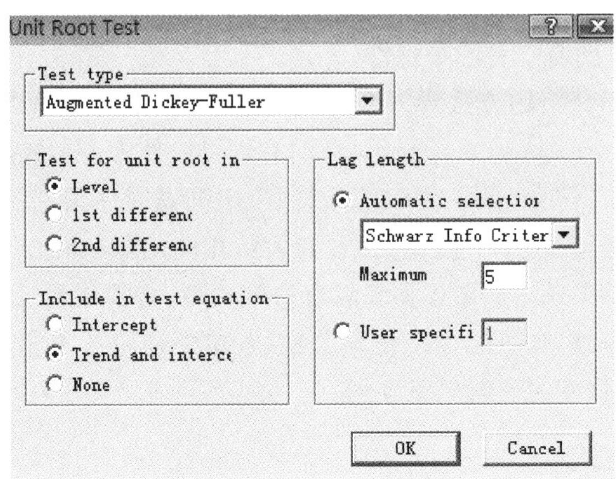

图 10.44　单位根检验图

Null Hypothesis: LNXT has a unit root
Exogenous: Constant, Linear Trend
Lag Length: 5 (Automatic based on SIC, MAXLAG=5)

		t-Statistic	Prob.*
Augmented Dickey-Fuller test statistic		-3.399178	0.0812
Test critical values:	1% level	-4.532598	
	5% level	-3.673616	
	10% level	-3.277364	

图 10.45　序列 ln x_t 的 ADF 检验结果

Null Hypothesis: LNYT has a unit root
Exogenous: Constant, Linear Trend
Lag Length: 1 (Automatic based on SIC, MAXLAG=5)

		t-Statistic	Prob.*
Augmented Dickey-Fuller test statistic		-3.312526	0.0892
Test critical values:	1% level	-4.416345	
	5% level	-3.622033	
	10% level	-3.248592	

图 10.46　序列 ln y_t 的 ADF 检验结果

的一阶差分序列，为了方便，简记为 $\nabla\ln x_t$ 和$\nabla\ln y_t$，一阶差分能初步消除增长的趋势，于是可以对其进行只带常数项的 ADF 检验，检验结果见图 10.48 和图 10.49。

由图 10.48 和图 10.49 得出两个一阶差分序列在 $\alpha=0.05$ 下都拒绝存在单位根的原假设的结论，说明 $\nabla\ln x_t$ 和 $\nabla\ln y_t$ 序列在 $\alpha=0.05$ 下平稳，即

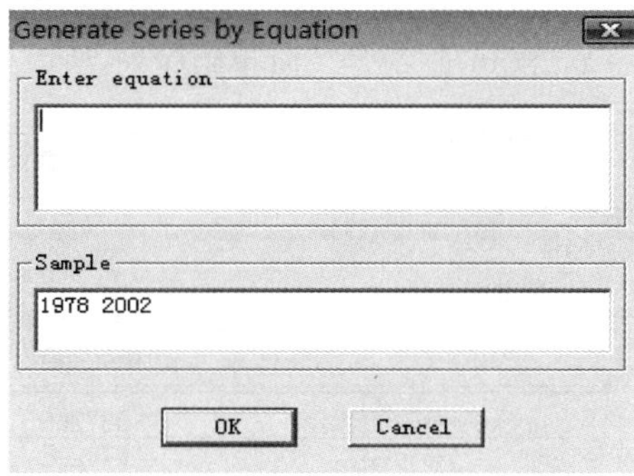

图 10.47

		t-Statistic	Prob.*
Augmented Dickey-Fuller test statistic		-3.096303	0.0423
Test critical values:	1% level	-3.788030	
	5% level	-3.012363	
	10% level	-2.646119	

*MacKinnon (1996) one-sided p-values.

图 10.48 序列 $\nabla \ln x_t$ 的 ADF 检验结果

		t-Statistic	Prob.*
Augmented Dickey-Fuller test statistic		-3.347321	0.0248
Test critical values:	1% level	-3.769597	
	5% level	-3.004861	
	10% level	-2.642242	

*MacKinnon (1996) one-sided p-values.

图 10.49 序列 $\nabla \ln y_t$ 的 ADF 检验结果

$\nabla \ln x_t \sim I(0)$，$\nabla \ln y_t \sim I(0)$，也就是 $\ln x_t \sim I(1)$，$\ln y_t \sim I(1)$，这样我们就可以对二者进行协整关系的检验。

2. 协整检验

首先用变量 $\ln y_t$ 对 $\ln x_t$ 进行普通最小二乘回归，在命令栏里输入 ls lnyt c lnxt，得到回归方程的估计结果：

$$\ln y_t = 0.073\,6 + 0.957\,3 \ln x_t + \varepsilon_t$$

在此基础上，我们得到回归残差，现在的任务是检验残差是否平稳，对残差进行 ADF 检验，见图 10.50。在 0.05 显著性水平下拒绝存在单位根的原假设，说明残差平稳，又因为 $\ln x_t$ 和 $\ln y_t$ 都是 1 阶单整序列，所以二者具有协整关系。

Augmented Dickey-Fuller Unit Root Test on ET

Null Hypothesis: ET has a unit root
Exogenous: None
Lag Length: 2 (Fixed)

		t-Statistic	Prob.*
Augmented Dickey-Fuller test statistic		-1.987266	0.0470
Test critical values:	1% level	-2.674290	
	5% level	-1.957204	
	10% level	-1.608175	

*MacKinnon (1996) one-sided p-values.

图 10.50　回归残差 ADF 检验

3. 误差纠正模型 ECM 的建立(Error Correction Mechanism)

即使两个变量之间有长期均衡关系，但在短期内也会出现失衡(如受突发事件的影响)，此时可以用 ECM 来对这种短期失衡加以纠正。我们利用差分序列 $\{\nabla \ln y_t\}$ 关于$\{\nabla \ln x_t\}$ 和前期误差序列 $\{ECM_{t-1}\}$ 进行 OLS 回归，构建如下 ECM 模型：

$$\nabla \ln y_t = \beta_0 \nabla \ln x_t + \beta_1 ECM_{t-1} + \varepsilon_1$$

其中 $ECM_{t-1} = \ln y_{t-1} - 0.0736 - 0.9573 \ln x_{t-1}$

参数估计结果见图 10.51：

Dependent Variable: DLNYT
Method: Least Squares
Date: 12/03/08　Time: 15:24
Sample (adjusted): 1979 2002
Included observations: 24 after adjustments

Variable	Coefficient	Std. Error	t-Statistic	Prob.
DLNXT	0.955133	0.044723	21.35667	0.0000
ET(-1)	-0.171515	0.127960	-1.340381	0.1938

R-squared	0.842247	Mean dependent var	0.114992
Adjusted R-squared	0.835076	S.D. dependent var	0.074109
S.E. of regression	0.030096	Akaike info criterion	-4.089174
Sum squared resid	0.019927	Schwarz criterion	-3.991003
Log likelihood	51.07009	Durbin-Watson stat	1.490625

图 10.51　ECM 模型估计结果

ECM 模型可表示为：

$$\nabla \ln y_t = 0.955\,1\,\nabla \ln x_t - 0.171\,5 ECM_{t-1} + \varepsilon_t$$

另外，我们可以用(1，1)阶分布滞后形式：

$$y_t = \beta_0 + \beta_1 x_t + \beta_2 x_{t-1} + \beta_3 y_{t-1} + \varepsilon_t$$

对序列进行估计，在命令栏里输入 ls lnyt c lnyt(−1) lnxt lnxt(−1)，得到参数估计结果见图 10.52：

Variable	Coefficient	Std. Error	t-Statistic	Prob.
C	0.039794	0.057899	0.687296	0.4998
LNYT(-1)	0.834532	0.144697	5.767429	0.0000
LNXT	0.952439	0.110564	8.614380	0.0000
LNXT(-1)	-0.798382	0.133095	-5.998576	0.0000
R-squared	0.998833	Mean dependent var		6.406663
Adjusted R-squared	0.998658	S.D. dependent var		0.853458
S.E. of regression	0.031271	Akaike info criterion		-3.941259
Sum squared resid	0.019557	Schwarz criterion		-3.744917
Log likelihood	51.29511	F-statistic		5704.117
Durbin-Watson stat	1.527584	Prob(F-statistic)		0.000000

图 10.52　短期波动模型估计结果

$$\ln y_t = 0.039\,7 + 0.834\,5 \ln y_{t-1} + 0.952\,4 \ln x_t - 0.798\,4 \ln x_{t-1} + \varepsilon_t$$

两种方法建立的误差修正模型是等价的，在进行预测时，第二种方法更方便。方程检验结果均显示方程显著线相关，参数检验结果显示人均纯收入当期波动对生活费支出的当期波动有显著性影响，上期误差对当期波动的影响不显著；同时，从回归系数的绝对值大小可以看出可支配收入的当期波动对生活费支出的当期波动调整幅度很大，每增加 1 元的可支配收入便会增加 0.955 1 元的人均生活费支出，上期误差对当期人均生活费支出的当期波动调整幅度很小，单位调整比例为−0.171 5。

通过上述分析发现，1978 年到 2002 年中国农村居民对数生活费支出序列 $\{\ln y_t\}$ 和对数人均纯收入 $\{\ln x_t\}$ 序列都是不平稳的，但对其进行一阶差分后序列平稳，且都是一阶单整的，进行普通最小二乘回归后，残差在 0.05 的显著性水平下也平稳，说明二者存在协整关系，进而建立了短期波动的误差修正模型。误差修正模型显示：人均纯收入当期波动对生活费支出的当期波动有显著性影响，上期误差对当期波动的影响不显著；同时，从回归系数的绝对值大小可以看出可支配收入的当期波动对生活费支出的当期波动调整幅度很大，每增加 1 元的可支配收入便会增加 0.955 1 元的人均生活费支出，上期误差对当期人均生活费支出的当期波动调整幅度很小，单位调整比例为－0.171 5。

11 (超)高频数据的建模与分析简介

在前面的章节里,我们所讨论的问题都是在等时间间隔的低频数据基础上进行的,主要是以年、月、季、周、日等为时间间隔采集数据。近年来,随着对金融市场微观结构研究的深入,人们对日内金融数据的研究产生了极大的兴趣。日内金融数据通常分为两类:一类是高频数据,该类数据是在某交易日内以固定的时间间隔采集的;另一类数据是根据市场事件(如发生一次交易、价格变化一个给定的值或交易量变化一个给定的值等)到达的时间逐笔记录下来的,即超高频(Ultra-High-Frequency, UHF)数据,此类数据与传统的时间序列数据的最大不同是其认为市场事件的到达是一个随机过程,因此记录数据的时间间隔也是随机的。一般而言,金融市场的信息是连续影响资产价格运动过程的,数据频率越低,则损失的信息越多;反之,数据频率越高,获得的市场信息就越多。

金融高频数据分析一直是个备受瞩目的焦点,其对理解市场微观结构、指导投资者实践具有非常重要的意义。对市场微观结构理论的传统研究大多使用一些较低频的数据,但仅仅利用低频交易数据进行研究是靠不住的。一般如 GARCH 等计量模型不能解释波动率的驱动因素到底是什么,只有通过高频数据分析才会发现许多市场的微观结构因素诸如实时交易的不等间隔、交易规则、指令流和一些交易者的行为因素等才是价格产生波动的真正原因,而这些发现无疑在理论研究和政策建议方面都具有重要的研究价值。由于超高频时间序列数据时间间隔的随机性,传统的时间序列建模方法显然已不再适合于超高频时间序列数据,对超高频时间序列的研究将建立在对持续期建模的基础上。

在应用方面,高频数据分析也越来越多地得到投资者特别是机构投资者的重视。机构投资者越来越关心资产的流动性问题,许多机构投资者在变现大额资产或调整资产组合时,往往需要在短时间内实现,如果市场缺乏流动性,将面临流动性风险。通过金融高频数据,可以分析实时交易过程,把交易产生的价格冲击和市场影响定量化，帮助机构投资者选择更优的变现策略，降低流动性风险。此外，对于实时交易过程的跟踪可以帮助投资者避开交易频繁时段，降低流动性损失。

11.1 (超)高频数据的特点

由于受市场信息不确定性和连续性的影响，高频数据主要呈现下列特点。

(1) 不规则交易间隔

与传统的低频观测数据(如年数据、月数据、周数据)相比，金融高频数据呈现出一些独有的特征。最为明显的特征便是数据记录间隔不相等。市场交易的发生并不以相等时间间隔发生，因此观测到的金融高频数据也是不等间隔的，从而交易间的时间持续期变得非常重要，并且可能包含了关于市场微观结构(如交易强度)的有用信息。例如，我们取招商银行 2004 年 11 月 1 日 10:00—11:00 的交易数据，可以看到交易间隔有明显的不规则性，尤其在 10:30 以后交易明显放缓，交易间隔扩大，具体见图 11.1。

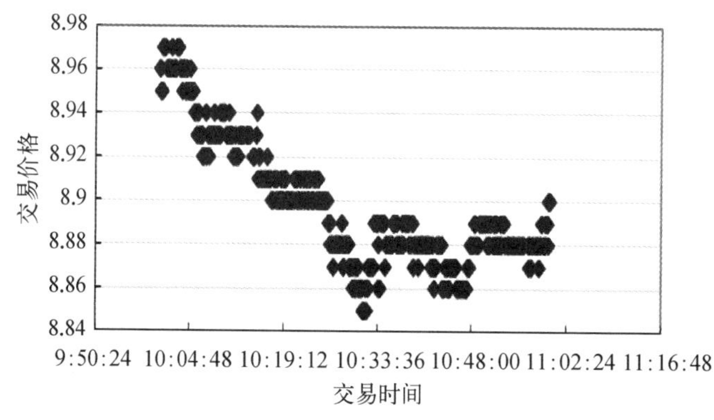

图 11.1 招商银行 2004 年 11 月 1 日 10:00 时—11:00 时的交易数据

(2) 离散取值

金融数据一个非常重要的特征是价格变化是离散的，而金融高频的价格取值变化受交易规则的影响，离散取值更加集中于离散构件附近。价格的变化在不同的证券交易所设置不同的离散构件，称为变化档位。我国证券交易所规定股价变化的最小档位为 0.01 元；纽约证券交易所(NYSE)中，最小档位在 1997 年 6 月 24 日以前是 1/8 美元，2001 年 1 月 29 日以前是 1/16 美元。

例如,我们考虑招商银行 2004 年 10 月 11 日至 2004 年 12 月 31 日共计 60 个交易日 90 475 个交易价格变动样本点,其横坐标为价格变化值(元),纵坐标为对应的频数。

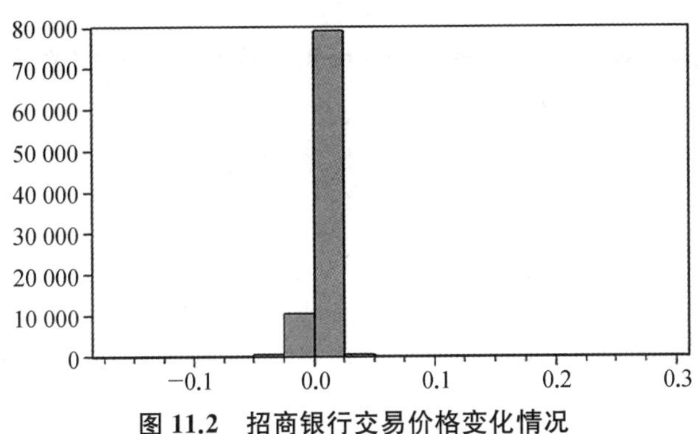

图 11.2 招商银行交易价格变化情况

由图 11.2 可知该股票大约 88%的价格较前期并未发生变化,11%的价格较前期变化 0.01 元,并且价格呈下降趋势。大约 1%的价格较前期上升 0.01 元,这说明价格变化大多集中于离散构件 0.01 附近。

(3) 日内模式

金融高频数据还存在明显的日内模式,这是指在正常交易条件下,交易活动能够展示周期模式,如波动率的日内 U 形走势。每天早上开盘和下午收盘时交易最为活跃,而中午休息时间交易较平淡,随之而来的交易间的时间间隔也呈现出日内循环模式的特征。麦克艾内希和伍德(McInish and Wood, 1992)对价格波动率的日内模式进行了探索,发现波动率在早上开盘和下午收盘时往往较大,交易量以及买卖价差也呈现出同样的变化模式。恩格尔和拉塞尔(Engle and Russell, 1998)对交易持续时间的日内模式进行了研究,也得出了类似的结论,从图形上来看变化模式类似于倒"U"形。屈文洲、吴世农(2002)运用高频数据对我国深圳股票市场的买卖报价价差的变动模式进行实证分析,深圳股票市场在开盘时, 买卖价差最大,随后在 1 小时内逐步缩小,而在收盘时没有像美国股票市场那样买卖价差出现扩大,因此深圳股票市场的买卖价差呈现出"L"形的变动规律。刘向丽、程刚、成思危、汪寿阳和洪永淼等(2008)对中国期货市场的日内绝对收益率及成交量进行了探索,运用 1 分钟高频数据对 3 个市场、6 个品种的商品期货的收益率和交易量的日内变动模式进行研究,发现期货市场日内绝对收益率及成交量呈现出"L"形变化模式。

(4) 自相关性

高频数据与低频数据一个非常大的区别在于高频时间序列具有非常强的自相关性。高频数据的离散取值以及买卖价差等因素是导致强自相关性的重要原因,还有一些因素如一些大额交易者往往将头寸分散交易以实现最优的交易价格,可能导致价格同方向变动从而引起序列的强自相关性。此外,还有许多其他因素导致高频数据的强自相关性。

金融高频数据还包含众多的信息维度,如交易的时间间隔、交易量、买卖价差等。对于日数据来说,其每个观测值的日历时间都是准确的,相对而言,日内的交易记录时间通常都是不准确的、有一定延迟的,而这种不准确性有时可能导致交易或报价数据被记录到错误的时间间隔中。一方面,在对交易量建立的高频数据中,由于单笔交易量很难观察到,数据往往采用单笔交易估计而非精确的交易量。另一方面,交易价格也有可能出现失时效性。所谓具有失时效性的价格,是指一段交易时间之前发生的价格。当我们将观察的时间间隔调整到很短时,这样短的一段时间内可能不会有交易发生,我们就只能用该段时间之前最近的价格代替,这就会引起偏差以及自相关性。正是由于金融高频数据的独特特征,传统的计量分析模型在实际应用中遇到了许多问题,比如月对数收益值等于月内每分钟对数收益之和,因而每月收益数据会趋于正态分布,但当时间间隔变短,收益的分布会逐渐偏离正态分布,这会导致很多统计检验对于高频数据不适用。

11.2　(超)高频数据与 ACD 模型

超高频金融时间序列通常包括两类数据:一类是交易到达的时间,时间单位精确到秒;另一类数据包括交易价格、交易量以及买卖价差等,通常称为标值(Marks)。针对超高频金融数据的特点,产生了自回归条件持续期模型(Autoregressive Conditional Duration Model, ACD 模型)。ACD 模型的核心思想是用随机标值点过程(Marked Stochastic Point Process)去刻画交易过程。不同的标值点过程得到不同的 ACD 模型。标值点过程一个最简单的选择是泊松过程,当然自激点过程(Self-exciting Point Process)是更符合实际的选择。

ACD 模型是在过去事件基础上为分析交易持续期(Duration)的条件分布而建立的,其优点是把交易间的持续期转化为一个随时间间隔变动的动态点过程。记 t_i 为一天内第 i 次交易发生的时刻，$x_i = t_i - t_{i-1}$ 为从 t_{i-1} 时刻到下一次交易发生的时刻 t_i 的持续时间。y_i 表示第 i 次交易事件的标记向量，记交易事件为 $\{(x_i, y_i), i = 1, 2, \cdots, n\}$，其条件联合分布为：

$$(x_i, y_i) \mid I_{i-1} \sim f(x_i, y_i \mid X_{i-1}, Y_{i-1}; \theta_i) \tag{11.1}$$

其中，I_{i-1} 表示 t_{i-1} 时的已知信息集，$X_{i-1} = \{x_{i-1}, x_{i-2}, \cdots, x_1\}$，$Y_{i-1} = \{y_{i-1}, y_{i-2}, \cdots, y_1\}$，$\theta$ 是决定密度函数形式的参数，随观测值的变化而变化。

根据概率论知识，任一时点上事件发生的概率可以通过条件联合密度函数得到。对于任意的 $t > t_{i-1}$，某个事件发生的概率在具体计算时要以过去的所有事件为条件，还要保证 t_{i-1} 至 t 时刻该事件不会发生。t 时刻危险函数就是给定 t_{i-1} 时刻以来事件没有发生的条件下，$t + \Delta t$ 时刻该事件发生的概率。可以用 $t - t_{i-1}$ 的概率密度函数除以生存概率来表示，其中生存概率代表下一个事件在大于 t 时刻发生的概率，因为 y 与上述的计算过程无关，由上述假定(11.1)，t 时刻的危险函数可以表示为：

$$\lambda_i(t) = \frac{\int_{u \in \Omega} f(t - t_i, u \mid X_{i-1}, Y_{i-1}; \theta_i)\mathrm{d}u}{\iint_{s \geqslant u,\, u \in \Omega} f(s - t_i, u \mid X_{i-1}, Y_{i-1}; \theta_i)\mathrm{d}u\mathrm{d}s}, \ t_{i-1} < t < t_i \tag{11.2}$$

$\{(x_i, y_i), i = 1, 2, \cdots, n\}$ 的条件联合分布可以表示为：

$$f(x_i, y_i \mid X_{i-1}, Y_{i-1}; \theta_i) = g(x_i \mid X_{i-1}, Y_{i-1}; \theta_{1i})q(y_i \mid X_{i-1}, Y_{i-1}; \theta_{2i}) \tag{11.3}$$

则有

$$\lambda_i(t) = \frac{g(x_i \mid X_{i-1}, Y_{i-1}; \theta_{1i})}{\int_{s \geqslant u} g(s - t_i \mid X_{i-1}, Y_{i-1}; \theta_i)\mathrm{d}s}, \ t_{i-1} < t < t_i \tag{11.4}$$

(11.4)式为危险率函数。通过 x_i 的分布函数 g 可以得到危险率函数 $\lambda_i(t)$。恩格尔和拉塞尔(1998)在建立 ACD 模型时提出了一个特别的假设，即持续时间 x_i 的跨期依赖关系可以被其条件期望完全刻画，定义 ψ_i 为第 i 个持续时间的条件期望：

$$E(x_i \mid x_{i-1}, \cdots, x_1) = \psi_i(x_{i-1}, \cdots, x_1; \theta) = \psi_i \tag{11.5}$$

进一步假定 $x_i = \psi_i \varepsilon_i$，于是我们对 x_i 可建立 ACD 模型。

11.2.1　ACD 模型

GARCH 模型是刻画波动率集聚性的，ACD 模型是刻画持续期集聚性的，ACD 模型与 GARCH 模型具有极其相似的形式。假设标记事件（mark event）为新的交易发生，定义两次相邻交易的时间间隔为交易持续期，则基本的 ACD 模型定义为

$$x_i = \psi_i \varepsilon_i \tag{11.6}$$

其中，$\varepsilon_i (i=1, \cdots, n)$ 是独立同分布的非负随机变量序列满足 $E(\varepsilon_i) = \mu > 0$，$E(x_i \mid I_{i-1}) = \mu\psi_i$ 是第 $i-1$ 次到第 i 次交易的调整的时间持续期的条件期望，简称为期望交易持续期，I_{i-1} 表示 t_{i-1} 时的已知信息集。如果 ψ_i 设定为过去持续期和条件期望持续期的线性函数，则 ACD(p, q)表示为：

$$\psi_i = \omega + \sum_{j=1}^{q} \alpha_j x_{i-j} + \sum_{j=1}^{p} \beta_j \psi_{i-j} \tag{11.7}$$

其中，$\omega > 0$，$\alpha \geqslant 0$，$\beta \geqslant 0$，若取 $p=1$，$q=1$，则有 ACD(1, 1)模型。可以通过对 ε_i 分布的设定得到相应的参数化模型。

类似于 GARCH 模型，(11.7)式中的 p 和 q 也称为阶数，表示第 i 个持续期的条件期望由其滞后的 p 个条件期望和滞后的 q 个过去的实际的持续期共同决定。ACD 模型建模的出发点类似于 GARCH 模型，表现为交易的到达具有集聚性。除了交易持续期具有集聚性，价格持续期和交易量持续期也表现出明显的集聚性。

设 $\xi_i = x_i - \psi_i$，则 $E(\xi_i \mid I_{i-1}) = 0$，(11.7)式可以表示为：

$$x_i - \xi_i = \omega + \sum_{j=1}^{q} \alpha_j x_{i-j} + \sum_{j=1}^{p} \beta_j (x_{i-j} - \xi_{i-j})$$

进而可以写为：

$$x_i = \omega + \sum_{j=1}^{q'} (\alpha_j + \beta_j) x_{i-j} + \xi_i - \sum_{j=1}^{p} \beta_j \xi_{i-j}$$

其中，$q' = \max(p, q)$，与 GARCH 模型有类似的性质，该式实际上是一个 ARMA(p, q') 模型。根据 ARMA 模型的特性，对于持续时间 x_i 的预测，可以利用 ARMA 模型的相关计算得到。

考虑 ACD(1,1)模型

$$x_i = \psi_i \varepsilon_i$$
$$\psi_i = \omega + \alpha x_{i-1} + \beta \psi_{i-1}$$

其中，$\omega > 0$，$\alpha \geqslant 0$，$\beta \geqslant 0$。ε_i 服从指数分布，即 ε_i 密度函数为：

$$f(x \mid \lambda) = \begin{cases} \lambda e^{-\lambda x} & x \geqslant 0 \\ 0 & x < 0 \end{cases}, \lambda > 0$$

对于 ACD 模型，持续期 x_i 的条件期望为 ψ_i，有

$$E(x_i) = E[E(\psi_i \mid \theta_{i-1})] = E(\psi_i)$$

对于(11.7)式两边求积分，有

$$E(\psi_i) = \omega + \alpha E(x_{i-1}) + \beta E(\psi_{i-1})$$

假设序列 $\{\psi_i\}$ 满足平稳性，即 $E(\psi_i) = E(\psi_{i-1})$，$\forall i$，则

$$E(x_i) = E(\psi_i) = \frac{\omega}{1 - \alpha - \beta}$$

如果 $\lambda = 1$，$E(\varepsilon_i) = 1$，$\mathrm{Var}(\varepsilon_i^2) = 1$，$E(x_i^2) = E[E(\psi_i^2 \varepsilon_i^2 \mid I_{i-1})] = 2E(\psi_i^2)$，则

$$E(\psi_i^2) = [E(x_i)]^2 \frac{1 - (\alpha + \beta)^2}{1 - 2\alpha^2 - \beta^2 - 2\alpha\beta}$$

$$\mathrm{Var}(x_i) = E(x_i^2) - [E(x_i)]^2 = [E(x_i)]^2 \frac{1 - \beta^2 - 2\alpha\beta}{1 - 2\alpha^2 - \beta^2 - 2\alpha\beta}$$

上述结果说明 ACD(1, 1)模型需要满足条件 $\alpha + \beta < 1$，$2\alpha^2 + \beta^2 + 2\alpha\beta < 1$。

关于 ACD(1, 1)模型参数的统计推断问题，ACD 模型与 GARCH 模型有着非常类似的性质，利用 GARCH 模型参数的统计推断问题可以得到 ACD 模型的相应结果。ACD(1, 1)模型参数的对数似然函数为：

$$L(\theta \mid x_n, x_{n-1}, \cdots, x_1) = -\sum_{i=1}^{n} \left[\log(\psi_i) + \frac{x_i}{\psi_i} \right] \tag{11.8}$$

根据(Engle R. F.，2000)，上述极大似然估计满足弱相合性和渐近正态性。

如果 ε_i 服从韦布尔(Weibull)分布，即 ε_i 密度函数为：

$$f(x \mid \gamma)=\begin{cases}\gamma\left[\Gamma\left(1+\dfrac{1}{\gamma}\right)x\right]^{\gamma-1}e^{-\left[\Gamma\left(1+\frac{1}{\gamma}\right)x\right]^{\gamma}} & x \geqslant 0 \\ 0 & x<0\end{cases}$$

当 $\gamma=1$ 时，韦布尔分布即为指数分布。这时相应的 ACD 模型参数的对数似然函数为：

$$L(\theta \mid x_n, x_{n-1}, \cdots, x_1)=\sum_{i=1}^{n}\left[\log\left(\frac{\gamma}{x_i}\right)+\gamma\left(\frac{\Gamma\left(1+\dfrac{1}{\gamma}\right)}{\psi_i}\right)-\frac{\Gamma\left(1+\dfrac{1}{\gamma}\right)x_i}{\psi_i}\right] \tag{11.9}$$

进而对交易时间间隔和交易过程所包含的信息建模是 ACD 模型应用的主要扩展。

11.2.2　ACD 模型的扩展

(1) 对数 ACD 模型(Log-ACD)

这是由鲍文斯和吉奥(Bauwens and Giot, 2000)提出的模型，是 ACD 模型的对数形式，称为 Log-ACD 模型。该模型在检验微观结构理论方面比基本 ACD 模型更加有优势，原因在于 ACD 模型对变量参数有非负的限制，而 Log-ACD 模型则取消了变量参数的非负限制。

LOG-ACD 模型将消除了“日历效应”的交易间隔 x_i 定义为如下过程：

$$x_i=\exp(\psi_i)\varepsilon_i, \ \varepsilon_i \sim \text{i.i.d.}(\mu, \sigma^2) \tag{11.10}$$

所以有 $E(x_i \mid I_{i-1})=\mu\exp(\psi_i)$，LOG-ACD 模型同 ACD 模型一样有一个重要的假设就是交易间隔过程中的相关性也包含在条件期望 $E(x_i \mid I_{i-1})$ 中，由此引出 $x_i/E(x_i \mid I_{i-1})$ 是独立同分布的。交易过程中的虚假相关会产生交易间隔的集聚现象，于是可把 ψ_i 表示成一个自回归方程：

$$\psi_i=\omega+\sum_{j=1}^{p}\alpha_j g(x_{i-j}, \varepsilon_{i-j})+\sum_{j=1}^{q}\beta_j\psi_{i-j} \tag{11.11}$$

其中，函数 $g(x_{i-j}, \varepsilon_{i-j})$ 有两种可能的形式 $\ln x_{i-j}$ 和 ε_{i-j}。

① 当 $g(x_{i-j}, \varepsilon_{i-j})=\ln x_{i-j}$ 时，对应于 LOG-ACD 模型的第一种形式：

$$\psi_i = \omega + \sum_{j=1}^{p} \alpha_j \ln x_{i-j} + \sum_{j=1}^{q} \beta_j \psi_{i-j} \tag{11.12}$$

该模型形式同格韦克(Geweke，1986)的 LOG-GARCH 模型极为相似。

② 当 $g(x_{i-j}, \varepsilon_{i-j}) = \varepsilon_{i-j}$ 时，对应于 LOG-ACD 模型的第二种形式：

$$\psi_i = \omega + \sum_{j=1}^{p} \alpha_j \varepsilon_{i-j} + \sum_{j=1}^{q} \beta_j \psi_{i-j} = \omega + \sum_{j=1}^{p} \alpha_j \frac{x_{i-j}}{\exp(\psi_{i-j})} + \sum_{j=1}^{q} \beta_j \psi_{i-j} \tag{11.13}$$

该模型形式同纳尔逊(Nelson，1991)的 E-GARCH 模型极为相似。

对于 ε_i 的分布有多种选择：指数分布、伽马分布、韦布尔分布、广义伽马分布等。对于分布的选择会涉及模型估计的简易程度，像指数分布和韦布尔分布，μ 和 σ^2 只与一个参数变量有关。如果采用韦布尔分布，x_i 的密度函数可以写为

$$f(x_i) = \frac{\gamma}{x_i}\left(\frac{x_i \Gamma(1+1/\gamma)}{\exp(\psi_i)}\right)^{\gamma} \exp\left(\left(\frac{x_i \Gamma(1+1/\gamma)}{\exp(\psi_i)}\right)^{\gamma}\right) \tag{11.14}$$

鲍文斯等人(2000)同时提出纳尔逊型(Nelson-Type)的 Log-ACD(1，1)模型设定为：

$$\begin{aligned} & x_i = \exp(\psi_i)\varepsilon_i, \ \varepsilon_i \sim \text{i.i.d.}(\mu, \sigma^2) \\ & \ln \psi_i = \omega + \alpha x_{i-1} + \beta \ln \psi_{i-1}, \ |\beta| < 1 \end{aligned} \tag{11.15}$$

此时，Log-ACD 模型允许持续期和其滞后项之间存在非线性关系，对参数估计系数的符号没有限制，并且可以方便地引入外生变量以检验市场微观结构的效应。

(2) 门限 ACD 模型(TACD)

虽然 ACD 模型在分析股票高频数据相关性方面做得非常出色，但是通过对模型进行诊断发现在某些方面还可以改进。模型诊断发现在条件均值存在非线性，TACD 模型是一个依靠引入门限变量来描述复杂随机过程的简单非线性模型，这类似于门限自回归模型(Threshold Autoregressive，TAR)模型在描述非对称阶段性行为和跳跃现象时起到的作用。

下面来介绍 TACD 模型，$\{x_i\}$ 是一个随机过程，$\psi_i = \text{E}[x_i \mid I_{I-1}; \theta_i]$ 是 x_i 的条件均值。定义 $R_j = [r_{j-1}, r_j)$，$j = 1, 2, \cdots, J$，J 是正整数，$-\infty = r_0 < r_1 < r_2 < \cdots < r_J = +\infty$，$r_i$ 是门限值。如果门限变量 $Z_{i-d} \in R_j$，则

有 $\{x_i\}$ 服从 TACD：

$$x_i/\varphi_i \equiv \varepsilon_i \sim \text{i.i.d.}$$

$$\psi_i = \alpha_0^{(j)} + \sum_{m=1}^{p} \alpha_m^{(j)} x_{i-m} + \sum_{n=1}^{q} \beta_n^{(j)} \psi_{i-n} \tag{11.16}$$

其中，d 是滞后参数，取正整数。门限变量 $Z_i = h(x_i, \cdots, x_1; y_i, \cdots, y_1)$，$\{y_i\}$ 是一组和 $\{x_i\}$ 相关的经济变量向量。

根据 ARMA 模型的设定形式，可以把 TACD 模型写成 TARMA 形式。令 $\eta_i = x_i - \psi_i$，$\alpha_m^{(j)} = 0$，$m = p+1, \cdots, \max(p, q)$，$\beta_n^{(j)} = 0$，$n = q+1, \cdots, \max(p, q)$，对于 $j = 1, 2, \cdots J$，如果 $Z_{i-d} \in R_j$，模型可写为：

$$x_i = \alpha_0^{(j)} + \sum_{m=1}^{\max(p, q)} (\alpha_m^{(j)} + \beta_m^{(j)}) x_{i-m} + \eta_i + \sum_{n=1}^{q} \beta_n^{(j)} \eta_{i-n} \tag{11.17}$$

TACD(1, 1)过程可以写成：

$$\begin{aligned} x_i &= \psi_i \varepsilon_i^{(j)} \\ \psi_i &= \alpha_0^{(j)} + \alpha_1^{(j)} x_{i-1} + \beta_1^{(j)} \psi_{i-1} \quad (x_{i-1} \in R_j) \end{aligned} \tag{11.18}$$

对于模型(11.18)，当 $j = 1, 2, \cdots, J$ 时，如果满足 $\alpha_1^{(j)} > 0$，$\beta_1^{(j)} > 0$ 以及 $\alpha_1^{(j)} + \beta_1^{(j)} < 1$，则称该过程 $\{x_i\}$ 具有几何遍历性。

对于给定的整数 $k \geqslant 1$，假如 $E[(\varepsilon_i^{(j)})] < \infty$，当 $j = 1, 2, \cdots, J$ 时，如果满足 $\alpha_1^{(j)} > 0$，$\beta_1^{(j)} > 0$ 以及 $\max\limits_{1 \leqslant j \leqslant i} \{E[(\alpha_1^{(j)} \varepsilon_i^{(j)} + \beta_1^{(j)})^k]\} < 1$，则该过程存在 k 阶矩。

进一步研究发现，通过对密度函数的预测，Log-ACD 模型和 T-ACD (Zhang *et.al.*, 2001)模型可以很好地拟合交易持续期的分布，却不能正确地拟合交易持续期的分布。

(3) FIACD 模型

无论是 ACD 模型还是 Log-ACD 模型，都没有考虑到实际数据中的持续性和长记忆性。而实证研究表明自相关函数具有长期相关性，所以在构建模型时应该将它考虑进去。下面介绍 FIACD(Fractional Integrated Autoregressive Conditional Duration)模型。

x_i 是第 $i-1$ 次交易到第 i 次交易的时间间隔，第 i 个间隔的期望即条件均值可以写为过去时间间隔的函数。ACD 模型主要的假设是认为所有的相关性都在均值函数中反映出来了：

$$E(x_i \mid x_{i-1}, x_{i-2}, \cdots, x_1) = g(x_{i-1}, x_{i-2}, \cdots, x_1; \theta)$$
$$x_i = \psi_i \varepsilon_i, \{\varepsilon_i\} \sim \text{i.i.d}$$
$$\psi_i = g(x_{i-1}, x_{i-2}, \cdots, x_1; \theta)$$

在 ACD(p, q)模型中，条件期望时间间隔定义为：

$$\psi_i = \omega + \sum_{j=1}^{p} \alpha_j x_{i-j} + \sum_{j=1}^{q} \beta_j \psi_{i-j} = \omega + \alpha(B) x_i + \beta(B) \psi_i \quad (11.19)$$

其中，$\alpha(B) = \alpha_1 B + \alpha_2 B^2 + \cdots + \alpha_p B^p$，$\beta(B) = \beta_1 B + \beta_2 B^2 + \cdots + \beta_q B^q$，$\omega > 0$，且 $\alpha_j \geqslant 0$，$\beta_j \geqslant 0$，$\sum_{j=1}^{p} \alpha_j + \sum_{j=1}^{q} \beta_j < 1$。

将 ACD(p, q)写成 ARMA($\max(p, q)$, q)的形式如下：

$$[1 - \alpha(B) - \beta(B)] x_i = \omega + [1 - \beta(B)] v_i \quad (11.20)$$

其中，$v_i = x_i - \psi_i$，v_i 是鞅差分过程，在 ACD 模型中考虑了短期的相关性，为了将长期相关性也在模型中表现出来，ψ_i 需要换一种方式表示。其中可行的模型就是 FIACD 模型，在 ACD 的 ARMA 形式中引进差分算子 $(1 - B)^d$，$0 \leqslant d \leqslant 1$，以及

$$[1 - \phi(B)](1 - B)^d x_i = \omega + [1 - \beta(B)] v_i$$

其中，$v_i = x_i - \psi_i$ 是鞅差序列，$\beta(B) = \beta_1 B + \cdots + \beta_q B^q$，$\phi(B) = \phi_1 B + \cdots + \phi_p B^p$，$1 - \beta(B)$ 和 $1 - \phi(B)$ 的根都位于单位圆外。令 $x_i - \psi_i$ 代替 v_i 就得到 FIACD(p, d, q)模型：

$$\begin{aligned}[1 - \beta(B)] \psi_i &= \omega + [1 - \beta(B) - [1 - \varphi(B)](1 - B)^d] x_i \\ &= \omega + \Lambda(B) x_i\end{aligned} \quad (11.21)$$

其中，$\omega > 0$，$0 \leqslant d \leqslant 1$，$\Lambda(B) = \lambda_1 B + \lambda_2 B^2 + \lambda_3 B^3 + \cdots$ 是无穷阶多项式。

当 $0 < d < 1/2$ 时，FIACD 模型成为具有长记忆性的模型，自相关函数类似于双曲线形式递减；当 $d = 0$ 时，FIACD 模型就变成 ACD 模型。

对于 FIACD(1, d, 1)模型，$\Lambda(B)$ 的参数 λ_i 可以由 β，ϕ，d 表示出来：令 $\pi_k = (-1)^k \left[\frac{d(d-1)(d-2)\cdots(d-k+1)}{k!}\right]$，$\lambda_i$ 可以表示为 $\lambda_1 = \phi - \beta + d$，$\lambda_k = \phi \pi_{k-1} - \pi_k$，$k = 2, 3, \cdots$。为保证间隔取整数，$\beta$ 和 ϕ 有一定的限制：

$0 \leqslant \beta \leqslant \phi + d$，$\phi \leqslant (1-d)/2$。

一般来说，似然函数写作 $l(\theta;\ x) = \sum_{i=1}^{n} \ln f(x_i \mid I_{i-1};\ \theta)$，如果 f 是指数分布的密度函数，且参数 $\lambda = 1$ 那么似然函数可以写成：

$$l(\theta;\ x) = \sum_{i=1}^{n} \ln \psi_i - \sum_{i=1}^{n} \frac{x_i}{\psi_i} \tag{11.22}$$

而如果 f 是韦布尔分布的密度函数，则似然函数就可以写为：

$$l(\theta;\ x) = \sum_{i=1}^{n} \left\{ \ln\left(\frac{\gamma}{x_i}\right) + \gamma \ln\left(\frac{x_i \Gamma(1+1/\gamma)}{\psi_i}\right) - \left(\frac{x_i \Gamma(1+1/\gamma)}{\psi_i}\right)^{\gamma} \right\} \tag{11.23}$$

11.3 交易持续期的集聚性

持续期是指相邻两个金融市场事件之间的时间间隔，交易量持续期、报价持续期和价格持续期涵盖了市场最基本的交易信息和流动性特征，因此对持续期日内、日际分布特征的研究能揭示和解释金融市场的某些规律和现象，这些研究始于(Diamond and Verrecchia ，1987)和(Easley and O'Hara，1992)。随着金融高频数据的易获取性以及计量工具的发展，通过构造持续期的计量模型来实证市场微观结构理论的研究开始大量涌现，大量的实证研究表明持续期具有聚类现象，即持续期的集聚性是指在一段时间内交易比较频繁，而在另一段时间内交易却比较平淡，也就是说短的持续期后面往往跟随着短的持续期，长的持续期后面往往跟随着长的持续期。对交易的持续期相关性进行研究就可以得出是否存在集聚性的结论，即如果持续期表现出显著的相关性，那么它就存在集聚性。进一步，我们可以对消除“日历效应”的持续期建立ACD模型，对模型进行参数估计，如果系数和 $\alpha + \beta$ 非常接近 1，说明持续期具有很强的持续性，那么持续期就具有很强的集聚性。

交易持续期的集聚性是可能由于不同原因而在交易日不同的时间段发生的。这种交易持续期的聚类现象可能是由于内幕交易引起的，也可能仅仅是由于流动性交易引起的。因此，如果能区分这两种不同的情况，做市商或交易者就可以在出现内幕交易者时增大买卖价差，而在出现流动性需求时减小买卖价差。这样运用买卖价差可以驱散内幕交易性的交易持续期集聚现象和流动性的交易持续期集聚现象。

11.4 UHF-GARCH 模型

ACD 模型只是对超高频时间序列中的交易时间间隔建模,但是根据前面对超高频时间序列的定义,它还包括交易价格这一重要的标值变量。价格传递着重要的市场信息,所以对于超高频时间序列,还必须对交易价格或收益率建模,充分揭示价格的形成过程,理解价格形成机制。

传统的 GARCH 类模型是针对相等间隔上采集的数据来建模的,而对于超高频时间序列而言,任两次交易之间的时间间隔是不确定的,是时变的。所以,传统的 GARCH 模型不能直接用来对超高频数据建模。实际上,传统的 GARCH 模型是对等时间间隔的波动率建模的,与此同时,对于超高频数据,可以考虑对单位时间间隔的序列建模。这样,只需用持续期去调整超高频数据,就可以在传统 GARCH 模型的框架下建模。

令 P_t 表示 t 时刻的交易价格,则对数收益率 $R_t=\log(P_t)-\log(P_{t-1})$。同交易持续期一样,收益率也存在日内周期性变化的"日历效应",同样可以采用线性样条函数来消除这种日内周期性的特征,消除"日历效应"后得到超高频收益率 r_t。定义收益率 r_t 的条件方差 $\operatorname{Var}(r_t \mid I_{t-1}) \equiv h_t$,那么单位时间间隔的收益率可以定义为 $\sigma_t^2 \equiv h_t/x_t$。由于:

$$\operatorname{Var}(r/\sqrt{x_t} \mid I_{t-1})=\operatorname{Var}(r_t \mid I_{t-1})/x_t=h_t/x_t=\sigma_t^2 \tag{11.24}$$

所以我们可以考虑对超高频收益率 r_t 首先除以 $\sqrt{x_t}$,调整后把 $r_t/\sqrt{x_t}$ 纳入传统的 GARCH 类模型中来建模。对超高频收益率调整后,假设 $r_t/\sqrt{x_t}$ 服从如下方程:

$$r_t/\sqrt{x_t}=\sum_{j=1}^{p}\phi_j(r_{t-j}/\sqrt{x_{t-j}})+\sum_{j=1}^{q}\theta_j\eta_{t-j}+\eta_t \tag{11.25}$$

其中,η_t 服从下面的 GARCH(1, 1)过程:

$$\begin{aligned}&\eta_t=\sigma_t\delta_t,\ \delta_t \sim \text{i.i.d. } N(0,\ 1)\\&\sigma_t^2=\omega+\alpha_1\eta_{t-1}^2+\beta_1\sigma_{t-1}^2\end{aligned} \tag{11.26}$$

为了与传统的 GARCH 模型区别,我们把针对超高频收益率建立的模型叫 UFH-GARCH 模型(Ultra-High-Frequency GARCH model)。

习题 11

对于基本的 ACD 模型：

$$x_i = \psi_i \varepsilon_i \tag{1}$$

$$\psi_i = \omega + \sum_{j=1}^{q} \alpha_j x_{i-j} + \sum_{j=1}^{p} \beta_j \psi_{i-j} \tag{2}$$

若 ε_i 服从标准指数分布，则模型为指数 ACD 模型即 EACD；若 ε_i 服从标准化的韦布尔分布，则模型为 WACD；若 ε_i 采用了一个标准化的广义伽马分布，则模型为 GACD 模型。尝试通过 WIND、天相等金融数据库获取某只股票的交易数据，试对调整持续期建立上述四种模型，并分别检验拟合的模型。四种分布的概率密度函数见下。

(1) 指数分布。

称随机变量 X 有参数 $\beta(\beta>0)$ 的指数分布，如果其概率密度函数(pdf)由下式给出：

$$f(x \mid \beta) = \begin{cases} \dfrac{1}{\beta}\exp(-x/\beta), & 若\ x \geqslant 0 \\ 0, & 其他 \end{cases}$$

这样一个分布表示为 $X \sim \exp(\beta)$。我们有 $\mathrm{E}(X)=\beta$, $\mathrm{VAR}(X)=\beta^2$，当 $\beta=1$ 时，称 X 是标准指数分布。

(2) 伽马分布。

对 $k>0$，伽马函数 $\Gamma(k)$ 定义为 $\Gamma(k)=\int_0^\infty x^{k-1}e^{-x}\mathrm{d}x$。称随机变量 X 有参数为 k 和 $\beta(k>0,\ \beta>0)$ 的伽马分布，如果其概率密度函数由下式给出：

$$f(x \mid k, \beta) = \begin{cases} \dfrac{1}{\beta^k \Gamma(k)} x^{k-1}\exp(-x/\beta), & 若\ x \geqslant 0 \\ 0, & 其他 \end{cases}$$

此时，$\mathrm{E}(X)=k\beta$, $\mathrm{VAR}(X)=k\beta^2$，当 $\beta=1$ 时，该分布称为参数 k 的标准伽马分布。

(3) 韦布尔分布。

称随机变量 X 有参数为 $\alpha,\beta(\alpha>0,\beta>0)$ 的韦布尔分布，如果其概率密度函数为：

$$f(x\mid\alpha,\beta)=\begin{cases}\dfrac{\alpha}{\beta^{\alpha}}x^{\alpha-1}\exp[-(x/\beta)^{\alpha}], & 若\ x\geqslant 0\\ 0, & 其他\end{cases}$$

这里 β 和 α 分别为分布的尺度参数和形状参数，当 $\alpha=1$ 时，韦布尔分布简化为指数分布。X 的均值、方差分别为

$$\mathrm{E}(X)=\beta\Gamma(1+1/\alpha),\ \mathrm{VAR}(X)=\beta^{2}\{\Gamma(1+2/\alpha)-[\Gamma(1+1/\alpha)]^{2}\}。$$

(4) 广义伽马分布。

称随机变量 X 有参数为 $\alpha,\beta,k(\alpha>0,\beta>0,k>0)$ 的广义伽马分布，如果其概率密度函数为：

$$f(x\mid\alpha,\beta,k)=\begin{cases}\dfrac{\alpha}{\beta^{k\alpha}\Gamma(k)}x^{k\alpha-1}\exp\{-(x/\beta)^{\alpha}\}, & 若\ x\geqslant 0\\ 0, & 其他\end{cases}$$

其中，β 是尺度参数，α，k 是形状参数。当 $k=1$ 时，广义伽马分布简化为韦布尔分布。广义伽马分布的期望为 $\mathrm{E}(X)=\beta\cdot\Gamma(k+1/\alpha)/\Gamma(k)$。

附录1　数　　据

附录 1.1　1820—1869 年太阳黑子年度数据

年　份	黑子数	年　份	黑子数	年　份	黑子数	年　份	黑子数
1820	16	1833	8	1846	62	1859	94
1821	7	1834	13	1847	98	1860	96
1822	4	1835	57	1848	124	1861	77
1823	2	1836	122	1849	96	1862	59
1824	8	1837	138	1850	66	1863	44
1825	17	1838	103	1851	64	1864	47
1826	36	1839	86	1852	54	1865	30
1827	50	1840	63	1853	39	1866	16
1828	62	1841	37	1854	21	1867	7
1829	67	1842	24	1855	7	1868	37
1830	71	1843	11	1856	4	1869	74
1831	48	1844	15	1857	23		
1832	28	1845	40	1858	55		

附录 1.2　1985—2007 年中国居民消费价格指数(CPI)数据

年　份	CPI	年　份	CPI
1985	109.3	1997	102.8
1986	106.5	1998	99.2
1987	107.3	1999	98.6
1988	118.8	2000	100.4
1989	118	2001	100.7
1990	103.1	2002	99.2
1991	103.4	2003	101.2
1992	106.4	2004	103.9
1993	114.7	2005	101.8
1994	124.1	2006	101.5
1995	117.1	2007	104.8
1996	108.3		

附录 1.3　1978—2007 年中国国内生产总值(GDP)数据

单位：亿元人民币

年　份	GDP	年　份	GDP
1978	3 645.22	1993	35 334
1979	4 062.58	1994	48 198
1980	4 545.62	1995	60 794
1981	4 891.56	1996	71 177
1982	5 323.35	1997	78 973
1983	5 962.65	1998	84 402
1984	7 208.05	1999	89 677
1985	9 016.04	2000	99 215
1986	10 275.18	2001	109 655
1987	12 058.62	2002	120 333
1988	15 042.82	2003	135 823
1989	16 992.32	2004	159 878.3
1990	18 667.82	2005	183 217.4
1991	21 781.5	2006	211 923.5
1992	26 923.48	2007	249 529.9

附录 1.4　北京地区 1949—1964 年的洪涝灾害面积

单位：万亩

年　份	受灾面积	年　份	受灾面积
1949	331.12	1957	25.00
1950	380.44	1958	84.72
1951	59.63	1959	260.89
1952	37.89	1960	27.18
1953	103.66	1961	20.74
1954	316.67	1962	52.99
1955	208.72	1963	99.25
1956	288.78	1964	55.36

附录 1.5　1992—2008 年中国国内生产总值(GDP)季度数据

单位：亿元人民币

时　间	GDP	时　间	GDP	时　间	GDP
1992-03	4 974.30	1993-06	14 543.50	1994-09	32 596.60
1992-06	11 332.10	1993-09	23 591.50	1994-12	48 198.00
1992-09	18 451.50	1993-12	35 334.00	1995-03	11 858.50
1992-12	26 638.10	1994-03	9 064.70	1995-06	25 967.60
1993-03	6 500.50	1994-06	20 149.70	1995-09	41 502.60

续 表

时 间	GDP	时 间	GDP	时 间	GDP
1995-12	60 794.00	2000-06	43 748.20	2004-12	159 878.00
1996-03	14 261.20	2000-09	68 087.50	2005-03	38 848.60
1996-06	30 861.80	2000-12	99 215.00	2005-06	81 422.50
1996-09	48 533.10	2001-03	23 299.50	2005-09	125 984.90
1996-12	71 177.00	2001-06	48 950.90	2005-12	183 867.90
1997-03	16 256.70	2001-09	75 818.20	2006-03	44 419.80
1997-06	34 954.30	2001-12	109 655.00	2006-06	93 611.60
1997-09	54 102.40	2002-03	25 375.70	2006-09	144 569.60
1997-12	78 973.00	2002-06	53 341.00	2006-12	211 923.50
1998-03	17 501.30	2002-09	83 056.70	2007-03	51 353.90
1998-06	37 222.70	2002-12	120 333.00	2007-06	108 913.10
1998-09	57 595.20	2003-03	28 861.80	2007-09	169 061.50
1998-12	84 402.00	2003-06	59 868.90	2007-12	249 529.90
1999-03	18 789.70	2003-09	93 329.30	2008-03	61 490.60
1999-06	39 554.90	2003-12	135 823.00	2008-06	130 619.00
1999-09	61 414.20	2004-03	33 420.60	2008-09	201 631.00
1999-12	89 677.00	2004-06	70 405.90		
2000-03	20 647.00	2004-09	109 967.60		

附录 1.6 1997 年 1 月—2008 年 9 月美元兑人民币汇率月度数据 单位：元

	1997	1998	1999	2000	2001	2002	2003	2004	2005	2006	2007	2008
1 月	8.293 8	8.278 5	8.277 8	8.278 1	8.278 6	8.276 5	8.276 6	8.277	8.276 5	8.060 8	7.777 6	7.185 3
2 月	8.294 8	8.279 0	8.278 9	8.278 6	8.278 1	8.276 6	8.277 4	8.277	8.276 5	8.041 5	7.740 9	7.105 8
3 月	8.296 4	8.279 1	8.280 0	8.278 8	8.277 9	8.277 4	8.277 1	8.277 1	8.276 5	8.017 0	7.734 2	7.019 0
4 月	8.294 9	8.278 1	8.279 4	8.279 5	8.277 3	8.277 0	8.277 0	8.276 9	8.276 5	8.016 5	7.705 5	7.000 2
5 月	8.292 1	8.279 5	8.278 6	8.277 2	8.277 7	8.276 6	8.277 0	8.276 9	8.276 5	8.018 8	7.650 6	6.947 2
6 月	8.290 8	8.279 8	8.278 6	8.278 0	8.277 0	8.277 1	8.277 4	8.276 6	8.276 5	7.995 6	7.615 5	6.859 1
7 月	8.290 1	8.279 9	8.277 3	8.279 4	8.276 7	8.276 6	8.277 3	8.276 9	8.108 0	7.973 2	7.573 7	6.838 8
8 月	8.288 4	8.280 0	8.277 1	8.278 6	8.276 7	8.276 7	8.277 1	8.276 7	8.097 3	7.958 5	7.560 7	6.834 5
9 月	8.285 2	8.278 2	8.277 5	8.279 8	8.276 9	8.277 1	8.277 0	8.276 6	8.093 0	7.908 7	7.510 8	6.818 3
10 月	8.283 6	8.277 6	8.277 4	8.278 0	8.276 8	8.277 1	8.276 7	8.276 5	8.084 0	7.879 2	7.469 2	
11 月	8.279 0	8.278 2	8.278 2	8.277 4	8.277 4	8.277 1	8.277 2	8.276 5	8.079 6	7.843 6	7.399 7	
12 月	8.279 8	8.278 7	8.279 3	8.278 1	8.276 6	8.277 3	8.276 7	8.276 5	8.070 2	7.808 7	7.304 6	

附录1.7　1980年1月—1991年10月澳大利亚红酒的月度销量

单位：公升

	1980	1981	1982	1983	1984	1985	1986	1987	1988	1989	1990	1991
1月	464	530	544	615	699	809	779	814	966	1 138	970	1 007
2月	675	883	635	722	830	997	1 005	1 150	1 549	1 430	1 199	1 665
3月	703	894	804	832	996	1 164	1 193	1 225	1 538	1 809	1 718	1 642
4月	887	1 045	980	977	1 124	1 205	1 522	1 691	1 612	1 763	1 683	1 525
5月	1 139	1 199	1 018	1 270	1 458	1 538	1 539	1 759	2 078	2 200	2 025	1 838
6月	1 077	1 287	1 064	1 437	1 270	1 513	1 546	1 754	2 137	2 067	2 051	1 892
7月	1 318	1 565	1 404	1 520	1 753	1 378	2 116	2 100	2 907	2 503	2 439	2 920
8月	1 260	1 577	1 286	1 708	2 258	2 083	2 326	2 062	2 249	2 141	2 353	2 572
9月	1 120	1 076	1 104	1 151	1 208	1 357	1 596	2 012	1 883	2 103	2 230	2 617
10月	963	918	999	934	1 241	1 536	1 356	1 897	1 739	1 972	1 852	2 047
11月	996	1 008	996	1 159	1 265	1 526	1 553	1 964	1 828	2 181	2 147	
12月	960	1 063	1 015	1 209	1 828	1 376	1 613	2 186	1 868	2 344	2 286	

附录1.8　1951—1980年美国每年罢工总数

年　份	罢工数	年　份	罢工数	年　份	罢工数
1951	4 737	1961	3 367	1971	5 138
1952	5 117	1962	3 614	1972	5 010
1953	5 091	1963	3 362	1973	5 353
1954	3 468	1964	3 655	1974	6 074
1955	4 320	1965	3 963	1975	5 031
1956	3 825	1966	4 405	1976	5 648
1957	3 673	1967	4 595	1977	5 506
1958	3 694	1968	5 045	1978	4 230
1959	3 708	1969	5 700	1979	4 827
1960	3 333	1970	5 716	1980	3 885

附录1.9　1949—1998年北京市每年最高气温

单位：摄氏度

年　份	温　度	年　份	温　度	年　份	温　度
1949	38.8	1957	36.2	1965	38.5
1950	35.6	1958	37.6	1966	37.5
1951	38.3	1959	36.8	1967	35.8
1952	39.6	1960	38.1	1968	40.1
1953	37	1961	40.6	1969	35.9
1954	33.4	1962	37.1	1970	35.3
1955	39.6	1963	39	1971	35.2
1956	34.6	1964	37.5	1972	39.5

续 表

年 份	温 度	年 份	温 度	年 份	温 度
1973	37.5	1982	37.3	1991	35.7
1974	35.8	1983	37.2	1992	37.5
1975	38.4	1984	36.1	1993	35.8
1976	35	1985	35.1	1994	37.2
1977	34.1	1986	38.5	1995	35
1978	37.5	1987	36.1	1996	36
1979	35.9	1988	38.1	1997	38.2
1980	35.1	1989	35.8	1998	37.2
1981	38.1	1990	37.5		

附录 1.10 1975—1980 年夏威夷岛莫那罗亚火山释放二氧化碳的月度数据

单位：ppm

	1975	1976	1977	1978	1979	1980
1 月	330.45	331.63	332.81	334.66	335.89	337.81
2 月	330.97	332.46	333.23	335.07	336.44	338.16
3 月	331.64	333.36	334.55	336.33	337.63	339.88
4 月	332.87	334.45	335.82	337.39	338.54	340.57
5 月	333.61	334.82	336.44	337.65	339.06	341.19
6 月	333.55	334.32	335.99	337.57	338.95	340.87
7 月	331.9	333.05	334.65	336.25	337.41	339.25
8 月	330.05	330.87	332.41	334.39	335.71	337.19
9 月	328.58	329.24	331.32	332.44	333.68	335.49
10 月	328.31	328.87	330.73	332.25	333.69	336.63
11 月	329.41	330.18	332.05	333.59	335.05	337.74
12 月	330.63	331.5	333.53	334.76	336.53	338.36

附录 1.11 1964—1999 年中国纱年产量序列

单位：万吨

年 份	产 量	年 份	产 量
1964	97	1972	188.6
1965	130	1973	196.7
1966	156.5	1974	180.3
1967	135.2	1975	210.8
1968	137.7	1976	196
1969	180.5	1977	223
1970	205.2	1978	238.2
1971	190	1979	263.5

续 表

年 份	产 量	年 份	产 量
1980	292.6	1990	462.6
1981	317	1991	460.8
1982	335.4	1992	501.8
1983	327	1993	501.5
1984	321.9	1994	489.5
1985	353.5	1995	542.3
1986	397.8	1996	512.2
1987	436.8	1997	559.8
1988	465.7	1998	542
1989	476.7	1999	567

附录 1.12 某企业 201 个连续生产数据(列数据)

81.9	81.8	83.6	80.7	82	86.7	84.5	83.5	81	80.9
89.4	79.6	79.5	83.1	84.7	86.7	86.2	86.2	87.2	87.3
79	85.8	83.3	86.5	84.4	82.3	85.6	84.1	81.6	81.1
81.4	77.9	88.4	90	88.9	86.4	83.2	82.3	84.4	85.6
84.8	89.7	86.6	77.5	82.4	82.5	85.7	84.8	84.4	86.6
85.9	85.4	84.6	84.7	83	82	83.5	86.6	82.2	80
88	86.3	79.7	84.6	85	79.5	80.1	83.5	88.9	86.6
80.3	80.7	86	87.2	82.2	86.7	82.2	78.1	80.9	83.3
82.6	83.8	84.2	80.5	81.6	80.5	88.6	88.8	85.1	83.1
83.5	90.5	83	86.1	86.2	91.7	82	81.9	87.1	82.3
80.2	84.5	84.8	82.6	85.4	81.6	85	83.3	84	86.7
85.2	82.4	83.6	85.4	82.1	83.9	85.2	80	76.5	80.2
87.2	86.7	81.8	84.7	81.4	85.6	85.3	87.2	82.7	
83.5	83	85.9	82.8	85	84.8	84.3	83.3	85.1	
84.3	81.8	88.2	81.9	85.8	78.4	82.3	86.6	83.3	
82.9	89.3	83.5	83.6	84.2	89.9	89.7	79.5	90.4	
84.7	79.3	87.2	86.8	83.5	85	84.8	84.1	81	
82.9	82.7	83.7	84	86.5	86.2	83.1	82.2	80.3	
81.5	88	87.3	84.2	85	83	80.6	90.8	79.8	
83.4	79.6	83	82.8	80.4	85.4	87.4	86.5	89	
87.7	87.8	90.5	83	85.7	84.4	86.8	79.7	83.7	

附录 1.13　1948 年第一季度—1979 年第四季度爱荷华州非农产品收入季度数据(列数据)

601	927	1 416	2 571
604	962	1 430	2 634
620	975	1 455	2 684
626	995	1 480	2 790
641	1 001	1 514	2 890
642	1 013	1 545	2 964
645	1 021	1 589	3 085
655	1 028	1 634	3 159
682	1 027	1 669	3 237
678	1 048	1 715	3 358
692	1 070	1 760	3 489
707	1 095	1 812	3 588
736	1 113	1 809	3 624
753	1 143	1 828	3 719
763	1 154	1 871	3 821
775	1 173	1 892	3 934
775	1 178	1 946	4 028
783	1 183	1 983	4 129
794	1 205	2 013	4 205
813	1 208	2 045	4 349
823	1 209	2 048	4 463
826	1 223	2 097	4 598
829	1 238	2 140	4 725
831	1 245	2 171	4 827
830	1 258	2 208	4 939
838	1 278	2 272	5 067
854	1 294	2 311	5 231
872	1 314	2 349	5 408
882	1 323	2 362	5 492
903	1 336	2 442	5 653
919	1 355	2 479	5 828
937	1 377	2 528	5 965

附录 1.14　1950—2005 年中国进出口贸易总额　单位：亿元人民币

年　份	进出口贸易总额	年　份	进出口贸易总额
1950	41.5	1954	84.7
1951	59.5	1955	109.8
1952	64.6	1956	108.7
1953	80.9	1957	104.5

续 表

年 份	进出口贸易总额	年 份	进出口贸易总额
1958	128.7	1982	771.3
1959	149.3	1983	860.1
1960	128.4	1984	1 201
1961	90.7	1985	2 066.7
1962	80.9	1986	2 580.4
1963	85.7	1987	3 084.2
1964	97.5	1988	3 821.8
1965	118.4	1989	4 155.9
1966	127.1	1990	5 560.1
1967	112.2	1991	7 225.8
1968	108.5	1992	9 119.6
1969	107.7	1993	11 271
1970	112.9	1994	20 381.9
1971	120.9	1995	23 499.9
1972	146.9	1996	24 133.8
1973	220.5	1997	26 967.2
1974	292.2	1998	26 854.1
1975	290.4	1999	29 896.3
1976	264.1	2000	39 273.2
1977	272.5	2001	42 183.6
1978	355	2002	51 378.2
1979	454.6	2003	70 483.5
1980	570	2004	95 539.1
1981	735.3	2005	116 921.8

附录 1.15 1992 年 1 月—1998 年 12 月经居民消费价格指数调整的中国城镇居民月人均生活费支出(y)和可支配收入序列(x)数据

	1992		1993		1994		1995		1996		1997		1998	
	y	x	y	x	y	x	y	x	y	x	y	x	y	x
1月	139.47	151.83	221.74	265.93	234.28	273.98	307.1	370	373.58	438.37	419.39	521.01	485.7	643.4
2月	168.07	159.86	186.49	196.96	272.09	318.81	353.55	385.21	471.77	561.29	528.09	721.01	598.82	778.62
3月	110.47	126	185.92	200.19	202.88	236.45	263.37	308.62	350.36	396.82	390.04	482.38	417.27	537.16
4月	113.22	124.88	185.26	199.48	227.89	248	281.22	320.33	352.15	405.27	405.63	492.96	455.6	545.79
5月	115.82	127.75	187.62	200.75	235.7	261.16	299.73	327.94	369.57	410.06	426.81	499.9	466.2	567.99
6月	118.2	134.48	192.11	208.5	237.89	273.45	308.18	338.53	370.42	415.38	422	508.81	455.19	555.79
7月	118.03	145.05	186.75	218.82	239.71	278.1	315.87	361.09	376.9	434.7	428.7	516.24	458.57	570.23
8月	124.45	138.31	187.07	209.07	252.52	277.15	331.88	356.3	387.44	418.21	459.29	509.98	475.4	564.38
9月	147.7	144.24	219.23	223.17	286.75	292.71	385.99	371.32	454.93	442.3	517.06	538.46	591.42	576.36

续 表

	1992		1993		1994		1995		1996		1997		1998	
	y	x	y	x	y	x	y	x	y	x	y	x	y	x
10月	135.14	143.86	212.8	226.51	270	289.36	355.92	378.72	403.77	440.81	463.98	537.09	494.57	599.4
11月	135.2	149.12	205.22	226.62	274.37	296.5	355.11	383.58	410.1	449.03	442.96	534.12	496.69	577.4
12月	128.03	139.93	192.64	210.32	250.01	277.6	386.08	427.78	400.48	449.17	460.92	511.23	516.16	606.14

附录 1.16 某国 1960 年第一季度—1993 年第四季度 GNP 平减指数的季度序列(列数据)

56.04	59.58	66.17	71.08	78.27	95.70	126.68	168.05
56.21	59.45	66.47	71.41	78.53	96.52	128.99	171.94
56.41	59.77	67.04	71.46	79.28	97.39	130.12	176.46
56.67	60.27	67.55	71.66	80.13	98.72	131.30	180.24
56.77	60.65	67.81	72.17	81.15	99.42	132.89	185.13
57.01	61.03	68.00	72.36	82.14	100.25	134.99	190.01
56.99	61.40	68.44	72.57	82.84	101.54	136.80	193.03
57.58	61.91	68.56	72.97	83.99	102.95	139.01	197.70
57.58	62.43	68.86	73.16	84.97	104.75	141.03	201.69
57.57	63.13	68.96	73.77	86.10	106.53	143.24	203.98
57.92	63.69	68.88	74.13	87.49	108.74	145.12	206.77
58.58	64.40	69.22	74.56	88.62	110.72	148.89	208.53
58.76	64.65	69.54	74.96	89.89	113.48	152.02	210.27
58.80	65.28	69.65	75.71	91.07	116.42	155.38	212.87
59.00	65.37	70.23	76.58	91.79	119.79	158.60	214.25
58.74	65.63	70.48	76.99	93.03	122.88	161.85	215.89
59.38	65.79	70.62	77.75	94.40	124.44	165.12	218.21

附录 1.17 1972 年 8 月 28 日—1972 年 12 月 18 日美国道琼斯指数序列(列数据)

110.94	109.53	114.65	124.11
110.69	109.89	115.06	124.14
110.43	110.56	115.86	123.37
110.56	110.56	116.4	123.02
110.75	110.72	116.44	122.86
110.84	111.23	116.88	123.02
110.46	111.48	118.07	123.11
110.56	111.58	118.51	123.05
110.46	111.9	119.28	123.05
110.05	112.19	119.79	122.83
109.6	112.06	119.7	123.18
109.31	111.96	119.28	122.67

续　表

109.31	111.68	119.66	122.73
109.25	111.36	120.14	122.86
109.02	111.42	120.97	122.67
108.54	112	121.13	122.09
108.77	112.22	121.55	122
109.02	112.7	121.96	121.23
109.44	113.15	122.26	
109.38	114.36	123.79	

附录 2　常用分布表

附录 2.1　t 分布表

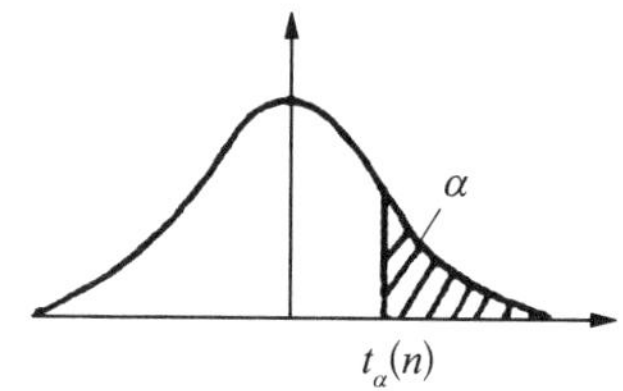

$P\{t(n)>t_\alpha(n)\}=\alpha$

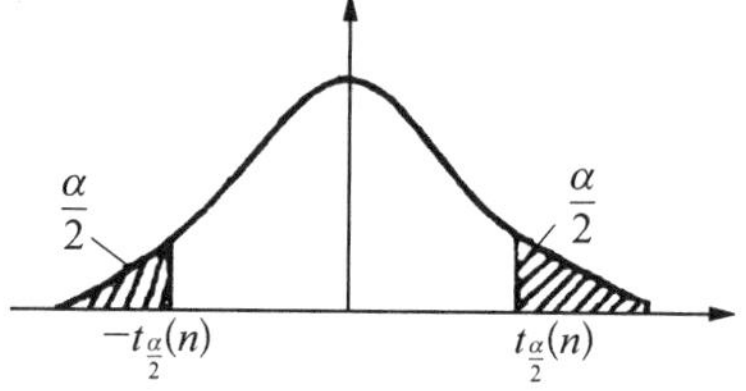

$P\{|t(n)|>t_{\frac{\alpha}{2}}(n)\}=\alpha$

n	单边检验显著性水平 p							
	.005	.01	.025	.05	.1	.15	.2	.25
1	63.66	31.82	12.71	6.31	3.08	1.96	1.38	1.00
2	9.93	6.97	4.30	2.92	1.89	1.39	1.06	0.82
3	5.84	4.54	3.18	2.35	1.64	1.25	0.98	0.77
4	4.60	3.75	2.78	2.18	1.53	1.19	0.94	0.74
5	4.03	3.37	2.57	2.02	1.48	1.16	0.92	0.73
6	3.71	3.14	2.45	1.94	1.44	1.13	0.91	0.72
7	3.50	3.00	2.37	1.90	1.42	1.12	0.90	0.71
8	3.36	2.90	2.31	1.86	1.40	1.11	0.89	0.71
9	3.25	2.82	2.26	1.83	1.38	1.10	0.88	0.70
10	3.17	2.71	2.23	1.81	1.37	1.09	0.88	0.70
11	3.11	2.72	2.20	1.80	1.36	1.09	0.88	0.70
12	3.06	2.68	2.18	1.78	1.36	1.08	0.87	0.70
13	3.01	2.65	2.16	1.77	1.35	1.08	0.87	0.69
14	2.98	2.62	2.15	1.76	1.35	1.08	0.87	0.69
15	2.95	2.60	2.13	1.75	1.34	1.07	0.87	0.69
16	2.92	2.58	2.12	1.75	1.34	1.07	0.87	0.69
17	2.90	2.57	2.11	1.74	1.33	1.07	0.86	0.69

续 表

n	单边检验显著性水平 p							
	.005	.01	.025	.05	.1	.15	.2	.25
18	2.88	2.55	2.10	1.73	1.33	1.07	0.86	0.69
19	2.86	2.54	2.09	1.73	1.33	1.07	0.86	0.69
20	2.85	2.53	2.09	1.73	1.33	1.06	0.86	0.69
21	2.83	2.52	2.08	1.72	1.32	1.06	0.86	0.69
22	2.82	2.51	2.07	1.72	1.32	1.06	0.86	0.69
23	2.81	2.50	2.07	1.71	1.32	1.06	0.86	0.69
24	2.80	2.49	2.06	1.71	1.32	1.06	0.86	0.69
25	2.79	2.49	2.06	1.71	1.32	1.06	0.86	0.68
26	2.78	2.48	2.06	1.71	1.32	1.06	0.86	0.68
27	2.77	2.47	2.05	1.70	1.31	1.06	0.86	0.68
28	2.76	2.47	2.05	1.70	1.31	1.06	0.86	0.68
29	2.76	2.46	2.05	1.70	1.31	1.06	0.85	0.68
30	2.75	2.46	2.04	1.70	1.31	1.06	0.85	0.68
	2.58	2.33	1.96	1.65	1.28	1.04	0.84	0.68
n	0.01	0.02	0.05	0.10	0.20	0.30	0.40	0.50
	双边检验显著性水平 p							

附录 2.2 χ^2 分布表

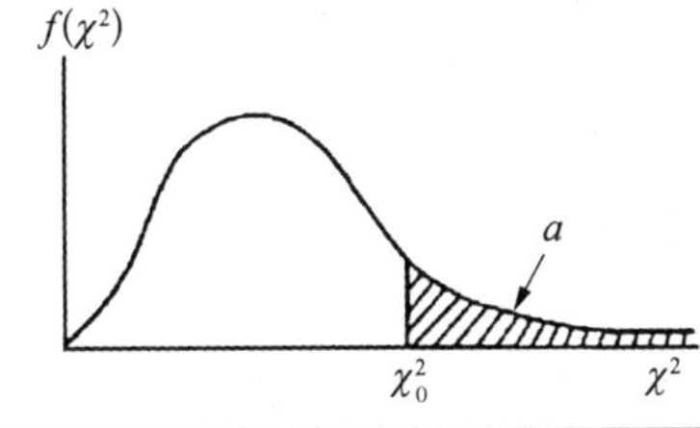

本表给出 χ_0^2 值使 $P(\chi^2 \geqslant \chi_0^2) = a$（阴影面积）

v	a										
	0.995	0.990	0.975	0.950	0.900	0.500	0.100	0.050	0.025	0.010	0.005
1	0.00	0.00	0.00	0.00	0.02	0.45	2.71	3.84	5.02	6.63	7.88
2	0.01	0.02	0.05	0.10	0.21	1.39	4.61	5.99	7.38	9.21	10.60
3	0.07	0.11	0.22	0.35	0.58	2.37	6.25	7.81	9.35	11.34	12.84
4	0.21	0.30	0.48	0.71	1.06	3.36	7.78	9.49	11.14	13.28	14.86
5	0.41	0.55	0.83	1.15	1.61	4.35	9.24	11.07	12.83	15.09	16.75

续 表

v	a										
	0.995	0.990	0.975	0.950	0.900	0.500	0.100	0.050	0.025	0.010	0.005
6	0.68	0.87	0.21	1.64	2.20	5.35	10.65	12.59	14.45	16.81	18.55
7	0.99	1.24	1.69	2.17	2.83	6.35	12.02	14.07	16.01	18.48	20.23
8	1.34	1.65	2.18	2.73	3.49	7.34	13.36	15.51	17.53	20.09	21.96
9	1.73	2.09	2.70	3.33	4.17	8.34	14.68	16.92	19.02	21.67	23.59
10	2.16	2.56	3.25	3.94	4.87	9.34	15.99	18.31	20.48	23.21	25.19
11	2.60	3.05	3.82	4.57	5.58	10.31	17.28	19.68	21.92	24.72	26.76
12	3.07	3.57	4.40	5.23	6.30	11.34	18.55	21.03	23.34	26.22	28.30
13	3.57	4.11	5.01	5.89	7.04	12.34	19.81	22.36	24.74	27.69	29.82
14	4.07	4.66	5.63	6.57	7.79	13.34	21.06	23.68	26.12	29.41	31.32
15	4.60	5.23	6.27	7.26	8.55	14.34	22.31	25.00	27.49	30.58	32.80
16	5.14	5.81	6.91	7.96	9.31	15.34	23.54	26.30	28.85	32.00	34.27
17	5.70	6.41	7.56	8.67	10.00	16.34	24.77	27.59	30.19	33.41	35.72
18	6.26	7.01	8.23	9.39	10.87	17.34	25.99	28.87	31.53	34.81	37.16
19	6.84	7.63	8.91	10.12	11.65	18.34	27.20	30.14	32.85	36.19	38.58
20	7.43	8.26	9.59	10.85	12.44	19.38	28.41	31.41	34.17	37.57	40.00
21	8.03	8.90	10.23	11.50	13.24	20.38	29.62	32.67	35.48	38.93	41.40
22	8.64	9.54	10.98	12.34	14.04	21.34	30.81	33.92	36.78	40.29	42.80
23	9.29	10.20	11.69	13.09	14.85	22.34	32.01	35.17	38.08	44.64	44.18
24	9.89	10.86	12.40	13.85	15.66	23.34	33.20	36.42	39.36	42.98	45.56
25	10.50	11.52	13.12	14.61	16.47	24.34	34.33	37.65	40.65	44.31	46.93
26	11.16	12.20	13.84	15.38	17.29	25.34	35.56	38.89	41.92	45.64	48.29
27	11.81	12.88	14.57	16.15	18.11	26.34	36.74	40.11	43.19	46.96	49.65
28	12.46	13.57	15.31	16.93	18.94	27.34	37.92	41.34	44.46	48.28	50.99
29	13.12	14.26	16.05	17.71	19.77	28.34	39.09	43.56	45.72	49.59	52.34
30	13.79	14.95	16.79	18.49	20.60	29.34	40.26	43.77	46.98	50.89	53.67
40	20.71	22.16	24.43	26.51	29.05	39.34	51.80	55.76	59.34	63.69	66.77
50	27.99	29.71	32.36	34.76	37.69	49.33	63.17	67.50	71.42	76.15	79.49
70	43.28	45.44	48.76	51.74	55.33	69.33	85.53	90.53	95.02	100.42	104.22
100	67.33	70.06	74.22	77.93	82.36	99.33	118.50	124.34	129.56	135.81	140.17

附录 2.3 F 分布表

本表给出 $F_{v_1 v_2 p}$ 使 $P(F \geqslant F_{v_1 v_2,\ 0.95}) = 0.05$

v_2	v_1								
	1	2	3	4	5	6	7	8	9
1	161.4	199.5	215.7	224.6	230.2	234.0	236.8	238.9	240.5
2	18.51	19.00	19.61	19.25	19.30	19.33	19.35	19.37	19.38
3	10.13	9.55	9.28	9.12	9.01	8.94	8.89	8.85	8.81
4	7.71	6.94	6.59	6.39	6.26	6.16	6.09	6.04	6.00
5	6.61	5.79	5.41	5.19	5.05	4.95	4.88	4.82	4.77
6	5.99	5.14	4.76	4.53	4.39	4.28	4.21	4.15	4.10
7	5.59	4.74	4.35	4.12	3.97	3.87	3.79	3.73	3.68
8	5.32	4.46	4.07	3.84	3.69	3.58	3.50	3.44	3.39
9	5.12	4.26	3.86	3.63	3.48	3.37	3.29	3.23	3.18
10	4.96	4.10	3.71	3.48	3.33	3.22	3.14	3.07	3.02
11	4.84	3.98	3.59	3.36	3.20	3.09	3.01	2.95	2.90
12	4.75	2.89	3.49	3.26	3.11	3.00	2.91	2.85	2.80
13	4.67	3.81	3.41	3.18	3.03	2.92	2.83	2.77	2.71
14	4.60	3.74	3.34	3.11	2.96	2.85	2.76	2.70	2.65
15	4.54	3.68	3.29	3.06	2.90	2.79	2.71	2.64	2.59
16	4.49	3.63	3.24	3.01	2.85	2.74	2.66	2.59	2.54
17	4.45	3.59	3.20	2.96	2.81	2.70	2.61	2.55	2.49
18	4.41	3.55	3.16	2.93	2.77	2.66	2.58	2.51	2.46
19	4.38	3.52	3.13	2.90	2.74	2.63	2.54	2.48	2.42
20	4.35	3.49	3.10	2.87	2.71	2.60	2.51	2.45	2.39
21	4.32	3.47	3.07	2.84	2.68	2.57	2.49	2.42	2.37
22	4.30	3.44	3.05	2.82	2.66	2.55	2.46	2.40	2.34
23	4.28	3.42	3.03	2.80	2.64	2.53	2.44	2.37	2.32
24	4.26	3.40	3.01	2.78	2.62	2.51	2.42	2.36	2.30
25	4.24	3.39	2.99	2.76	2.60	2.49	2.40	2.34	2.28
26	4.23	3.37	2.98	2.74	2.59	2.47	2.39	2.32	2.27
27	4.21	3.35	2.96	2.73	2.57	2.46	2.37	2.31	2.25
28	4.20	3.34	2.95	2.71	2.56	2.45	2.36	2.29	2.24
29	4.18	3.33	2.93	2.70	2.55	2.43	5.35	2.29	2.22

续 表

v_2	v_1								
	1	2	3	4	5	6	7	8	9
30	4.17	3.32	2.92	2.69	2.53	2.42	2.33	2.27	2.21
40	4.08	3.23	2.84	2.61	2.45	2.34	2.25	2.18	2.12
60	4.00	3.15	2.76	2.53	2.37	2.25	2.17	2.10	2.04
120	3.92	3.07	2.68	2.45	2.29	2.17	2.09	2.02	1.96
∞	3.84	3.00	2.60	2.37	2.21	2.10	2.01	1.94	1.88

附录 2.4　德宾-沃森统计量 d(d_L和 d_U的显著点：1%)

n	$k'=1$		$k'=2$		$k'=3$		$k'=4$		$k'=5$	
	d_L	d_U	d_L	d_U	d_L	d_U	d_L	d_U	d_L	d_U
15	0.81	1.07	0.70	1.25	0.59	4.46	0.49	1.70	0.39	1.96
16	0.84	1.09	0.74	1.25	0.63	1.44	0.53	1.66	0.44	1.90
17	0.87	1.10	0.77	1.25	0.67	1.43	0.57	1.63	0.48	1.85
18	0.90	1.12	0.80	1.26	0.71	1.42	0.61	1.60	0.52	1.80
19	0.93	1.13	0.83	1.26	0.74	1.41	0.65	1.58	0.56	1.77
20	0.95	1.15	0.86	1.27	0.77	1.41	0.58	1.67	0.60	1.74
21	0.97	1.16	0.89	1.27	0.80	1.41	0.72	1.55	0.63	1.71
22	1.00	1.17	0.91	1.28	0.83	1.40	0.75	1.54	0.66	1.69
23	1.02	1.19	0.94	1.29	0.86	1.40	0.77	1.53	0.70	1.67
24	1.04	1.20	0.96	1.30	0.88	1.41	0.80	1.53	0.72	1.66
25	1.05	1.21	0.98	1.30	0.90	1.41	0.83	1.52	0.75	1.65
26	1.07	1.22	1.00	1.31	0.93	1.41	0.85	1.52	0.78	1.64
27	1.09	1.23	1.02	1.32	0.95	1.41	0.88	1.51	0.81	1.63
28	1.10	1.24	1.04	1.32	0.97	1.41	0.90	1.51	0.83	1.62
29	1.12	1.25	1.05	1.33	0.99	1.42	0.92	1.51	0.85	1.61
30	1.13	1.26	1.07	1.34	1.01	1.42	0.94	1.51	0.88	1.61
31	1.15	1.27	1.08	1.34	1.02	1.42	0.96	1.51	0.90	1.60
32	1.16	1.28	1.10	1.35	1.04	1.43	0.98	1.51	0.92	1.60
33	1.17	1.29	1.11	1.36	1.05	1.43	1.00	1.51	0.94	1.59
34	1.18	1.30	1.13	1.36	1.07	1.43	1.01	1.51	0.97	1.59
35	1.19	1.31	1.14	1.37	1.08	1.44	1.03	1.51	0.97	1.59
36	1.21	1.32	1.15	1.38	1.10	1.44	1.04	1.51	0.99	1.59
37	1.22	1.32	1.16	1.38	1.11	1.45	1.06	1.51	1.00	1.59
38	1.23	1.33	1.18	1.39	1.12	1.45	4.07	1.52	1.02	1.58
39	1.24	1.34	1.19	1.39	1.14	1.45	1.09	1.52	1.03	1.58
40	1.25	1.34	1.20	1.40	1.15	1.46	1.10	1.52	1.05	1.58
45	1.29	1.38	1.24	1.42	1.20	1.48	1.16	1.53	1.11	1.58

续 表

n	k′=1		k′=2		k′=3		k′=4		k′=5	
	d_L	d_U	d_L	d_U	d_L	d_U	d_L	d_U	d_L	d_U
50	1.32	1.40	1.28	1.45	1.24	1.49	1.20	1.54	1.16	1.59
55	1.36	1.43	1.32	1.47	1.28	1.51	1.25	1.55	1.21	1.59
60	1.38	1.45	1.35	1.48	1.32	1.52	1.28	1.56	1.25	1.60
65	1.41	1.47	1.38	1.50	1.35	1.53	1.31	1.57	1.28	1.61
70	1.43	1.49	1.40	1.52	1.37	1.55	1.34	1.58	1.31	1.61
75	1.45	1.50	1.42	1.53	1.39	1.56	1.37	1.59	1.34	1.62
80	1.47	1.52	1.44	1.54	1.42	1.57	1.39	1.69	1.36	1.62
85	1.48	1.53	1.46	1.55	1.43	1.58	1.41	1.60	1.39	1.63
90	1.50	1.54	1.47	1.56	1.45	1.59	1.43	1.61	1.41	1.64
95	1.51	1.55	1.49	1.57	1.47	1.60	1.45	1.62	1.42	1.64
100	1.52	1.56	1.50	1.58	1.48	1.60	1.46	1.63	1.44	1.65

n=观测值的个数
k'=说明变量的个数

续 德宾-沃森统计量 d(d_L和d_U的显著点：5%)

n	k′=1		k′=2		k′=3		k′=4		k′=5	
	d_L	d_U	d_L	d_U	d_L	d_U	d_L	d_U	d_L	d_U
15	1.08	1.36	0.95	1.54	0.82	1.75	0.69	1.97	0.56	2.21
16	1.10	1.37	0.98	1.54	0.86	1.73	0.74	1.93	0.62	2.15
17	1.13	1.38	1.02	1.54	0.90	1.71	0.78	1.90	6.67	2.10
18	1.16	1.39	1.05	1.53	0.93	1.69	0.82	1.87	0.71	2.06
19	1.18	1.40	1.08	1.53	0.97	1.68	0.86	1.85	0.75	2.02
20	1.20	1.41	1.10	1.54	1.00	1.68	0.90	1.83	0.79	1.99
21	1.22	1.42	1.13	1.54	1.03	1.67	0.93	1.81	0.83	1.96
22	1.24	1.43	1.15	1.54	1.05	1.66	0.96	1.80	0.86	1.94
23	1.26	1.44	1.17	1.54	1.08	1.66	0.99	1.79	0.90	1.92
24	1.27	1.45	1.19	1.55	1.10	1.66	1.01	1.78	0.93	1.90
25	1.29	1.45	1.21	1.55	1.12	1.66	1.04	1.77	0.95	1.89
26	1.30	1.46	1.22	1.55	1.14	0.65	1.06	1.76	0.98	1.88
27	1.32	1.47	1.24	1.56	1.16	1.65	1.08	1.76	1.01	1.86
28	1.33	1.48	1.26	1.56	1.18	1.65	1.10	1.75	1.03	1.85
29	1.34	1.48	1.27	1.56	1.20	1.65	1.12	1.74	1.05	1.84
30	1.35	1.49	1.28	1.57	1.21	1.65	1.14	1.74	1.07	1.83
32	1.37	1.50	1.31	1.57	1.24	1.65	1.18	1.73	1.11	1.82
33	1.38	1.51	1.32	1.58	1.26	1.65	1.19	1.73	1.13	1.81
34	1.39	1.51	1.33	1.58	1.27	1.65	1.21	1.73	1.15	1.81
35	1.40	1.52	1.34	1.58	1.28	1.65	1.22	1.73	1.16	1.80

续　表

n	$k'=1$		$k'=2$		$k'=3$		$k'=4$		$k'=5$	
	d_L	d_U	d_L	d_U	d_L	d_U	d_L	d_U	d_L	d_U
36	1.41	1.52	1.35	1.59	1.29	1.65	1.24	1.73	1.18	1.80
37	1.42	1.53	1.36	1.59	1.31	1.66	1.25	1.72	1.19	1.80
38	1.43	1.54	1.37	1.59	1.32	1.66	1.26	1.72	1.21	1.79
39	1.43	1.54	1.38	1.60	1.33	1.66	1.27	1.72	1.22	1.79
40	1.44	1.54	1.39	1.60	1.34	1.66	1.29	1.72	1.23	1.79
45	1.48	1.57	1.43	1.62	1.38	1.67	1.34	1.72	1.29	1.78
50	1.50	1.59	1.46	1.63	1.42	1.67	1.38	1.72	1.34	1.77
55	1.53	1.60	1.49	4.64	1.45	1.68	1.41	1.72	1.38	1.77
60	1.55	1.62	1.51	1.65	1.48	1.69	1.44	1.73	1.41	1.77
65	1.57	1.63	1.54	1.66	1.50	1.70	1.47	1.73	1.44	1.77
70	1.58	1.64	1.55	1.67	1.52	1.70	1.49	1.74	1.46	1.77
75	1.60	1.65	1.57	1.68	1.54	1.71	1.51	1.74	1.49	1.77
80	1.61	1.66	1.59	1.69	1.56	1.72	1.53	1.74	1.51	1.77
85	1.62	1.67	1.60	1.70	1.57	1.72	1.55	1.75	1.52	1.77
90	1.63	1.68	1.61	1.70	1.59	1.73	1.57	1.75	1.54	1.78
95	1.64	1.69	1.62	1.71	1.60	1.93	1.58	1.75	1.56	1.78
100	1.65	1.69	1.63	1.72	1.61	1.74	1.59	1.76	1.57	1.78

n=观测值的个数

k'=说明变量的个数

附录 2.5　游程检验用 r 分布表

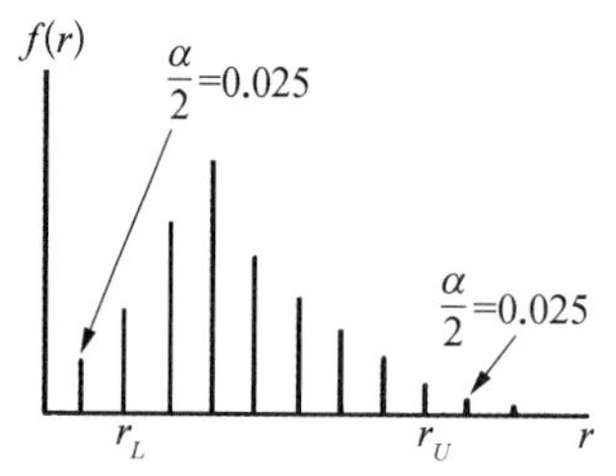

给定 n_1 和 n_2，表中给出下限 r_L 和上限 r_U 使得它们左右对应的概率为 $\alpha/2=0.025$ 即 $P(r\leqslant r_L)+P(r\geqslant r_U)=0.05$

n_1	L/U	n_2													
		2	3	4	5	6	7	8	9	10	11	12	13	14	15
2	L											2	2	2	2
	U														
3	L					2	2	2	2	2	2	2	2	2	2
	U														

续　表

n_1	L/U	n_2													
		2	3	4	5	6	7	8	9	10	11	12	13	14	15
4	L				2	2	2	3	3	3	3	3	3	3	3
	U				9	9									
5	L			2	2	3	3	3	3	3	4	4	4	4	4
	U			9	10	10	11	11							
6	L		2	2	3	3	3	3	4	4	4	4	5	5	5
	U			9	10	11	12	12	13	13	13	13			
7	L		2	2	3	3	3	4	4	5	5	5	5	5	5
	U				11	12	13	13	14	14	14	14	15	15	15
8	L		2	3	3	3	4	4	5	5	5	6	6	6	6
	U				11	12	13	14	14	15	15	16	16	16	16
9	L		2	3	3	4	4	5	5	5	6	6	6	7	7
	U					13	14	14	15	16	16	16	17	17	18
10	L		2	3	3	4	5	5	5	6	6	7	7	7	7
	U					13	14	15	16	16	17	17	18	18	18
11	L		2	3	4	4	5	5	6	6	7	7	7	8	8
	U					13	14	15	16	17	17	18	19	19	19
12	L	2	2	3	4	4	5	6	6	7	7	7	8	8	8
	U					13	14	16	16	17	18	19	19	20	20
13	L	2	2	3	4	5	5	6	6	7	7	8	8	9	9
	U						15	16	17	18	19	19	20	20	21
14	L	2	2	3	4	5	5	6	7	7	8	8	9	9	9
	U						15	16	17	18	19	20	20	21	22
15	L	2	3	3	4	5	6	6	7	7	8	8	9	9	10
	U						15	16	18	18	19	20	21	22	22

参 考 文 献

1. Baillie R.T., Bollerslev T. and Mikkelsen H.O., Fractionally Integrated Generalized Autoregressive Conditional Heteroskedasticity. *Journal of Econometrics*, 1996, 74, 3-30.
2. Bauwens L. and Giot P., The Logarithmic ACD Model: An Application to the Bid-ask Quote Process of Three NYSE Stocks. Ann. Econ. Stat., 2000, 60: 117-49.
3. Bekaert G., and Wu G., Asymmetric Volatility and Risk in Equity Markets. *Review of Financial Studies*, 2000, 13: 1-42.
4. Bollerslev T., Generalized Autoregressive Conditional Heteroskedasticity. *Journal of Econometrics*, 1986, 31: 307-327.
5. Bollerslev T. and Mikkelsen H.O., Modeling and Pricing Long Memory in Stock Market Volatility. *Journal of Econometrics*, 1996, 73: 151-184.
6. Box G. E. P. and Jenkins G. M., *Time Series Analysis, Forecasting and Control*. Holden-Day, 1970.
7. Campell J. and Hentschell L., No News is Good News: An Asymmetric Model of Changing Volatility in Stock Returns. *Journal of Financial Economics*, 1992, 31: 281-318.
8. Chan K. S. , Consistency and Limiting Distribution of the Least Squares Estimator of a Threshold Autoregressive Model. *The Annals of Statistics*, 1993, 21(1): 520-533.
9. Ding Z., Granger C.W.J. and Engle R.F., A Long Memory Property of Stock Market Returns and a New Model. *Journal of Empirical Finance*, 1993, 1: 83-106.
10. Engle R. F., Autoregressive Conditional Heteroscedasticity with

Estimates of the Variance of United Kingdom Inflations. Econometrica, 1982, 50: 987-1007.

11. Engle R. F., Lilien D. M. and Robins R. P., Estimating Time Varying Risk Premia In The Term Structure: The ARCH - M Model. *Econometrica*, 1987, 55(2): 391-407.
12. Engle R. F. and Russell J. R., Autoregressive Conditional Duration: A New Model for Irregualarly Spaced Transaction Data. *Econometrica*, 1998, 66: 1127-1162.
13. Engle R. F., The Econometrics of Ulrta-high-frequency Data. *Econometrica*. 2000, 68(1): 1-22.
14. Geweke J., Comment-Modeling Persistence of Conditional Variances. *Econometric Review*, 1986(6): 57-61.
15. Jianqing Fan and Qiwei Yao, *Nonlinear Time Series: Nonparametric and Parametric Methods*. Springer-Verlag, 2003.
16. McInish T. and Wood R., An Analysis of Intraday Patterns in Bid/Ask Spreads for NYSE Stocks. *Journal of Finance*, 1992, 47(2): 753-764.
17. Nelson D. B., Conditional Heteroskedasticity in Asset Returns: A New Approach. *Modelling Stock Market Volatility*, 1996: 37-64.
18. Peter J. B. and Richard A. D., *Time Series: Theory and Methods* (Second Edition). Springer-Verlag, 1991.
19. Peter J. B. and Richard A. D., *Introduction to Time Series and Forecasting* (Second Edition). Springer-Verlag, 2002.
20. Rong Chen and Ruey S. Tsay, Functional-Coefficient Autoregressive Models. *Journal of the American Statistical Association*, 1993, 88 (421): 298-308.
21. Rothman P., Forecasting Asymmetric Unemployment Rates. *The Review of Economics and Statistics*, 1998, 80(1): 164-168.
22. Tong H. and Lim K. S., Threshold Autoregressive, Limit Cycles and Cyclical Data (with discussion). *Journal of the Royal Statistical Society*, Series B, 1980, 42: 245-292.
23. Tong H., *Threshold Models in Non-linear Time Series Analysis*. Springer-Verlag, 1983.

24. Zakoian J.M., Threshold Heteroskedastic Models. *Journal of Economic Dynamics and Control*, 1994, 18: 931-955.

25. Zhang et. al., A Nonlinear Autoregressive Conditional Duration Models with Application to Financial Transaction Data. *Journal of Econometrics*, 2001,104: 179-207.

26. Zongwu Cai, Jianqing Fan and Qiwei Yao, Functional-Coefficient Regression Models for Nonlinear Time Series. *Journal of the American Statistical Association*, 2000, 95(451): 941-956.

27. (美) S. M.劳斯著,何声武等译,随机过程,中国统计出版社,1997.

28. (美) 特斯著,潘家柱译,金融时间序列分析.机械工业出版社,2006.

29. (美) 蔡瑞胸著,李洪成,尚秀芬,郝瑞丽译,金融数据分析导论: 基于 R 语言.机械工业出版社,2013.

30. (美) 蔡瑞胸著,张茂军,李洪成,南江霞译,多元时间序列分析及金融应用: R 语言.机械工业出版社,2016.

31. (美) 恩德斯著,杜江,谢志超译,应用计量经济学: 时间序列分析(第 2 版).高等教育出版社,1999.

32. (德) 盖哈德・克西盖斯纳,约根・沃特斯,乌沃・哈斯勒著,张延群,刘晓飞译.现代时间序列分析导论.中国人民大学出版社,2015.

33. (美) 特伦斯・C.米尔斯著,俞卓菁译,金融时间序列分析的经济计量学模型.经济科学出版社,2002.

34. 安鸿志,陈敏,非线性时间序列分析.上海科学技术出版社,1998.

35. 白雪梅,赵松山,关于对时序模型定阶方法的研究.统计研究,1999(12),31-36.

36. 杜勇宏,王健著,张晓峒主审,季节时间序列理论与应用,南开大学出版社,2008.

37. 何书元,应用时间序列分析.北京大学出版社,2003.

38. 李子奈,叶阿忠,高等计量经济学,清华大学出版社,2000.

39. 刘向丽,程刚,成思危,汪寿阳,洪永淼,中国期货市场日内效应分析.系统工程理论与实践.2008(8): 63-80.

40. 陆懋祖,高等时间序列经济计量学.上海人民出版社,1999.

41. 罗伯特・S.平狄克,丹尼尔・L.鲁宾费尔德著,钱小军等译,计量经济模型与经济预测(第 4 版).机械工业出版社,1999.

42. 屈文洲,吴世农,中国股票市场微观结构的特征分析——买卖报价价差模式及影响因素的实证研究.经济研究,2002(1),56-63+95-96.
43. 王振龙,时间序列分析.中国统计出版社,2002.
44. 王振龙,胡永宏,应用时间序列分析.科学出版社,2007.
45. 王燕,应用时间序列分析.中国人民大学出版社,2004.
46. 项静恬,杜金观,史久恩,动态数据处理——时间序列分析.气象出版社,1986.
47. 谢忠杰,时间序列分析实例研究.世界图书出版公司,2006.
48. 薛毅,陈立萍,时间序列分析与 R 软件,清华大学出版社,2020.
49. 易丹辉,统计预测——方法与应用.中国统计出版社,2001.
50. 易丹辉,数据分析与 EViews 应用.中国统计出版社,2002.
51. 张成思,金融计量学：时间序列分析视角.中国人民大学出版社,2012.
52. 张世英,樊智,协整理论与波动模型——金融时间序列分析及应用.清华大学出版社,2004.
53. 张晓峒,应用数量经济学,机械工业出版社,2009.
54. 赵国庆,经济分析中的时间序列模型,南开大学出版社,2012.

图书在版编目(CIP)数据

应用时间序列分析 / 王黎明，王连，杨楠编著. —2 版. —上海：复旦大学出版社，2022.2
(复旦博学. 经济学系列)
ISBN 978-7-309-16108-3

Ⅰ.①应… Ⅱ.①王…②王…③杨… Ⅲ.①时间序列分析 Ⅳ.①O211.61

中国版本图书馆 CIP 数据核字(2022)第 011890 号

应用时间序列分析(第二版)
YINGYONG SHIJIAN XULIE FENXI
王黎明 王 连 杨 楠 编著
责任编辑/张美芳

复旦大学出版社有限公司出版发行
上海市国权路 579 号 邮编：200433
网址：fupnet@fudanpress.com http://www.fudanpress.com
门市零售：86-21-65102580 团体订购：86-21-65104505
出版部电话：86-21-65642845
上海华业装潢印刷厂有限公司

开本 787×960 1/16 印张 21.75 字数 367 千
2022 年 2 月第 1 版第 1 次印刷
印数 1—4 100

ISBN 978-7-309-16108-3/O·710
定价：58.00 元
